[著者]
萩原淳一郎
Junichiro Hagiwara

牧山幸史　**瓜生真也**
Koji Makiyama　Shinya Uryu

[監修]
石田基広
Motohiro Ishida

基礎からわかる時系列分析

Rで実践するカルマンフィルタ・MCMC・粒子フィルタ

Understanding Time Series Analysis with R

技術評論社

［ご注意］
本書に記載された内容は，情報の提供のみを目的としています。したがって，本書を用いた運用は，必ずお客様自身の責任と判断によって行ってください。これらの情報の運用の結果について，技術評論社および著者はいかなる責任も負いません。

本書記載の情報は，2018年2月28日現在のものを掲載していますので，ご利用時には，変更されている場合もあります。

また，ソフトウェアに関する記述は，特に断わりのないかぎり，2018年2月28日現在での最新バージョンをもとにしています。ソフトウェアはバージョンアップされる場合があり，本書での説明とは機能内容や画面図などが異なってしまうこともあり得ます。本書ご購入の前に，必ずバージョン番号をご確認ください。

以上の注意事項をご承諾いただいた上で，本書をご利用願います。これらの注意事項をお読みいただかずに，お問い合わせいただいても，技術評論社および著者は対処しかねます。あらかじめ，ご承知おきください。

本文中に記載されている会社名，製品名等は，一般に，関係各社／団体の商標または登録商標です。本文中では®，©，™などのマークは特に明記していません。

監修にあたって

　Rおよびその統合環境であるRStudioはデータ分析ツールのデファクトスタンダードとして、いまや分野を問わず広く利用されています。

　Rの魅力は、拡張パッケージを導入することで、最新の分析手法やグラフィックス技法が簡単に使えるようになることです。

　最近のパッケージの多くはユーザインターフェースに工夫が凝らされていますので、短く簡潔なコマンド（命令）を実行するだけで簡単に解析が実行できてしまいます。

　それで満足というユーザもいるかもしれませんが、ここからさらに一歩踏み出して、自身がRで実行したコマンドの背景にある数理やアルゴリズムを理解できていれば完璧ではないでしょうか。

　技法と数理の両方に自信がもてれば、学会あるいは業務の現場で分析結果について突っ込んだ質問を投げかけられることがあっても、胸を張って答えられるようになります。

　本シリーズでは、選定したテーマごとに背景にある理論とアルゴリズムを、Rおよびパッケージの機能と関連付けて解説することを編集方針としました。

　具体的には、ベイズ統計、時系列分析（状態空間モデル）、地理情報システム（GPS）、そして人工知能（AI）など、現在もっともアクチュアルで、研究および実務面での応用も急速に進んでいるテーマを取り上げました。

　各テーマの執筆者たちは、それぞれの分野の学術および技術的背景に精通しており、また実際にRで分析を繰り返してきたエキスパートたちです。

　執筆にあたっては、理論や技法の解説に加え、日々の実践を通じて獲得したノウハウについても、惜しみなく盛り込んでもらえるように依頼しました。

　本シリーズを通じて、読者はRでの分析テクニックに理論武装できるだけでなく、達人たちが培ってきた秘伝の技法を手軽に吸収できることでしょう。これにより、読者のやる気と生産性は飛躍的に高まるものと確信します。

2017年12月

石田基広

まえがき

　本書は、R言語を用いて時系列分析を行う人の参考となるべく書かれた書籍です。
　時系列とは例えば気温や株価などの時間順に得られる系列的なデータのことであり、その分析にあたってはデータ間の関連を考慮することが重要となります。このような分析手法にはさまざまなアプローチが存在しますが、本書では確定的な方法と確率的な方法の両方を説明します。確定的な方法に関しては、探索的な分析の位置づけで移動平均法に基づく方法を説明します。一方確率的な方法に関しては、詳細な分析を行う位置づけで近年ますます注目の高まっている状態空間モデル (State Space Model) に基づく方法を説明します。R言語は確率・統計分析向けのフリーソフトであり、時系列分析を実践するのに適した言語の一つです。本書では、R言語のライブラリや関連して動作するソフトウェアも利用しながら説明を行っていきます。
　本書の対象となる読者ですが、基本的な話題のみならず進んだ話題もカバーしているため、時系列分析を初めて行う方から専門で検討をされている方にも幅広く興味をもっていただけます。なお、本書では確率・統計とR言語に必ずしも習熟していない読者も想定し、導入的な説明を用意しています。
　本書の特徴の一つは、実践に比重を置いている点にあります。このため、フィルタリングなどの個別のアルゴリズムの導出の多くは付録にまとめ、本文では数式の意味や事例に基づいたコードの起こし方を解説することに力点を置きました。記載にあたり実践に比重を置いた背景は、主に筆者の経験に基づいています。筆者としては時系列分析に関する確率・統計関連の文献を参照する際、その内容を理解するのに難儀し、一定の理解が得られても実際にコーディングをしようとすると適切な方法が分からず途方に暮れる場合も多かったのです。このような経験も自力で乗り越えるべき、というのももっともな教育方針だとは思いますが、本書がそのような障壁を乗り越えるための手助けとして少しでも貢献できればと考えています。
　本書の構成は、次の図のようになっています。まず1〜4章は、導入的な位置づけとなっています。ここでは、時系列分析の基本的な考え方に触れてから、確率・統計とRで時系列データを扱う際の基礎事項について説明し、探索的な手法を用いて実際に時系列分

まえがき

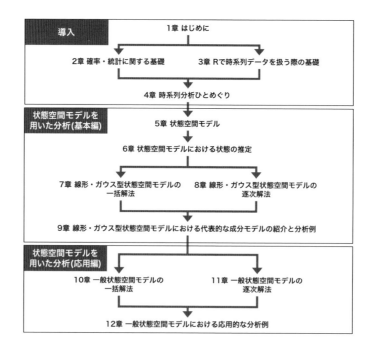

析を一通り行ってみます。

　続く 5～9 章は、状態空間モデルを用いた分析の基本編となっています。5, 6 章では、状態空間モデルの基本事項について説明します。7 章では線形・ガウス型状態空間モデルの一括解法として、主に歴史的な観点からウィナーフィルタについて触れます。8 章では線形・ガウス型状態空間モデルの逐次解法として、カルマンフィルタについて説明をします。この際 R のライブラリ **dlm** を活用します。9 章では分析を深めるために、線形・ガウス型状態空間モデルで一般的に用いられるモデル一式について説明をします。

　最後の 10～12 章は、状態空間モデルを用いた分析の応用編となっています。10 章では一般状態空間モデルの一括解法として、マルコフ連鎖モンテカルロ法 (MCMC; Markov chain Monte Calro) を活用する解法について説明します。この際 **Stan** というソフトウェアを活用し、カルマンフィルタを部品として推定精度を向上させる前向きフィルタ後ろ向きサンプリング (FFBS; Forward Filtering Backward Sampling) についても説明を行います。11 章では一般状態空間モデルの逐次解法として、粒子フィルタを説明します。この際、補助粒子フィルタやカルマンフィルタを部品として推定精度を向上させるラオ–ブラックウェル化についても説明を行います。12 章はデータに構造変化を伴う場合の応用的な分析を行い、馬蹄分布を活用したアプローチの結果を確認します。

　本書の表記ですが、本文を補う補足事項には鉛筆マークの印をつけて記載をしました。またフォントについては、コードの類には `plot()` のようにタイプライタ体、ライブラリ

の類には **dlm** のようにボールド体、重要な索引語の類には DLM のようにサンセリフ体を用いています。

　本書で用いたコードやデータは、サポートサイト https://github.com/hagijyun/tsbook から入手可能です。なお、本書を含むシリーズ全体のサポートサイトは http://gihyo.jp/book/series?s=Data\%20Science\%20Library となっています。

　筆者は本書で記載した内容に関して、自身の経験を通じある程度詳しくなることができました。筆者が得た知見をまとめて共有させていただくことで時系列分析を行う方の一助になればという想いで執筆をしてみましたので、手に取ってご覧をいただければと思います。なお、石田基広先生には本書の監修にご対応をいただき、また、赤塚裕人様、生駒哲一先生、伊東宏樹様、@sinhrks 様、寺田雅之様、松浦健太郎様、森岡康史様 (五十音順) には本書の草稿のレビューにご協力をいただきました。このおかげで本書の内容を大幅に改善することができましたので、ここで感謝の意を表したいと思います。また本書の付録 A を執筆いただいた瓜生真也様、付録 B を執筆いただいた牧山幸史様にも、感謝いたします。更に書籍の刊行に際して、校閲などさまざまなご協力をいただいた技術評論社の高屋卓也様はじめご関係者様にもお礼を申し上げます。本書に誤りが残っているとしたらそれは筆者のみの責任ですが、そのような場合にはサポートサイトを通じて適宜修正を図っていきたいと考えています。

2018 年 3 月
萩原淳一郎

目次

まえがき	v
第1章 はじめに	**1**
1.1 時系列分析とは	2
1.2 時系列分析のアプローチ	4
1.3 Rの利用	5
1.4 本書で用いる表記	6
第2章 確率・統計に関する基礎	**9**
2.1 確率について	10
2.2 平均と分散	11
2.3 正規分布	12
2.4 複数の確率変数の関係	13
2.5 確率過程	16
2.6 共分散・相関	17
2.7 定常過程と非定常過程	21
2.8 最尤推定とベイズ推定	22
第3章 Rで時系列データを扱う際の基礎	**25**
3.1 時系列データの扱いに適したオブジェクト	26
3.2 時間情報の扱い	29
第4章 時系列分析ひとめぐり	**33**
4.1 目的の確認とデータの収集	34
4.2 データの下調べ	35
4.3 モデルの定義	48

4.4	パラメータ値の特定	50
4.5	フィルタリング・予測・平滑化の実行	51
4.6	結果の確認と吟味	57
4.7	状態空間モデルの適用に際して	62

第5章 状態空間モデル   65

5.1	確率的なモデル	66
5.2	状態空間モデルの定義	66
5.3	状態空間モデルの特徴	71
5.4	状態空間モデルの分類	72

第6章 状態空間モデルにおける状態の推定   75

6.1	事後分布による状態の推定	76
6.2	状態の逐次的な求め方	77
6.3	状態空間モデルの尤度とモデル選択	88
6.4	状態空間モデルにおけるパラメータの扱い	90

第7章 線形・ガウス型状態空間モデルの一括解法   93

7.1	ウィナーフィルタ	94
7.2	例: AR(1) モデルの場合	96

第8章 線形・ガウス型状態空間モデルの逐次解法   99

8.1	カルマンフィルタ	100
8.2	例: ローカルレベルモデルの場合	110

第9章 線形・ガウス型状態空間モデルにおける代表的な成分モデルの紹介と分析例   129

9.1	個別のモデルの組み合わせ	130
9.2	ローカルレベルモデル	131
9.3	ローカルトレンドモデル	134
9.4	周期モデル	136
9.5	ARMA モデル	152
9.6	回帰モデル	162
9.7	モデル化に関する補足	177

第10章 一般状態空間モデルの一括解法   179

10.1	MCMC	180
10.2	MCMC による状態の推定	182

10.3	ライブラリの活用	183
10.4	一般状態空間モデルにおける推定例	191
10.5	推定精度向上のためのテクニック	196

第11章 一般状態空間モデルの逐次解法 　　217

11.1	粒子フィルタ	218
11.2	粒子フィルタによる状態の推定	227
11.3	ライブラリの活用	244
11.4	一般状態空間モデルにおける推定例	245
11.5	推定精度向上のためのテクニック	251

第12章 一般状態空間モデルにおける応用的な分析例 　　273

12.1	構造変化の考慮	274
12.2	カルマンフィルタによるアプローチ (変化点は既知)	275
12.3	MCMCを活用した解法によるアプローチ (変化点は未知)	279
12.4	粒子フィルタによるアプローチ (変化点は未知)	288
12.5	未知の変化点を実時間で検出する	294

付録A　Rの利用方法 　　297

A.1	RおよびRStudioのダウンロード	297
A.2	RStudioの基本	302
A.3	Rプログラミングの初歩	306

付録B　確率分布に関する関数 　　315

B.1	確率密度関数	316
B.2	累積分布関数	319
B.3	分位点関数	322
B.4	乱数の生成	323

付録C　Rと連携して動作するライブラリ・外部ソフトウェア 　　327

C.1	dlm	327
C.2	Stan	328
C.3	Biips	328
C.4	pomp	329
C.5	NIMBLE	329

目次

付録D　ライブラリ dlm　331
- D.1　モデルの扱い ... 331
- D.2　時変モデルの設定 ... 331
- D.3　平方根アルゴリズム ... 332
- D.4　本書で主に利用する関数 ... 332

付録E　状態空間モデルにおける条件付き独立性に関する補足　339
- E.1　(5.3) 式の導出 ... 339

付録F　線形・ガウス型状態空間モデルにおける記号の割り当て　341

付録G　アルゴリズムの導出に関する情報　343
- G.1　ウィナーフィルタ ... 343
- G.2　カルマンフィルタ ... 348
- G.3　MCMC を活用した解法 ... 356
- G.4　粒子フィルタ ... 356

付録H　ライブラリによる粒子フィルタリングの実行　359
- H.1　例: 人工的なローカルレベルモデル ... 359

あとがき　371

参考文献　373

索引　381

第1章
はじめに

　本章では、時系列分析とはどのようなものかについて、まず具体的なデータに基づき感触をつかんでもらいます。続いて、時系列分析における推定対象の考え方について触れます。最後に、Rなどのソフトウェアの利用や本書で用いる表記に関して簡単に説明をします。

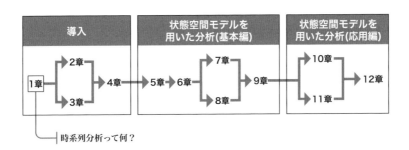

第1章 はじめに

1.1 時系列分析とは

時系列分析とは時間的に得られる系列的なデータに対する分析のことですが、実際のデータを元にその感触を確かめてみましょう。ここでは、後の章でも扱うデータを2つ取り上げます。

まずは、アフリカ大陸のナイル川における年間流量に関するデータ [1] を確認してみます。R では組み込みのデータセットとして Nile が利用可能で、このデータは 1871 年から 1970 年までの年ごとの観測値の系列 (単位は $[\times 10^8 \text{ m}^3]$) になっています。図 1.1 はそのグラフになります。

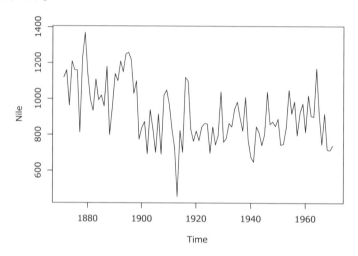

図 1.1: ナイル川における年間流量に関するデータ

図 1.1 を眺めると、その年の気候に左右されるためか不規則な変動が続いており、特別なパタンは見受けられないような印象を受けます。ナイル川の氾濫は流域の安全や農作に大きく影響を及ぼすためエジプト文明の発展とも深い関係があり、近代には氾濫を人工的に制御する目的でアスワンダムが建設されています [2]。ナイル川の流量は毎年変動していますが、過去・現在・未来にわたってどのような値をとり、またどのような傾向があるのかを適切に把握することは、文明の発展に関する考察や安全対策、農作の管理などに有益です。

続いては、大気中の二酸化炭素濃度に関するデータを確認してみましょう。R では組み込みのデータセットとして co2 (ハワイのマウナロア観測所による観測値) も利用可能ですが、本書では国内における最新の観測値を取り上げます。具体的には、岩手県大船渡市三陸町綾里崎において 1987 年 1 月から観測されている月平均値の系列 (単位は [ppm]) を

考えます。このデータは気象庁のサイト http://ds.data.jma.go.jp/ghg/kanshi/obs/co2_monthave_ryo.csv から取得可能であり、ここではダウンロードしたデータを R で扱いやすいように少しだけ整え直しています。図 1.2 は、このデータの 2014 年 12 月までのグラフになります。

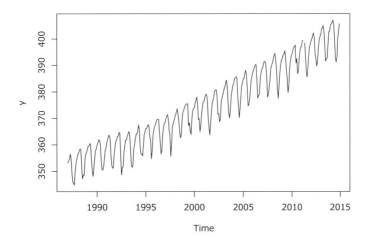

図 1.2: 大気中の二酸化炭素濃度に関するデータ

図 1.2 をよく見ると、2011 年 4 月に描画が欠けていることが分かります。これは、同時期に発生した東日本大震災の影響で、データが取得できなかった部分です。また図 1.2 には、明確な年周期のパタンが見受けられます。これにはさまざまな要因が考えられますが、植物の生態 (おおむね冬場より夏場の方が光合成が盛んなど) も影響しています。さらに全体的には右肩上がりの傾向があり、このことが地球温暖化の要因の 1 つとして近年認識されるようになってきました。大気中の二酸化炭素濃度は毎年変動していますが、過去・現在・未来にわたってどのような値をとり、またどのような傾向があるのかを適切に把握することは、植物の生態に関する考察や地球温暖化の対策などに有益な営みとなります。

以上の例を踏まえて時系列分析の一般的な意味合いを改めて考えてみると、基本的には関心のある事象における過去・現在・未来の値を適切に把握し (推定し)、関連してその結果を元に、事象の仕組みや影響に関する知見を得たり対策を考えたりする営みである、といえるでしょう。本書では時系列分析に関して、過去と現在、さらに未来それぞれの値を適切に推定する方法に焦点を合わせて説明を行っていきます。

この 3 種類の推定は図 1.3 に示すように、過去の時点に対する推定は**平滑化** (もしくは**スムージング**)、現在の時点に対する推定は**フィルタリング** (もしくは**濾波**)、未来の時点に対する推定は**予測** (もしくは**プレディクション/フォアキャスト**) と呼ばれます。

第1章 はじめに

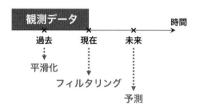

図 1.3: 推定の型

また平滑化に関してはさらに細分化された呼称があり、推定時点に対して現在までの全ての観測データを考慮する場合は**固定区間平滑化**、推定時点に対して少し先までの観測データのみを考慮する場合は**固定ラグ平滑化**、また特定の時点のみに着目した平滑化は**固定点平滑化**と呼ばれます。

ここで本書の説明の対象とする時系列データについて、補足をしておきます。本書では、等間隔にサンプリングされた一種類の情報のみの (**単変量**と呼ばれます) 離散的な時系列データを想定し、説明を行っていきます。このような条件を設けても多くの実データが対象になりますが、この条件を超える (例えば同時に複数の情報を考慮する**多変量**と呼ばれるような) データの扱いに関しては、関連する情報を「あとがき」に記載しておきました。

1.2 時系列分析のアプローチ

時系列データの分析が素朴な統計分析と最も異なるのは、各時点のデータの間の関連を明確に考慮する点にあります。一般に時系列データはサイコロの出目などとは異なり、各時点のデータの間で何らかの関係をもっています。例えば前節でのナイル川における年間流量のデータでいえば、特別なパタンがないということは、不規則なふらつきを除けば毎年おおむね前年と似た値を繰り返しているのではないか、という推察ができます。また、前節での大気中の二酸化炭素濃度データに関しては、年周期のパタンと右肩上がりの傾向があるのではないか、という推察ができます。このようにデータのもつ時間方向の相関は、推定精度を向上させるために考慮すべき有意義な情報です。本書ではこのために、確定的な方法と確率的な方法の両方を説明します。確定的な方法とはある時点において値そのものを推定する方法を指し、確率的な方法とはある時点においてさまざまな値が得られる不確実性を推定する方法を指しています。これらの関係を模式的に比較すると、図1.4のようになります。

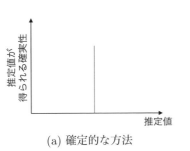 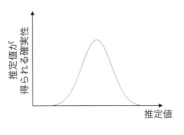

(a) 確定的な方法　　(b) 確率的な方法

図 1.4: ある時点における推定対象

　本書では**確定的な方法**に関して、4 章において探索的な分析としての位置づけで、移動平均法に基づく方法を説明します。一方、**確率的な方法**に関しては、5 章以降において詳細な分析を行う位置づけで、状態空間モデル (State Space Model) に基づく方法を説明します。なお、これらを説明する上で必要となる確率・統計に関する基礎事項に関しては、あらかじめ 2 章で一通り説明を行うことにします。

1.3　R の利用

　ここでは、本書で R を利用する際に必要となる情報を簡単にまとめておきます。

1.3.1　R 本体

　R 本体の概要とインストールに関しては、付録 A に情報をまとめておきました。最近では RStudio という非常に便利な統合環境が利用できますので、その情報もあわせて記載をしています。なお、R で利用する確率分布に関する関数については付録 B で、R で時系列データを扱う際の基礎については 3 章で、それぞれ説明を行います。

1.3.2　R と連携して動作するライブラリ・外部ソフトウェア

　R とライブラリや外部ソフトウェアを連携させることで、さらに強力な分析環境が構築できます。本書でも複数のライブラリや外部ソフトウェアを活用しますので、主なものを表 1.1 にまとめました。

第 1 章　はじめに

表 1.1: 本書で利用する主なライブラリ・外部ソフトウェア

名称	本書での主な利用目的
dlm	カルマンフィルタ
Stan	MCMC
Biips, pomp, NIMBLE	粒子フィルタ

これらに関しては、付録 C にその概要やインストールに関する情報をまとめておきました。なおライブラリ **dlm** は本書全般で多用するため、やや詳しい説明を付録 D にまとめておきました。

1.3.3　本書で使用したコード・データの配布と確認環境

本書で使用したコードやデータは、サポートサイト https://github.com/hagijyun/tsbook から入手可能となっています。これらは章ごとに R Markdown 形式でまとめてありますが、R Markdown を利用しない読者は、例えばライブラリ **knitr** の purl() 関数などで R のスクリプト部分を適宜抽出してください。本書執筆時の確認環境は、Windows 7 (64bits), R 3.4.2, RStudio 1.1.383, **dlm** 1.1-4, **Stan** 2.17.2, **Biips** 0.10.0, **pomp** 1.15, **NIMBLE** 0.6-7 となっています (ライブラリ・外部ソフトがコンパイラを利用する場合には、**Rtools** 3.4.0.1964, **Rcpp** 0.12.13 を利用しました)。なお、環境が変わると数値結果も異なる可能性があることをあらかじめお断りしておきます。

1.4　本書で用いる表記

最後に、本書で用いる数学的な表記についてまとめておきます。

列ベクトルは v などのように太字の小文字、行列は A などのように太字の大文字で表します。転置は $\top$ で表しますので、行ベクトルは $v^\top$、転置行列は $A^\top$ のようになります。逆行列は A^{-1}、行列式は $\det(A)$ で表します。対角行列・ブロック対角行列はその要素 (スカラー・行列) を用いて、diag(要素$_1$, 要素$_2$, ...) と表します。また、零ベクトルは 0、零行列は O、単位行列は I で表します。行列の要素を空白で表した部分には、0 が入るものとします。複素数 $z = \mathrm{Re}(z) + i\,\mathrm{Im}(z) = |z|e^{i\arg(z)}$ において、$\mathrm{Re}(z)$ は z の実部、$\mathrm{Im}(z)$ は z の虚部、$|z|$ は z の絶対値、$\arg(z)$ は z の偏角、$i = \sqrt{-1}$ は虚数単位とします。また、z の複素共役を $\bar{z}$ で表します。ある変量 $\cdot$ の予測値または推測値を、一般的に $\hat{\cdot}$ で表します。$\lfloor \cdot \rfloor$ は $\cdot$ を超えない最大の整数を意味します ($\lfloor \rfloor$ は床関数と呼ばれます)。集合は、{ と } の

間にその要素を並べて表現します。$:=$ は定義、$\propto$ は比例関係、mod は剰余演算、$\int$ は積分、$'$ は微分、∂ は偏微分、$\sum$ は累和、$\prod$ は累積を表します。

第2章
確率・統計に関する基礎

　本章では、本書の説明で必要となる確率・統計に関する基礎事項について、一通り説明をします。なお説明は必要な部分に絞られていますので、詳細については参考文献 [3–5] などを参照してください。

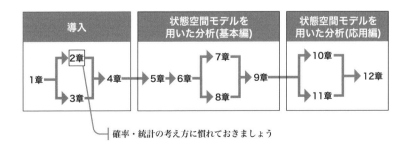

第 2 章 確率・統計に関する基礎

2.1 確率について

ここでは、まず確率に関する最も基本的な事柄を記載します。

不確定に揺らぐ量を**確率変数**と呼び、Y などの大文字で表します。本書で扱う確率変数は原則連続値に限定します。また確率変数の標本に関する具体的な値を**実現値**と呼び、y などの対応する小文字で表します。確率変数 Y の実現値が $y_{最小} \sim y_{最大}$ の間に入る確率を $\mathrm{P}(y_{最小} \leq Y \leq y_{最大})$ と表記し、また確率変数 Y の実現値が y になる確率を $\mathrm{P}(y)$ と略記します。確率はその公理から 0 以上 1 以下の値をとり、全確率は 1 となります。確率変数について、その実現値のあらゆる組み合わせ条件に対する確率の一覧を、**確率分布** (もしくは単に分布) と呼びます。確率分布について、ある実現値付近の出やすさを網羅した**確率密度関数** (もしくは単に密度関数) を一般的に $p()$ と表現し、確率分布と同じ意味で扱います (なお、著名な確率分布については個別の名称やその英頭文字がよく用いられます)。確率分布を特徴付ける量を**パラメータ**と呼び、$\boldsymbol{\theta}$ で表します。このような量は一般に複数存在し得ますので、$\boldsymbol{\theta}$ はそれらを要素にもつベクトルになっています。パラメータは時間的に変化し得ますが (**時変**)、本書では簡単のため当面時間的に変化しない (**時不変**) と仮定します (主に、最後の 12 章にて時変の場合を取り上げます)。確率変数 Y がある確率分布 $p()$ に従うことを $y \sim p(\cdot)$ と略記し、パラメータを明示する場合には $y \sim p(\boldsymbol{\theta})$ とします。点 y における確率密度 (もしくは単に密度) は $p(y)$ で表し、パラメータを明示する場合には $p(y; \boldsymbol{\theta})$ とします。

ここで、具体的に確率密度関数の例をいくつか見てみましょう。

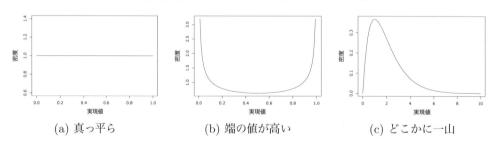

(a) 真っ平ら　　(b) 端の値が高い　　(c) どこかに一山

図 2.1: 確率密度関数の例

確率密度関数のグラフの下の総面積は全確率に相当しますのでどの例でも必ず 1 になりますが、縦軸の値自体は密度ですので 1 を超えることがあります。またパラメータもさまざまですが、例えば図 2.1(a) では縦軸の密度は一定の値で特徴がないため、横軸の実現値における左端と右端の値がパラメータになります。

2.2 平均と分散

ここでは、確率分布の統計量の中でもよく使われる平均と分散について説明をします。
まず、確率変数 X の**平均値**(もしくは**期待値**) は

$$\mathrm{E}[X] = \int x p(x) \mathrm{d}x \tag{2.1}$$

と定義されます。平均値は確率分布の重心を意味し、確率分布の代表値の 1 つとしてよく使われます。

また、確率変数 X の**分散**は

$$\mathrm{Var}[X] = \mathrm{E}[(X - \mathrm{E}[X])^2] = \int (x - \mathrm{E}[X])^2 p(x) \mathrm{d}x \tag{2.2}$$

と定義されます。分散の平方根は**標準偏差**と呼ばれ、標準偏差は確率分布が平均値から平均的にどれぐらい広がっているかを意味します。なお、分散の逆数は**精度**と呼ばれることがあります。

ここで、図 2.1(c) の確率分布に関する平均・標準偏差の例を図 2.2 に示しておきます。

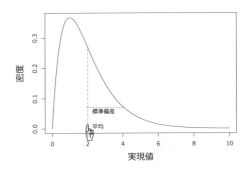

図 2.2: 確率分布と平均・標準偏差の例

平均値は確率分布の重心ですので、確率分布の形を切り取った厚紙があるとしたらそれをバランスよく支えることができる点になります。一方標準偏差は、確率分布の平均的な幅の広さに相当しています。

さらに、確率変数の変換を考えるときに有益な、期待値と分散の簡単なバリエーションを示しておきます。a, b を定数とし、確率変数に X と Y があるとします。このとき、期待値と分散に関して以下の関係が成立します。

$$\mathrm{E}[aX + b] = a\mathrm{E}[X] + b \tag{2.3}$$

$$\mathrm{Var}[aX + b] = a^2 \mathrm{Var}[X] \tag{2.4}$$

$$\mathrm{E}[X + Y] = \mathrm{E}[X] + \mathrm{E}[Y] \tag{2.5}$$

$$\mathrm{Var}[X + Y] = \mathrm{Var}[X] + \mathrm{Var}[Y] + 2\mathrm{E}[(X - \mathrm{E}[X])(Y - \mathrm{E}[Y])] \tag{2.6}$$

2.3 正規分布

ここでは、数ある確率分布の中でも著名な**正規分布** (ガウス (C. F. Gauss) に敬意を表して**ガウス分布**とも呼ばれます) について説明をします。

正規分布の確率密度関数は、そのパラメータである平均 μ と分散 σ^2 を用いて、次の式で与えられます。

$$\mathcal{N}(y; \mu, \sigma^2) = \frac{1}{\sqrt{2\pi\sigma^2}} \exp\left\{-\frac{(y - \mu)^2}{2\sigma^2}\right\} \tag{2.7}$$

平均を 0、分散を 1 とした正規分布が図 2.3 になります。

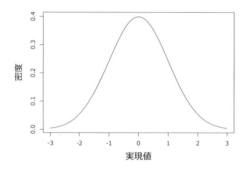

図 2.3: 正規分布

正規分布の密度は、平均値を中心にした対称な釣鐘型の形をしているのが分かります。

p 個の確率変数のベクトル $\boldsymbol{y} = (y_1, y_2, \ldots, y_p)^\top$ に対して定義される**多次元正規分布**も存在し、その定義は次のようになります。

$$\mathcal{N}(\boldsymbol{y}; \boldsymbol{\mu}, \boldsymbol{\Sigma}) = \frac{1}{\sqrt{(2\pi)^p \det(\boldsymbol{\Sigma})}} \exp\left\{-\frac{1}{2}(\boldsymbol{y} - \boldsymbol{\mu})^\top \boldsymbol{\Sigma}^{-1}(\boldsymbol{y} - \boldsymbol{\mu})\right\} \tag{2.8}$$

この場合、平均 $\boldsymbol{\mu}$ は p 次元の列ベクトル、分散 $\boldsymbol{\Sigma}$ は $p \times p$ の行列となります。平均ベクトルを $\boldsymbol{0}$, 分散を単位行列 $\boldsymbol{I}$ とした 2 次元正規分布が図 2.4 になります。

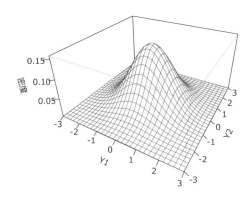

図 2.4: 2 次元正規分布

　2 つの確率変数が関係しますので、分布が立体的な山になっているのが分かります。なお (2.8) 式は確率変数の間の関係も規定していますので、正規分布に従う確率変数の系列を制約なく集めただけでは必ずしも (2.8) 式を満たしませんので、注意が必要です。

　最後に、正規分布の重要な特徴について述べておきます。正規分布に従う確率変数には線形の演算を施した結果も再び正規分布になるという便利な特徴があり、これは**正規分布の再生性** [6] と呼ばれています。

2.4　複数の確率変数の関係

　ここでは、複数の確率変数が存在する場合のそれらの関係について説明をします。その際、イメージをつかんでもらうために先に具体例に基づいて基本的な考え方をなぞってから、一般的な説明に移ります。

　それではまず具体例について説明をします。この例は、文献 [3, 2 章] の記載をベースにさせていただきました。まず、想像上の Ω 国という国を考えます。

第 2 章 確率・統計に関する基礎

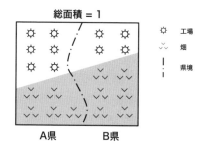

図 2.5: Ω 国

図 2.5 にある よう に Ω 国の総面積は 1 ですが、A 県と B 県からなり、いずれの県でも土地の用途は工場か田畑に分かれているものとします。

最初に

$$P(工場, A 県) \tag{2.9}$$

は、工場地帯における A 県の面積を意味する表記とします。なお、かっこの中を逆に書いた

$$P(A 県, 工場) \tag{2.10}$$

は A 県における工場の面積を意味するものとしますが、両者は同じものを指していますので、順番に意味はないことになります。ここで、

$$\begin{bmatrix} P(工場, A 県) & P(工場, B 県) \\ P(田畑, A 県) & P(田畑, B 県) \end{bmatrix}$$

は Ω 国の面積を全て網羅しており、この表記が最も詳細な表現形態であることが分かります。

続いて P(工場) は県に関わらず、工場地帯の総面積を意味する表記とします (同様に P(A 県) は用途にかかわらず、A 県の総面積を意味する表記とします)。すると、

$$P(工場) = P(工場, A 県) + P(工場, B 県) = \sum_{県} P(工場, 県) \tag{2.11}$$

という関係があることが分かります。ここで工場の総面積 P(工場) しか分からない場合、A 県と B 県における工場の面積は異なるため、それぞれの本当の面積を知ることはできませんが、雑に振り分けると一応 P(工場)/2 と考えることはできます。

さらに P(工場 | A 県) は A 県における工場の割合を意味する表記とします (同様に P(A 県 | 工場) は工場地帯における A 県の割合を意味する表記とします)。すると、

$$P(工場 | A 県)P(A 県) = P(工場, A 県) \tag{2.12}$$

という関係があることが分かります。同様に、

$$P(A県 | 工場)P(工場) = P(A県, 工場) \tag{2.13}$$

という関係があります。ここで、P(用途, 県) と P(県, 用途) が同じ意味であったことを思い出すと、これらの式から

$$P(工場 | A県)P(A県) = P(A県 | 工場)P(工場) \tag{2.14}$$

の関係が成り立つことが分かります。(2.14) 式を使うと、Ω 国の面積を用途の観点から眺めるのか、それとも県の観点から眺めるのかを、切り替えることができます。

最後に、図 2.6 のように工場と田畑の割合が均一な特殊な場合を考えます。

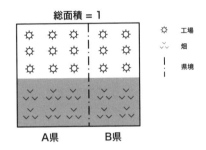

図 2.6: Ω 国 (用途の割合が均一な場合)

この場合、工場や田畑の割合が A 県でも B 県でも変わらないことになるため、

$$P(工場, A県) = P(工場 | A県)P(A県) = P(工場)P(A県) \tag{2.15}$$

となります。ここで Ω 国の総面積は 1 なので、工場地帯の総面積 P(工場) は、国全体における工場地帯の割合でもあることに注意してください。

ここまでが具体例の説明でした。以降ではこの具体例を踏まえ、一般的な説明に移ります。まず複数の確率変数が存在する場合、それらが同時に生じる確率を**同時確率** (もしくは結合確率) と呼びます。同時確率に関する確率分布は**同時分布** (もしくは結合分布) と呼ばれます。例えば確率変数 X と Y が存在する場合、それらの同時分布を

$$p(x, y) \quad (もしくは順序は関係ないので同じ意味で p(y, x)) \tag{2.16}$$

と表します。複数の確率変数が存在する場合は、それらの同時分布が最も表現力が高く、確率的な問題を考える場合にはここを出発点に考えるべきです [3, 7]。

複数の確率変数が存在する場合、特定の確率変数（複数あってもよい）のみに関する確率を**周辺確率**と呼びます。周辺確率に関する確率分布は**周辺分布**と呼ばれます。例えば確

率変数 X と Y が存在する場合、周辺分布を $p(x)$ (もしくは $p(y)$) と表します。これらは、同時分布を積分することで、

$$p(x) = \int p(x,y)\mathrm{d}y \qquad (もしくは p(y) = \int p(x,y)\mathrm{d}x) \tag{2.17}$$

と求めることができます。この操作は**周辺化**消去と呼ばれます。周辺化消去における積分の意味は、同時分布から明示的に外して考えたい確率変数があれば、その影響をあらかじめ平均的に考慮しておくことに相当します。

複数の確率変数が存在する場合、特定の確率変数（複数あってもよい）が確定した条件での確率を**条件付き確率**と呼びます。条件付き確率に関する確率分布は**条件付き分布**と呼ばれます。例えば確率変数 X と Y が存在する場合、Y が確定した際の条件付き分布を $p(x \mid y)$、また X が確定した際の条件付き分布を $p(y \mid x)$ と表します。条件付き分布には**確率の乗法定理**を通じて、

$$p(x \mid y)p(y) = p(x,y) = p(y,x) = p(y \mid x)p(x) \tag{2.18}$$

という関係が成立しています。ここから**ベイズの定理** (Bayes' theorem)

$$p(x \mid y) = \frac{p(y \mid x)p(x)}{p(y)} \qquad (もしくは p(y \mid x) = \frac{p(x \mid y)p(y)}{p(x)}) \tag{2.19}$$

が得られます。ベイズの定理の意味は、(少し抽象的ですが) 確率の眺め方を変えることに相当しており、例えば X が原因事象に関する確率変数であり、Y が観測結果に関する確率変数であれば、観測結果から原因を推しはかるために使うことができます。

さらにこの例を用いて、ベイズの定理について補足をしておきます。$p(x \mid y) = p(y \mid x)p(x)/p(y)$ において、分母は $p(y) = \int p(x,y)\mathrm{d}x = \int p(y,x)\mathrm{d}x = \int p(y \mid x)p(x)\mathrm{d}x$ ですので、左辺の $p(x \mid y)$ は、理論的には $p(y \mid x)$ と $p(x)$ から求められることになります。これらはそれぞれ、$p(x \mid y)$ が**事後分布**、$p(y \mid x)$ が**尤度** (正確には x の条件での尤度)、$p(x)$ が**事前分布**とよく呼ばれます。また、このように事前分布に尤度を考慮して事後分布を求める過程は、**ベイズ更新**とも呼ばれます。

最後に、同時分布が

$$p(x,y) = p(x)p(y) \tag{2.20}$$

のように各々の周辺分布の積になる場合、確率変数 X と Y は**独立**となります。

2.5 確率過程

ここでは、確率過程に関する基本的な事項を記載します。

確率過程とは確率変数の系列のことで、確率的にとらえた時系列データがまさに該当します。系列における時点 t を示すために、確率変数およびその実現値には下付の添え字を付与し、Y_t, y_t などと表します。本書では離散時間の確率過程のみを扱います。具体的な時間が指定されていない場合、慣例として、観測時点は 1 から始まる自然数で T までとし、時点 0 における確率分布は事前分布を意味するものとします。また時間の範囲を [:] で表しますので、集合を $\{\cdots\}$ で表すと、時点 1 から T までの Y および y の集合は、$\{Y_1, \ldots, Y_T\} = Y_{1:T}$, $\{y_1, \ldots, y_T\} = y_{1:T}$ と表されます。

2.6 共分散・相関

ここでは、2 つの確率変数の間の関係を示す統計量としてよく使われる共分散・相関について説明をします。共分散・相関は時系列を調べる基本的なツールの 1 つであり、重要な位置づけを担います。共分散と相関は本質的には同じものですが、ここでは共分散から説明をすることにします。

まず、確率変数 X と Y を考えます。これらの**共分散**は次のように定義されます。

$$\mathrm{Cov}[X, Y] = \mathrm{E}[(X - \mathrm{E}[X])(Y - \mathrm{E}[Y])] \tag{2.21}$$

共分散は確率変数 X と Y の関連を表しており、各々の期待値に比べて大きな値が出るか・小さな値が出るかが同じ傾向であれば正の値、逆の傾向があれば負の値、いずれでもない場合は 0 の値をとります。この共分散はこれまでの説明にも実は出現しており、2 つの確率変数の和の分散に関する (2.6) 式の最後の項は共分散です (ただし係数の 2 を除く)。また、多次元正規分布の (2.8) 式におけるパラメータの分散 Σ の中の要素も共分散です。

共分散を規格化した次の値は、**相関係数**と呼ばれます。

$$\rho = \frac{\mathrm{Cov}[X, Y]}{\sqrt{\mathrm{Var}[X]}\sqrt{\mathrm{Var}[Y]}} \tag{2.22}$$

相関係数は $-1 \sim +1$ の値をとります。相関係数の例を示したのが次の図になります。

第 2 章 確率・統計に関する基礎

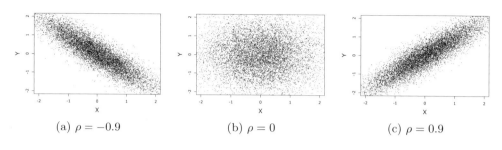

(a) $\rho = -0.9$　　(b) $\rho = 0$　　(c) $\rho = 0.9$

図 2.7: 相関係数の例

共分散・相関係数は X と Y が独立であれば 0 になりますが、共分散・相関係数が 0 でも X と Y は必ずしも独立とはいえませんので、注意が必要です[1]。無相関ではあるものの独立ではない例として、円周上の点の座標 x, y を確率変数 X, Y の実現値と考え、相関係数を計算してみます。

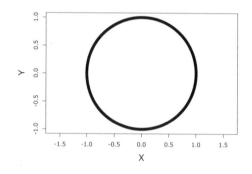

図 2.8: 円周上の点

図 2.8 は中心が 0 で半径が 1 の円周上に点を 1,000 点生成したもので、その相関係数は $-1.219376\text{e-}18$ という 0 に近い値となりました。この値が得られた理由は、X がその平均 (円の中心) より大きくなるとき、Y はその平均 (円の中心) より大きくも小さくもなり、その度合がちょうど同じため、互いの影響が相殺されるためです。相関係数はその定義からあくまで線形の関係性を確認するのに適した量であり、この例のような非線形の関係の把握には適していません。したがって同時に複数のデータを調べる際、それらのうちの 2 変量間の特徴を共分散・相関係数のみで把握しようとするのはあまり得策でなく、図 2.8 のような散布図をあらかじめ目視で確認しておくことをお勧めします。

今度は、確率過程 X_t と Y_t を考えます。このとき、**相関関数**は次のように定義されます。

---

[1] ただし X と Y が 2 次元正規分布に従う場合は、相関が 0 であれば X と Y は必ず独立になります。このように正規分布に従う確率変数は、「特別に」無相関と独立性が同じ意味をもちます。

$$R(t,k) = \mathrm{E}[X_t Y_{t-k}] \tag{2.23}$$

ここで時間差 k のことを**ラグ**と呼び、対象となる確率変数を明示する場合は $R_{X,Y}(t,k)$ のように下付の添え字を付与します。相関関数は、X_t と時点を k だけずらした Y_{t-k} の間の共分散に相当しています。そのため、確率過程 X_t と Y_t が独立であれば相関関数も 0 になり、その逆が必ずしも真ではないことも、共分散と同じです。

続いて自己共分散・自己相関係数の話題へ移ります。まず、確率過程 X_t の**自己共分散**は以下のように定義されます。

$$\mathrm{Cov}[X_t, X_{t-k}] = \mathrm{E}[(X_t - \mathrm{E}[X_t])(X_{t-k} - \mathrm{E}[X_{t-k}])] \tag{2.24}$$

自己共分散は時点をずらした自分自身のデータとの共分散であり、時点 t とラグ k の関数になります。

自己共分散を規格化した次の値は、**自己相関係数**と呼ばれます。

$$\rho_{t,k} = \frac{\mathrm{Cov}[X_t, X_{t-k}]}{\sqrt{\mathrm{Var}[X_t]}\sqrt{\mathrm{Var}[X_{t-k}]}} \tag{2.25}$$

自己相関係数は時点をずらした自分自身のデータとの相関係数であり、時点 t とラグ k の関数になります。この値も相関係数と同様に $-1 \sim +1$ の値をとります ($k=0$ で $+1$ となるのは明らかでしょう)。自己相関係数の例を示したのが次の図になります。

第 2 章 確率・統計に関する基礎

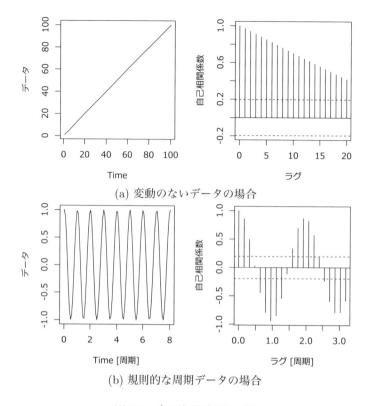

(a) 変動のないデータの場合

(b) 規則的な周期データの場合

図 2.9: 自己相関係数の例

　図 2.9(a) は変動のないデータの場合の例、図 2.9(b) は規則的な周期データの場合の例になっています。それぞれの場合において、グラフの左側は横軸に時間をとった観測値に相当するデータのプロットであり、グラフの右側は横軸にラグをとった自己相関係数のプロットになっています (これはコレログラムとも呼ばれ、点線の区間は「ラグ $\neq 0$ の自己相関係数が全て互いに独立な標準正規分布に従う」と仮定した場合の 95%信頼区間を表しています)。変動のないデータの場合、時間をずらしても同じような値が続くため、一般に自己相関係数はなかなか減衰しません。また規則的な周期データの場合、一般に周期の整数倍のタイミングで自己相関係数が高くなるのが分かります。

　最後に、時系列データの統計量 (平均、分散、共分散・相関) を求める場合の注意点を補足しておきます。現実の世界での時系列データの取得は一度限りの場合が多く、複数の標本を得ることは基本的に困難です。このため、時系列データに関する統計量の導出は、異なる試行を通じた結果と同じ値が得られることを期待しつつ、もっぱら観測した時系列データによる時間方向の計算で代用されます。

> **補足** このように異なる試行を通じた統計量と時間方向の計算による統計量が一致する性質は、エルゴード性と呼ばれます。

2.7 定常過程と非定常過程

ここでは、定常な確率過程と非定常な確率過程について説明します。

確率過程における定常性とは、時点が変わっても確率的な特徴が変わらないことを意味しています。もう少し詳しく説明すると、確率過程の確率分布が時点 t に依存せず変わらない場合、その確率過程は**強定常**であると呼ばれます。これに対して、確率過程の平均、分散、自己共分散・自己相関係数が時点 t に依存せず変わらない場合、その確率過程は**弱定常**であると呼ばれます。実際のデータを対象にした分析でよく使われるのは弱定常の方ですので、本書ではこれ以降、弱定常のことを単に**定常**と記載することにします。また、定常条件を満たさない確率過程は、**非定常**な確率過程となります。

> **補足** 定常な確率過程では、相関関数 $R(t,k)$ や自己相関係数 $\rho_{t,k}$ はラグ k のみの関数 $R(k)$ や ρ_k となります。また、平均が 0 で自己共分散・自己相関係数も 0 (ただしラグ $k=0$ は除く) の定常な確率過程は、**白色雑音**と呼ばれます。

本書では定常と非定常の両方の確率過程を分析しますが、その違いについて説明をしておきます。これは、時系列分析において定常と非定常の区別が重要になる場合があるためです。

まずある時系列データが定常か非定常かは、グラフを眺めるとある程度感触をつかむことができます。例えば、1 章において、図 1.1 のナイル川における年間流量のデータはあまり明確な感触を得ることはできないかもしれませんが、図 1.2 の大気中の二酸化炭素濃度は非定常であると見当がつきます。これは、図 1.2 ではグラフを眺める期間が後ろにずれるに従って、データの平均が明確に変わり高くなるためです。

このようにグラフを眺めると時系列データの定常性に関してある程度のことは分かりますが、精密に判定するのは意外と難しい作業です。

データの生成過程が既知の場合には、厳密な判定条件が分かる場合があります。その例として、**AR モデル** (AR は AutoRegressive の略であり、**自己回帰モデル**とも呼ばれます) に従う人工的なデータを考えます。AR モデルとは、現在のデータと過去のデータの間に線形の関係があると規定したモデルです。AR モデルの中でも一時点過去との関係のみを規定したモデルは AR(1) モデルと呼ばれ、具体的には、

$$Y_t = \phi Y_{t-1} + \epsilon_t \tag{2.26}$$

で定義されます。ここで ϵ_t は白色雑音です。AR(1) モデルから生成されたデータの例を示

したのが、図 2.10 です。

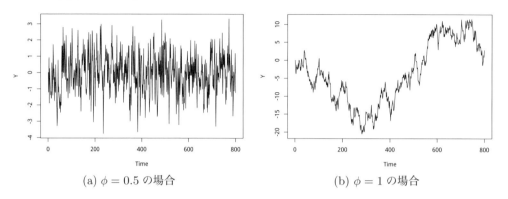

(a) $\phi = 0.5$ の場合 (b) $\phi = 1$ の場合

図 2.10: AR(1) モデルから生成されたデータの例

図 2.10(a) は $\phi = 0.5$ の場合で、値が 0 の周りを行き来している様子が分かります。一方図 2.10(b) は $\phi = 1$ の場合で、値がどこに行くのか見当がつかない感じがします。実際 AR(1) モデルの定常性は ϕ の値のみに依存し、

$$\begin{cases} 定常 & |\phi| < 1 \text{ の場合} \\ 非定常 & それ以外の場合 \end{cases} \quad (2.27)$$

となります。

定常性の判定をする際にデータの生成過程が既知となることは稀ですので、一般的なデータに関しては (何らかの前提をおいた上での) 検定法が存在しています。有名なのは ADF (Augmented Dickey–Fuller) 検定や PP (Phillips–Perron) 検定ですが、その他にもさまざまな方法が存在します [8, 9]。

最後に、本書における定常過程と非定常過程の扱いについて、触れておきます。本書で確率的なモデルとして 5 章以降で取り上げる状態空間モデルでは、基本的には非定常な時系列データも直接扱うことができます。そのため状態空間モデルを用いた時系列分析では定常性の判別に固執しないことが多く、本書でもそのスタンスをとります。

2.8 最尤推定とベイズ推定

これまで確率分布のパラメータ θ は、暗黙のうちに既知であると仮定していました。パラメータは既知であることもありますが一般には未知であり、分析の際には何らかの方法で特定化を行う必要があります。ここでは本書で使用するパラメータ値の特定化方法とし

て、最尤推定とベイズ推定についてその考え方を説明します。この話題は「6.4 状態空間モデルにおけるパラメータの扱い」で、再び少し詳しい説明をします。

確率過程 Y_t ($t = 1, 2, \ldots, T$) 全体の尤度は $p(y_1, y_2, \ldots, y_T; \boldsymbol{\theta})$ で表されます。尤度は、想定した確率分布に実現値がどれくらい当てはまっているのかを、単一の数値で示した指標になっています。尤度の自然対数は、**対数尤度**

$$\ell(\boldsymbol{\theta}) = \log p(y_1, y_2, \ldots, y_T; \boldsymbol{\theta}) \tag{2.28}$$

と呼ばれます。対数をとる意味は主に尤度が一般的に非常に小さな値をとるためですが、計算の技巧上も有益な場合が多いです。尤度を最大にするようにパラメータ $\boldsymbol{\theta}$ を決める方法を**最尤法**と呼びます。なお log は単調増加の関数あることから、尤度の最大化と対数尤度の最大化は同じ意味になります。推定量を一般に $\hat{\boldsymbol{\theta}}$ で表すと、**最尤推定**は

$$\hat{\boldsymbol{\theta}} = \underset{\boldsymbol{\theta}}{\operatorname{argmax}}\, \ell(\boldsymbol{\theta}) \tag{2.29}$$

と表記されます。このイメージは、図 2.11 のようになります。

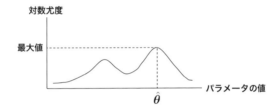

図 2.11: 最尤推定のイメージ

最尤推定も万能ではありませんが好ましい性質が多く、確率的なモデルにおけるパラメータの推定手法としては非常にポピュラーな存在になっています。

ここまでの説明で、パラメータは確率変数とはみなしていませんでした。これは頻度論に基づく考え方であり、パラメータを最尤推定で求めるのは頻度論のアプローチの1つとなります。これに対して、パラメータも確率変数とみなす考え方があります。これはベイズ論に基づく考え方であり、この場合パラメータはベイズの定理を用いた**ベイズ推定**の枠組みを活用して求めることになります。パラメータを確率変数と考えるかどうかに決まりはなく、本書では簡単のために 9 章まではパラメータは確率変数とはみなさず、10 章以降で確率変数とみなす場合も紹介することにします。

第3章

Rで時系列データを扱う際の基礎

本章では、時系列データを扱う際に有益なRの基礎情報を説明します。具体的には、tsクラスとDateクラスのオブジェクトを対象にした説明を行います。

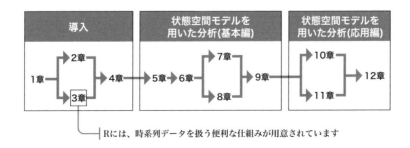

第 3 章　R で時系列データを扱う際の基礎

3.1　時系列データの扱いに適したオブジェクト

R において時系列データを扱うのに適したオブジェクトの基本は、**ts クラス** (ts; time series) のオブジェクトです。これは、データに時間に関する情報を加えて構造化したものです。最近ではさまざまな拡張クラスも存在しますが [10]、本書では ts クラスを活用します。

ts クラスのオブジェクトの例は、1 章で図 1.1 を描画する際に使用した R の組み込みデータセット Nile です。そのコードは次のようになっていました。

```
コード 3.1
1  > #【ナイル川における年間流量に関するデータ】
2  >
3  > # データの内容を表示
4  > Nile
5  Time Series:
6  Start = 1871
7  End = 1970
8  Frequency = 1
9   [1] 1120 1160  963 1210 1160 1160  813 1230 1370 1140  995  935 1110  994 1020
10  [16]  960 1180  799  958 1140 1100 1210 1150 1250 1260 1220 1030 1100  774  840
11  [31]  874  694  940  833  701  916  692 1020 1050  969  831  726  456  824  702
12  [46] 1120 1100  832  764  821  768  845  864  862  698  845  744  796 1040  759
13  [61]  781  865  845  944  984  897  822 1010  771  676  649  846  812  742  801
14  [76] 1040  860  874  848  890  744  749  838 1050  918  986  797  923  975  815
15  [91] 1020  906  901 1170  912  746  919  718  714  740
16  >
17  > # データを図示
18  > plot(Nile)
```

コンソールに Nile と打ち込むと、その内容が表示されます。表示における Start はデータの開始時点 (1871 年)、End はデータの終了時点 (1970 年)、frequency はデータの周期 (1 年) を意味しています。ts クラスのオブジェクトは、関数 plot() で描画できます。

自分で ts クラスのオブジェクトを作る際には、関数 ts() を使います。この例を 1 章で図 1.2 を描画した R のコードで確認してみましょう。

```
コード 3.2
1  > #【大気中の二酸化炭素濃度に関するデータ】
2  >
3  > # データの読み込み
4  > Ryori <- read.csv("CO2.csv")
5  >
6  > # データを ts 型に変換し、2014年12月までで打ち切る
```

3.1 時系列データの扱いに適したオブジェクト

```
> y_all <- ts(data = Ryori$CO2, start = c(1987, 1), frequency = 12)
> y <- window(y_all, end = c(2014, 12))
>
> # データの内容を表示
> y
      Jan   Feb   Mar   Apr   May   Jun   Jul   Aug   Sep   Oct   Nov   Dec
1987 353.2 354.0 354.8 356.5 354.7 349.6 345.9 345.6 344.8 350.0 352.8 354.6
1988 356.0 356.9 357.6 358.5 358.0 351.7 347.2 348.6 348.5 354.1 356.5 357.1
1989 358.3 359.5 359.5 360.5 360.2 354.3 350.4 348.1 351.3 354.9 357.7 358.5
1990 360.0 360.6 361.9 361.7 360.0 354.2 350.6 350.5 351.8 355.0 358.1 358.9
1991 361.0 362.0 363.4 363.6 362.3 356.3 352.3 351.2 351.4 356.5 359.0 361.2

...途中表示省略...

2010 394.2 395.6 396.7 396.9 397.7 390.8 392.5 386.8 387.6 392.1 395.1 396.8
2011 397.1 399.3 399.3    NA 398.4 393.8 388.0 385.5 388.8 393.1 396.8 398.0
2012 399.0 400.0 401.2 402.2 400.3 394.2 392.6 389.7 391.1 396.3 399.3 400.8
2013 401.5 403.7 404.1 404.9 402.9 397.7 391.5 392.5 392.7 398.1 402.7 402.9
2014 405.3 405.6 406.2 407.0 405.4 399.8 392.6 391.2 393.1 400.4 402.9 405.7
>
> # データを図示
> plot(y)
```

ここでは、気象庁のサイト http://ds.data.jma.go.jp/ghg/kanshi/obs/co2_monthave_ryo.csv からダウンロードしたデータを R で扱いやすいように少しだけ整えて、CO2.csv というファイルに保存し直しています。関数 read.csv() を使ってこのファイルからデータを読み込み、データフレーム Ryori に一旦保存しています (この変数名は、データが観測された地名の読みによります)。関数 ts() を使って、Ryori$CO2 を ts クラスのオブジェクトに変換して、その結果を y_all に代入しています。その際、引数を start = c(1987, 1) と設定することで開始時点を 1987 年 1 月に、frequency = 12 と設定することで周期を 12 か月に指定しています。なお end は指定しなくても、データの長さから自動的に算出されます。ts クラスのオブジェクト y_all からその一部を切り出すために、関数 window() を使用しています。引数を end = c(2014, 12) とすることで、2014 年 12 月までのデータを切り出し、その結果を y に代入しています。コンソールに y と打ち込むと、内容が表示されるのは Nile の場合と同じです。y の内容を見ると、2011 年 4 月は**欠測**を意味する NA (Not Available) になっていることが分かります。

さらに、複数の ts クラスのオブジェクトを扱う関数を紹介しておきます。このためのコードは次のようになります。

コード 3.3

```
> #【複数のtsクラスのオブジェクトを扱う関数】
>
> # 人工的な第2時系列（Nileの開始時点を5年前にしてみる）
```

第 3 章 R で時系列データを扱う際の基礎

```
 4  > Nile2 <- ts(Nile, start = 1866)
 5  >
 6  > # 複数の時系列を統合
 7  > ts.union(Nile, Nile2)
 8  Time Series:
 9  Start = 1866
10  End = 1970
11  Frequency = 1
12          Nile Nile2
13  1866    NA   1120
14  1867    NA   1160
15  1868    NA    963
16  1869    NA   1210
17  1870    NA   1160
18  1871  1120   1160
19  1872  1160    813
20  1873   963   1230
21  1874  1210   1370
22  1875  1160   1140
23
24  ...途中表示省略...
25
26  1961  1020    746
27  1962   906    919
28  1963   901    718
29  1964  1170    714
30  1965   912    740
31  1966   746     NA
32  1967   919     NA
33  1968   718     NA
34  1969   714     NA
35  1970   740     NA
36  >
37  > # 人工的な第2時系列（Nileの値を2倍にしてみる）
38  > Nile2 <- 2 * Nile
39  >
40  > # 複数の時系列を同一領域にまとめてプロット
41  > ts.plot(cbind(Nile, Nile2), lty = c("solid", "dashed"))
```

このコードではまず、人工的な第 2 時系列データを Nile2 を作成しています。ここでは Nile の開始時点を 5 年前にしてみました。複数の ts クラスのオブジェクトの時間情報を考慮して 1 つのオブジェクトに併合したい場合には、関数 ts.union() が便利です。ts.union() の結果を見ると、併合の際にデータの存在しない時点には NA が補填されているのが分かります。

また、複数の ts クラスのオブジェクトを 1 つの領域にプロットしたい場合には、関数 ts.plot() が便利です。見やすさを考慮して、今度は人工的な第 2 時系列データ Nile2 を Nile の値を 2 倍にしてみます。ts.plot() を使う際には、関数 cbind() を用いて複

数の ts オブジェクトのデータをまとめています。この結果が、図 3.1 になります。図 3.1 を見ると、2 つの時系列データが同一領域にプロットされていることが分かります。

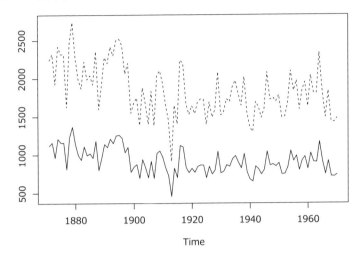

図 3.1: 複数の ts クラスのオブジェクトを描画

3.2 時間情報の扱い

まず、ts クラスのオブジェクトに含まれる時間情報の扱い方を示します。Nile に対する例が、以下のコードになります。

コード 3.4
```
1  > #【tsクラスのオブジェクトに関する時間情報】
2  >
3  > # 開始時点、終了時点、周期
4  > tsp(Nile)
5  [1] 1871 1970    1
6  >
7  > # 時間の値の並び
8  > time(Nile)
9  Time Series:
10 Start = 1871
11 End = 1970
12 Frequency = 1
13    [1] 1871 1872 1873 1874 1875 1876 1877 1878 1879 1880 1881 1882 1883 1884 1885
14   [16] 1886 1887 1888 1889 1890 1891 1892 1893 1894 1895 1896 1897 1898 1899 1900
15   [31] 1901 1902 1903 1904 1905 1906 1907 1908 1909 1910 1911 1912 1913 1914 1915
```

```
16   [46] 1916 1917 1918 1919 1920 1921 1922 1923 1924 1925 1926 1927 1928 1929 1930
17   [61] 1931 1932 1933 1934 1935 1936 1937 1938 1939 1940 1941 1942 1943 1944 1945
18   [76] 1946 1947 1948 1949 1950 1951 1952 1953 1954 1955 1956 1957 1958 1959 1960
19   [91] 1961 1962 1963 1964 1965 1966 1967 1968 1969 1970
```

関数 tsp() を用いると、ts クラスのオブジェクトの開始時点、終了時点、周期の組み合わせを抽出したり、設定したりすることができます。また関数 time() を用いると、元の ts クラスのオブジェクトと同じ時間情報をもつ、時間の値の並びを抽出することができます。

ts クラスのオブジェクトに含まれる時間の情報は比較的シンプルですので、別の時間情報を組み合わせる場合もあります。R において時間を扱うのに適したオブジェクトの基本は、**Date クラス**と POSIXct クラス/POSIXlt クラスのオブジェクトです。Date クラスは年月日、POSIXct クラス/POSIXlt クラスは年月日時分秒を表現するのに適しています。最近ではさまざまな拡張クラスも存在しますが [10]、ここでは本書で活用する Date クラスについて説明をします。

Date クラスのオブジェクトは、内部では 1970 年 1 月 1 日からの経過日数を保持しています。Date クラスのオブジェクトを操作する関数について、次のコードで確認をしてみましょう。

コード 3.5

```
1   > #【Dateクラスのオブジェクト】
2   >
3   > # 文字列をDateクラスのオブジェクトに変換
4   > day <- as.Date("2000-01-01")
5   >
6   > # 構造を確認
7   > str(day)
8    Date[1:1], format: "2000-01-01"
9   >
10  > # 連続したDateクラスのオブジェクトの生成
11  > days <- seq(from = as.Date("2000-01-01"), to = as.Date("2000-01-31"),
12  +             by = "day")
13  >
14  > # 内容を確認
15  > days
16   [1] "2000-01-01" "2000-01-02" "2000-01-03" "2000-01-04" "2000-01-05" "2000-01-06"
17   [7] "2000-01-07" "2000-01-08" "2000-01-09" "2000-01-10" "2000-01-11" "2000-01-12"
18  [13] "2000-01-13" "2000-01-14" "2000-01-15" "2000-01-16" "2000-01-17" "2000-01-18"
19  [19] "2000-01-19" "2000-01-20" "2000-01-21" "2000-01-22" "2000-01-23" "2000-01-24"
20  [25] "2000-01-25" "2000-01-26" "2000-01-27" "2000-01-28" "2000-01-29" "2000-01-30"
21  [31] "2000-01-31"
22  >
23  > # 曜日情報の抽出
24  > weekdays(days)
25   [1] "土曜日" "日曜日" "月曜日" "火曜日" "水曜日" "木曜日" "金曜日" "土曜日"
```

```
26     [9] "日曜日" "月曜日" "火曜日" "水曜日" "木曜日" "金曜日" "土曜日" "日曜日"
27    [17] "月曜日" "火曜日" "水曜日" "木曜日" "金曜日" "土曜日" "日曜日" "月曜日"
28    [25] "火曜日" "水曜日" "木曜日" "金曜日" "土曜日" "日曜日" "月曜日"
```

まず関数 `as.Date()` を使うと、文字列を Date クラスのオブジェクトに変換することができます。この例では結果を `day` に代入しています。関数 `str()` を用いると任意のオブジェクトの概要構造を調べることができます。`str(day)` の結果は、長さが 1 の Date クラスのオブジェクトになっていることが分かります。また、連続した Date クラスのオブジェクトの生成には、関数 `seq()` が使えます。さらに曜日情報の抽出には、関数 `weekdays()` が使えます。

第4章
時系列分析ひとめぐり

　本章では詳細な説明に移る前に、具体例に基づき時系列分析の流れを一通り確認してみることにします。分析の流れは以下のとおりであり、この流れにそって説明を行います。

1. 目的の確認とデータの収集
2. データの下調べ
3. モデルの定義
4. パラメータ値の特定
5. フィルタリング・予測・平滑化の実行
6. 結果の確認と吟味
7. 1. へ戻る

この流れは時系列分析全般に当てはまるものですが、実際の分析ではさまざまな試行錯誤が必要になります。なお、本章の最後では、次章以降で状態空間モデルの詳細な説明を行うのに先立ち、本章で分析を行ったデータに対し状態空間モデルではどのような解法が適用できるかについて、あらかじめ見通しを示しておくことにします。

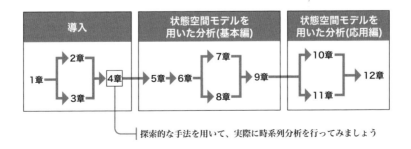

4.1　目的の確認とデータの収集

　時系列分析を始める際には、まず想定ゴールとなる目的を確認します。そしてそのために十分なデータが存在すれば、そのデータを利用します。データが不足していたり存在しない場合には、シミュレーションや調査・測定について効率的な計画を立てて、データを取得します。ただし現実の世界における時系列データの取得は一度限りのような場合が多く、「実験計画法」[4] のように細部まで計画的にデータを取得することがそもそも検討されないことが多いように筆者には思えます。いずれにしても取得したデータに基づき分析を進めるわけですが、最初に設定した目的が、分析を継続していくなかで変更を迫られることもあり得ます (最初に目的と考えていたものが本当に必要なものとはズレていた、というようなことは割とよくあります)。このような場合には、適宜目的を見直して分析をやり直すことになります。

　本章の検討では、取得済みのデータに対して分析目的を改めて設定します。対象となるデータは以下の 4 つです。

(a)　ナイル川における年間流量

(b)　大気中の二酸化炭素濃度

(c)　英国における四半期ごとのガス消費量

(d)　非線形なモデルから生成した人工的なデータ

項目 (a) は 1 章で触れた R の組み込みデータ Nile です。項目 (b) も 1 章で触れた気象庁が公開しているデータです。項目 (c) は 1960 年第 1 四半期から 1986 年第 4 四半期までのデータ (単位は [百万サーム]) であり、R に UKgas として組み込まれています。項目 (d) は「11.4.1 例: 非線形の著名なベンチマークモデル」で詳細を説明しますが、本書で例として生成したデータであり、R のバイナリファイル BenchmarkNonLinearModel.RData に必要なデータをまとめています。これらのうち、項目 (a) に関しては先見情報があり、1899 年にアスワン (ロウ) ダムが建設され流量が急減したという歴史的な事実が分かっています。この情報も踏まえ、本章での分析の目的を表 4.1 のとおりに設定します。

表 4.1: 本章での分析の目的

目的	データ
1. データの取得中に、各時点のデータから雑音をできるだけ除去したい	(a), (b), (c), (d)
2. 過去の値の急激な変化をとらえたい	(a)
3. 未来の値を予測したい	(b)

以降では、これらの目的とデータに基づき分析を進めていきます。

4.2 データの下調べ

分析にあたっては、まず対象となるデータの下調べが必要です。この際、予断を持たずにデータをさまざまな角度から吟味することが重要です。

筆者は、次のようなグラフや統計量の確認が効果的であると考えます。

- 横軸時間のプロット

- ヒストグラムと五数要約

- 自己相関係数

- 周波数スペクトル

グラフや図の重要性はいうまでもありませんが、この予備的な分析では特に重要な役割を果たします。人間の視覚能力は優れているので、これを活用しない手はありません。

データの大まかな特徴が分かってくると、その対処も見えてきます。以下に、その典型例を記載します。

- データの特徴が大きく変わる時点が明確に分かっている ⇒ その観点でデータを分割して、各々独立に分析してみる

- 観測値の幅が非常に大きかったり、急激な増減傾向が認められる ⇒ 分析を行いやすいように対数をとってみる

- 観測時に何らかのミスが混入した可能性が高い ⇒ そのようなデータは分析の対象外としてみる

- 自己相関が非常に低い ⇒ 時点間のデータに関連がなく、わざわざ時系列分析をしなくてもよいデータの可能性がある

- データの時間的なパタンとして周期性が認められる ⇒ モデルに反映していく

このようなデータの下調べを通じて、分析を行いやすいようにデータを整え、適切な分析指針を立てていきます。それでは続く説明で、実際にデータの下調べをしてみましょう。

4.2.1 横軸時間のプロット

まず、横軸時間のプロットを確認します。このためのコードは以下のようになります。

コード 4.1

```
1  > #【横軸時間のプロット】
2  >
3  > # 描画に関する前処理（グラフのデフォルト設定を保存してから、これを変更する）
4  > oldpar <- par(no.readonly = TRUE)
5  > par(mfrow = c(2, 2)); par(oma = c(0, 0, 0, 0)); par(mar = c(4, 4, 2, 1))
6  >
7  > # (a) ナイル川における年間流量
8  > plot(Nile, main = "(a)")
9  >
10 > # (b) 大気中の二酸化炭素濃度
11 > # データの読み込み
12 > Ryori <- read.csv("CO2.csv")
13 >
14 > # データをts型に変換し、2014年12月までで打ち切る
15 > y_all <- ts(data = Ryori$CO2, start = c(1987, 1), frequency = 12)
16 > y <- window(y_all, end = c(2014, 12))
17 > y_CO2 <- y
18 > plot(y_CO2, main = "(b)")
19 >
20 > # (c) 英国における四半期毎のガス消費量
21 > plot(UKgas, main = "(c)")
22 >
23 > # (d) 非線形なモデルから生成した人工的なデータ
24 > load("BenchmarkNonLinearModel.RData")
25 > y_nonlinear <- ts(y)
26 > plot(y_nonlinear, main = "(d)")
27 >
28 > # 描画に関する後処理
29 > par(oldpar)
```

Rでは関数 `plot()` でデータを図示することが可能です。この結果が図4.1になります。

4.2 データの下調べ

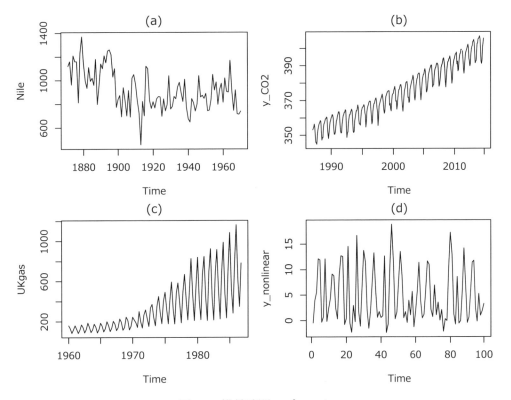

図 4.1: 横軸時間のプロット

図 4.1 (a) を見ると、不規則な変動が続いています。歴史的知見から分かっている 1899 年の急減も、この変動に埋もれてあまり明確には分かりません。また、特別な時間パタンもないような印象を受けます。特別なパタンがないということは、不規則なふらつきを除けば毎年おおむね前年と似た値を繰り返しているのではないか、という推察ができます。続いて図 4.1 (b) を見ると、右肩上がりで年周期のパタンが認められます。また図 4.1 (c) を見ると、右肩上がりで年周期のパタンが認められるのは図 4.1 (b) と同じですが、1970 年代前半くらいから全体的なレベルや変動幅が年を追うごとに拡大していることが分かります。最後に図 4.1 (d) を見ると、不規則な変動が続いています。高い値と低い値が交互に出ている感じがしますが、周期性の有無はあまりはっきりしない印象です。

ここで、変数変換の話題に触れておきます。これはデータを扱いやすくするためのテクニックですが、基本的に変換せずに済むなら無理に変換を行う必要はなく、乱用すべきではありません。時系列分析で利用される変数変換にもいろいろありますが、よく使われるのは**階差**と**対数変換**でしょう。(一階) 階差は観測値 y_t に対して $y_t - y_{t-1}$ と定義されますが、このような変換は非定常な時系列を定常な時系列に変換するためによく用いられます。

しかしながら、本書の詳細分析で用いる状態空間モデルでは非定常な時系列データも直接扱うことができるため、基本的に本書では階差は使用しないことにします。一方、対数変換は観測値 y_t に対して $\log(y_t)$ と定義されますが、本書でも活用する場合があります。データが急激に (指数的に) 増減する特徴が予想される場合、対数をとるとその変化は線形的な変化となり、データの振れ幅も収まるため扱いやすくなります。経済現象や自然現象にはこのような指数的な増減傾向をもつものが存在することが、経験的にも知られています。今回の例の中では、(c) にそのような傾向の可能性が想定されるため、対数変換を試してみます。その結果が図 4.2 です。

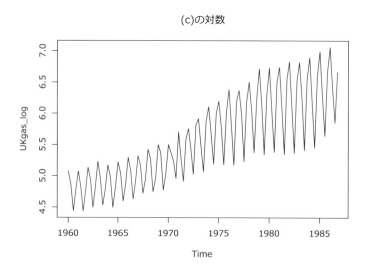

図 4.2: 英国における四半期ごとのガス消費量を対数変換

　図 4.2 を見ると、急激な増加傾向が線形的な増加傾向に変換され、認識しやすくなっていることが分かります。これ以降では、(c) に関しては対数変換を行った値を検討対象とすることにします。

4.2.2　ヒストグラムと五数要約

　続いて、ヒストグラムと五数要約を確認します。**ヒストグラム**とはデータの度数分布を示すグラフであり、**五数要約**とはデータの最小値・25%値・中央値・75%値・最大値のことです。これらを求めるコードは以下のようになります。

コード 4.2

```
> #【ヒストグラムと五数要約】
```

4.2 データの下調べ

```
> 
> # 描画に関する前処理（グラフのデフォルト設定を保存してから、これを変更する）
> oldpar <- par(no.readonly = TRUE)
> par(mfrow = c(2, 2)); par(oma = c(0, 0, 0, 0)); par(mar = c(4, 4, 2, 1))
> 
> # (a) ナイル川における年間流量
> hist(Nile, main = "(a)", xlab = "データの値")
> summary(Nile)
   Min. 1st Qu.  Median    Mean 3rd Qu.    Max. 
  456.0   798.5   893.5   919.4  1032.5  1370.0 
> 
> # (b) 大気中の二酸化炭素濃度
> hist(y_CO2, main = "(b)", xlab = "データの値")
> summary(y_CO2)
   Min. 1st Qu.  Median    Mean 3rd Qu.    Max.    NA's 
  344.8   361.9   373.6   374.7   388.1   407.0       1 
> 
> # (c) 英国における四半期毎のガス消費量
> hist(UKgas_log, main = "(c)", xlab = "データの値")
> summary(UKgas_log)
   Min. 1st Qu.  Median    Mean 3rd Qu.    Max. 
  4.440   5.032   5.398   5.579   6.152   7.060 
> 
> # (d) 非線形なモデルから生成した人工的なデータ
> hist(y_nonlinear, main = "(d)", xlab = "データの値")
> summary(y_nonlinear)
   Min. 1st Qu.  Median    Mean 3rd Qu.    Max. 
-2.3505  0.4621  2.4743  4.8389  8.9232 18.8767 
> 
> # 描画に関する後処理
> par(oldpar)
```

Rではヒストグラムと五数要約は各々関数 hist() と summary() で確認ができます。summary() はその名のとおりデータの素性の概要を調べるのに適した関数です。ヒストグラムの結果は図 4.3 になります。

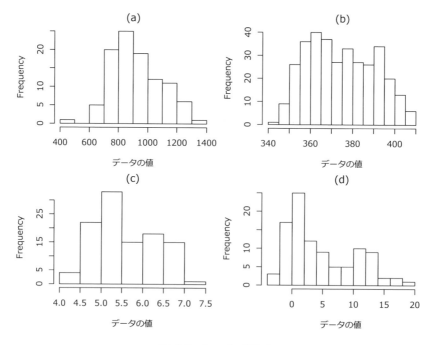

図 4.3: ヒストグラム

　図 4.3 を見ると分布の形はさまざまですが、いずれも極端な外れ値はなさそうです。よって、ここではデータに外れ値や誤りはないと考えることにします。また五数要約を見ると、(b) に NA が 1 つ含まれているのが分かります。これは「3.1 時系列データの扱いに適したオブジェクト」で確認したとおり、東日本大震災に伴う 2011 年 4 月の欠測値になります。

　ここで、**外れ値**と**欠測値**の対処について触れておきます。外れ値は誤りが混入して発生する場合もありますが、重要な知見を含んでいる場合もあります。単純な誤りと断定できる場合は分析の対象外とすべきで、その場合 R では基本的には NA を割り当てます。単純な誤りとは言い切れない場合、分析に含めるかどうかはケースバイケースです。ここでは外れ値について、誤りであると断定できる人工的な例を示しておきます。図 4.4 は、ある年の 8 月の東京の平均気温のデータに意図的に 1 日分だけ誤りを混入させたデータの横軸時間のプロットとヒストグラムです。

4.2 データの下調べ

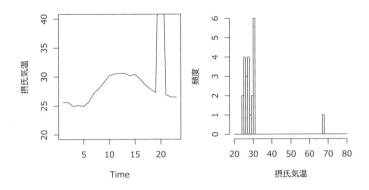

図 4.4: ある年の 8 月の東京の平均気温（1 日分意図的に誤りを混入）

グラフから外れ値が存在している印象があり、常識から考えても気温で摂氏 40 度を超える値が出ることはおかしいことが分かります。このような場合、該当するデータは信頼ができないので NA に置き換えるべきです。ただし実際にはデータに分かりにくく誤りが潜んでいる場合もあるため、常識も活用して健全な疑いの目でデータを眺めることが大切です。

続いて欠測値ですが、R では NA を割り当てるのが基本です。しかしながら、NA を適切に扱えない R の関数も存在するため、あらかじめ暫定的にそれらしい値を補填しなければならない場合もあります。このような処理は理論的根拠に乏しくできれば避けたいところですが、本章でも後ほど利用するホルト・ウィンタース法の関数に制約があるため、(b) 大気中の二酸化炭素濃度のデータに関してあらかじめ補填をしておくことにします。このためのコードは次のようになります。

コード 4.3
```
> #【NAの補填】
> 
> # (b) 大気中の二酸化炭素濃度
> 
> # NAの位置を特定
> NA.point <- which(is.na(y_CO2))
> 
> # NAの補填：前後の算術平均
> y_CO2[NA.point] <- (y_CO2[NA.point-1] + y_CO2[NA.point+1]) / 2
```

NA の補填方法に決まりはありませんが、ここでは NA がデータの先頭・末尾に存在しないことがあらかじめ分かっているため、一時点前後の値による算術平均値をあてることにしました。なお、5 章以降で説明する状態空間モデルでは、欠測値を予測値で補うことで理論的に一貫した取扱いが可能になっており、この点が状態空間モデルの魅力の 1 つとなっています。

4.2.3 自己相関係数

続いて、自己相関係数を確認します。このためのコードは以下のようになります。

コード 4.4

```
1  > #【自己相関係数】
2  >
3  > # 描画に関する前処理（グラフのデフォルト設定を保存してから、これを変更する）
4  > oldpar <- par(no.readonly = TRUE)
5  > par(mfrow = c(2, 2)); par(oma = c(0, 0, 0, 0)); par(mar = c(4, 4, 3, 1))
6  >
7  >
8  > # (a) ナイル川における年間流量
9  > acf(Nile, main = "(a)")
10 >
11 > # (b) 大気中の二酸化炭素濃度
12 > acf(y_CO2, main = "(b)")
13 >
14 > # (c) 英国における四半期毎のガス消費量
15 > acf(UKgas_log, main = "(c)")
16 >
17 > # (d) 非線形なモデルから生成した人工的なデータ
18 > acf(y_nonlinear, main = "(d)")
19 >
20 > # 描画に関する後処理
21 > par(oldpar)
```

Rでは自己相関係数は関数 acf() で確認ができます。この結果が図 4.5 になります。

4.2 データの下調べ

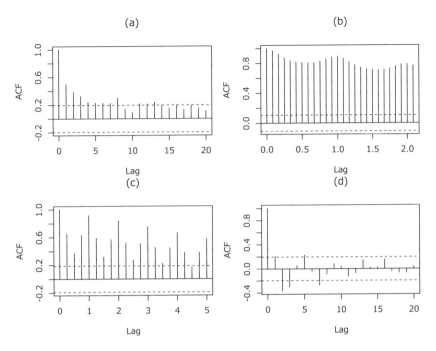

図 4.5: 自己相関係数

まず図 4.5 を通して見ると、(a)〜(d) のいずれのデータにおいても、自己相関係数の値は全体的に極端に小さな値をとっているわけではない印象を受けます。したがって、時系列分析としての検討を進めることにします。

また、自己相関係数の値が特定のラグで特に大きくなっている場合があります。これは周期性を含意しており、例えば図 4.5 (c) における周期の整数倍のラグにおいて顕著です。ただし、横軸時間のプロットで同様に周期性が認められた (b) に関する図 4.5 (b) では全体的な値が高く、周期の整数倍のラグにおいて値が高くなる傾向が埋もれてしまっています。この原因は図 4.1 (b) からも分かるように、このデータでは周期変動に比べて直線的に増加する全体傾向の方が大きく支配的なためです。このような場合、周波数スペクトルを確認すると周期性がより明確につかめます。本書では周期性に関して、周波数スペクトルもあわせて確認を行うことにします。なお、(a) と (d) に関しては、周期性の存在が明確にはつかめない結果になっています。

このような周期性の有無に関する情報は、モデル化に反映していきます。

4.2.4 周波数スペクトル

周波数スペクトルは**時間領域**のデータを**周波数領域**に変換することで確認できる指標であり、周期性の把握に有益です。時間領域での表現と周波数領域での表現は対の関係になっており、時間領域での典型的なグラフは横軸が時間、縦軸がデータ値ですが、周波数領域での典型的なグラフは横軸が時間周期の逆数である**周波数**、縦軸がある周波数成分の寄与の大きさになります。周期性については、時間領域でも自己相関係数で確認をすることはできました。ただし自己相関係数では、周期性が大きなトレンドに埋没しているような場合はトレンドの影響との判別がしにくい難点があります。そこで本書では、周波数スペクトルの活用についても説明をします。時間領域での相関のみならず、周波数領域でのスペクトルもあわせて確認をすることで、周期性に関してより適切な認識ができるようになります。

周波数に関する基本事項

一般に任意の周期的な時系列データ y_t は、さまざまな周期の三角関数の和として考えることができます。これはフーリエ (J. B. J. Fourier) の功績であり、**フーリエ級数**展開と呼ばれます。フーリエ級数展開の例を図 4.6 に示します。

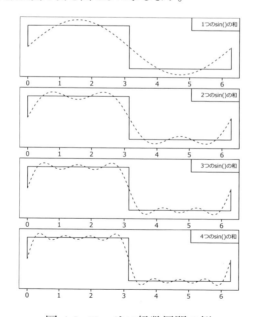

図 4.6: フーリエ級数展開の例

この例では矩形波を sin 関数で近似していますが、合成する sin 関数の数を増やしていくと近似精度が上がっていく様子が示されています。

フーリエ級数は sin 関数や cos 関数を用いても表現できますが、複素数を用いた表現が最も簡潔です。具体的に基本周期が T_0[s] の観測値 y_t のフーリエ級数は、複素数を用いると次のように表せます。

$$y_t = \sum_{n=-\infty}^{\infty} c_n e^{in\omega_0 t} \tag{4.1}$$

ここで $\omega_0 = 2\pi f_0$[rad/s] は基本**角周波数**、$f_0 = 1/T_0$[Hz] は基本周波数です。(4.1) 式は y_t の複素フーリエ級数展開、c_n は複素**フーリエ係数**と呼ばれます。複素フーリエ係数 c_n の絶対値は、データ中に、ある周期成分がどの程度含まれているかを表す指標になっています。ここで複素フーリエ係数 c_n が複素数となる理由についてですが、ある周期成分を、図 4.7 のように特定の回転速度で回り続ける回転操作としてとらえてみてください。

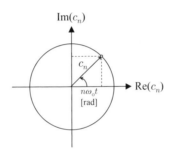

図 4.7: 周期成分を回転操作ととらえる

複素フーリエ係数 c_n の実部 $\mathrm{Re}[c_n]$ と虚部 $\mathrm{Im}[c_n]$ は、この回転操作における横軸の成分 (同相成分) と縦軸の成分 (直交成分) を表しています。複素フーリエ係数 c_n は、具体的には次の式で求められます。

$$c_n = \frac{1}{T_0} \int_{-T_0/2}^{T_0/2} y_t e^{-in\omega_0 t} \mathrm{d}t \tag{4.2}$$

(4.2) 式において基本周期 T_0 を無限大に拡張して考えると、任意のデータが対象になります。このような拡張は**フーリエ変換**と呼ばれ、一般に y_t に対するフーリエ変換は $\mathscr{F}[y_t]$ と表記され、周波数スペクトルとも呼ばれます。複素フーリエ係数と同様に、周波数スペクトルの絶対値も、データ中に、ある周期成分がどの程度含まれているかを表す指標になっています。このようにフーリエ変換は、時間領域のデータを周波数領域に変換する操作となりますが、この操作を行っても、データの眺め方を変えるだけで情報量は増えも減りもしません。周波数領域への変換を行う理由は主に人間のためで、今回のように周期性を把握しやすくするためであったり、定式化や数値計算を容易にするためであったりします。

第 4 章 時系列分析ひとめぐり

> 📝 補足 周波数スペクトルのエネルギーである $|\mathscr{F}[y_t]|^2$ を時間で割って規格化しその極限をとった量は、**パワースペクトル**と呼ばれます。時系列分析に関する周波数領域での説明では、理論的な展開とのつながりもあり、パワースペクトルの観点での解説が一般的です。ただし、ここでは周波数領域の説明を探索的な手法として扱いますので、ストレートに周波数スペクトルの観点で解説を行います。

周波数領域変換

それでは、今回の分析対象のデータを周波数領域に変換してみましょう。このためのコードは次のようになります。

コード 4.5

```r
> #【周波数領域変換】
> 
> # 周波数スペクトルを描画するユーザ定義関数 (tick:横軸で目盛を打つ時点、unit:時点間の単位)
> plot.spectrum <- function(dat, lab = "", main = "",
+                           y_max = 1, tick = c(8, 4), unit = 1){
+   # データの周波数領域変換
+   dat_FFT <- abs(fft(as.vector(dat)))
+ 
+   # グラフ横軸（周波数）の表示に関する準備
+   data_len  <- length(dat_FFT)
+   freq_tick <- c(data_len, tick, 2)
+ 
+   # 周波数領域でのデータをプロット
+   plot(dat_FFT/max(dat_FFT), type = "l", main = main,
+        ylab = "|規格化後の周波数スペクトル|", ylim = c(0, y_max),
+        xlab = sprintf("周波数[1/%s]", lab), xlim = c(1, data_len/2), xaxt = "n")
+   axis(side = 1, at = data_len/freq_tick * unit + 1,
+        labels = sprintf("1/%d", freq_tick), cex.axis = 0.7)
+ }
> 
> 
> # 描画に関する前処理（グラフのデフォルト設定を保存してから、これを変更する）
> oldpar <- par(no.readonly = TRUE)
> par(mfrow = c(2, 2)); par(oma = c(0, 0, 0, 0)); par(mar = c(4, 4, 3, 1))
> 
> # (a) ナイル川における年間流量
> plot.spectrum(        Nile, lab =    "年", main = "(a)")
> 
> # (b) 大気中の二酸化炭素濃度
> plot.spectrum(        y_CO2, lab =    "月", main = "(b)", tick = c(12, 6))
> 
> # (c) 英国における四半期毎のガス消費量
> plot.spectrum(  UKgas_log, lab =    "月", main = "(c)", tick = c(12, 6), unit = 3)
> 
> # (d) 非線形なモデルから生成した人工的なデータ
```

```
36  > plot.spectrum(y_nonlinear, lab = "時点", main = "(d)")
37  >
38  > # 以降のコードは表示を省略
```

Rでは離散的な信号に対するフーリエ変換を高速に実行する**高速フーリエ変換** (Fast Fourier Transform; **FFT**) が関数 fft() として実装されていますので、今回の例ではこの関数を使います。図 4.8 はその結果であり、周波数領域でのプロットになっています。ここで、横軸における負の周波数領域は見やすさを考慮して表示を割愛し、縦軸は周波数成分の寄与度を分かりやすくするために、フーリエ変換の絶対値を最大値で規格化した値としています。

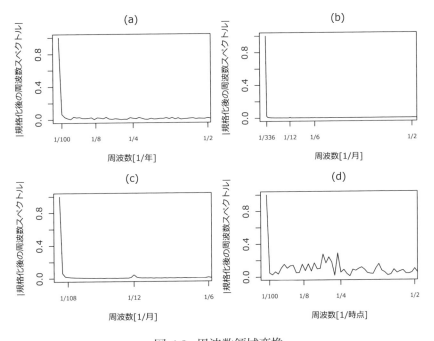

図 4.8: 周波数領域変換

図 4.8 を見るとさまざまですが、どの例でも左端が一番大きな値を示しています。グラフの横軸は左側に行くほど時間周期が長くなるため、一番左端は実質変動のない全体的なレベルを意味しています。そのため周期性を確認する観点からは、左端の大きな値は無視してよいことになります。そこでグラフの縦軸をスケールアップして、改めて細かく確認をしたのが図 4.9 になります。

第 4 章 時系列分析ひとめぐり

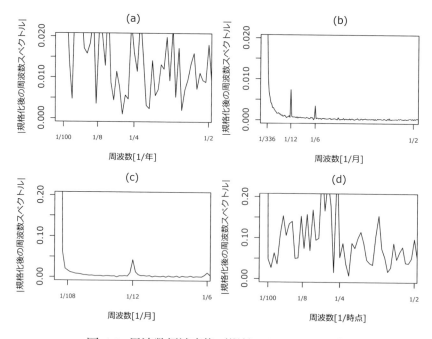

図 4.9: 周波数領域変換（縦軸スケールアップ）

　図 4.9 の結果もさまざまですが、基本的に縦軸の値が高くなっている箇所はその周期の成分がその分強く含まれることを指しています。(a) ではさまざまな場所に高い値が存在している印象ですので、特定の周期性は認められないと考えます。(b) では 12 か月と 6 か月の所に高い値が存在しています。6 か月周期というのは、12 か月の周期が半年分の凸凹からなっているために生じている特徴と想定されますので、本質的に存在しているのは 12 か月周期と考えることにします。(c) も 12 か月と 6 か月の所に高い値が存在していますが、同様の理由で本質的に存在しているのは 12 か月周期と考えます。(d) ではさまざまな場所に高い値が存在している印象ですので、特定の周期性は認められないと考えます。

　このように時間領域での相関のみならず、周波数領域でのスペクトルもあわせて確認をすることで、周期性に関してより適切な認識ができました。

4.3　モデルの定義

　モデルとは、データの特徴を表現する単純な構造のことです。この構造を定める際にはより単純な構造を組み合わせて考えることが一般的であり、これは時系列データの**成分分解**とも呼ばれます。具体的に時系列データの基本的な成分としては「**レベル＋傾き＋周期**」

が広く認識されていますので、本章での検討もここを出発点に考えます。なお元の時系列データからこれらの推定成分を引いた残りは、**残差**と呼ばれます。時系列データの成分分解と残差の例を図 4.10 に示します。

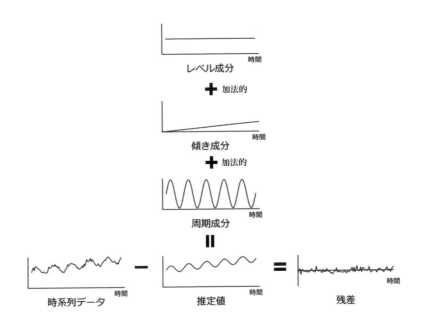

図 4.10: 時系列データの成分分解と残差の例

> 📝**補足** 本書で 5 章以降で説明する状態空間モデルにおいても、モデル化に関する基本的な考え方は同じであり、よく使われる典型的なモデル・もしくはその組み合わせをベースにします。状態空間モデルで「レベル＋傾き＋周期」に相当するモデルは、基本構造モデル [11,12]、標準的季節調整モデル [13] と呼ばれることがあります。この詳細は 9 章で説明をします。

それでは、今回の分析対象のデータをモデル化してみましょう。まずデータの下調べを通じて得られた感触を元に、データの特徴に関して次のような仮説を立ててみます。

(a) 同じような値が続く (ただし 1899 年に急減があったはず)、周期性はない

(b) 右肩上がりの傾向、年単位の周期性がある

(c) 右肩上がりの傾向、年単位の周期性がある

(d) 低い値と高い値が交互に出る (ただしその仕組みは不明)、周期性はない

これらの特徴を元に、以下のようにモデルを設定します。

(a) レベル (1899 年の急減に関しては、レベルが下がることを期待する)

(b) レベル+傾き+周期

(c) レベル+傾き+周期

(d) レベル+傾き (低い値と高い値が交互に出る傾向に関しては、レベルと傾きで追従されることを期待する)

> **補足** 実データを対象にする場合、特殊な場合を除きモデルに正解は存在しません。モデルは、データの特徴を解釈しやすいように定めた決めごとである、と割り切って考えることをお勧めします。

4.4 パラメータ値の特定

先ほど検討したモデルに基づき分析を行う手法として、本章では経済分野などでの実績 [14] と確率的な推定法との理論的なつながりを踏まえ、ホルト (C. C. Holt) とウィンタース (P. R. Winters) によって開発された**ホルト・ウィンタース法**を適用することにします。ホルト・ウィンタース法は**指数加重型移動平均** (Exponentially Weighted Moving Average; **EWMA**) の一種です。周期を p と想定している観測値を y_t まで観測した状況において、**加法的な** (**additive**) ホルト・ウィンタース法による k 期先予測値 $\hat{y}_{t+k}$ は、次のようになります。

$$\hat{y}_{t+k} = \text{level}_t + \text{trend}_t\, k + \text{season}_{t-p+k_p^+} \tag{4.3}$$

$$\text{level}_t = \alpha(y_t - \text{season}_{t-p}) + (1-\alpha)(\text{level}_{t-1} + \text{trend}_{t-1}) \tag{4.4}$$

$$\text{trend}_t = \beta(\text{level}_t - \text{level}_{t-1}) + (1-\beta)\text{trend}_{t-1} \tag{4.5}$$

$$\text{season}_t = \gamma(y_t - \text{level}_t) + (1-\gamma)\text{season}_{t-p} \tag{4.6}$$

ここで、$k_p^+ = \lfloor (k-1) \bmod p \rfloor + 1$ です (ただし $k=0$ では $k_p^+ = p$)。$k=0$ の場合の $\hat{y}_t$ はフィルタリング値となります。また $\text{level}_t, \text{trend}_t, \text{season}_t$ は各々、**レベル成分、傾き成分、周期成分**であり、α, β, γ は各々、レベル成分、傾き成分、周期成分に対する**指数加重**[1]となり 0〜1 の値をとります。

> **補足** ホルト・ウィンタース法は確定的な方法ですが、本書で後ほど触れる確率的なモデルである ARIMA (AutoRegressive Integrated Moving Average) モデルや状態空間モデルにおいて、特定の設定を行った場合と (ほぼ) 等価になることが知られています。この詳細に関して、ARIMA モデルとの等価性は [15, 9 章]、状態空間モデル (カルマンフィルタによる解法) との等価性は [11, 4.1.2 章] に記載があります。

---

[1] この値は専門分野によっては、忘却係数や割引率とも呼ばれます。

また、ホルト・ウィンタース法で確率的な信頼区間を求めるために、上記の式を状態空間モデルでとらえなおしてカルマンフィルタの結果を流用するアプローチもありますが [16,17]、最初から状態空間モデルを利用するアプローチからすると回り道になりますので、本書としてはホルト・ウィンタース法は確定的かつ探索的な手法であるというスタンスで説明を行います。

　モデルと適用する分析方法を決めても、実際の処理を実行する前に、決めなければならない事項が一般には存在します。本章ではそのような事項を、広くパラメータと呼ぶことにします。確率的なアプローチでは、モデルの確率分布におけるパラメータがこれらに相当しますが、確定的なアプローチであっても、大抵の分析手法は汎用的に設計されているため、決めなければならない事項が存在します。ただし、どのようなものがパラメータになるか、またどのように決めるかは、分析手法によってさまざまです。確率的なアプローチである状態空間モデルの場合は 5 章以降で説明をしますので、ここでは、確定的なアプローチであるホルト・ウィンタース法の場合について説明を行うことにします。

　ホルト・ウィンタース法では (4.4), (4.5), (4.6) 式における指数加重 α, β, γ が基本的なパラメータになっており、通常これらは一期先予測誤差の 2 乗を全時点にわたって合計した値が最小となるように決定されます。なお、$\text{level}_t, \text{trend}_t, \text{season}_t$ は確定したパラメータ α, β, γ に基づいて得られる推定値ですので、パラメータではないことに注意してください。R ではホルト・ウィンタース法の関数 HoltWinters() が用意されており、パラメータ値の特定と分析処理の実行はまとめて行われますので、これらをあわせて次節で説明します。

4.5　フィルタリング・予測・平滑化の実行

　モデルとパラメータが決まったら、分析処理 (フィルタリング・予測・平滑化) を実行します。本書では確率的なアプローチである状態空間モデルの場合は 5 章以降で説明をしますので、ここでは、確定的なアプローチであるホルト・ウィンタース法の場合について説明を行うことにします。ホルト・ウィンタース法では、フィルタリングと予測が可能です。ホルト・ウィンタース法でフィルタリングを行うコードは、次のようになります。

コード 4.6
```
> #【ホルト・ウィンタース法】
>
> # (a) ナイル川における年間流量
> HW_Nile <- HoltWinters(Nile, beta = FALSE, gamma = FALSE)
> str(HW_Nile)
List of 9
```

第 4 章 時系列分析ひとめぐり

```
7    $ fitted       : Time-Series [1:99, 1:2] from 1872 to 1970: 1120 1130 1089 1119 1129
     ↪  ...
8    ..- attr(*, "dimnames")=List of 2
9    .. ..$ : NULL
10   .. ..$ : chr [1:2] "xhat" "level"
11   $ x            : Time-Series [1:100] from 1871 to 1970: 1120 1160 963 1210 1160 1160
     ↪  813 1230 1370 1140 ...
12   $ alpha        : num 0.247
13   $ beta         : logi FALSE
14   $ gamma        : logi FALSE
15   $ coefficients : Named num 805
16   ..- attr(*, "names")= chr "a"
17   $ seasonal     : chr "additive"
18   $ SSE          : num 2038872
19   $ call         : language HoltWinters(x = Nile, beta = FALSE, gamma = FALSE)
20   - attr(*, "class")= chr "HoltWinters"
21   >
22   > # (b) 大気中の二酸化炭素濃度
23   > HW_CO2 <- HoltWinters(y_CO2)
24   >
25   > # (c) 英国における四半期毎のガス消費量
26   > HW_UKgas_log <- HoltWinters(UKgas_log)
27   >
28   > # (d) 非線形なモデルから生成した人工的なデータ
29   > HW_nonlinear <- HoltWinters(y_nonlinear, gamma = FALSE)
30   >
31   > # フィルタリング値の描画
32   >
33   > # 描画に関する前処理（グラフのデフォルト設定を保存してから、これを変更する）
34   > oldpar <- par(no.readonly = TRUE)
35   > par(mfrow = c(2, 2)); par(oma = c(0, 0, 0, 0)); par(mar = c(4, 4, 3, 1))
36   > mygray <- "#80808080"
37   >
38   > plot(HW_Nile     , main = "(a)",
39   +      col = mygray, col.predicted = "black", lty.predicted = "dashed")
40   > plot(HW_CO2      , main = "(b)",
41   +      col = mygray, col.predicted = "black", lty.predicted = "dashed")
42   > plot(HW_UKgas_log, main = "(c)",
43   +      col = mygray, col.predicted = "black", lty.predicted = "dashed")
44   > plot(HW_nonlinear, main = "(d)",
45   +      col = mygray, col.predicted = "black", lty.predicted = "dashed")
46   >
47   > # 描画に関する後処理
48   > par(oldpar)
```

前節でも触れましたが、R のホルト・ウィンタース法の関数 HoltWinters() では、パラメータ値の特定とフィルタリングの実行がまとめて行われます。ホルト・ウィンタース法のパラメータは指数加重 α, β, γ ですが、これらの中で使用しないものがあれば、あらかじめ対応する引数 alpha, beta, gamma に FALSE を設定します。HoltWinters() の戻り

4.5 フィルタリング・予測・平滑化の実行

値の例として HW_Nile の内容を確認してみます。この値は、HoltWinters という名前のクラスのリストになっています。リストの要素 $alpha, $beta, $gamma には特定されたパラメータの値が格納されており、要素 $fitted には各成分のフィルタリング値、ならびに全成分のフィルタリング値を合計した値が、全て別々に格納されています。HoltWinters() の戻り値に対して plot() を適用すると、元のデータに重ねて全成分を合計したフィルタリング値が描画されます。データを灰色の実線、フィルタリング値を黒色の破線で示した結果が図 4.11 になります。

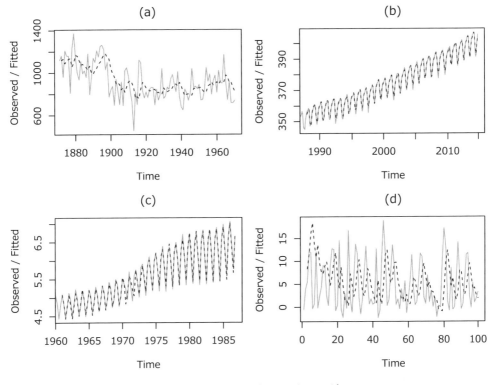

図 4.11: ホルト・ウィンタース法

図 4.11 を見ると、結果はさまざまです。これらの確認は次節でまとめて行いますので、ここでは一旦話を先に進めます。

ホルト・ウィンタース法の結果における各成分を、別々に確認してみましょう。このためのコードは次のようになります。

コード 4.7

```
> #【ホルト・ウィンタース法（成分毎）】
```

第4章 時系列分析ひとめぐり

```
> 
> # (a) ナイル川における年間流量
> HW_out <- HW_Nile
> HW_decomp <- ts.union(y = HW_out$x,
+                       Level = HW_out$fitted[, "level"],
+                       Resisuals = residuals(HW_out))
> plot(HW_decomp, main = "")
> 
> # (b) 大気中の二酸化炭素濃度
> HW_out <- HW_CO2
> HW_decomp <- ts.union(y = HW_out$x,
+                       Level = HW_out$fitted[, "level"] + HW_out$fitted[, "trend"],
+                       Season = HW_out$fitted[, "season"],
+                       Resisuals = residuals(HW_out))
> plot(HW_decomp, main = "")
> 
> # (c) 英国における四半期毎のガス消費量
> HW_out <- HW_UKgas_log
> HW_decomp <- ts.union(y = HW_out$x,
+                       Level = HW_out$fitted[, "level"] + HW_out$fitted[, "trend"],
+                       Season = HW_out$fitted[, "season"],
+                       Resisuals = residuals(HW_out))
> plot(HW_decomp, main = "")
> 
> # (d) 非線形なモデルから生成した人工的なデータ
> HW_out <- HW_nonlinear
> HW_decomp <- ts.union(y = HW_out$x,
+                       Level = HW_out$fitted[, "level"] + HW_out$fitted[, "trend"],
+                       Resisuals = residuals(HW_out))
> plot(HW_decomp, main = "")
```

関数 `ts.union()` を使って、元のデータ、各成分の推定値、残差 (元のデータから全成分のフィルタリング値の合計を引いたもの) をまとめています。ここではグラフの表示を見やすくするために、成分にレベルと傾きがある場合には、筆者の方でその 2 つは合算して Level としました。また、残差を求めるために関数 `residuals()` を利用しています。このコードの表示結果が図 4.12 になります。

4.5 フィルタリング・予測・平滑化の実行

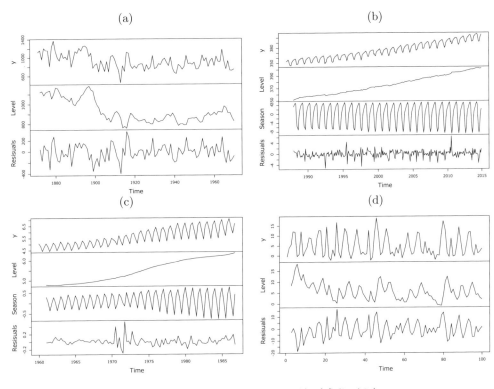

図 4.12: ホルト・ウィンタース法（成分ごと）

これらの結果もさまざまですが、残差は分析結果の確認と吟味に必要なものであり、詳しくは次節で確認を行います。

ここで改めて表 4.1 (p. 35) の分析目的を振り返ると、目的 1 における現在の値の確認に加え、目的 2, 3 で過去や未来の値の確認も掲げられていました。具体的に目的 2 では、(a) において過去の変化点をさらに確認する必要があります。このような過去の値を精度よく推定する場合、相対的な未来の情報も考慮する平滑化が有効ですが、通常のホルト・ウィンタース法では平滑化は行えないため、ここではフィルタリングの結果を活用して確認を行うことにします。また目的 3 では、(b) において未来の値を予測する必要があります。これに対して、ここではデータの終わりから 1 年分の未来である 2015 年の値を予測してみます。このためのコードは次のようになります。

コード 4.8

```
1  > #【ホルト・ウィンタース法（予測）】
2  >
3  > # (b) 大気中の二酸化炭素濃度
```

```
 4  > HW_predict <- predict(HW_CO2, n.ahead = 12)
 5  > str(HW_predict)
 6   Time-Series [1:12, 1] from 2015 to 2016: 405 407 407 408 407 ...
 7   - attr(*, "dimnames")=List of 2
 8    ..$ : NULL
 9    ..$ : chr "fit"
10  >
11  > # 観測値・フィルタリング値と予測値をあわせて描画
12  > plot(HW_CO2, HW_predict, main = "ホルト・ウィンタース法によるフィルタリングと予測",
13  +      col = mygray, col.predicted = "black", lty.predicted = "dashed")
14  >
15  > # 2015年の観測値も描画
16  > y_CO2_2015 <- window(y_all, start = 2015)
17  > lines(y_CO2_2015, col = mygray)
```

HoltWinters() の戻り値に対して関数 predict() を適用すると、予測値が得られます。その際、引数の n.ahead には予測するデータの時点数を設定します。この結果が HW_predict ですが、中身には ts クラスのデータ (2015 年の分) が格納されていることが分かります。予測値のプロットが次の図になります。

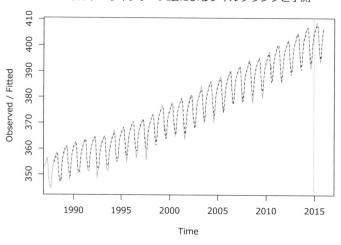

図 4.13: ホルト・ウィンタース法（予測）

plot() の引数に HoltWinters() の戻り値と predict() の戻り値をカンマで区切って並べると、両者があわせて描画されます。ここでは 2015 年の実測値も含めてデータを灰色の実線、フィルタリング値・予測値を黒色の破線で描画しました。

以上で、分析目的に対する結果が一通り得られたことになりますので、続けてこれらをまとめて確認します。

4.6 結果の確認と吟味

最後に分析結果の確認と吟味を行います。これは、分析の前提や過程を振り返る営みにもなっています。順番としては分析手順の最後になるものの、分析が一度で完了することはまずなく、通常ここでの結果を踏まえ、何度か分析の手順をやり直す必要が生じます。なお文献によっては、本節の内容を「(モデルの) 診断」と呼んでいるものもあります。

それでは、表 4.1 の目的に対して、どのような結果が得られたかを見ていきましょう。まず読みやすさを考慮して、関連する図 4.11, 4.12, 4.13, 11.9 をまとめて再掲しておきます。

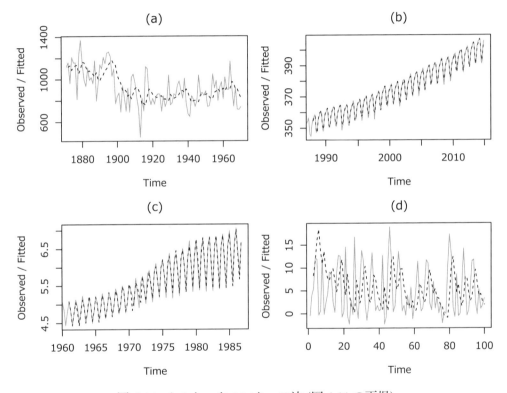

図 4.14: ホルト・ウィンタース法 (図 4.11 の再掲)

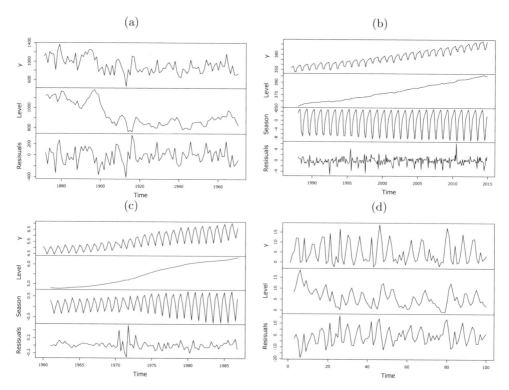

図 4.15: ホルト・ウィンタース法（成分ごと）(図 4.12 の再掲)

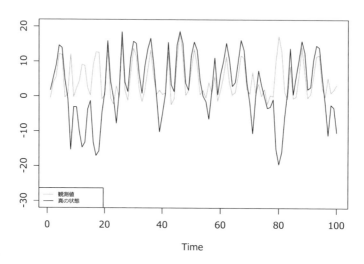

図 4.16: 著名なベンチマークモデル (図 11.9 の再掲)

4.6 結果の確認と吟味

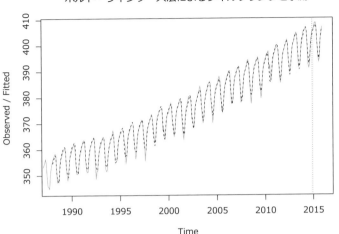

図 4.17: ホルト・ウィンタース法（予測）（図 4.13 の再掲）

表 4.1 の目的 1「データの取得中に、各時点のデータから雑音をできるだけ除去したい」と目的 2「過去の値の急激な変化をとらえたい」に関しては、図 4.14, 4.15 をよりどころとします。結果の正しさは例外的に正解が分かっている (d) を除いて不明ですので、モデルを定義する際に仮説を立てた特徴が解釈しやすいか、という観点で確認を行います。

まず (a) ですが、推定値の揺らぎがやや大きいもののおおむね似たような値が続き、1899 年頃から全体的な値が減少している傾向も分かるため、違和感は少ないです。推定値がデータとかけ離れている部分があり、そこで残差が大きくなっていますが、全体的に残差が大き過ぎたり、残差に周期的なパタンが残っている印象はありません。残差が大き過ぎたり相関が残るのは、モデルがその要因を適切に考慮しきれなかった場合であり、モデルの定義が十分ではない証です。このように残差は、分析に問題が残っているかどうかを確かめる手掛かりになります。

> **補足** 5 章以降で説明する状態空間モデルの場合でも、残差は分析結果の確認と吟味に有益ですが、より理論的な取り扱いが可能になります。この詳細は「8.2.6 結果の確認と吟味」で説明をします。

なお目的 2「過去の値の急激な変化をとらえたい」に関しては、1899 年からの値の減少は非常に緩やかで、期待していたほど急激な減少はとらえきれていません。急減を適切に考慮するためには、モデルにさらに工夫が必要そうです。

続いて (b) と (c) ですが、こちらの結果に違和感はありません。ところどころ推定値がデータとかけ離れている部分があり、そこで残差が大きくなっているのは (a) と同様ですが、全体的に残差が大き過ぎたり、残差に周期的なパタンが残っている印象はありません。

最後に (d) ですが、正解の図 4.16 と比較をすると、残念ながら程遠い結果になっていることが分かります。残差も全体的に大きな値となっています。これは非線形なデータの生成過程を不明として分析を行ったためで、やむを得ないところです。このようなデータの生成過程が分かる場合は実際には少ないかもしれませんが、見当がつくようであれば、正確な分析を行うためモデルに積極的に考慮すべきです。

ここまでで残差の確認には目視による印象を頼りにしてきましたが、残差の自己相関係数を確認することも一般的です。今回の例における残差の自己相関係数は以下のコードで得られます。

コード 4.9

```r
> #【結果の確認と吟味（残差の自己相関）】
> 
> # 描画に関する前処理（グラフのデフォルト設定を保存してから、これを変更する）
> oldpar <- par(no.readonly = TRUE)
> par(mfrow = c(2, 2)); par(oma = c(0, 0, 0, 0)); par(mar = c(4, 4, 3, 1))
> 
> acf(residuals(HW_Nile)     , main = "(a)")
> acf(residuals(HW_CO2)      , main = "(b)")
> acf(residuals(HW_UKgas_log), main = "(c)")
> acf(residuals(HW_nonlinear), main = "(d)")
> 
> # 描画に関する後処理
> par(oldpar)
```

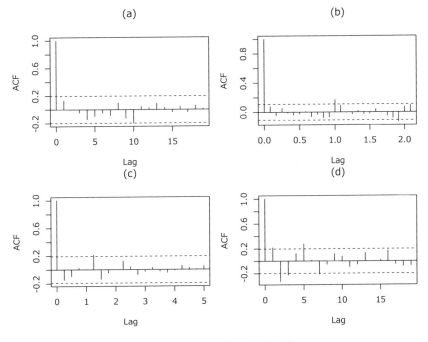

図 4.18: 残差の自己相関係数

　図 4.18 を見ると、これまでの印象と整合する結果が得られており、(a), (b), (c) に関して残差の相関は大きくはないと考えて良さそうですが、(d) に関しては残差の相関で大きな部分が残っています。

　続いて表 4.1 の目的 3「未来の値を予測したい」に関しては、図 4.17 をよりどころとします。結果に関して 2015 年の観測値と比較をしても、違和感はありません。さらに数値指標も確認してみることにします。予測に関する数値指標にはさまざまなものがあり [18]、理論的な展開とのつながりもあって**平均2乗誤差**が比較的よく使われますが、本書では分かりやすさを考慮して**平均絶対偏差率** (Mean Absolute Percentage Error; **MAPE**) を紹介します。観測値 y_t の推定値 $\hat{y}_t$ に関する MAPE の定義は、計算対象区間における開始時点を k, 終了時点を $K-1$ とすると、以下のようになり、この値は 0 に近いほど予測性能が良いことを表しています。

$$\mathrm{MAPE} = \frac{1}{K-k} \sum_{t=k}^{K-1} \frac{|\hat{y}_t - y_t|}{y_t} \tag{4.7}$$

MAPE を求めるコードは以下のようになります。

第4章 時系列分析ひとめぐり

```
コード 4.10
1  > #【結果の確認と吟味（予測性能）】
2  >
3  > # 平均絶対誤差率 (Mean Absolute Percentage Error; MAPE) を求めるユーザ定義関数
4  > MAPE <- function(true, pred){
5  +   mean(abs(pred - true) / true)
6  + }
7  >
8  > # 予測値の平均絶対偏差率
9  > MAPE(true = y_CO2_2015, pred = HW_predict)
10 [1] 0.001754518
```

コードの中ではまず、MAPE を求めるためのユーザ定義関数 MAPE() を定義しています。求めた MAPE は 0.001754518 となりました。MAPE も十分小さく、妥当な予測が行われていると考えます。

以上で分析結果の確認と吟味を行いました。データによっては分析精度を向上させるため、さらなる課題があることも分かりました。このような見識を元に、分析を繰り返していくことになります。

4.7 状態空間モデルの適用に際して

本章ではここまでに、確定的な方法に基づいて一通りの時系列分析を行ってみました。さらに詳細な分析を行うために、本書では確率的なモデルである状態空間モデルの利用をお勧めしますので、次章以降で順次その詳細を説明をしていきます。本節ではそれに先立ち、本章で分析を行ったデータに対して、状態空間モデルではどのような解法が適用できるかについて、あらかじめ大まかな見通しを示しておくことにします。

状態空間モデルの解法には、まとまったデータをある程度の計算時間をかけて解く**一括解法**と、逐次的に得られるデータを効率的に解いていく**逐次解法**が存在します。一括解法は固定区間平滑化、逐次解法は固定ラグ平滑化・フィルタリング・予測に向いています。さらに、状態空間モデルは**線形・ガウス型状態空間モデル**と**一般状態空間モデル**に大別でき、線形・ガウス型状態空間モデルに対しては効率の良い解法が知られており、一般状態空間モデルに関してはそれに比べ一般に計算量が必要になります。本書ではこれらのうち、表 4.2 にまとめたように、線形・ガウス型状態空間モデルに対する一括解法として**ウィナーフィルタ** (7 章)、逐次解法として**カルマンフィルタ** (8 章)、一般状態空間モデルに対する一括解法として **MCMC** を活用した解法 (10 章)、逐次解法として**粒子フィルタ** (11 章) を紹介します。

4.7 状態空間モデルの適用に際して

表 4.2: 本書で紹介する状態空間モデルの解法

	一括型	逐次型
線形・ガウス型状態空間モデルに対して	ウィナーフィルタ (7 章)	カルマンフィルタ (8 章)
一般状態空間モデルに対して	MCMC を活用した解法 (10 章)	粒子フィルタ (11 章)

なおウィナーフィルタについては主に歴史的な見地からの説明にとどめますので、線形・ガウス型状態空間モデルの解法は実質カルマンフィルタを説明することになります。

これらの解法を使い分けていくわけですが、基本的に簡単な方法で問題が解ければそれに越したことはありませんので、線形・ガウス型状態空間モデルで対処可能であれば、それで済ませてしまってよいでしょう。なお筆者としてはたとえ手ごわい問題であっても、比較のためにも線形・ガウス型状態空間モデルの解法は一度は試してみる価値はあると考えます。線形・ガウス型状態空間モデルで対処可能かどうかは問題次第ですが、基本的な「レベル＋傾き＋周期」モデルや構造変化のような情報の考慮でもそれが「既知」の情報であれば、線形・ガウス型状態空間モデルでカバーできることが理論的に分かっています。したがって、本章で確認を行ったデータであればおおむね以下のような指針が立てられます。

- 線形・ガウス型状態空間モデルの解法で対処可能
  - (a), (b), (c) で現在の値を精度よく推定する (ただしパラメータは確率変数とは考えない)
  - (a) で過去の構造変化の変化点を (事前情報に基づき) 考慮する
  - (b) で未来の値を予測する
- 一般状態空間モデルの解法が必要
  - (d) で現在の値を精度よく推定する
  - (a) で過去/現在の構造変化の変化点を (事前情報なしの状況で) 考慮する
  - パラメータも確率変数として一緒に推定する

本章で説明した確定的・探索的な手法では対処が難しい問題に関して、それらをどのように克服していくかは、次章以降で具体的に説明していくことにします。なお各章での説明にあたってはそこでの話題に焦点をあわせるため、分析の流れを一部割愛する場合があることがありますのであらかじめご了承ください。

第5章

状態空間モデル

　本章ではまず確率的なモデルの意味合いについて触れ、その一種である状態空間モデルについて定義を行います。そして、状態空間モデルの特徴と分類についても説明を行います。

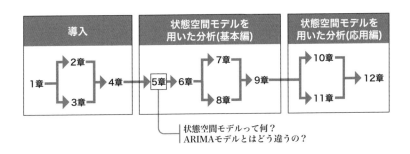

第5章 状態空間モデル

5.1 確率的なモデル

　本章から状態空間モデルの詳細を説明していきますが、本節では最初に、このモデルが柔軟な確率的なモデルに基づいていることを強調しておきます。このようなモデルにおける推定対象は値そのものではなく確率分布となり、観測値はその分布からたまたま得られた標本である、という考え方をします。例えばこれまでに示してきたナイル川における年間流量に関するデータに関して、この考え方を例示したものが図 5.1 になります。

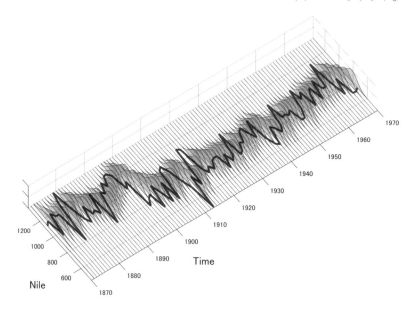

図 5.1: ナイル川における年間流量に関するデータを確率的にとらえる

　少し見づらいかもしれませんが、図 5.1 では 2 次元のグラフの上に、観測値が従う確率分布を重ねて 3 次元で表示してみました[1]。図 5.1 からも分かるように、推定対象の確率分布は一般に時点ごとに異なることに注意してください。

5.2 状態空間モデルの定義

　状態空間モデルは、互いに関連のある系列的なデータを確率的にとらえるモデルの 1 つです。

---

[1] この図は確率分布に正規分布を仮定して、実際にライブラリ **dlm** で推定をした結果を描画しました。

5.2 状態空間モデルの定義

このモデルではまず、直接観測されるデータに加え、直接的には観測されない潜在的な確率変数を導入します。この潜在的な確率変数は**状態**と呼ばれます。状態には分析を行う上で解釈が容易になる量が選ばれることになります (具体例は 9 章にて説明します)。この状態に関して、

状態は前時点のみと関連がある

という関係性 (**マルコフ性**) を仮定します。さらに観測値に関して、

ある時点の観測値はその時点の状態によってのみ決まる

と仮定します。

ここまでの記載が状態空間モデルの仮定になっており、この仮定は 3 つの異なる観点で表現することができます。理解を深めるためにもこれらに関して、一通り確認をしてみることにします。

> 補足 状態の推定に関して、本書では一貫してベイズ推定を適用する立場をとります [19]。このため、状態の初期値も事前分布に基づいて発生していると考えます。一方、パラメータに関しては状態とは異なり 9 章までは確率変数とは考えずに最尤推定を適用しますが、10 章以降は確率変数と考えベイズ推定を適用する場合についても説明します。なお、本書における「状態」と「パラメータ」という用語は、文献によりそれぞれ「パラメータ」と「ハイパーパラメータ」と呼ばれたり [20, 編集にあたって] [21]、「局所的 (ミクロ) なパラメータ」と「大域的 (マクロ) なパラメータ」と呼ばれることもありますので [19]、ご注意ください。

5.2.1 グラフィカルモデルによる表現

1 つ目の表現はグラフィカルモデルによるもので、図 5.2 が相当します。

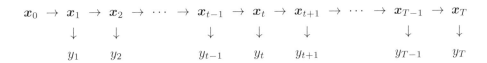

図 5.2: 状態空間モデルの DAG 表現

ここで、観測時点は $1, \ldots T$ であり、時点 t における状態を $\boldsymbol{x}_t$、観測値を y_t としています。なお $\boldsymbol{x}_0$ は、事前の知見を反映した状態となります。状態の要素が p 種類あるとすると、$\boldsymbol{x}_t$ は p 次元の列ベクトルとなります。y_t は、本書では簡単のため単変量の観測値のみを検討対象とするためスカラーであり、太字にはなっていません (一般的に多変量の観測値まで考える場合に、m 次元の列ベクトルとなり太字で表されることになります)。

> **補足** 本書ではこれ以降、確率変数とその実現値をともに小文字で記載することにします。このようにしても、文脈から混乱はないと考えます。

図 5.2 は、**DAG** (Directed Acyclic Graph; **有向非巡回グラフ**) と呼ばれます。x_t が直接隣としかつながっていないことで、状態のマルコフ性が表現されています。また y_t が直接 x_t としかつながっていないことで、ある時点の観測値がその時点の状態によってのみ決まることが表現されています。

5.2.2 確率分布による表現

2つ目の表現は確率分布によるもので、(5.1) 式と (5.2) 式が相当します。(5.1) 式の左辺は、$0 \sim t-1$ における全ての量が与えられた下での x_t の分布を意味しており、(5.2) 式の左辺は、$0 \sim t-1$ における全ての量と x_t が与えられた下での y_t の分布を意味しています。

$$p(x_t \mid x_{0:t-1}, y_{1:t-1}) = p(x_t \mid x_{t-1}) \tag{5.1}$$

$$p(y_t \mid x_{0:t}, y_{1:t-1}) = p(y_t \mid x_t) \tag{5.2}$$

(5.1) 式は、x_{t-1} が与えられると、x_t は $x_{0:t-2}, y_{1:t-1}$ とは独立となることを示しています。この関係は状態に関する**条件付き独立**と呼ばれ、DAG 表現にそのイメージを追記すると図 5.3 のようになります。この性質は時点 t 以外でも成立し、ある時点の状態は一時点前の状態が与えられると、一時点前を含めてそれより前の時点における全ての量 (ただし一時点前の状態は除く) と独立になります。

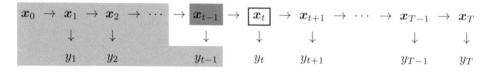

図 5.3: 状態に関する条件付き独立 (■ が与えられると □ は ■ と独立になる)

また (5.2) 式は、x_t が与えられると、y_t は $y_{1:t-1}, x_{0:t-1}$ とは独立となることを示しています。この関係は観測値に関する条件付き独立であり、DAG 表現にそのイメージを追記すると図 5.4 のようになります。この性質が時点 t 以外でも成立するのは先ほどと同様で、ある時点の観測値はその時点の状態が与えられると、それ以前の時点における全ての量と独立になります。

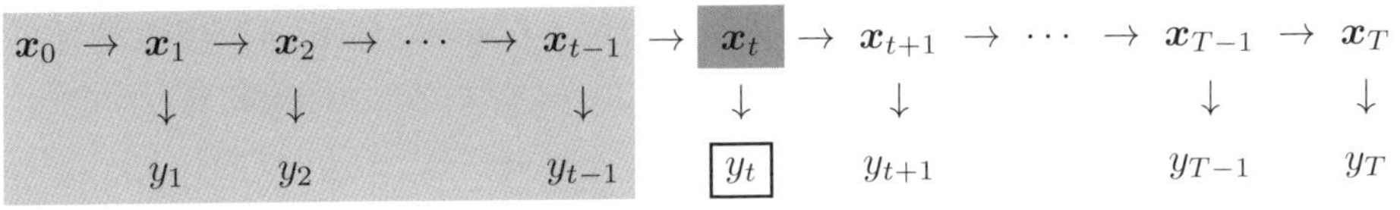

5.2 状態空間モデルの定義

$$x_0 \rightarrow x_1 \rightarrow x_2 \rightarrow \cdots \rightarrow x_{t-1} \rightarrow x_t \rightarrow x_{t+1} \rightarrow \cdots \rightarrow x_{T-1} \rightarrow x_T$$
$$\downarrow \quad \downarrow \quad \quad \downarrow \quad \downarrow \quad \downarrow \quad \quad \downarrow \quad \downarrow$$
$$y_1 \quad y_2 \quad \quad y_{t-1} \quad y_t \quad y_{t+1} \quad \quad y_{T-1} \quad y_T$$

図 5.4: 観測値に関する条件付き独立 (■ が与えられると □ は ▨ と独立になる)

なお DAG 表現からも想像されるようにこれ以外にも条件付き独立の関係は成立しており、例えば

$$p(x_t \mid x_{t+1}, y_{1:T}) = p(x_t \mid x_{t+1}, y_{1:t}) \tag{5.3}$$

という関係も成立します。(5.3) 式は本書の他の部分でも使用するため、付録 E に導出をまとめておきました。

5.2.3 方程式による表現

3つ目の表現は方程式によるもので、(5.4) 式と (5.5) 式が相当します。

$$x_t = f(x_{t-1}, w_t) \tag{5.4}$$
$$y_t = h(x_t, v_t) \tag{5.5}$$

ここで、$f(\cdot)$ と $h(\cdot)$ は任意の関数です。w_t と v_t はそれぞれ**状態雑音** (もしくは**システム雑音**) と**観測雑音**と呼ばれる互いに独立な白色雑音であり、w_t は p 次元の列ベクトルとなります。(5.4) 式は**状態方程式** (もしくは**システム方程式**) と呼ばれ (5.1) 式と同じものです。また (5.5) 式は**観測方程式**と呼ばれ (5.2) 式と同じものです。

状態方程式は、状態に関する確率的な差分方程式となっています。そして状態雑音 w_t は、(雑音という言葉から受ける普通の印象とは少し異なり) 状態の時間変化に許容されるひずみ、という積極的な意味をもっています。状態方程式により、ひずみを許容する時間的なパタンが、潜在的に規定されることになります。

一方観測方程式は、状態から観測値を得る際に観測雑音 v_t を伴うことを示しています。観測雑音にもモデルの定義を補うような側面がありますが、状態雑音に比べると普通の雑音に近い意味合いでとらえられることが多く、少ない方が観測値をより信用できることになります。

5.2.4 状態空間モデルの同時分布

これまでの説明を踏まえて、状態空間モデルの同時分布を導きます。モデルにおける全

ての確率変数の同時分布はモデルの特徴を全て表現する重要な位置づけを担いますので、少し長くなりますが段階を追って展開しておくことにします。状態空間モデルの同時分布は

$$p(全ての確率変数) = p(\boldsymbol{x}_{0:T}, y_{1:T})$$

ですので、次の分布を考えることになります。

$$p(\boldsymbol{x}_{0:T}, y_{1:T})$$

見やすさを考慮して、これから分解して考える確率変数を前に移動し

$$= p(y_{1:T}, \boldsymbol{x}_{0:T})$$

$y_{1:T}$ を分解して書いて

$$= p(y_T, y_{1:T-1}, \boldsymbol{x}_{0:T})$$

確率の乗法定理を適用して (ここで $y_{1:T-1}, \boldsymbol{x}_{0:T}$ をひとかたまりで考えます)

$$= p(y_T \mid y_{1:T-1}, \boldsymbol{x}_{0:T}) p(y_{1:T-1}, \boldsymbol{x}_{0:T})$$

見やすさを考慮して、最後の項でこれから分解して考える確率変数を前に移動し

$$= p(y_T \mid y_{1:T-1}, \boldsymbol{x}_{0:T}) p(\boldsymbol{x}_{0:T}, y_{1:T-1})$$

$\boldsymbol{x}_{0:T}$ を分解して書いて

$$= p(y_T \mid y_{1:T-1}, \boldsymbol{x}_{0:T}) p(\boldsymbol{x}_T, \boldsymbol{x}_{0:T-1}, y_{1:T-1})$$

最後の項に確率の乗法定理を適用して (ここで $\boldsymbol{x}_{0:T-1}, y_{1:T-1}$ をひとかたまりで考えます)

$$= p(y_T \mid y_{1:T-1}, \boldsymbol{x}_{0:T}) p(\boldsymbol{x}_T \mid \boldsymbol{x}_{0:T-1}, y_{1:T-1}) p(\boldsymbol{x}_{0:T-1}, y_{1:T-1})$$

このようにして、最後の項に確率の乗法定理を繰り返し適用していくと…

$$= \left(\prod_{t=2}^{T} p(y_t \mid y_{1:t-1}, \boldsymbol{x}_{0:t}) p(\boldsymbol{x}_t \mid \boldsymbol{x}_{0:t-1}, y_{1:t-1}) \right) p(\boldsymbol{x}_{0:1}, y_1)$$

見やすさを考慮して、最後の項の確率変数の順番を入れ替えて

$$= \left(\prod_{t=2}^{T} p(y_t \mid y_{1:t-1}, \boldsymbol{x}_{0:t}) p(\boldsymbol{x}_t \mid \boldsymbol{x}_{0:t-1}, y_{1:t-1}) \right) p(y_1, \boldsymbol{x}_{0:1})$$

再び最後の項に確率の乗法定理を適用していき

$$= \left(\prod_{t=2}^{T} p(y_t \mid y_{1:t-1}, \boldsymbol{x}_{0:t}) p(\boldsymbol{x}_t \mid \boldsymbol{x}_{0:t-1}, y_{1:t-1})\right) p(y_1 \mid \boldsymbol{x}_{0:1}) p(\boldsymbol{x}_1 \mid \boldsymbol{x}_0) p(\boldsymbol{x}_0)$$

見やすさを考慮して、最後の項を一番前にもってきて

$$= p(\boldsymbol{x}_0) \left(\prod_{t=2}^{T} p(y_t \mid y_{1:t-1}, \boldsymbol{x}_{0:t}) p(\boldsymbol{x}_t \mid \boldsymbol{x}_{0:t-1}, y_{1:t-1})\right) p(y_1 \mid \boldsymbol{x}_{0:1}) p(\boldsymbol{x}_1 \mid \boldsymbol{x}_0)$$

ここで、状態空間モデルの仮定 (5.2) 式と (5.1) 式から、

$$= p(\boldsymbol{x}_0) \left(\prod_{t=2}^{T} p(y_t \mid \boldsymbol{x}_t) p(\boldsymbol{x}_t \mid \boldsymbol{x}_{t-1})\right) p(y_1 \mid \boldsymbol{x}_1) p(\boldsymbol{x}_1 \mid \boldsymbol{x}_0)$$

見やすさを考慮して、まとめて書くと

$$= p(\boldsymbol{x}_0) \prod_{t=1}^{T} p(y_t \mid \boldsymbol{x}_t) p(\boldsymbol{x}_t \mid \boldsymbol{x}_{t-1}) \tag{5.6}$$

(5.6) 式から状態空間モデルは仮定する、事前分布 $p(\boldsymbol{x}_0)$、観測方程式 $p(y_t \mid \boldsymbol{x}_t)$、状態方程式 $p(\boldsymbol{x}_t \mid \boldsymbol{x}_{t-1})$ により、それらの単純な積の形で決まることが分かります。この結果は、状態空間モデルの仮定を踏まえると、当然の帰結といえます。

5.3 状態空間モデルの特徴

前節で記載した状態空間モデルについて、いくつかの特徴を説明しておきます。

まず状態空間モデルでは状態という潜在変数を導入したことにより、解釈に都合の良い状態を複数組み合わせて複雑なモデルを構築することが容易になっています。これにより、モデル化の柔軟性が向上します。この具体例は 9 章で確認することにします。

また状態空間モデルでは観測値間の関連性を観測値同士で直接表現する代わりに、状態を経由することで表現しています。図 5.2 でも y_t は直接つながらずに、x_t 経由で y_t 間がつながっています。この点は、観測値間の関連性を観測値同士で直接表現する **ARMA モデル** (ARMA は AutoRegressive Moving Average の略であり、**自己回帰移動平均モデル**とも呼ばれます) とは対照的です。ARMA (p, q) モデルとは時系列分析でよく用いられる確率的なモデルの 1 つであり、以下のように定義されます。

$$y_t = \sum_{j=1}^{p} \phi_j y_{t-j} + \sum_{j=1}^{q} \psi_j \epsilon_{t-j} + \epsilon_t \tag{5.7}$$

ここで、p, q はそれぞれ **AR 次数・MA 次数** と呼ばれる非負の整数、ϕ_j, ψ_j はそれぞれ **AR 係数・MA 係数** と呼ばれる実数、ϵ_t は白色雑音となります。ARMA(1, 0) モデルは MA 項がないため AR(1) モデルとも呼ばれ、これについては「2.7 定常過程と非定常過程」で先行して触れました。また d 階階差をとった時系列を対象にした ARMA モデルは **ARIMA モデル** (ARIMA は AutoRegressive Integrated Moving Average の略であり、**自己回帰和分移動平均モデル** とも呼ばれます) であり、ARIMA (p, d, q) と表されます。ARIMA モデルと状態空間モデルは密接な関係があり、状態空間モデルでよく使われるモデルが ARIMA モデルとして定義できたり [11, 付録 1]、ARIMA モデルも状態空間モデルの一モデルとして定義可能であったりします (「9.5 ARMA モデル」で説明をします)。このため、データの時間的なパタンを確率的にとらえるという観点で両者に本質的な差はないと考えられますが、その哲学は対照的で異なっています。ARIMA モデルは観測値間の関連性を基本的には観測値同士で直接表現するため、問題のモデル化は **ブラックボックス的なアプローチ** となります。一方、状態空間モデルは観測値間の関連性を状態経由で間接的に表現し、ある時点のデータと別の時点のデータの間の関連性を生成する要因を分析者が極力想定して、対応する潜在変数を考慮することで分析を行うため、問題のモデル化は **ホワイトボックス的なアプローチ** となります。どちらが良いかは好みにもよりますが、本書としてはさらなる柔軟性 (回帰成分・欠測値・非定常過程などの取り扱いが容易) を考慮し、状態空間モデルの適用を推奨します。なお、ここでの議論は [12, 3.10.1 章] によりました。

状態空間モデルは、制御理論の分野では 1950 年代以降にベルマン (R. E. Bellman) やカルマン (R. E. Kalman) により明示的に検討が行われてきましたが、同じものはそれ以前から複数の分野で検討はされていたようです [18, 22]。またこのモデルは、主に音声認識の分野から発展してきた隠れマルコフモデル (hidden Markov model) と等価 (ただし、隠れマルコフモデルでは推定対象の確率変数が離散的) であることも、現在ではよく認識されるようになっています [21, 23]。

5.4 状態空間モデルの分類

「5.2 状態空間モデルの定義」で記載した状態空間モデルについて、演算や確率分布に特段の制約を置かない場合、その状態空間モデルは **一般状態空間モデル** と呼ばれます。一般状態空間モデルは、さらに細分化して分類されることがあります。本書では表 5.1 に示した分類に基づき説明をします。

5.4 状態空間モデルの分類

表 5.1: 状態空間モデルの分類

	(5.4), (5.5) 式における w_t, v_t の いずれかが非ガウス分布	(5.4), (5.5) 式における w_t, v_t が ともにガウス分布
(5.4), (5.5) 式における f, h の いずれかが非線形	非線形・非ガウス型 (解法は 10, 11 章で説明)	非線形・ガウス型 (解法は 10, 11 章で説明)
(5.4), (5.5) 式における f, h が ともに線形	線形・非ガウス型 (解法は 10, 11 章で説明)	線形・ガウス型 (解法は 7, 8 章で説明)

(5.4) 式と (5.5) 式において、f, h のいずれかが非線形の関数であり、w_t, v_t のいずれかが非ガウス分布となる場合、その状態空間モデルは**非線形・非ガウス型状態空間モデル**と呼ばれます。一般状態空間モデルの一種ですが、同じ意味で用いられることがあります。

続いて f, h のいずれかが非線形の関数ではあるものの、w_t, v_t がともにガウス分布となる場合、その状態空間モデルは非線形・ガウス型状態空間モデルと呼ばれます。

また f, h がともに線形関数ではあるものの、w_t, v_t のいずれかが非ガウス分布となる場合、その状態空間モデルは線形・非ガウス型状態空間モデルと呼ばれます。

さらに f, h がともに線形関数であり、w_t, v_t もともにガウス分布となる場合、その状態空間モデルは**線形・ガウス型状態空間モデル**と呼ばれます。線形・ガウス型状態空間モデルの状態方程式と観測方程式は、以下のように定義されます (これらの式は重要で本書でも後に何度か参照するため、網掛けをして強調しておきます)。

$$x_t = G_t x_{t-1} + w_t, \qquad w_t \sim \mathcal{N}(\mathbf{0}, W_t) \tag{5.8}$$

$$y_t = F_t x_t + v_t, \qquad v_t \sim \mathcal{N}(0, V_t) \tag{5.9}$$

ここで、G_t は $p \times p$ の**状態遷移行列** (もしくは**状態発展行列・システム行列**)、F_t は $1 \times p$ の**観測行列**、W_t は $p \times p$ の状態雑音の共分散行列、V_t は観測雑音の分散となります。また $x_0 \sim \mathcal{N}(m_0, C_0)$ であり、事前分布における p 次元の平均ベクトルを m_0、$p \times p$ の共分散行列を C_0 とします。(5.8), (5.9) 式に関する線形演算の結果は、「2.3 正規分布」でも述べた正規分布の再生性より、全て正規分布に従うことになります。(5.8), (5.9) 式と同じものは確率分布でも表現可能であり、

$$p(x_t \mid x_{t-1}) = \mathcal{N}(G_t x_{t-1}, W_t) \tag{5.10}$$

$$p(y_t \mid x_t) = \mathcal{N}(F_t x_t, V_t) \tag{5.11}$$

となります (これらの式も後に何度か参照するため、網掛けをして強調しておきます)。ここで、$p(x_0) = \mathcal{N}(m_0, C_0)$ です。なお、線形・ガウス型状態空間モデルのパラメータをまとめて記載すると、$\theta = \{G_t, F_t, W_t, V_t, m_0, C_0\}$ となります。線形・ガウス型状態空間

第 5 章 状態空間モデル

モデルは、**動的線形モデル** (Dynamic Linear Model; **DLM**) とも呼ばれます。DLM は理解や扱いが容易なだけでなく、実用的にも重要です。これは DLM のみでカバーできる問題が多いことも一因ですが、一般状態空間モデルであっても条件付で線形・ガウス型状態空間モデルに落とし込める場合も存在するためです。このような場合、DLM は最終的な問題を解くために部品として活用されることになります。

> **補足** 線形・ガウス型状態空間モデルの (5.8), (5.9) 式における記号の割り当てに決まりはなく、文献によりさまざまです。本書では **dlm** や **Stan** の関数との整合もあり主に [18, 24, 25] にならいましたが、主要な文献との対応関係を参考情報として付録 F にまとめておきました。なお状態雑音に関しては、本書のように w_t としてベクトルにまとめた形ではなく、行列とベクトルの積で表現する形の方が比較的多いようですが、両者は等価です。

第6章

状態空間モデルにおける状態の推定

　本章では、状態空間モデルにおける状態の推定に関して、まず一般的な考え方を述べます。その後、状態の周辺事後分布を逐次的に求める方法を検討し、簡単な例を説明してから一般的な定式化を図ります。この結果は後の章で説明する、カルマンフィルタ (8 章) や粒子フィルタ (11 章) の基礎となります。また本章では、状態空間モデルの尤度とパラメータの扱いについても説明をします。

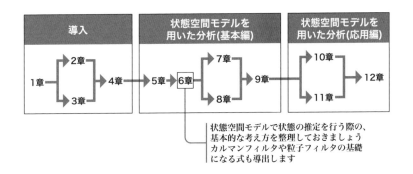

6.1 事後分布による状態の推定

状態空間モデルにおける状態の推定は、現時点 t までの観測値を元にして検討を行うことになります。そのため推定対象の分布は、

$$p(\text{状態} \mid y_{1:t}) \tag{6.1}$$

という条件付き分布になります。(6.1) 式を一般に、**状態の事後分布**といいます。

(6.1) 式における「状態」としては、次式のように全時点分を考えるのが出発点です。

$$p(\boldsymbol{x}_0, \boldsymbol{x}_1, \ldots, \boldsymbol{x}_{t'}, \ldots \mid y_{1:t}) \tag{6.2}$$

(6.2) 式を**状態の同時事後分布**といいます。ここで推定の型は検討の主眼である時点 t' に依存して、

$$\begin{cases} t' < t \text{ の場合} & \text{平滑化} \\ t' = t \text{ の場合} & \text{フィルタリング} \\ t' > t \text{ の場合} & \text{予測} \end{cases}$$

となります。状態の同時事後分布 (6.2) 式が具体的な推定対象になるのは、本書では 10 章 (MCMC を活用した解法) と 11 章 (粒子フィルタにおける平滑化アルゴリズムの一部) のみとなります。

さらに検討の主眼である時点 t' 以外の時点の状態を外して考える場合は、周辺化を行うことになります。具体的には、

$$p(\boldsymbol{x}_{t'} \mid y_{1:t}) = \int p(\boldsymbol{x}_0, \boldsymbol{x}_1, \ldots, \boldsymbol{x}_{t'}, \ldots \mid y_{1:t}) \mathrm{d}\boldsymbol{x}_{t'\text{以外}} \tag{6.3}$$

となります。(6.3) 式を**状態の周辺事後分布**と呼びます。ここで (6.3) 式は検討の主眼である時点 t' に依存して、

$$\begin{cases} t' < t \text{ の場合} & \textbf{平滑化分布} \\ t' = t \text{ の場合} & \textbf{フィルタリング分布} \\ t' > t \text{ の場合} & \textbf{予測分布} \end{cases}$$

と呼ばれます。状態の周辺事後分布 (6.3) 式は、この後のすべての章で具体的な推定対象になります。状態の周辺事後分布 (6.3) 式の求め方は複数あり、例えば 10 章 (MCMC を活用した解法) や 11 章 (粒子フィルタにおける平滑化アルゴリズムの一部) では、状態の同時事後分布 (6.2) 式を求めてから周辺化を行います。さらに、状態の周辺事後分布 (6.3)

式を直接求める方法もあります。7章 (ウィナーフィルタ) では、このための周波数領域での一括解法を説明します。また時間領域で効率よく求める方法も知られており、このアプローチは逐次解法 (8章 (カルマンフィルタ), 11章 (粒子フィルタ)) の基礎をなします。本章では次節にて、状態の周辺事後分布 (6.3) 式を再帰的に求める漸化式を定式化することにします。

> **補足** 状態の同時事後分布 $p(\boldsymbol{x}_{0:t} \mid y_{1:t})$ は、現時点 t より前の時点に検討の主眼を置いて平滑化分布と呼ばれることがあります。状態の周辺事後分布における平滑化分布と同じ呼称ですが、本書でも誤解がない範囲で同じ呼び方をします。

6.2 状態の逐次的な求め方

6.2.1 簡単な例

逐次的な状態の求め方は、状態遷移とベイズ更新 (事後分布 ∝ 事前分布 × 尤度) の繰り返しが元になっています。ここでは漸化式の定式化の前に、そのイメージをつかんでもらうために簡単な例を紹介します。なお、この例ではフィルタリングのみを取り上げます。これは、フィルタリングが予測や平滑化の元にもなる、基本的な仕組みであるためです (フィルタリングはその中に一期先予測を含み、平滑化はフィルタリングの結果を元にします)。

それでは、具体的な説明に移りましょう。人工的な問題ではありますが、図 6.1 のように飼いネコの行動を確認するために、首輪に GPS 発信器を付けて観測するような状況を考えます。

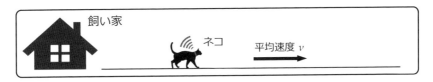

図 6.1: ネコの移動

実際のネコの行動は気まぐれでモデル化は容易ではないと思われますが、ここでは簡単に飼い家から平均速度 ν で直線的に離れていくような場合を想定します。そしてこの問題が、次のように線形・ガウス型状態空間モデルで定義されるとします。

第 6 章 状態空間モデルにおける状態の推定

$$x_t = x_{t-1} + \nu + w_t \qquad w_t \sim \mathcal{N}(0, \sigma_w^2) \qquad (6.4)$$
$$y_t = x_t + v_t \qquad v_t \sim \mathcal{N}(0, \sigma^2) \qquad (6.5)$$

ここで観測開始時の $t=1$ より前に、事前の知見に基づき $t=1$ の位置を推測した値を $m_0 = \hat{m}_1$ とし、その確信度合を分散 C_0 で表すことにします。(6.4), (6.5) 式において、x_t は時点 t におけるネコの位置、ν は平均速度 (定数)、w_t は移動時の速度の揺らぎ、y_t は時点 t における観測値、v_t は観測時の雑音となります。この線形・ガウス型状態空間モデルに基づく例では、正規分布の再生性により関心の対象となる分布は全て正規分布になりますので、この特徴を踏まえて状態を逐次的に求める過程を確認してみましょう。この過程を図 6.1 の下に追記したのが、図 6.2 になります。この図では時間の進展が下方向、ネコの移動が右方向で表されています。

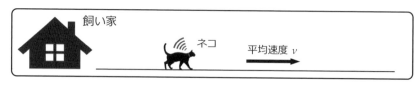

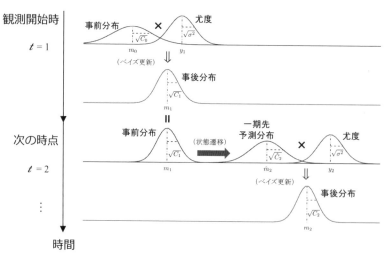

図 6.2: ネコの位置を推定する

まず観測開始時の $t=1$ では、ネコが動き始めるときにどの位置にいたかを推定します。最初に事前情報に基づき事前分布が存在していますので、この事前分布に $t=1$ で得られた観測値に基づく尤度をかけると、$t=1$ における事後分布が得られます (ベイズ更新)。尤度を考慮することで確からしさが増しますので、事後分布の分散は事前分布の分散より小さくなっています。この事後分布が、ネコが観測開始時にどの位置にいたかを推定した

6.2 状態の逐次的な求め方

結果になります。

続いて時点 $t=2$ では、ネコが動き始めてから次の時点でどの位置にいたかを推定します。$t=2$ における事前分布は $t=1$ における事後分布に相当しています。今度はネコが動いている状況ですので、この事前分布に対して平均速度を踏まえた移動が最初に考慮されます (状態遷移)。ただし移動速度にも揺らぎ w_t があるため移動に伴い不確かさが増え、移動後を予測する一期先予測分布では分散が事前分布に比べ増えてしまいますが、これはしかたありません。この移動後を予測した一期先予測分布に、$t=2$ で得られた観測値に基づく尤度をかけると、$t=2$ における事後分布が得られます (ベイズ更新)。尤度を考慮することで確からしさが増しますので、事後分布の分散は移動後を予測した分布より分散が小さくなります。この事後分布が、ネコが次の時点でどの位置にいたかを推定した結果になります。

このようにして、状態遷移とベイズ更新を繰り返すことで推定する分布を更新していきますが、具体的な式の変化も見てみましょう。

まず、時点 $t=1$ におけるベイズ更新は (2.19), (2.7) 式より

$$p(x_1 \mid y_1) \propto p(x_1) \times p(y_1 \mid x_1)$$
$$= \frac{1}{\sqrt{2\pi C_0}} \exp\left\{-\frac{(x_1 - m_0)^2}{2C_0}\right\} \times \frac{1}{\sqrt{2\pi\sigma^2}} \exp\left\{-\frac{(y_1 - x_1)^2}{2\sigma^2}\right\}$$

推定対象の x_1 のみに着目して整理すると

$$\propto \exp\left\{-\frac{x_1^2 - 2m_0 x_1}{2C_0} - \frac{-2y_1 x_1 + x_1^2}{2\sigma^2}\right\}$$
$$= \exp\left\{-\left(\frac{1}{2C_0} + \frac{1}{2\sigma^2}\right)x_1^2 + \left(\frac{2m_0 x_1}{2C_0} + \frac{2y_1 x_1}{2\sigma^2}\right)\right\}$$
$$= \exp\left\{-\frac{1}{2}\left(\frac{1}{C_0} + \frac{1}{\sigma^2}\right)x_1^2 + \left(\frac{m_0}{C_0} + \frac{y_1}{\sigma^2}\right)x_1\right\} \quad (6.6)$$

となります。一方 $t=1$ における事後分布の観点からは、(2.7) 式より

$$p(x_1 \mid y_1) = \frac{1}{\sqrt{2\pi C_1}} \exp\left\{-\frac{(x_1 - m_1)^2}{2C_1}\right\}$$

こちらも推定対象の x_1 のみに着目して整理すると

$$\propto \exp\left\{-\frac{x_1^2 - 2m_1 x_1}{2C_1}\right\} = \exp\left\{-\frac{1}{2}\frac{1}{C_1}x_1^2 + \frac{m_1}{C_1}x_1\right\} \quad (6.7)$$

となります。(6.6) 式と (6.7) 式を比較すると、次の関係が明らかになります。

第6章 状態空間モデルにおける状態の推定

$$\frac{1}{C_1} = \frac{1}{C_0} + \frac{1}{\sigma^2} \tag{6.8}$$

$$m_1 = C_1 \frac{1}{C_0} m_0 + C_1 \frac{1}{\sigma^2} y_1 = \frac{\frac{1}{C_0}}{\frac{1}{C_0} + \frac{1}{\sigma^2}} m_0 + \frac{\frac{1}{\sigma^2}}{\frac{1}{C_0} + \frac{1}{\sigma^2}} y_1 \tag{6.9}$$

漸化式向けに変形すると

$$= \frac{\sigma^2 m_0 + C_0 y_1}{\sigma^2 + C_0} = \frac{\sigma^2 + C_0 - C_0}{\sigma^2 + C_0} m_0 + \frac{C_0}{\sigma^2 + C_0} y_1 = m_0 + \frac{C_0}{\sigma^2 + C_0}(y_1 - m_0) \tag{6.10}$$

(6.8) 式は、事後分布の精度 (分散の逆数) は事前分布の精度と尤度に関する精度の和になることを表しています。これは、ベイズ更新では観測値を考慮することで確からしさが増えるため、精度が必ず増える (分散が必ず減る) ことを意味しています。一方 (6.9) 式は、事後分布の平均は、事前分布の平均と尤度に関する平均の加重和 (比率は各々の精度に比例) になることを表しています。これを漸化式向けに変形した (6.10) 式は、m_0 が $\hat{m}_1$ でもあることを踏まえると、予測値を観測値に基づいて修正していることが分かります。

続いて、時点 $t = 2$ における状態遷移では、状態方程式 (6.4) 式と (2.6), (2.5) 式から次のようになります。

$$\hat{C}_2 = \text{Var}[x_1] + \text{Var}[\nu] + \text{Var}[w_t] + (共分散は全て0) = C_1 + 0 + \sigma_w^2 = C_1 + \sigma_w^2 \tag{6.11}$$

$$\hat{m}_2 = \text{E}[x_1] + \text{E}[\nu] + \text{E}[w_t] = m_1 + \nu + 0 = m_1 + \nu \tag{6.12}$$

ここで (6.11) 式は、状態遷移により分散が必ず増えることを表しています。

最後に、時点 $t = 2$ におけるベイズ更新は次のようになります。ベイズ更新の仕組みは時点 $t = 1$ の場合と変わりませんので、$t = 1$ における $m_0(= \hat{m}_1), C_0(= \hat{C}_1), m_1, C_1, y_1$ を、$t = 2$ における $\hat{m}_2, \hat{C}_2, m_2, C_2, y_2$ にそれぞれ置き換えれば導出が可能です。具体的には (6.8) 式と (6.10) 式より

$$\frac{1}{C_2} = \frac{1}{\hat{C}_2} + \frac{1}{\sigma^2} = \frac{1}{C_1 + \sigma_w^2} + \frac{1}{\sigma^2} \tag{6.13}$$

$$m_2 = \hat{m}_2 + \frac{\hat{C}_2}{\sigma^2 + \hat{C}_2}(y_2 - \hat{m}_2) = (m_1 + \nu) + \frac{C_1 + \sigma_w^2}{\sigma^2 + C_1 + \sigma_w^2}(y_2 - (m_1 + \nu)) \tag{6.14}$$

となります。この結果はカルマンフィルタリングの簡単な例になっています。ここで、平均値を推定する (6.14) 式について補足をします。

まずこの式は一期先予測分布の平均 $\hat{m}_2$ を観測値 y_2 に基づいて修正していますので、予測・誤差修正という構造をもっています。これは、状態遷移とベイズ更新から帰結される一般的な構造になります。一方この式は $\bigstar y_2 + (1 - \bigstar)\hat{m}_2$ という形にもなりますので、

指数加重型移動平均の構造をもつことも分かります。これは、状態の平均値の推定は (最適な重み ★ をもつ) 指数加重型移動平均になることを示しており、これも一般的に成立する重要な知見です。例え複雑な問題であっても、「状態の点推定は移動平均に相当している」という原点を見失わないようにすると、分析結果の確認と吟味に役立つでしょう。なおこの重み ★ の分母は一期先予測分布の分散 $\hat{C}_2$ と観測時の雑音の分散 σ^2 の和になっていますので、観測方程式 (6.5) 式を踏まえると、これは一期先予測尤度と呼べる量の分散になっていると考えることができます。

6.2.2 漸化式の模式図

状態の周辺事後分布 (6.3) 式の漸化式を説明する際に、推定対象の分布の関係を示す模式図がよく使われます [13]。本書でも漸化式の定式化の際に模式図を使用して補足をしますので、あらかじめ説明をしておくことにします。図 6.3 にあるとおり、この模式図では横軸に t'、縦軸に t をとり、各マスの中に (6.3) 式の事後分布を簡略化して $(t' \mid t)$ と表現します (なお $y_{1:0}$ は存在しないので、空集合とします)。この図の中に矢印を付記して、漸化式における計算の流れを説明していきます。なお漸化式で考えるということは、図において 1 コマずつの上下左右の進みで目的地に到達することを意味していますが、図では時間の流れを下方向で表現していますので、基本的に上方向の進みは考慮されないことになります。

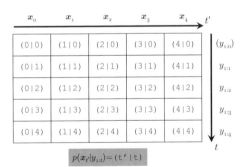

図 6.3: 推定対象の分布の関係

6.2.3 フィルタリング分布の定式化

ここからは状態の周辺事後分布の漸化式を具体的に定式化していきますが、まずフィルタリング分布の定式化から説明します。これは本節の冒頭でも説明したように、フィルタ

第 6 章 状態空間モデルにおける状態の推定

リングが予測や平滑化の元になる、基本的な仕組みであるためです。

フィルタリングでは (6.3) 式において $t' = t$ ですので、フィルタリング分布は $p(\boldsymbol{x}_t \mid y_{1:t})$ となります。フィルタリング分布を漸化式の形で表すためには、$t-1$ の要素を明確にして表現する必要があります。そこで、$y_{1:t}$ を $t-1$ までの要素が明確になるように変形をしていきます。

$$p(\boldsymbol{x}_t \mid y_{1:t})$$
$$= p(\boldsymbol{x}_t \mid y_t, y_{1:t-1})$$

$p(a, b \mid c) = p(a \mid b, c) p(b \mid c)$ の関係より

$$= \frac{p(\boldsymbol{x}_t, y_t \mid y_{1:t-1})}{p(y_t \mid y_{1:t-1})}$$

見やすさを考慮して分子の最初の変数の順番を入れ替えて

$$= \frac{p(y_t, \boldsymbol{x}_t \mid y_{1:t-1})}{p(y_t \mid y_{1:t-1})}$$

再び $p(a, b \mid c) = p(a \mid b, c) p(b \mid c)$ の関係より

$$= \frac{p(y_t \mid \boldsymbol{x}_t, y_{1:t-1}) p(\boldsymbol{x}_t \mid y_{1:t-1})}{p(y_t \mid y_{1:t-1})}$$

(5.2) 式における条件付き独立の関係より

$$= \frac{p(y_t \mid \boldsymbol{x}_t) p(\boldsymbol{x}_t \mid y_{1:t-1})}{p(y_t \mid y_{1:t-1})} \tag{6.15}$$

ここで分子の $p(\boldsymbol{x}_t \mid y_{1:t-1})$ は**一期先予測分布**、分母の $p(y_t \mid y_{1:t-1})$ は**一期先予測尤度**と呼ばれます。これらについても、見やすさを考慮して変形をしておきます。

> **補足** $p(a, b \mid c) = p(a \mid b, c) p(b \mid c)$ の関係もベイズの定理の一種であり、これは次のようにして確認することができます。
>
> まず $p(a, b, c)$ に確率の乗法定理を適用すると (a, b をひとかたまりと考えます)
>
> $$p(a, b, c) = p(a, b \mid c) p(c)$$
>
> 再び $p(a, b, c)$ に確率の乗法定理を適用すると (今度は b, c をひとかたまりと考えます)
>
> $$p(a, b, c) = p(a \mid b, c) p(b, c)$$
>
> 最後の項 $p(b, c)$ に確率の乗法定理を適用して
>
> $$= p(a \mid b, c) p(b \mid c) p(c)$$
>
> 以上から、$p(a, b \mid c) p(c) = p(a \mid b, c) p(b \mid c) p(c)$ となりますので、$p(a, b \mid c) = p(a \mid b, c) p(b \mid c)$ の関係が確かめられます。

まず一期先予測分布 $p(\bm{x}_t \mid y_{1:t-1})$ ですが、これは状態 $\bm{x}_t$ の分布です。そこで状態に関する条件付き独立についての (5.1) 式を踏まえ、$\bm{x}_{t-1}$ との関係を明確にしてみます。

$$p(\bm{x}_t \mid y_{1:t-1})$$

周辺化の考え方を適用して

$$= \int p(\bm{x}_t, \bm{x}_{t-1} \mid y_{1:t-1}) \mathrm{d}\bm{x}_{t-1}$$

$p(a, b \mid c) = p(a \mid b, c) p(b \mid c)$ の関係より

$$= \int p(\bm{x}_t \mid \bm{x}_{t-1}, y_{1:t-1}) p(\bm{x}_{t-1} \mid y_{1:t-1}) \mathrm{d}\bm{x}_{t-1}$$

(5.1) 式における条件付き独立の関係より

$$= \int p(\bm{x}_t \mid \bm{x}_{t-1}) p(\bm{x}_{t-1} \mid y_{1:t-1}) \mathrm{d}\bm{x}_{t-1} \tag{6.16}$$

次に一期先予測尤度 $p(y_t \mid y_{1:t-1})$ ですが、これは観測値 y_t の分布です。そこで観測値に関する条件付き独立についての (5.2) 式を踏まえ、$\bm{x}_t$ との関係を明確にしてみます。

$$p(y_t \mid y_{1:t-1})$$

周辺化の考え方を適用して

$$= \int p(y_t, \bm{x}_t \mid y_{1:t-1}) \mathrm{d}\bm{x}_t$$

$p(a, b \mid c) = p(a \mid b, c) p(b \mid c)$ の関係より

$$= \int p(y_t \mid \bm{x}_t, y_{1:t-1}) p(\bm{x}_t \mid y_{1:t-1}) \mathrm{d}\bm{x}_t$$

(5.2) 式における条件付き独立の関係より

$$= \int p(y_t \mid \bm{x}_t) p(\bm{x}_t \mid y_{1:t-1}) \mathrm{d}\bm{x}_t \tag{6.17}$$

したがってフィルタリングに関する漸化式は、以上をまとめて (6.18), (6.19), (6.20) 式のようになります。

$$\text{フィルタリング分布} \quad p(\bm{x}_t \mid y_{1:t}) = p(\bm{x}_t \mid y_{1:t-1}) \frac{p(y_t \mid \bm{x}_t)}{p(y_t \mid y_{1:t-1})} \tag{6.18}$$

$$\text{一期先予測分布} \quad p(\bm{x}_t \mid y_{1:t-1}) = \int p(\bm{x}_t \mid \bm{x}_{t-1}) p(\bm{x}_{t-1} \mid y_{1:t-1}) \mathrm{d}\bm{x}_{t-1} \tag{6.19}$$

$$\text{一期先予測尤度} \quad p(y_t \mid y_{1:t-1}) = \int p(y_t \mid \bm{x}_t) p(\bm{x}_t \mid y_{1:t-1}) \mathrm{d}\bm{x}_t \tag{6.20}$$

これらの式のポイントは、次のようになります。

第 6 章 状態空間モデルにおける状態の推定

- フィルタリング分布の (6.18) 式: 一期先予測分布を補正したもの。補正の程度は尤度 $p(y_t \mid \boldsymbol{x}_t)$ に基づく

- 一期先予測分布の (6.19) 式: 一期前のフィルタリング分布を、状態方程式に基づいて時間順方向に遷移させたもの

- 一期先予測尤度の (6.20) 式: 一期先予測分布を、観測方程式に基づいて観測値の定義域に変換したもの (これはまた、(6.18) 式の分子に対する規格化係数ともとらえられる)

最後に、推定対象の分布の関係を示す模式図 6.3 において、フィルタリングがどのように表現されるのかを説明します。上記の説明から、フィルタリングは、① 一期前のフィルタリング分布から状態遷移によって一期先予測分布を求め、② それに観測値を踏まえた補正を施すことで達成されます。フィルタリングにおけるこれらの処理の流れを示したのが、図 6.4 になります。① が横の矢印 (右向)、② が縦の矢印で表現されており、フィルタリングがこれらの処理の組み合わせで階段状に表現されています。

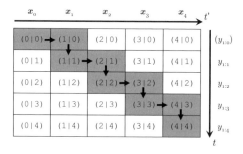

図 6.4: 推定対象の分布の関係（フィルタリング）

6.2.4 予測分布の定式化

ここでは予測に関して、(6.3) 式において $t' = t+k$ とおいて k 期先予測を考えることにします。この場合、k 期先**予測分布**は $p(\boldsymbol{x}_{t+k} \mid y_{1:t})$ となります。この予測分布を漸化式の形で表すためには、$t+k-1$ の要素を明確にして表現する必要があります。そこで、$\boldsymbol{x}_{t+k-1}$ との関係が明確になるように変形をしていきます。

$$p(\boldsymbol{x}_{t+k} \mid y_{1:t})$$

周辺化の考え方を適用して

6.2 状態の逐次的な求め方

$$= \int p(\boldsymbol{x}_{t+k}, \boldsymbol{x}_{t+k-1} \mid y_{1:t}) \mathrm{d}\boldsymbol{x}_{t+k-1}$$

$p(a, b \mid c) = p(a \mid b, c)p(b \mid c)$ の関係より

$$= \int p(\boldsymbol{x}_{t+k} \mid \boldsymbol{x}_{t+k-1}, y_{1:t})p(\boldsymbol{x}_{t+k-1} \mid y_{1:t}) \mathrm{d}\boldsymbol{x}_{t+k-1}$$

(5.1) 式から示唆される条件付き独立の関係より

$$= \int p(\boldsymbol{x}_{t+k} \mid \boldsymbol{x}_{t+k-1})p(\boldsymbol{x}_{t+k-1} \mid y_{1:t}) \mathrm{d}\boldsymbol{x}_{t+k-1} \tag{6.21}$$

したがって、予測分布に関する漸化式は (6.22) 式のようになります。

$$\text{予測分布} \quad p(\boldsymbol{x}_{t+k} \mid y_{1:t}) = \int p(\boldsymbol{x}_{t+k} \mid \boldsymbol{x}_{t+k-1})p(\boldsymbol{x}_{t+k-1} \mid y_{1:t}) \mathrm{d}\boldsymbol{x}_{t+k-1} \tag{6.22}$$

この式のポイントは、次のようになります。

- k 期先予測分布の (6.22) 式: $k-1$ 期先予測分布を、状態方程式に基づいて時間順方向に遷移させたもの

したがって、

- $k-1$ 期先予測分布は、$k-2$ 期先予測分布を状態方程式に基づいて時間順方向に遷移させたもの

- $k-2$ 期先予測分布は、$k-3$ 期先予測分布を状態方程式に基づいて時間順方向に遷移させたもの

  ...

となっていきますので、

- 一期先予測分布を元に、状態方程式に基づいて時間順方向への遷移を $k-1$ 回繰り返すと、k 期先予測分布が得られる

となります。ここで、一期先予測分布は、一期前のフィルタリング分布を状態方程式に基づいて時間順方向に遷移させたものでしたので、結局、

- フィルタリング分布 $p(\boldsymbol{x}_t \mid y_{1:t})$ を元に、状態方程式に基づいて時間順方向への遷移を k 回繰り返すと、k 期先予測分布が得られる

ことが分かります。

最後に、推定対象の分布の関係を示す模式図において、k 期先予測がどのように表現されるのかを説明します。上記の説明から k 期先予測は、フィルタリング分布に対して状態遷移を k 回繰り返すことで達成されることになります。k 期先予測に関するこの処理の流れを示したのが、図 6.5 になります。例えば現時点が $t=1$ でその $k=3$ 期先予測を求める処理は、横の矢印 (右向) を 3 回繰り返すことで表現されています。

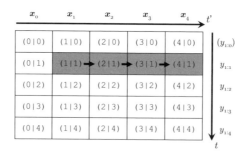

図 6.5: 推定対象の分布の関係（予測）

k 期先予測をフィルタリングと比較すると、観測値を踏まえた補正 (縦の矢印) を全く行わずに、ひたすら状態遷移 (横の矢印) が繰り返されています。このため、予測の確からしさは k が大きくなるにつれ徐々に低下しますが、フィルタリング時点までの情報に基づき最大限それらしい分布が生成され続けていくことになります。なお状態空間モデルでは、この考え方をデータに欠測がある場合にもそのまま適用します。このため、状態空間モデルにおける欠測値は予測値で補填されることになります。状態空間モデルでは欠測値の扱いが容易であるといわれるのは、このような背景があります。

6.2.5 平滑化分布の定式化

本書では平滑化として一般的な固定区間平滑化を中心に取り上げることにしますので、ここでは (6.3) 式において t を T, t' を t と置き換えて考えることにします。

> 補足 固定ラグ平滑化や固定点平滑化の説明に関しては、参考文献 [26] を参照してください。

この場合、平滑化分布は $p(\boldsymbol{x}_t \mid y_{1:T})$ となります。ここで、時点 T までのフィルタリングが一旦完了していることを前提にして時間逆方向への逐次的な更新を考えると、この平滑化分布を漸化式の形で表すためには、$t+1$ の要素を明確にして表現する必要があります。そこで、$\boldsymbol{x}_{t+1}$ との関係が明確になるように変形をしていきます。

$$p(\boldsymbol{x}_t \mid y_{1:T})$$

周辺化の考え方を適用して

$$= \int p(\boldsymbol{x}_t, \boldsymbol{x}_{t+1} \mid y_{1:T}) \mathrm{d}\boldsymbol{x}_{t+1}$$

$p(a, b \mid c) = p(a \mid b, c) p(b \mid c)$ の関係より

$$= \int p(\boldsymbol{x}_t \mid \boldsymbol{x}_{t+1}, y_{1:T}) p(\boldsymbol{x}_{t+1} \mid y_{1:T}) \mathrm{d}\boldsymbol{x}_{t+1}$$

見やすさを考慮して、最初の項と最後の項を入れ替えて

$$= \int p(\boldsymbol{x}_{t+1} \mid y_{1:T}) p(\boldsymbol{x}_t \mid \boldsymbol{x}_{t+1}, y_{1:T}) \mathrm{d}\boldsymbol{x}_{t+1}$$

最後の項 $p(\boldsymbol{x}_t \mid \boldsymbol{x}_{t+1}, y_{1:T})$ は条件付き独立の関係 (5.3) 式より

$$= \int p(\boldsymbol{x}_{t+1} \mid y_{1:T}) p(\boldsymbol{x}_t \mid \boldsymbol{x}_{t+1}, y_{1:t}) \mathrm{d}\boldsymbol{x}_{t+1}$$

再び最後の項 $p(\boldsymbol{x}_t \mid \boldsymbol{x}_{t+1}, y_{1:t})$ は $p(a, b \mid c) = p(a \mid b, c) p(b \mid c)$ の関係より

$$= \int p(\boldsymbol{x}_{t+1} \mid y_{1:T}) \frac{p(\boldsymbol{x}_t, \boldsymbol{x}_{t+1} \mid y_{1:t})}{p(\boldsymbol{x}_{t+1} \mid y_{1:t})} \mathrm{d}\boldsymbol{x}_{t+1}$$

見やすさを考慮して、最後の項の分子 $p(\boldsymbol{x}_t, \boldsymbol{x}_{t+1} \mid y_{1:t})$ の中の変数の順番を入れ替えて

$$= \int p(\boldsymbol{x}_{t+1} \mid y_{1:T}) \frac{p(\boldsymbol{x}_{t+1}, \boldsymbol{x}_t \mid y_{1:t})}{p(\boldsymbol{x}_{t+1} \mid y_{1:t})} \mathrm{d}\boldsymbol{x}_{t+1}$$

最後の項の分子 $p(\boldsymbol{x}_{t+1}, \boldsymbol{x}_t \mid y_{1:t})$ は $p(a, b \mid c) = p(a \mid b, c) p(b \mid c)$ の関係より

$$= \int p(\boldsymbol{x}_{t+1} \mid y_{1:T}) \frac{p(\boldsymbol{x}_{t+1} \mid \boldsymbol{x}_t, y_{1:t}) p(\boldsymbol{x}_t \mid y_{1:t})}{p(\boldsymbol{x}_{t+1} \mid y_{1:t})} \mathrm{d}\boldsymbol{x}_{t+1}$$

最後の項の分子における $p(\boldsymbol{x}_t \mid y_{1:t})$ は $\boldsymbol{x}_{t+1}$ に依存しないので

$$= p(\boldsymbol{x}_t \mid y_{1:t}) \int p(\boldsymbol{x}_{t+1} \mid y_{1:T}) \frac{p(\boldsymbol{x}_{t+1} \mid \boldsymbol{x}_t, y_{1:t})}{p(\boldsymbol{x}_{t+1} \mid y_{1:t})} \mathrm{d}\boldsymbol{x}_{t+1}$$

最後の項の分子 $p(\boldsymbol{x}_{t+1} \mid \boldsymbol{x}_t, y_{1:t})$ は、(5.1) 式から示唆される条件付き独立の関係より

$$= p(\boldsymbol{x}_t \mid y_{1:t}) \int p(\boldsymbol{x}_{t+1} \mid y_{1:T}) \frac{p(\boldsymbol{x}_{t+1} \mid \boldsymbol{x}_t)}{p(\boldsymbol{x}_{t+1} \mid y_{1:t})} \mathrm{d}\boldsymbol{x}_{t+1} \tag{6.23}$$

したがって、平滑化分布に関する漸化式は (6.24) 式のようになります。

$$\text{平滑化分布} \quad p(\boldsymbol{x}_t \mid y_{1:T}) = p(\boldsymbol{x}_t \mid y_{1:t}) \int \frac{p(\boldsymbol{x}_{t+1} \mid \boldsymbol{x}_t)}{p(\boldsymbol{x}_{t+1} \mid y_{1:t})} p(\boldsymbol{x}_{t+1} \mid y_{1:T}) \mathrm{d}\boldsymbol{x}_{t+1} \tag{6.24}$$

この式のポイントは、次のようになります。

- 平滑化分布の (6.24) 式: フィルタリング分布を補正したもの。補正の程度は一期先における平滑化分布に基づく

ここで、時点 T での平滑化分布はフィルタリング分布に等しく、

- 時点 $T-1$ での平滑化分布は、時点 $T-1$ でのフィルタリング分布を時点 T での平滑化分布を踏まえて補正することで得られる

- 時点 $T-2$ での平滑化分布は、時点 $T-2$ でのフィルタリング分布を時点 $T-1$ での平滑化分布を踏まえて補正することで得られる

  ...

となっていくことが分かります。

　最後に、推定対象の分布の関係を示す模式図において、平滑化がどのように表現されるのかを説明します。上記の説明から各時点での平滑化分布は、時点 T でのフィルタリング分布を出発点として、時間逆方向に平滑化漸化式を繰り返し適用することで得られることになります。平滑化におけるこの処理の流れを示したのが、図 6.6 になります。例えば $T=4$ の状況で $t=0,1,2,3$ における平滑化分布を求める処理は、横の矢印 (左向) を 4 回繰り返すことで表現されています。

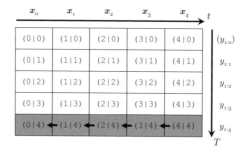

図 6.6: 推定対象の分布の関係（平滑化）

6.3 状態空間モデルの尤度とモデル選択

　これまでにも尤度について簡単に触れましたが、本書では尤度をモデルやパラメータを特定化する規準として扱うため、ここで改めて説明をしておくことにします。
　まず「2.8 最尤推定とベイズ推定」で説明したように、ある時系列 y_t ($t=1,2,\ldots,T$) 全体の尤度は $p(y_1, y_2, \ldots, y_T; \boldsymbol{\theta})$ となります。これは、次のように展開することができます。

6.3 状態空間モデルの尤度とモデル選択

$$p(y_1, y_2, \ldots, y_T; \boldsymbol{\theta}) = p(y_{1:T}; \boldsymbol{\theta})$$
$$= p(y_T, y_{1:T-1}; \boldsymbol{\theta})$$

確率の乗法定理を用いて

$$= p(y_T \mid y_{1:T-1}; \boldsymbol{\theta}) p(y_{1:T-1}; \boldsymbol{\theta})$$

最後の項に繰り返し確率の乗法定理を用いていくと $\cdots$

$$= \prod_{t=1}^{T} p(y_t \mid y_{1:t-1}; \boldsymbol{\theta}) \tag{6.25}$$

ここで、$y_{1:0}$ は存在しませんので空集合 $\emptyset$ とします (つまり $p(y_1 \mid y_{1:0}; \boldsymbol{\theta}) = p(y_1 \mid \emptyset; \boldsymbol{\theta}) = p(y_1; \boldsymbol{\theta})$ となります)。

尤度 (6.25) 式の対数をとると、対数尤度 (6.26) 式が得られます。

$$\ell(\boldsymbol{\theta}) = \log p(y_1, y_2, \ldots, y_T; \boldsymbol{\theta}) = \log p(y_{1:T}; \boldsymbol{\theta})$$
$$= \sum_{t=1}^{T} \log p(y_t \mid y_{1:t-1}; \boldsymbol{\theta}) \tag{6.26}$$

したがって時系列全体の対数尤度は、一期先予測尤度の対数についての累和で表せることが分かります。一期先予測尤度はフィルタリング漸化式において求められますので、フィルタリングを通じて効率よく尤度の計算が可能になることが分かります。

続いて、状態空間モデルにおける尤度の意味合いについて説明します。

まず、状態空間モデルでは状態方程式により時間方向の相関が考慮されるため、(6.25), (6.26) 式は時間的なパタンも踏まえて観測値がモデルにどれくらいあてはまっているかを数値化した指標になっているととらえることができます。また、(6.25), (6.26) 式より時系列全体の尤度は一期先予測尤度から構成されることが分かるため、これは特定のデータに基づきながらも、過去の情報のみから未来の値を当てに行く予測能力を踏まえた指標になっているととらえることもできます。これらの特徴を踏まえ、本書では尤度をモデルの選択規準として考えることにします。

> **補足** さらに進んだ話題になりますが、モデルの選択規準としては AIC (Akaike Information Criteria), WAIC (Widely Applicable Information Criterion) などの情報量規準もよく使われます。情報量規準に関する詳細は、他書に譲ります [13, 27–29]。

なお (6.25), (6.26) 式は状態が明示的に出現しない表現になっているため、これは状態に関して周辺化 (平均化) が行われているととらえることができます。このため、(6.25) 式を

周辺尤度、(6.26) 式を**対数周辺尤度**と呼ぶことがあります。実用的な観点では、周辺化により状態に依存する個々の極端な値が丸められ、安定した値が得られやすくなっていると考えることができます [30]。

6.4 状態空間モデルにおけるパラメータの扱い

　ここまでパラメータは暗黙のうちに既知であると仮定していましたが、現実にはそのような場合は少なく、大抵の場合パラメータは未知でしょう。パラメータが未知の場合、時系列の推定に際して何らかの方法でパラメータ値を特定化する必要があり、これにはいくつかの方法が提案されています。ここではその中でも典型的な方法について、基本的な考え方を説明しておきます。

6.4.1　パラメータを確率変数とは考えない場合

　この考え方は頻度論に則るものです。この場合は時系列の推定の前に、典型的には最尤法でパラメータの点推定値を求めることになります。

　状態空間モデルにおけるパラメータの最尤推定値 $\hat{\boldsymbol{\theta}}$ は、(6.26) 式から以下のように表されます。

$$\hat{\boldsymbol{\theta}} = \underset{\boldsymbol{\theta}}{\mathrm{argmax}}\, \ell(\boldsymbol{\theta}) = \underset{\boldsymbol{\theta}}{\mathrm{argmax}}\, \log p(y_{1:T}; \boldsymbol{\theta}) = \underset{\boldsymbol{\theta}}{\mathrm{argmax}} \sum_{t=1}^{T} \log p(y_t \mid y_{1:t-1}; \boldsymbol{\theta}) \quad (6.27)$$

この方針に基づき、ある程度のまとまった観測値を元にして、パラメータの最尤推定値を求めます。具体的にはパラメータの値を直接変えながら調べる方法の他、数値最適化手法が活用できる場合には準ニュートン法 (quasi-Newton method) を用いたり、あるいは EM アルゴリズム (EM; Expectation Maximization) を用いたりします。

6.4.2　パラメータを確率変数として考える場合

　この考え方はベイズ論に則るものです。頻度論の場合とは異なりパラメータを確率変数として考えると、パラメータに関する不確実性をより適切に考慮することが可能になります。この場合は時系列の推定の際に、状態とともにパラメータについてもベイズ推定を行うことになります。

　状態空間モデルにおけるパラメータのベイズ推定では、パラメータは状態の一種となり、通常の状態 $\boldsymbol{x}$ にパラメータ $\boldsymbol{\theta}$ を追加した 拡大状態 $= \{\boldsymbol{x}, \boldsymbol{\theta}\}$ を考えることになります。こ

のため、状態空間モデルの同時分布は (5.6) 式から拡張され次のようになります。

$$p(\bm{x}_{0:T}, y_{1:T}, \bm{\theta})$$
$$= p(\bm{x}_0, \bm{\theta}) \prod_{t=1}^{T} p(y_t \mid \bm{x}_t, \bm{\theta}) p(\bm{x}_t \mid \bm{x}_{t-1}, \bm{\theta})$$

最初の項 $p(\bm{x}_0, \bm{\theta})$ は確率の乗法定理より

$$= p(\bm{x}_0 \mid \bm{\theta}) p(\bm{\theta}) \prod_{t=1}^{T} p(y_t \mid \bm{x}_t, \bm{\theta}) p(\bm{x}_t \mid \bm{x}_{t-1}, \bm{\theta}) \tag{6.28}$$

また、推定する状態の事後分布も (6.2) や (6.3) 式から拡張され、状態とパラメータの同時事後分布を調べることになります。具体的に (6.2) 式の場合には、

$$p(\bm{x}_{0,1,\ldots,t',\ldots}, \bm{\theta} \mid y_{1:t}) = p(\bm{x}_{0,1,\ldots,t',\ldots} \mid \bm{\theta}, y_{1:t}) p(\bm{\theta} \mid y_{1:t}) \tag{6.29}$$

となり、また (6.3) 式の場合には、

$$p(\bm{x}_{t'}, \bm{\theta} \mid y_{1:t}) = p(\bm{x}_{t'} \mid \bm{\theta}, y_{1:t}) p(\bm{\theta} \mid y_{1:t}) \tag{6.30}$$

となります。

ここでパラメータのみに関心がある場合は、状態を周辺化消去した周辺事後分布 $p(\bm{\theta} \mid y_{1:t})$ を考えることになります。特にパラメータを点推定する場合には、この周辺事後分布 $p(\bm{\theta} \mid y_{1:t})$ を以下のように最大化することで求めることができます。これを、**MAP** (Maximum A Posteriori; **最大事後確率**) 推定といいます。

$$\underset{\bm{\theta}}{\operatorname{argmax}}\, p(\bm{\theta} \mid y_{1:t})$$

これはベイズの定理より

$$= \underset{\bm{\theta}}{\operatorname{argmax}}\, \frac{p(y_{1:t} \mid \bm{\theta}) p(\bm{\theta})}{p(y_{1:t})}$$

比例関係を $\propto$ で表すと

$$\propto \underset{\bm{\theta}}{\operatorname{argmax}}\, p(y_{1:t} \mid \bm{\theta}) p(\bm{\theta}) \tag{6.31}$$

(6.31) 式の対数をとると、

$$\underset{\bm{\theta}}{\operatorname{argmax}}\, \log p(\bm{\theta} \mid y_{1:t}) \propto \underset{\bm{\theta}}{\operatorname{argmax}}\, \{\log p(y_{1:t} \mid \bm{\theta}) + \log p(\bm{\theta})\} \tag{6.32}$$

(6.32) 式を (6.27) 式と比べると、最尤推定値に $\boldsymbol{\theta}$ の事前分布 $p(\boldsymbol{\theta})$ による補正を加えることで、MAP 推定が行えることが分かります (逆に、事前分布による補正を加えない MAP 推定値が、最尤推定値になっているともいえます)。

これとは別に周辺事後分布 $p(\boldsymbol{\theta} \mid y_{1:t})$ 自体を直接求めてから、その代表値 (最頻値・平均値・中央値など) を点推定値とするアプローチもあります。この方が分布の様子も概観できるため、より安全なアプローチといえます。

なお、パラメータを確率変数として状態に含めた拡大状態空間モデルは、例え元が線形・ガウス型状態空間モデルであっても一般状態空間モデルになります。このため、このような拡大状態空間モデルは線形・ガウス型状態空間モデルの解法であるウィナーフィルタやカルマンフィルタだけで直接的に解を求めることはできず、MCMC を活用した解法や粒子フィルタなどの方法が用いられることになります (「4.7 状態空間モデルの適用に際して」も参照してください)。

第7章
線形・ガウス型状態空間モデルの一括解法

　本章では線形・ガウス型状態空間モデルにおいて、まとまった時点のデータが存在する場合の一括推定法について、説明をします。この解法はウィナーフィルタと呼ばれています。ウィナーフィルタは次章で説明するカルマンフィルタの元になった歴史的な意義があるため、ここでその概要を簡単に触れておくことにします。

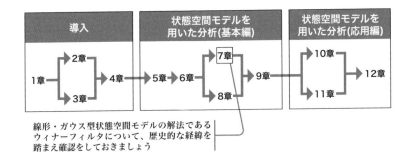

線形・ガウス型状態空間モデルの解法であるウィナーフィルタについて、歴史的な経緯を踏まえ確認をしておきましょう

7.1 ウィナーフィルタ

　線形・ガウス型状態空間モデルにおいて、推定すべきデータの真値と点推定値の間の平均2乗誤差を最小にする意味で最適な一括推定法は、これを最初に明確に導出したウィナー (N. Wiener) にちなみ、**ウィナーフィルタ**と呼ばれています。

> 📝補足　コルモゴロフ (A. N. Kolmogorov) も同時期に同じ結果を導いているため、コルモゴロフフィルタ、ウィナー–コルモゴロフフィルタと呼ばれることもあります。また、分野によっては LMMSE (Linear Minimum Mean Square Error) フィルタとも呼ばれます。

　ウィナーフィルタは定常な時系列を前提としており、当初は状態空間モデルを用いずに周波数領域表現で導出され一括型解法として分類されるのが典型的ですので、本書もそのスタンスで説明をします (「4.7 状態空間モデルの適用に際して」も参照してください)。なお、ウィナーフィルタの導出に関する情報 [22,31,32] は、付録 G.1 に記載をまとめておきました。

　ここで、ウィナーフィルタと次章で説明するカルマンフィルタの関係についてあらかじめ説明をしておきます。ウィナーフィルタは当初は状態空間モデルを使わずに導出されたことは先ほど述べましたが、パラメータが時不変な状態空間モデルに基づいて逐次型解法に書き直すこともできます。このアプローチはウィナーフィルタの導出から遅れて後に明確化されたもので、その結果はカルマンフィルタと一致することが確認されています [22]。つまり、定常過程に対してウィナーフィルタとカルマンフィルタは同じ解を与えることになります。

　本書ではウィナーフィルタの説明は歴史的な意義を踏まえ、概要を簡単に触れておくにとどめます。この理由は、線形・ガウス型状態空間モデルの解法としては、次章で説明するカルマンフィルタの方が総じて重要、と筆者としてはとらえているためです。カルマンフィルタは逐次解法ですがまとまった時点のデータに適用することもでき、ウィナーフィルタとは異なり非定常過程も適切に扱うことが可能です。

> 📝補足　それでは、歴史的な意義を超えてウィナーフィルタの実利がどこにあるのかといえば、計算の観点にあると筆者は考えています。例えば、多変量時系列の推定で計算量を削減するために、系列方向に 1 次元のフィルタリングを行ってからさらに時間方向に 1 次元のフィルタリングを行うような 2 段階の近似解法 [33] が提案されていたり、カルマンフィルタにおける逐次処理による数値誤差の蓄積が回避できたりします。

7.1.1 ウィナー平滑化

　それでは、ウィナーフィルタの定式化を確認します。ウィナーフィルタでは平滑化・

フィルタリング・予測の各々を定式化できますが、平滑化としての扱いが自然で最も容易です。このため、本書では平滑化に絞ってウィナーフィルタの定式化を説明します。

> 📝 **補足** 周波数領域表現におけるウィナーフィルタのフィルタリングと予測には、ウィナーにより考案されたスペクトル分解 [22,31,32] というテクニックが必要になりますが、本書での説明は割愛します。ちなみにこの流れは、カルマンフィルタが当初フィルタリング理論として発表され、その後平滑化が定式化されていったのとは逆の流れをたどっているのが興味深いところです。

まず、図 7.1 と (7.1), (7.2) 式に示すような状況を考えます。

図 7.1: 観測値とウィナーフィルタ

$$y_t = x_t + v_t \tag{7.1}$$
$$d_t = h_t \circledast y_t \tag{7.2}$$

元データ x_t にそれとは独立な白色雑音 v_t が付加され、観測値 y_t として観測されます。そしてこの観測値 y_t に対して、ウィナーフィルタ h_t を通過させて、元データ x_t の点推定値である所望信号 d_t を得るものとします。このとき、ウィナーフィルタの伝達関数 $H(z) = \mathcal{Z}[h_t]$ は次のようになります。

$$\begin{aligned} H(z) &= \frac{S_{xx}(z)}{S_{xx}(z) + S_{vv}(z)} \\ &= \frac{1}{1 + S_{vv}(z)/S_{xx}(z)} \end{aligned} \tag{7.3}$$

> 📝 **補足** この式の導出と説明なしで用いた、**畳み込み和**の演算子 $\circledast$、**伝達関数**、周波数領域変換の一種である z **変換**を表す $\mathcal{Z}[\cdot]$、**パワースペクトル** $S(z)$ については、付録 G.1 に説明をまとめておきました。

ウィナーフィルタの伝達関数 (7.3) 式が、どのような意味をもつか考えてみましょう。雑音がまったくなく $S_{vv}(z) = 0$ となる場合は $H(z) = 1$ となりますので、観測値をそのまま信用すれば良いという結果になります。雑音が支配的で仮に無限に大きい $S_{vv}(z) = \infty$ というような場合には $H(z) = 0$ となりますので、観測値は全く信用できないという結果になります。雑音が有限の場合には、雑音の大きな周波数帯ほど、雑音と元データのパワー比に応じて $H(z)$ が小さくなることが分かります。したがってウィナーフィルタは、雑音

の大きな周波数帯ほど、観測値を抑圧するフィルタになっている、ととらえることができます。

7.2 例: AR(1) モデルの場合

本節では、簡単な例を通じてウィナーフィルタの結果、およびカルマンフィルタとの等価性を確認してみます。

まず、元データ x_t が AR(1) モデルに従う場合を考えます[1]。この場合、次のような線形・ガウス型の状態空間モデルを考えることになります。

$$x_t = \phi x_{t-1} + w_t, \qquad w_t \sim \mathcal{N}(0, W) \qquad (7.4)$$
$$y_t = x_t + v_t, \qquad v_t \sim \mathcal{N}(0, V) \qquad (7.5)$$

ここで定常性を満たすために $|\phi| < 1$ とします。この場合のウィナー平滑化における (7.2) 式の所望信号 d_t は、時間領域でも解析的に表現することができ、次のようになります (導出は付録 G.1 にまとめておきました)。

$$d_t = \frac{(\phi^{-1} - \beta)(\phi - \beta)}{1 - \beta^2} \sum_{k=-\infty}^{\infty} \beta^{|k|} y_{t+k} \qquad (7.6)$$

ここで

$$\beta = \frac{\left(\frac{1}{r\phi} + \phi^{-1} + \phi\right) - \sqrt{\left(\frac{1}{r\phi} + \phi^{-1} + \phi\right)^2 - 4}}{2}$$
$$r = V/W$$

とおいています。

(7.6) 式は、y_t を中心とした指数加重型の移動平均になっていることが分かります。

続いて、ウィナーフィルタの結果とカルマンフィルタとの等価性を実際に確認したのが、次のコードになります。

コード 7.1
```
> #【AR(1)モデルにおけるウィナー平滑化とカルマン平滑化】
>
> # 前処理
> set.seed(23)
> library(dlm)
```

---

[1] ここでの定式化は、[34] における例 5.1 を参考にさせていただきました。

7.2 例: AR(1) モデルの場合

```
> 
> # AR(1)を含む状態空間の設定
> W <- 1
> V <- 2
> phi <- 0.98      # AR(1)係数
> mod <- dlmModPoly(order = 1, dW = W, dV = V, C0 = 100)
> mod$GG[1, 1] <- phi
>
> # カルマン予測を活用して観測値を作成
> t_max <- 100
> sim_data <- dlmForecast(mod = mod, nAhead = t_max, sampleNew = 1)
> y <- sim_data$newObs[[1]]
>
> # カルマン平滑化
> dlmSmoothed_obj <- dlmSmooth(y = y, mod = mod)
> s <- dropFirst(dlmSmoothed_obj$s)
>
> # ウィナー平滑化
> # 係数の設定
> r <- V / W
> b <- 1/(r*phi) + 1/phi + phi
> beta <- (b - sqrt(b^2 - 4)) / 2
>
> # 観測値が有限のため、その前後に必要最低限なダミーの0を補てん
> y_expand <- c(rep(0, t_max - 1), y, rep(0, t_max - 1))
>
> # ウィナー平滑化の実行
> d <- (1/phi - beta)*(phi - beta) / (1 - beta^2) *
+       filter(method = "convolution",
+         filter = beta^abs(-(t_max-1):(t_max-1)), x = y_expand
+       )
>
> # 結果からダミー分のNAを除去
> d <- d[!is.na(d)]
>
> # 結果のプロット
> ts.plot(cbind(y, d, s),
+         lty = c("solid", "dashed", "solid"),
+         col = c("lightgray", "red", "blue"),
+         ylab = "")
> # 凡例
> legend(legend = c("観測値", "ウィナー平滑化", "カルマン平滑化"),
+   lty = c("solid", "dashed", "solid"),
+   col = c("lightgray", "red", "blue"),
+   x = "topright", text.width = 17, cex = 0.6)
```

このコードでは、状態空間モデルの設定・観測値の生成・カルマン平滑化に、ライブラリ **dlm** の関数 `dlmModPoly()`, `dlmForecast()`, `dlmSmooth()` を各々利用しています (**dlm** の主な関数の概要については、付録 D に説明をまとめました)。ウィナー平滑化の実行には、R の汎用的な線形フィルタリング関数 `filter()` を利用しています。ウィナー平滑化

は観測値が無限に存在していることを仮定していますが、実際の観測値は有限です。この点に関してこの例では、観測値の過去と未来の両端に必要最低限のダミー "0" を補填してからウィナー平滑化を実行し、結果からダミーに相当する分を除去することで簡易に対応しています。ウィナー平滑化による所望信号とカルマン平滑化による推定値 (平滑化分布の平均値) を比較した結果が、図 7.2 になります。

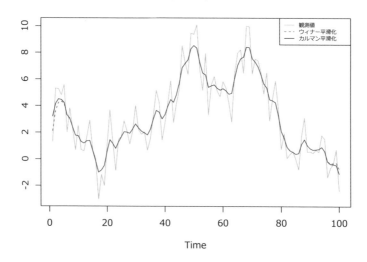

図 7.2: AR(1) モデルにおけるウィナー平滑化とカルマン平滑化

図 7.2 を見ると、データの端点を除いて、ウィナー平滑化とカルマン平滑化の結果は一致していることが分かります (グラフがほぼ重なっており識別できません)。観測値の端点での推定値の乖離は、ウィナー平滑化が想定している観測値の定常性が損なわれているために生じています。この例では観測値の両端にダミーの 0 を補填したため、データのもつ統計的な特徴のつじつまが観測値の端点付近であわなくなっているのです。なお推定値の乖離は長引かずに、やがて解消されていることも分かります。これは、今回の例で元データに適用した AR(1) モデルでは、一定の時点以上離れたデータ間の類似性が元々きわめて小さく、推定時点がデータの端点から離れていくと、データ端点での非定常性の影響も実質及ばなくなるためです。

一方カルマン平滑化は定常性を前提としていないため、観測値の端点での影響は受けません。

本書ではウィナーフィルタの説明はここまでにとどめますが、音声・画像処理の分野では歴史的な経緯もあり現在でも検討が活発に継続されています [35]。また、経済時系列分析ではスペイン銀行で開発された Tramo という季節調整手法 [34] でも用いられており、これは R のライブラリ **seasonal** に実装されています。

第8章
線形・ガウス型状態空間モデルの逐次解法

　本章では、線形・ガウス型状態空間モデルにおいて、順次データが得られる場合の逐次推定法について、例を交えて説明します。この解法はカルマンフィルタと呼ばれています。カルマンフィルタは逐次解法ですが、まとまった時点のデータに適用することもできます。

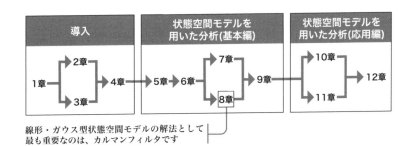

8.1 カルマンフィルタ

　線形・ガウス型状態空間モデルにおいて、推定すべきデータの真値と点推定値の間の平均2乗誤差を最小にする意味で最適な逐次推定法は、これを最初に明確に導出したカルマンにちなみ、**カルマンフィルタ**と呼ばれています。カルマンフィルタは前章で説明したウィナーフィルタとは異なり、非定常過程も問題なく扱うことが可能です。

　本章ではこれ以降、カルマンフィルタに関するフィルタリング・平滑化・予測について説明を行っていきます [13, 18, 26, 31, 36]。なおカルマンフィルタで用いられる演算は全て線形演算であり、「2.3 正規分布」に記載した正規分布の再生性から関心の対象となる分布はすべて正規分布になります。

　本章の説明の前提となる線形・ガウス型状態空間モデルは「5.4 状態空間モデルの分類」で触れましたが、再掲しておきます。

$$x_t = G_t x_{t-1} + w_t, \qquad w_t \sim \mathcal{N}(0, W_t) \qquad (8.1)$$
$$y_t = F_t x_t + v_t, \qquad v_t \sim \mathcal{N}(0, V_t) \qquad (8.2)$$

ここで、G_t は $p \times p$ の状態遷移行列、F_t は $1 \times p$ の観測行列、W_t は $p \times p$ の状態雑音の共分散行列、V_t は観測雑音の分散です。また $x_0 \sim \mathcal{N}(m_0, C_0)$ であり、事前分布における p 次元の平均ベクトルは m_0、$p \times p$ の共分散行列は C_0 です。なお、この線形・ガウス型状態空間モデルにおけるパラメータを全て列挙すると、$\theta = \{G_t, F_t, W_t, V_t, m_0, C_0\}$ となります。

8.1.1 カルマンフィルタリング

　カルマンフィルタリングについて、ここでは「6.2.3 フィルタリング分布の定式化」での記載を踏まえ一般的な場合について説明をします。

　先ほども触れましたが、カルマンフィルタにおけるフィルタリング分布・一期先予測分布・一期先予測尤度はすべて正規分布になりますので、それらを以下のように置きます。

$$\text{フィルタリング分布 } \mathcal{N}(m_t, C_t): \text{平均ベクトル } m_t, \text{共分散行列 } C_t \qquad (8.3)$$
$$\text{一期先予測分布 } \mathcal{N}(a_t, R_t): \text{平均ベクトル } a_t, \text{共分散行列 } R_t \qquad (8.4)$$
$$\text{一期先予測尤度 } \mathcal{N}(f_t, Q_t): \text{平均値 } f_t, \text{分散 } Q_t \qquad (8.5)$$

時点 $t-1$ でのフィルタリング分布から時点 t でのフィルタリング分布を求める手続きは、次のようになります (導出は付録 G.2 にまとめておきました)。

8.1 カルマンフィルタ

アルゴリズム 8.1 カルマンフィルタリング

0. 時点 $t-1$ でのフィルタリング分布: $\boldsymbol{m}_{t-1}, \boldsymbol{C}_{t-1}$
1. 時点 t での更新手続き
   - **一期先予測分布**
     (平均) $\quad \boldsymbol{a}_t \leftarrow \boldsymbol{G}_t \boldsymbol{m}_{t-1}$
     (分散) $\quad \boldsymbol{R}_t \leftarrow \boldsymbol{G}_t \boldsymbol{C}_{t-1} \boldsymbol{G}_t^\top + \boldsymbol{W}_t$
   - **一期先予測尤度**
     (平均) $\quad f_t \leftarrow \boldsymbol{F}_t \boldsymbol{a}_t$
     (分散) $\quad Q_t \leftarrow \boldsymbol{F}_t \boldsymbol{R}_t \boldsymbol{F}_t^\top + V_t$
   - **カルマン利得**
     $\boldsymbol{K}_t \leftarrow \boldsymbol{R}_t \boldsymbol{F}_t^\top Q_t^{-1}$
   - **状態の更新**
     (平均) $\quad \boldsymbol{m}_t \leftarrow \boldsymbol{a}_t + \boldsymbol{K}_t [y_t - f_t]$
     (分散) $\quad \boldsymbol{C}_t \leftarrow [\boldsymbol{I} - \boldsymbol{K}_t \boldsymbol{F}_t] \boldsymbol{R}_t$
2. 時点 t でのフィルタリング分布: $\boldsymbol{m}_t, \boldsymbol{C}_t$

アルゴリズム 8.1 の手続きを $t=1$ から繰り返すことで、全時点のフィルタリング分布が求まることになります。なお、時点 0 でのフィルタリング分布は時点 0 での事前分布に相当しています。アルゴリズム 8.1 における演算の意味合いは、「6.2.3 フィルタリング分布の定式化」と整合しており、

- 一期先予測分布: 一期前のフィルタリング分布を状態遷移

- 一期先予測尤度: 一期先予測分布を観測値の定義域に変換

- フィルタリング分布: 一期先予測分布を補正 (補正の程度は尤度に基づく)

となっています。

ここで、カルマンフィルタリングに関連して何点か補足をしておきます。

まず、アルゴリズム 8.1 には**カルマン利得**という $p \times p$ の行列が出現します。「6.2.3 フィルタリング分布の定式化」でも説明したように、フィルタリング分布は一期先予測分布を補正して得られます。カルマン利得は、この補正の程度に関連した量となっています。具体的には、観測値と一期先予測尤度の平均との差を**予測誤差** $e_t = y_t - f_t$ と置くと、補正の際にこの予測誤差をどの程度反映するかの重みになっています。カルマン利得の値には、$\boldsymbol{W}_t$ と V_t の比 (信号対雑音比とも呼ばれます) が支配的な影響を及ぼします。この例を、簡単のために状態の次元 $p=1$, $\boldsymbol{G}_t = [1]$, $\boldsymbol{F}_t = [1]$ の場合で説明します。この場合の状態の次元は $p=1$ ですので、関連するベクトルや行列は全てスカラーになります。このモデルは**ローカルレベルモデル**と呼ばれますが、詳細は「9.2 ローカルレベルモデル」で説明します。

例えば、$V_t = 0$ であれば観測値が完全に信用できる状況ですので、補正の際に観測値を含む予測誤差を全面的に考慮すべきです。この場合カルマン利得の値は 1 で $m_t = y_t$ となり、

第 8 章 線形・ガウス型状態空間モデルの逐次解法

フィルタリング分布は観測値のみで決まることが分かります。反対に、$V_t = \infty$ であれば観測値が全く信用できない状況ですので、補正の際に観測値を含む予測誤差は完全に無視すべきです。この場合カルマン利得の値は 0 で $m_t = a_t$ となり、フィルタリング分布は一期先予測のみで決まることが分かります。V_t が 0 と ∞ の間であれば、カルマン利得は観測方程式に基づく必然性と状態方程式に基づく可能性の両方を折衷して、1 から 0 の間の値をとることになります。また、このモデルでは $m_t = m_{t-1} + K_t[y_t - m_{t-1}] = K_t y_t + (1 - K_t)m_{t-1}$ となり、平均値の推定は指数加重型移動平均と同じ形になることも確認できます。なお、定常な時系列に対する多くのモデルで、カルマン利得は時間に依存しない一定の値に収束します。この場合のカルマンフィルタは、**定常カルマンフィルタ**と呼ばれます。

続いてアルゴリズム 8.1 の内容を、簡単なコードで実装してみることにします。この際、観測値にはナイル川の流量データを用い、モデルには先ほど触れたローカルレベルモデルを適用します。このためのコードは次のようになります。

コード 8.1

```r
> #【カルマンフィルタリング（自作）】
>
> # ナイル川の流量データを観測値に設定
> y <- Nile
> t_max <- length(y)
>
> # 1時点分のカルマンフィルタリングを行う関数
> Kalman_filtering <- function(m_t_minus_1, C_t_minus_1, t){
+   # 一期先予測分布
+   a_t <- G_t %*% m_t_minus_1
+   R_t <- G_t %*% C_t_minus_1 %*% t(G_t) + W_t
+
+   # 一期先予測尤度
+   f_t <- F_t %*% a_t
+   Q_t <- F_t %*% R_t %*% t(F_t) + V_t
+
+   # カルマン利得
+   K_t <- R_t %*% t(F_t) %*% solve(Q_t)
+
+   # 状態の更新
+   m_t <- a_t + K_t %*% (y[t] - f_t)
+   C_t <- (diag(nrow(R_t)) - K_t %*% F_t) %*% R_t
+
+   # フィルタリング分布（と同時に得られる一期先予測分布）の平均と分散を返す
+   return(list(m = m_t, C = C_t,
+               a = a_t, R = R_t))
+ }
>
> # 線形ガウス型状態空間のパラメータを設定（全て1×1の行列）
> G_t <- matrix(1, ncol = 1, nrow = 1); W_t <- matrix(exp(7.29), ncol = 1, nrow = 1)
```

8.1 カルマンフィルタ

```
31  > F_t <- matrix(1, ncol = 1, nrow = 1); V_t <- matrix(exp(9.62), ncol = 1, nrow = 1)
32  >  m0 <- matrix(0, ncol = 1, nrow = 1);  C0 <- matrix(       1e+7, ncol = 1, nrow = 1)
33  >
34  > # フィルタリング分布（と同時に得られる一期先予測分布）の平均と分散を求める
35  >
36  > # 状態（平均と共分散）の領域を確保
37  > m <- rep(NA_real_, t_max); C <- rep(NA_real_, t_max)
38  > a <- rep(NA_real_, t_max); R <- rep(NA_real_, t_max)
39  >
40  > # 時点：t = 1
41  > KF <- Kalman_filtering(m0, C0, t = 1)
42  > m[1] <- KF$m; C[1] <- KF$C
43  > a[1] <- KF$a; R[1] <- KF$R
44  >
45  > # 時点：t = 2〜t_max
46  > for (t in 2:t_max){
47  +   KF <- Kalman_filtering(m[t-1], C[t-1], t = t)
48  +   m[t] <- KF$m; C[t] <- KF$C
49  +   a[t] <- KF$a; R[t] <- KF$R
50  + }
51  >
52  > # 以降のコードは表示を省略
```

コードの中では、まずナイル川の流量データを観測値に設定します。続いて、1時点分のカルマンフィルタリングを行う関数 Kalman_filtering() を定義します。次に、線形・ガウス型状態空間モデルのパラメータを設定します。これらの値には、後の「8.2 例: ローカルレベルモデルの場合」でライブラリ **dlm** を利用する場合と同じ値を設定しています (状態雑音の分散 W_t と観測雑音の分散 V_t は時間的に変化しないものとして、最尤法により求めています)。そして、関数 Kalman_filtering() を用いて全時点分のフィルタリング分布の平均と分散を求めます。なおカルマンフィルタリングの際に同時に得られる一期先予測分布は後のカルマン平滑化の際に利用するため、あらかじめ一緒に求めておくことにしています。カルマンフィルタリングの結果をプロットしたのが図 8.1 になります。この図では、推定した分布の平均と 95%区間を表示しています。

> 補足　本書ではベイズ流の**信頼区間**として、確率分布の両端からそれぞれ $\alpha/2$ %の面積を取り除き、残った中央の $(1-\alpha)$ %の部分に対応する区間を $(1-\alpha)$ %区間と呼んでいます。

第 8 章 線形・ガウス型状態空間モデルの逐次解法

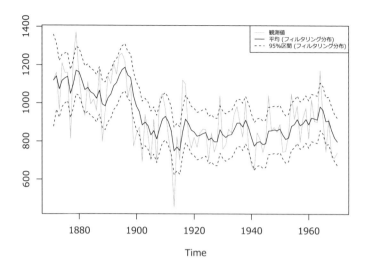

図 8.1: ナイル川の流量データをローカルレベルモデルでカルマンフィルタリング

最後に、線形・ガウス型状態空間モデルにおける尤度を求めておきます。時系列全体の対数尤度は、(6.26) 式のように一期先予測尤度から求まります。線形・ガウス型状態空間モデルにおける一期先予測尤度は正規分布であり、その平均値と分散を f_t, Q_t と置いているため、

$$\begin{aligned}\ell(\boldsymbol{\theta}) &= \sum_{t=1}^{T} \log p(y_t \mid y_{1:t-1}; \boldsymbol{\theta}) \\ &:= -\frac{1}{2}\sum_{t=1}^{T} \log |Q_t| - \frac{1}{2}\sum_{t=1}^{T} (y_t - f_t)^2 / Q_t \end{aligned} \tag{8.6}$$

となります。

> 📝 補足 線形・ガウス型状態空間モデルの対数尤度の定義は、文献により少し差があります。主な違いは定数項 $(-\frac{1}{2}T\log 2\pi)$ の扱いにあり、本書の定義ではこの定数項が除かれています [18]。このため本書における対数尤度の値は、正規分布の式どおりに求める対数尤度とは異なり、定数項の分が除かれた値が算出されることになります(この場合、正規分布の式どおりに求める対数尤度に比べて、大きめの値となります)。尤度は絶対値というより相対値が重要な量ですので、このような定義であっても特段の問題はありません。

予測誤差 e_t についても補足しておきます。予測誤差 e_t は「4.3 モデルの定義」で説明した残差と同じものであり、**イノベーション** (innovations) とも呼ばれます。モデルが適切であれば、イノベーションは理論上、独立同一な正規分布に従います [18]。このため、イノベーションはモデルが適切かどうかの診断に用いられます。

> 📝補足 同じ分布から独立に得られたサンプルがその分布に従うことを、独立同一な分布に従うといいます。独立同一な分布は i.i.d. (independent identical distribution) とも訳されます。

> 📝補足 イノベーションに関して補足すると、そのコンセプトはウォルド (H. Wold)、命名はウィナー、考察を深めたのはカイラス (T. Kailath) となります [22]。本書では線形・ガウス型状態空間モデルのイノベーション形 [18, 22] の説明はしませんが、イノベーションの考え方は推定問題の理解を深めるために有益です。

8.1.2 カルマン予測

「6.2.4 予測分布の定式化」での記載を踏まえ、カルマン予測について説明をします。

線形・ガウス型状態空間モデルでは k 期先予測分布も正規分布になりますので、それを以下のように置きます。

$$k \text{ 期先予測分布 } \mathcal{N}(a_t(k), R_t(k)): \text{平均ベクトル } a_t(k), \text{共分散行列 } R_t(k) \tag{8.7}$$

時点 $t + (k-1)$ での $k-1$ 期先予測分布から時点 $t+k$ での k 期先予測分布を求める手続きは、次のようになります (導出は付録 G.2 にまとめておきました)。

アルゴリズム 8.2 カルマン予測
0. 時点 $t + (k-1)$ での $k-1$ 期先予測分布: $a_t(k-1), R_t(k-1)$
1. 時点 $t+k$ での更新手続き
    - k **期先予測分布**
        (平均)　　$a_t(k) \leftarrow G_{t+k} a_t(k-1)$
        (分散)　　$R_t(k) \leftarrow G_{t+k} R_t(k-1) G_{t+k}^\top + W_{t+k}$
2. 時点 $t+k$ での k 期先予測分布: $a_t(k), R_t(k)$

アルゴリズム 8.2 の手続きを $k = 1$ から繰り返すことで、時点 $t+k$ における予測分布が求まることになります。なお、時点 t での 0 期先予測分布は時点 t でのフィルタリング分布に相当しています。アルゴリズム 8.2 における演算の意味合いは、「6.2.4 予測分布の定式化」と整合しており、

- k 期先予測分布: $k-1$ 期先予測分布を状態遷移

となっています。

ここで、カルマン予測に関連して補足をしておきます。

「6.2.4 予測分布の定式化」でも触れたように、状態空間モデルにおける欠測値の扱いは、基本的に予測を繰り返すことで対応します。具体的に欠測値があった場合は、アルゴリズム 8.1 にてカルマン利得 $= O$ と置いて一期先予測分布をフィルタリング分布とみなすことで、フィルタリングの手続きを進めていくことになります。なお、この性質に基づき観測

第 8 章 線形・ガウス型状態空間モデルの逐次解法

値の終わりに複数の欠測値を補填すると、そのフィルタリング結果は長期予測の結果に一致することになります。

続いてアルゴリズム 8.2 の内容を、簡単なコードで実装してみることにします。観測値にナイル川の流量データを用い、モデルにローカルレベルモデルを適用するのは、カルマンフィルタリングの場合と同じです。このためのコードは次のようになります。

コード 8.2

```
1  > #【カルマン予測（自作）】
2  >
3  > # カルマンフィルタリングが完了していることが前提
4  >
5  > # 予測期間
6  > t <- t_max     # 最終時点から
7  > nAhead <- 10   # 10時点分先まで
8  >
9  > # k = 1期先カルマン予測を行う関数
10 > Kalman_prediction <- function(a_t0, R_t0){
11 +   # 一期先予測分布
12 +   a_t1 <- G_t_plus_1 %*% a_t0
13 +   R_t1 <- G_t_plus_1 %*% R_t0 %*% t(G_t_plus_1) + W_t_plus_1
14 +
15 +   # 一期先予測分布の平均と分散を返す
16 +   return(list(a = a_t1, R = R_t1))
17 + }
18 >
19 > # 線形ガウス型状態空間のパラメータを設定（時不変）
20 > G_t_plus_1 <- G_t; W_t_plus_1 <- W_t
21 >
22 > # k期先予測分布の平均と分散を求める
23 >
24 > # 状態（平均と共分散）の領域を確保
25 > a_ <- rep(NA_real_, t_max + nAhead); R_ <- rep(NA_real_, t_max + nAhead)
26 >
27 > # k = 0（時点tでの0期先予測分布はフィルタリング分布に相当）
28 > a_[t + 0] <- m[t]; R_[t + 0] <- C[t]
29 >
30 > # k = 1〜nAhead
31 > for (k in 1:nAhead){
32 +   KP <- Kalman_prediction(a_[t + k-1], R_[t + k-1])
33 +   a_[t + k] <- KP$a; R_[t + k] <- KP$R
34 + }
35 >
36 > # 以降のコードは表示を省略
```

このコードは、カルマンフィルタリングが完了していることを前提としています。コードの中では、まず予測期間を設定します。続いて、$k = 1$ 期先カルマン予測を行う関数 `Kalman_prediction()` を定義します。次に、線形・ガウス型状態空間モデルのパラメー

タのうち、予測に必要な状態遷移行列と状態雑音の分散を設定します。この例では時不変のモデルを考えているため、カルマンフィルタリングの際に設定したのと同じ値を設定しています。そして、関数 Kalman_prediction() を用いて予測期間分の k 期先予測分布の平均と分散を求めます。カルマン予測の結果をプロットしたのが図 8.2 になります。この図では、推定した分布の平均と 95%区間を表示しています。

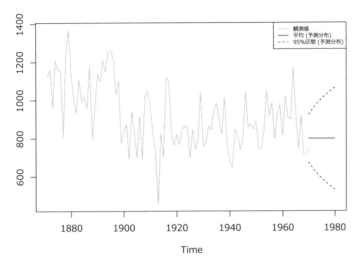

図 8.2: ナイル川の流量データをローカルレベルモデルでカルマン予測

8.1.3 カルマン平滑化

「6.2.5 平滑化分布の定式化」での記載を踏まえ、カルマン平滑化について説明をします。なお「6.2.5 平滑化分布の定式化」でも述べましたが、本書では固定区間平滑化を中心に考えますので、平滑化に先立って時点 T までのカルマンフィルタリングが一旦完了しているものとします。

> 補足 カルマンフィルタにおける固定ラグ平滑化・固定点平滑化の導出に関しては、参考文献 [26, 31, 36] を参照してください。

線形・ガウス型状態空間モデルでは平滑化分布も正規分布になりますので、それを以下のように置きます。

$$\text{平滑化分布 } \mathcal{N}(\boldsymbol{s}_t, \boldsymbol{S}_t): \text{平均ベクトル } \boldsymbol{s}_t, \text{共分散行列 } \boldsymbol{S}_t \tag{8.8}$$

時点 $t+1$ までの平滑化分布を元に時点 t での平滑化分布を求める手続きは、次のようになります (導出は付録 G.2 にまとめておきました)。

第8章 線形・ガウス型状態空間モデルの逐次解法

アルゴリズム 8.3 カルマン平滑化

0. 時点 $t+1$ での平滑化分布: s_{t+1}, S_{t+1}
1. 時点 t での更新手続き
    - 平滑化利得
    $$A_t \leftarrow C_t G_{t+1}^\top R_{t+1}^{-1}$$
    - 状態の更新
    （平均） $s_t \leftarrow m_t + A_t [s_{t+1} - a_{t+1}]$
    （分散） $S_t \leftarrow C_t + A_t [S_{t+1} - R_{t+1}] A_t^\top$
2. 時点 t での平滑化分布: s_t, S_t

アルゴリズム 8.3 の手続きを $t = T-1$ から時間逆方向に繰り返すことで、全時点の平滑化分布が求まることになります。なお、時点 T での平滑化分布は時点 T でのフィルタリング分布に相当しています。アルゴリズム 8.3 における演算の意味合いは、「6.2.5 平滑化分布の定式化」と整合しており、

- 平滑化分布: フィルタリング分布を補正 (補正の程度は一期先における平滑化分布に基づく)

となっています。

ここで、カルマン平滑化に関連して補足をしておきます。

アルゴリズム 8.3 に記載したアルゴリズムは、ポピュラーな **RTS アルゴリズム** (RTS; Rauch–Tung–Striebel) [37] になっています。カルマンフィルタで固定区間平滑化を実現するアルゴリズムは、他にも存在します。これらは全て等価ですが、計算形態が異なっています。例えば RTS アルゴリズムに比較的似た BF アルゴリズム (BF; Bryson–Frazier) [12,38,39] や、情報フィルタの形式を用いる二方向フィルタ (two-filter formulas) [40–42] が有名です。

続いてアルゴリズム 8.3 の内容を、簡単なコードで実装してみることにします。観測値にナイル川の流量データを用い、モデルにローカルレベルモデルを適用するのは、カルマンフィルタリング・カルマン予測の場合と同じです。このためのコードは次のようになります。

コード 8.3

```
> #【カルマン平滑化（自作）】
>
> # カルマンフィルタリングが完了していることが前提
>
> # 1時点分のカルマン平滑化を行う関数
> Kalman_smoothing <- function(s_t_plus_1, S_t_plus_1, t){
+   # 平滑化利得
+   A_t <- C[t] %*% t(G_t_plus_1) %*% solve(R[t+1])
+
+   # 状態の更新
```

8.1 カルマンフィルタ

```
11  +     s_t <- m[t] + A_t %*% (s_t_plus_1 - a[t+1])
12  +     S_t <- C[t] + A_t %*% (S_t_plus_1 - R[t+1]) %*% t(A_t)
13  +
14  +     # 平滑化分布の平均と分散を返す
15  +     return(list(s = s_t, S = S_t))
16  + }
17  >
18  > # 平滑化分布の平均と分散を求める
19  >
20  > # 状態（平均と共分散）の領域を確保
21  > s <- rep(NA_real_, t_max); S <- rep(NA_real_, t_max)
22  >
23  > # 時点: t = t_max
24  > s[t_max] <- m[t_max]; S[t_max] <- C[t_max]
25  >
26  > # 時点: t = t_max-1〜1
27  > for (t in (t_max-1):1){
28  +   KS <- Kalman_smoothing(s[t+1], S[t+1], t = t)
29  +   s[t] <- KS$s; S[t] <- KS$S
30  + }
31  >
32  > # 以降のコードは表示を省略
```

このコードは、カルマンフィルタリングが完了していることを前提としています。コードの中では、まず1時点分のカルマン平滑化を行う関数 Kalman_smoothing() を定義します。そして、この関数 Kalman_smoothing() を用いて全時点分の平滑化分布の平均と分散を求めます。カルマン平滑化の結果をプロットしたのが図 8.3 になります。この図では、推定した分布の平均と 95%区間を表示しています。

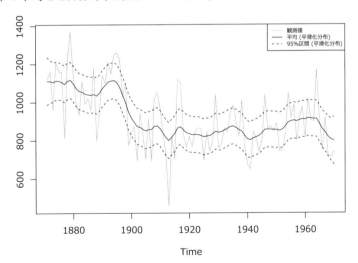

図 8.3: ナイル川の流量データをローカルレベルモデルでカルマン平滑化

8.2 例: ローカルレベルモデルの場合

カルマンフィルタを用いた時系列分析について、簡単な例を元に確認してみましょう。前節ではカルマンフィルタの実行にアルゴリズムの説明に即した自作コードを使用しましたが、これ以降は応用的な分析にも展開が容易なように、汎用性のあるライブラリ **dlm** を利用することにします。それでは 4 章で説明した分析の流れにそって、説明を行います。

8.2.1 目的の確認とデータの収集

ここでは、R の組み込みデータセット Nile を用います。分析の目的は、過去・現在・未来の値を精度良く求めることとします。

8.2.2 データの下調べ

この部分の内容は 4 章と同じになりますので、説明は割愛します。

8.2.3 モデルの定義

続いて分析のために、モデルを定義します。線形・ガウス型状態空間モデルでよく使われるモデルは次章で詳細を説明しますが、ここでは同じデータを探索的に分析した「4.3 モデルの定義」と考え方をあわせて、ローカルレベルモデルを採用することにします。今回適用するローカルレベルモデルの定義は次のようになります。

$$x_t = x_{t-1} + w_t, \qquad w_t \sim \mathcal{N}(0, W) \qquad (8.9)$$

$$y_t = x_t + v_t, \qquad v_t \sim \mathcal{N}(0, V) \qquad (8.10)$$

これは、線形・ガウス型状態空間モデルの一般的な定義である (5.8), (5.9) 式において、状態の次元 $p = 1$, $G_t = [1]$, $F_t = [1]$ とした場合になっています。ここで状態の次元 $p = 1$ ですので、関連するベクトルや行列は全てスカラーとなります。なお、簡単のためパラメータの値が時間に依存しない時不変のモデルを考えることにしますので、$W_t = W$, $V_t = V$ としています。ローカルレベルモデルの状態方程式 (8.9) 式は、直前の値と現在の値がおおむね同じであることを表現しており、特別な時間パタンを含んでいません。したがって、データの下調べで得られた知見が反映されていると考えることができます (ただし、1899 年の急減は除く)。

8.2 例: ローカルレベルモデルの場合

> **補足** ローカルレベルモデルは、「7.2 例: AR(1) モデルの場合」で説明した AR(1) モデル (7.4), (7.5) 式と似ています。違いは、状態 x_{t-1} の AR(1) 係数 ϕ が 1 になっている点にあります。AR(1) 係数が 1 の場合、状態は**ランダムウォーク**と呼ばれる非定常な時系列になります。このため、ローカルレベルモデルは、**ランダムウォーク・プラス・ノイズモデル**とも呼ばれます。

ところで、「5.2.4 状態空間モデルの同時分布」で説明した状態空間モデルの同時分布 (5.6) 式からも分かるように、状態方程式と観測方程式に加え、状態の事前分布 $p(x_0) = \mathcal{N}(m_0, C_0)$ もモデルの定義の一部になります。本書では事前分布に関して特段の知見がなければ、平均は任意の有限値 (0 や観測値の平均)、分散はデータに照らし合わせて十分大きめの値にします。実用上この方針で、おおむね不都合はありません [43]。事前分布の設定をさらに追求するアプローチも存在しますが、本書では説明を割愛します。

> **補足** 例えば、次のようなアプローチがあります。
> - 分散を厳密に無限大とする
>   ⇒ この場合のカルマンフィルタや尤度の導出は、[12, 39] に記載があります。
> - 観測値と整合性の高い精密な平均を用いる
>   ⇒ 本書のアプローチでは、例えばモデルに周期成分が含まれるような場合、最初の 1 周期分の推定精度が劣化する場合があります。これに対して、観測値と整合性の高い精密な平均を事前分布に適用すると、そのような状況が回避できます。このアプローチの基本的な考え方は、一度フィルタリングをしてから平滑化を行い、その結果得られた平滑分布の平均を初期値として利用するものです。このために、固定点平滑化の仕組みを利用することもできます。

それでは実際にライブラリ **dlm** を用いて、ローカルレベルモデルを定義してみましょう。このためのコードは以下のようになります。

コード 8.4

```
> # 【ローカルレベルモデルの定義】
>
> # 前処理
> library(dlm)
>
> # 状態空間モデルの設定
> mod <- dlmModPoly(order = 1)
>
> # モデルの内容を確認
> str(mod)
List of 10
 $ m0 : num 0
 $ C0 : num [1, 1] 1e+07
 $ FF : num [1, 1] 1
 $ V  : num [1, 1] 1
 $ GG : num [1, 1] 1
 $ W  : num [1, 1] 1
```

```
18   $ JFF: NULL
19   $ JV : NULL
20   $ JGG: NULL
21   $ JW : NULL
22   - attr(*, "class")= chr "dlm"
```

dlm には `dlmModPoly()` という関数が用意されていますので、これを活用します。`dlmModPoly()` の引数は `order, dW, dV, m0, C0` ですが、`order` 以外は設定を省略しているためデフォルト値が適用されます。ローカルレベルモデルは一般的には次数 1 の多項式モデル (多項式モデルの詳細は「9.3 ローカルトレンドモデル」で説明します) となりますので、まず `order = 1` を設定します。`dW, dV` は、状態雑音の分散 W と観測雑音の分散 V を意味しています。ここではデフォルト値 (ともに 1) が設定されますが、これらはこの後説明するパラメータ値の特定化を通じて適切な値に更新されます。`m0, C0` は、事前分布の平均値 m_0 と分散 C_0 を意味しています。ここではデフォルト値 (0 と 10^7) が設定されますが、これらは平均が任意の有限値で、分散もデータの分散 `var(Nile)` = 28637.95 と比べて桁違いに大きいため、この例でそのまま利用しても問題ありません。なお、本書で以降に挙げる例では、同様の理由で全てデフォルト値が問題なく適用できます。

`dlmModPoly()` の戻り値を代入した `mod` の内容を確認すると、`dlm` という名前のクラスのリストになっていることが分かります。リストの要素は、`m0, C0, FF, V, GG, W, JFF, JV, JGG, JW` となっています。このうち後半の J から始まる名前の要素は、時変のモデルを規定する際に使用されます。この例では時不変のローカルレベルモデルを用いるため、全て NULL のままで問題はありません。前半の要素 `m0, C0, FF, V, GG, W` は、それぞれ線形・ガウス型状態空間モデル (8.1) 式、(8.2) 式におけるパラメータ $m_0, C_0, F_t, V_t, G_t, W_t$ に対応しています。

8.2.4 パラメータ値の特定

「6.4 状態空間モデルにおけるパラメータの扱い」でも記載しましたが、モデルに含まれるパラメータが未知の場合、時系列の推定に際して何らかの方法でパラメータ値を特定する必要があります。今回の例におけるパラメータは W, V ですが、特段の手掛かりもなく未知ですので、これらのパラメータ値は特定する必要があります。ここで Nile データは十分なサイズがありますので、「6.4.1 パラメータを確率変数とは考えない場合」に基づき、最尤法を適用することにします。

それでは実際にライブラリ **dlm** を用いて、ローカルレベルモデルにおけるパラメータを特定してみましょう。このためのコードは以下のようになります。

8.2 例：ローカルレベルモデルの場合

コード 8.5

```
> # 【ローカルレベルモデルにおけるパラメータ値の特定】
>
> # モデルを定義・構築するユーザ定義関数
> build_dlm <- function(par) {
+   mod$W[1, 1] <- exp(par[1])
+   mod$V[1, 1] <- exp(par[2])
+
+   return(mod)
+ }
>
> # パラメータの最尤推定（探索初期値を3回変えて結果を確認）
> lapply(list(c(0, 0), c(1, 10), c(20, 3)), function(parms){
+   dlmMLE(y = Nile, parm = parms, build = build_dlm)
+ })
[[1]]
[[1]]$par
[1] 7.291951 9.622437

[[1]]$value
[1] 549.6918

[[1]]$counts
function gradient
      34       34

[[1]]$convergence
[1] 0

[[1]]$message
[1] "CONVERGENCE: REL_REDUCTION_OF_F <= FACTR*EPSMCH"


[[2]]
[[2]]$par
[1] 7.291992 9.622452

[[2]]$value
[1] 549.6918

[[2]]$counts
function gradient
      22       22

[[2]]$convergence
[1] 0

[[2]]$message
[1] "CONVERGENCE: REL_REDUCTION_OF_F <= FACTR*EPSMCH"
```

第8章 線形・ガウス型状態空間モデルの逐次解法

```
[[3]]
[[3]]$par
[1] 7.291948 9.622437

[[3]]$value
[1] 549.6918

[[3]]$counts
function gradient
      40       40

[[3]]$convergence
[1] 0

[[3]]$message
[1] "CONVERGENCE: REL_REDUCTION_OF_F <= FACTR*EPSMCH"


> 
> # パラメータの最尤推定（ヘッセ行列を戻り値に含める）
> fit_dlm <- dlmMLE(y = Nile, parm = c(0, 0), build = build_dlm, hessian = TRUE)
> 
> # デルタ法により最尤推定の（漸近的な）標準誤差をヘッセ行列から求める
> exp(fit_dlm$par) * sqrt(diag(solve(fit_dlm$hessian)))
[1] 1280.170 3145.999
> 
> # パラメータの最尤推定結果をモデルに設定
> mod <- build_dlm(fit_dlm$par)
> 
> # 結果の確認
> mod
$FF
     [,1]
[1,]    1

$V
        [,1]
[1,] 15099.8

$GG
     [,1]
[1,]    1

$W
         [,1]
[1,] 1468.432

$m0
```

8.2 例: ローカルレベルモデルの場合

```
121 [1] 0
122
123 $C0
124      [,1]
125 [1,] 1e+07
```

このコードは先ほどのコード 8.4 からの続きとなります。dlm では dlmMLE() という関数が用意されていますので、これを活用します。dlmMLE() は内部的には R の最適化関数 optim() を利用して負の対数尤度を最小化していますので、追加引数や戻り値は optim() のものと整合しています。

まず build_dlm() について説明をします。これはモデルを定義・構築するためのユーザ定義関数です。具体的には、mod における未知パラメータ W, V の値を引数 par の値で変更し、mod 全体を返すようにしています。ここで W, V は分散であり負の値をとりませんので、optim() が負の領域を探索しなくてもいいように par に対して指数変換が行われています。なお mod はすでにコード 8.4 で定義されていますので、関数 build_dlm() の中で同じ名前のオブジェクトが参照されると、定義済みの mod が内部的に自動的にコピーされます。このようにして関数内では mod のコピーに対して操作が行われるため、関数 build_dlm() を実行しただけでは元の mod の内容は一切変更されないことになります。続いて dlmMLE() を説明します。dlmMLE() の引数は y, param, build です。y は観測値ですので、Nile を設定します。parm は最尤推定の対象となるパラメータの探索初期値であり、任意の有限な値を設定します。build はモデルを定義・構築する関数ですので、先ほどの build_dlm() を設定します。なお、最尤推定を数値的に実行するアルゴリズムは、デフォルトでは準ニュートン法の一種である L-BFGS 法が用いられます。

dlmMLE() の戻り値を確認すると、リストになっていることが分かります。要素 par は最尤推定の結果 (指数変換前の値) です。要素 convergence は最尤推定の収束結果を示すフラグになっており、0 であれば収束が達成された証となります。ただしこの値が 0 でも実際には問題をはらんだ結果になっている場合もありますので、結果の吟味は必要です。特に最尤推定は原理的には非線形の最適化になりますので、局所最適解に陥る危険が常にあります。これを防ぐ方法もいろいろと提案されていますが今のところ万能薬はありませんので、最低限初期値を何度か変えて結果を比較しておいた方が無難です。ここでも初期値を 3 回変えて試していますが、おおむね同じ結果が得られていますので、これ以上の追及はしないでおきます。ちなみに、結果が大きく異なる場合は要注意です。割り切って一番大きな値の結果を選ぶ選択肢はあまりお勧めできません。このように安定した結果が得られない場合は、それまでの検討過程に適切ではない部分が残っている可能性が高いと推察されますので、モデルの定義 (もしくはそれより前の段階) に遡って再考することをお勧めします。

次に、最尤推定における**標準誤差**について説明します。最尤推定における標準誤差とは、

同じ統計量をもつ別の観測値を想定した場合における、最尤推定値の平均的なぶれ具合を意味しています。最尤推定を行った各パラメータの標準誤差は、対数尤度関数の**ヘッセ行列** (**Hessian matrix**) から求めることができます。

> 補足 ヘッセ行列とは、関数の 2 階偏微分を要素とする行列であり、今回の場合対数尤度関数 $\ell()$ のパラメータは W, V ですので、
>
> $$H = - \begin{bmatrix} \frac{\partial^2 \ell(W,V)}{\partial W \partial W} & \frac{\partial^2 \ell(W,V)}{\partial W \partial V} \\ \frac{\partial^2 \ell(W,V)}{\partial V \partial W} & \frac{\partial^2 \ell(W,V)}{\partial V \partial V} \end{bmatrix} \quad (8.11)$$
>
> となります。最尤推定の漸近特性 [44], [8, 13 章] に基づき、負の対数尤度関数のヘッセ行列について逆行列が存在すれば、その対角項は各パラメータに関する漸近的な分散を示すことになります。

関数 `dlmMLE()` の引数に関数 `optim()` 向けの追加引数 `hessian = TRUE` を加えると、負の対数尤度の最小値で評価されたヘッセ行列が戻り値に含まれるようになります。ただし今回の例ではパラメータが指数変換されているので、この値を直接用いることはできません。このため本書では、**デルタ法**を用いて指数変換後のパラメータの標準誤差を求めることにします [18]。

> 補足 デルタ法の基本的な考え方は、求めたい統計量をテーラー展開して一次関数まで打ち切るという素朴なものです。具体的に単一の θ に着目して書くと
>
> $$\mathrm{Var}[\exp(\theta)] \approx \mathrm{Var}\left[\exp(\hat{\theta}) + \frac{\exp'(\hat{\theta})}{1!}(\theta - \hat{\theta})\right] = \exp^2(\hat{\theta})\mathrm{Var}[\theta - \hat{\theta}] = \exp^2(\hat{\theta})\mathrm{Var}[\theta] \quad (8.12)$$
>
> となります。

今回の例では H^{-1} の対角項に $\mathrm{Var}[\theta]$ が入っていますので、

$$\exp(\text{パラメータの最尤推定値}) \times \sqrt{\mathrm{diag}(H^{-1}) \text{の該当要素}} \quad (8.13)$$

とすることで、指数変換後のパラメータの標準誤差が求められます。結果として、最尤推定の標準誤差は W では 1280.170, V では 3145.999 という値が得られました。

最後に、パラメータの最尤推定結果をモデルに反映します。関数 `build_dlm()` を実行しただけでは元の `mod` は変更されませんでしたので、この関数の実行結果を `mod` に代入することで上書きをしています。W は 1468.432, V は 15099.8 という結果になりました。推定値と標準誤差を比べると、推定値に比べて標準誤差が大きめな値になっています (特に W)。標準誤差がどの程度でないといけないという決まりはありませんが、筆者の感覚としては推定値に比べて 1 桁以下であれば一応安定した推定結果になっていると考えます。その観点からすると、今回はやや懸念の残る結果になっています。しかしながら、線形・ガウス型状態空間モデルのパラメータに関する最尤推定では、大きめの標準誤差が出る傾

向があるとの指摘もあり [45]、ここではこれ以上の追及はしないでおきます。この点を追求するためには、パラメータの不確実性をより適切に考慮できるように、(パラメータを確率変数と考えて) ベイズ推定を行うのが適当であると考えます。

8.2.5 フィルタリング・予測・平滑化の実行

続いて、フィルタリング・予測・平滑化の処理を実行します。得られた各分布の平均値とその信頼区間 (95%区間) をグラフにして、結果を確認していきます。

フィルタリング

カルマンフィルタリングでは、アルゴリズム 8.1 に基づく演算が行われます。

実際にライブラリ **dlm** を用いて、カルマンフィルタリングを実行してみましょう。このためのコードは以下のようになります。

コード 8.6

```
126  > #【カルマンフィルタリング】
127  >
128  > # フィルタリング処理
129  > dlmFiltered_obj <- dlmFilter(y = Nile, mod = mod)
130  >
131  > # 結果の確認
132  > str(dlmFiltered_obj, max.level = 1)
133  List of 9
134   $ y  : Time-Series [1:100] from 1871 to 1970: 1120 1160 963 1210 1160 1160 813 1230
         1370 1140 ...
135   $ mod:List of 10
136    ..- attr(*, "class")= chr "dlm"
137   $ m  : Time-Series [1:101] from 1870 to 1970: 0 1118 1140 1072 1117 ...
138   $ U.C:List of 101
139   $ D.C: num [1:101, 1] 3162.3 122.8 88.9 76 70 ...
140   $ a  : Time-Series [1:100] from 1871 to 1970: 0 1118 1140 1072 1117 ...
141   $ U.R:List of 100
142   $ D.R: num [1:100, 1] 3162.5 128.6 96.8 85.1 79.8 ...
143   $ f  : Time-Series [1:100] from 1871 to 1970: 0 1118 1140 1072 1117 ...
144   - attr(*, "class")= chr "dlmFiltered"
145  >
146  > # フィルタリング分布の平均と標準偏差を求める
147  > m <- dropFirst(dlmFiltered_obj$m)
148  > m_sdev <- sqrt(
149  +              dropFirst(as.numeric(
150  +                dlmSvd2var(dlmFiltered_obj$U.C, dlmFiltered_obj$D.C)
151  +              ))
```

第8章 線形・ガウス型状態空間モデルの逐次解法

```
152 +           )
153 >
154 > # フィルタリング分布の95%区間のために、2.5%値と97.5%値を求める
155 > m_quant <- list(m + qnorm(0.025, sd = m_sdev), m + qnorm(0.975, sd = m_sdev))
156 >
157 > # 結果のプロット
158 > ts.plot(cbind(Nile, m, do.call("cbind", m_quant)),
159 +         col = c("lightgray", "black", "black", "black"),
160 +         lty = c("solid", "solid", "dashed", "dashed"))
161 >
162 > # 凡例
163 > legend(legend = c("観測値", "平均(フィルタリング分布)", "95%区間(フィルタリング分布)"),
164 +        lty = c("solid", "solid", "dashed"),
165 +        col = c("lightgray", "black", "black"),
166 +        x = "topright", text.width = 32, cex = 0.6)
```

このコードは先ほどのコード 8.5 からの続きとなります。**dlm** では dlmFilter() という関数が用意されていますので、これを活用します。

dlmFilter() の引数は y, mod です。y は観測値ですので、Nile を設定します。mod はモデルを示すリストですので、先ほどパラメータ値を特定した mod を設定します。

dlmFilter() の戻り値を代入した dlmFiltered_obj の内容を確認すると、dlmFiltered という名前のクラスのリストになっていることが分かります。リストの要素は、y, mod, m, U.C, D.C, a, U.R, D.R, f となっています。これらは各々、y と mod は入力した観測値とモデル用のリスト、m はフィルタリング分布の平均、U.C と D.C はフィルタリング分布の共分散行列についての特異値分解、a は一期先予測分布の平均、U.R と D.R は一期先予測分布の共分散行列についての特異値分解、f は一期先予測尤度の平均になっています。このうち、m, U.C, D.C には先頭に事前分布の分のオブジェクトが1つ付加されているため、それらの数は観測値の長さ (今回の場合 length(Nile) = 100) に1を加えた101となっています。

続いて、dlmFiltered_obj からフィルタリング分布の平均と標準偏差を求めます。フィルタリング分布の平均は要素 m ですが、後のグラフ描画の際に便利になるように **dlm** のユーティリティ関数 dropFirst() で事前分布の分をカットします。フィルタリング分布の共分散は要素 U.C と D.C に分解されていますので、まず **dlm** のユーティリティ関数 dlmSvd2var() で元の共分散行列の形に直しています。今回の例では状態の次元 $p = 1$ ですので 1×1 の行列のリストを as.numeric でベクトルに変換した後、平均の場合と同じように **dlm** のユーティリティ関数 dropFirst() で事前分布の分をカットしています。

最後に、フィルタリング分布の 95%区間を表示するために、2.5%値と 97.5%値を求めます。ここではフィルタリング分布が正規分布であることを踏まえ、正規分布の分位点を求める関数 qnorm() を活用しています。

図 8.4 が、以上の結果になります。

8.2 例: ローカルレベルモデルの場合

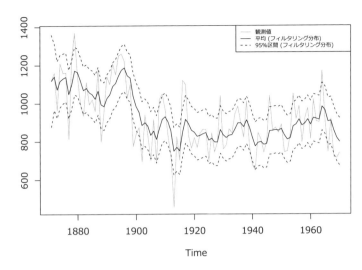

図 8.4: カルマンフィルタリングの結果

なお、ローカルレベルモデルでは 1899 年の急減は明示的に考慮されていないため、当然の結果としてその変化も鋭くはとらえきれていないのが分かります。

予測

カルマン予測では、アルゴリズム 8.2 に基づく演算が行われます。

実際にライブラリ **dlm** を用いて、カルマン予測を実行してみましょう。このためのコードは以下のようになります。

コード 8.7

```
167  > #【カルマン予測】
168  >
169  > # 予測処理
170  > dlmForecasted_obj <- dlmForecast(mod = dlmFiltered_obj, nAhead = 10)
171  >
172  > # 結果の確認
173  > str(dlmForecasted_obj, max.level = 1)
174  List of 4
175   $ a: Time-Series [1:10, 1] from 1971 to 1980: 798 798 798 798 798 ...
176    ..- attr(*, "dimnames")=List of 2
177   $ R:List of 10
178   $ f: Time-Series [1:10, 1] from 1971 to 1980: 798 798 798 798 798 ...
179    ..- attr(*, "dimnames")=List of 2
180   $ Q:List of 10
181  >
```

第8章 線形・ガウス型状態空間モデルの逐次解法

```
182  > # 予測分布の平均と標準偏差を求める
183  > a <- ts(data = dlmForecasted_obj$a, start = c(1971, 1))
184  > a_sdev <- sqrt(
185  +             as.numeric(
186  +               dlmForecasted_obj$R
187  +             )
188  +           )
189  >
190  > # 予測分布の95%区間のために、2.5%値と97.5%値を求める
191  > a_quant <- list(a + qnorm(0.025, sd = a_sdev), a + qnorm(0.975, sd = a_sdev))
192  >
193  > # 結果のプロット
194  > ts.plot(cbind(Nile, a, do.call("cbind", a_quant)),
195  +         col = c("lightgray", "black", "black", "black"),
196  +         lty = c("solid", "solid", "dashed", "dashed"))
197  >
198  > # 凡例
199  > legend(legend = c("観測値", "平均（予測分布）", "95%区間（予測分布）"),
200  +        lty = c("solid", "solid", "dashed"),
201  +        col = c("lightgray", "black", "black"),
202  +        x = "topright", text.width = 26, cex = 0.6)
```

このコードは先ほどのコード8.6からの続きとなります。**dlm** では dlmForecast() という関数が用意されていますので、これを活用します。

dlmForecast() の引数は mod, nAhead, sampleNew です。mod はモデルを示すリスト、もしくは dlmFiltered クラスのオブジェクトとなります。今回の例では、フィルタリングの終了時点から未来を予測しますので、先ほどのカルマンフィルタリングで得られた dlmFiltered_obj を設定します。nAhead は予測先の時点数の最大値であり、今回の例では 10 を設定しました。sampleNew はデフォルトでは FALSE になっていますが、整数値を設定するとその試行回数分の標本が戻り値に含まれるようになります。今回の例では標本値を使いませんので、デフォルト値のままとしています。

> 📝補足　コード 7.1 では sampleNew = 1 として、分析用のデータを生成しました。

dlmForecast() の戻り値を代入した dlmForecasted_obj の内容を確認すると、リストになっていることが分かります。リストの要素は、a, R, f, Q となっています。これらは各々、k 期先予測分布の平均ベクトルと共分散行列、ならびに k 期先予測尤度の平均ベクトルと共分散行列に相当しています。

続いて、dlmForecasted_obj から予測分布の平均と標準偏差を求めます。予測分布の平均は要素 a ですが、後のグラフ描画の際に便利になるように R の ts クラスのオブジェクトに変換しています。予測分布の分散は要素 R ですが、今回の例では状態の次元 $p = 1$ ですので 1×1 の行列のリストを as.numeric でベクトルに変換しています。

最後に、予測分布の95%区間を表示するために、2.5%値と97.5%値を求めます。ここで

8.2 例: ローカルレベルモデルの場合

も予測分布が正規分布であることを踏まえ、正規分布の分位点を求める関数 qnorm() を活用しています。

図 8.5 が、以上の結果になります。

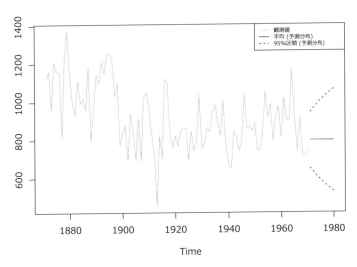

図 8.5: カルマン予測の結果

図 8.5 をフィルタリングの結果の図 8.4 と比べると、予測では時間が経過するにつれて不確実さが増すため、信頼区間が広がっていくのが分かります。

平滑化

カルマン平滑化では、アルゴリズム 8.3 に基づく演算が行われます。

実際にライブラリ **dlm** を用いて、カルマン平滑化を実行してみましょう。このためのコードは以下のようになります。

コード 8.8

```
203  > #【カルマン平滑化】
204  >
205  > # 平滑化処理
206  > dlmSmoothed_obj <- dlmSmooth(y = Nile, mod = mod)
207  >
208  > # 結果の確認
209  > str(dlmSmoothed_obj, max.level = 1)
210  List of 3
211   $ s  : Time-Series [1:101] from 1870 to 1970: 1111 1111 1111 1105 1113 ...
212   $ U.S:List of 101
```

第8章 線形・ガウス型状態空間モデルの逐次解法

```
213      $ D.S: num [1:101, 1] 74.1 63.5 56.9 53.1 50.9 ...
214    >
215    > # 平滑化分布の平均と標準偏差を求める
216    > s <- dropFirst(dlmSmoothed_obj$s)
217    > s_sdev <- sqrt(
218    +                dropFirst(as.numeric(
219    +                  dlmSvd2var(dlmSmoothed_obj$U.S, dlmSmoothed_obj$D.S)
220    +                ))
221    +              )
222    >
223    > # 平滑化分布の95%区間のために、2.5%値と97.5%値を求める
224    > s_quant <- list(s + qnorm(0.025, sd = s_sdev), s + qnorm(0.975, sd = s_sdev))
225    >
226    > # 結果のプロット
227    > ts.plot(cbind(Nile, s, do.call("cbind", s_quant)),
228    +         col = c("lightgray", "black", "black", "black"),
229    +         lty = c("solid", "solid", "dashed", "dashed"))
230    >
231    > # 凡例
232    > legend(legend = c("観測値", "平均（平滑化分布）", "95%区間（平滑化分布）"),
233    +        lty = c("solid", "solid", "dashed"),
234    +        col = c("lightgray", "black", "black"),
235    +        x = "topright", text.width = 26, cex = 0.6)
```

このコードは先ほどのコード8.7からの続きとなります。**dlm** では dlmSmooth() という関数が用意されていますので、これを活用します。

dlmSmooth() の引数は y, mod です。y は観測値ですので、Nile を設定します。mod はモデルを示すリストですので、これまでに得られている mod を設定します。なおカルマンフィルタリングが先行して完了している場合には、y に dlmFiltered クラスのオブジェクトを設定するだけで、同じ結果が得られます。

dlmSmooth() の戻り値を代入した dlmSmoothed_obj の内容を確認すると、リストになっていることが分かります。リストの要素は、s, U.S, D.S となっています。これらは各々、s は平滑化分布の平均、U.S と D.S は平滑化分布の共分散行列についての特異値分解となっています。これらには全て、観測値の長さ (length(Nile) = 100) に加えて、先頭に事前分布の分のオブジェクトが1つ付加されています。

続いて、dlmSmoothed_obj から平滑化分布の平均と標準偏差を求めます。平滑化分布の平均は要素 s ですが、後のグラフ描画の際に便利になるように **dlm** のユーティリティ関数 dropFirst() で事前分布の分をカットします。平滑化分布の共分散は要素 U.S と D.S に分解されていますので、まず **dlm** のユーティリティ関数 dlmSvd2var() で元の共分散行列の形に直しています。今回の例では状態の次元 $p = 1$ ですので 1×1 の行列のリストを as.numeric でベクトルに変換した後、平均の場合と同じように **dlm** のユーティリティ関数 dropFirst() で事前分布の分をカットしています。

最後に、平滑化分布の95%区間を表示するために、2.5%値と97.5%値を求めます。ここ

でも平滑化分布が正規分布であることを踏まえ、正規分布の分位点を求める関数 qnorm() を活用しています。

図 8.6 が、以上の結果になります。

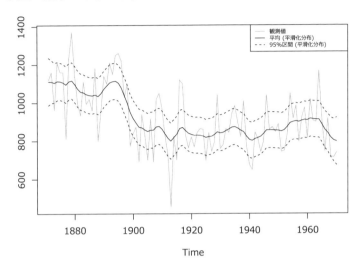

図 8.6: カルマン平滑化の結果

図 8.6 をカルマンフィルタリングの結果の図 8.4 と比べると、平均値はより滑らかになり、信頼区間もおおむね減少していることが分かります。フィルタリングでは過去と現在までの情報に基づいて推定を行っていたのに比べ、平滑化では相対的な未来の情報も考慮して推定を行えるため、一般に推定精度は向上します。ただし平滑化を行っても、1899 年の急減は鋭くとらえきれていません。このような状況を考慮して推定を行うにはモデルに個別の情報を反映する必要があり、回帰モデルを用いる方法を「9.6.2 例: ナイル川の流量 (1899 年の急減を考慮)」で紹介します。

8.2.6 結果の確認と吟味

最後に結果の確認と吟味を行います。具体的な診断のツールとしては尤度と予測誤差を活用しますので、順番に説明します。

尤度

「6.3 状態空間モデルの尤度とモデル選択」でも触れましたが、本書では尤度をモデルの選択規準として考えます。このためモデルや前提を変えた際には尤度を比較し、基本的に

第 8 章 線形・ガウス型状態空間モデルの逐次解法

は尤度が最も高くなる条件を探ることになります。線形・ガウス型状態空間モデルにおける時系列全体の尤度は (8.6) 式となりますので、具体的にこの値を計算します。

実際にライブラリ **dlm** を用いて、尤度を算出してみましょう。このためのコードは以下のようになります。

コード 8.9

```
236  > #【線形・ガウス型状態空間における尤度】
237  >
238  > # 「負の」対数尤度の算出
239  > dlmLL(y = Nile, mod = mod)
240  [1] 549.6918
```

このコードは先ほどのコード 8.8 からの続きとなります。**dlm** では dlmLL() という関数が用意されていますので、これを活用しています。

> **補足** 「8.2.4 パラメータ値の特定」で説明した関数 dlmMLE() は、内部で dlmLL() を活用しています。このため、これから確認をする (負の) 対数尤度の値は、実は dlmMLE() の返り値の要素 $value としてあらかじめ含まれています (例えば、コード 8.5 を参照してみてください)。しかしながら応用的な検討ではパラメータを意図的に変更して対数尤度の値を確認するような場合もあるため、本書では dlmLL() について説明をしておくことにします。

dlmLL() の引数は y, mod です。y は観測値ですので、Nile を設定します。mod はモデルを示すリストですので、これまでに得られている mod を設定します。

結果は 549.6918 という値になりました。モデルや前提を変更した場合にはこの値を比較し、最適なモデルを探索していくことになります。dlmLL() は「**負の**」対数尤度を返します。したがってこの値は、(8.6) 式とは符号が反転していることに注意してください。

イノベーション (予測誤差・残差)

「8.1.1 カルマンフィルタリング」でも触れましたが、観測値と一期先予測尤度の平均の差 $e_t = y_t - f_t$ は、イノベーション (予測誤差・残差) と呼ばれます。モデルが適切であれば、イノベーションは理論上、独立同一な正規分布に従います。イノベーションの分散は定義から一期先予測尤度の分散 Q_t と同じですので、$e_t/\sqrt{Q_t}$ は**規格化イノベーション**となります。したがって規格化イノベーションは、モデルが適切であれば独立同一な標準正規分布に従うことになります。本書ではこの性質を踏まえ、規格化イノベーションに関する相関や正規性を確認することで、モデルの診断を行います。

モデルの診断において自己相関係数は特に重要な指標であり、モデルがデータ間の関連を適切に説明しきれていないと、規格化イノベーションには大きな自己相関が残ります。そのような場合には、原則相関が低くなるまでモデルの修正を繰り返すべきです。なお、規

8.2 例: ローカルレベルモデルの場合

格化イノベーションが特に大きな値を示している時点には、外れ値・構造変化が発生している可能性があります。このような情報を反映すると、モデルを改善することができる場合もあります。ただし、その判断は機械的ではなく、熟慮に基づいて慎重に行うべきです。

> **補足** 本書では追求しませんが、イノベーションに類する指標として、状態雑音・観測雑音を平滑化した「平滑化誤差」とでも呼ぶべき値が定義できます。

$$\mathrm{E}[\boldsymbol{w}_t \mid y_{1:T}] = \boldsymbol{s}_t - \boldsymbol{G}_t \boldsymbol{s}_{t-1}$$
$$\mathrm{E}[v_t \mid y_{1:T}] = y_t - \boldsymbol{F}_t \boldsymbol{s}_t$$

これらをそれぞれの共分散で規格化した値は、補助残差 [12, 39, 46] として提案されています。補助残差は規格化イノベーションとは異なり時点間に相関が残り、また予測能力を踏まえた指標ではないため、モデルの診断に直接利用するのは適当ではないと考えられますが、外れ値・構造変化を精緻に確認したい場合には有益な指標であると考えられます。

それでは実際にライブラリ **dlm** を用いて、イノベーションを用いたモデルの診断を行ってみましょう。このためのコードは以下のようになります。

コード 8.10

```
241  > #【イノベーションを用いたモデルの診断】
242  >
243  > # 表示領域の調整
244  > oldpar <- par(no.readonly = TRUE)
245  > par(oma = c(0, 0, 0, 0)); par(mar = c(4, 4, 3, 1))
246  >
247  > # 自己相関の確認
248  > tsdiag(object = dlmFiltered_obj)
249  > par(oldpar)                              # 表示に関するパラメータを元に戻す
250  >
251  > # 正規性の確認
252  > # 規格化イノベーションの取得
253  > e <- residuals(object = dlmFiltered_obj, sd = FALSE)
254  >
255  > # 結果の確認
256  > e
257  Time Series:
258  Start = 1871
259  End = 1970
260  Frequency = 1
261     [1]  0.353882059  0.234347637 -1.132356160  0.920990056  0.293678981  0.208635337
262     [7] -2.253572772  1.259032474  1.892476740 -0.217341987 -1.168902405 -1.274143563
263    [13]  0.285525795 -0.598907228 -0.257811351 -0.607000658  1.087882179 -1.857139370
264    [19] -0.253479119  1.082258192  0.514608573  1.143623092  0.420243462  1.004779540
265    [25]  0.806186369  0.312247137 -1.094920935 -0.314871097 -2.502167297 -1.374265341
266    [31] -0.770458633 -1.818880663  0.380717419 -0.466439568 -1.261597906  0.573222303
267    [37] -1.140514421  1.449290868  1.271364973  0.367565138 -0.692068900 -1.238867224
268    [43] -2.789292186  0.519416299 -0.469282598  2.568373713  1.743294475 -0.589405024
```

```
269   [49] -0.905820813 -0.266834820 -0.564863230  0.122437752  0.222128119  0.148887241
270   [55] -1.033513562  0.266628842 -0.508263319 -0.010258329  1.692519755 -0.717199228
271   [61] -0.372431518  0.312263613  0.089544673  0.755407088  0.832415412  0.004006761
272   [67] -0.519616041  0.928982856 -0.984249216 -1.383364390 -1.202138127  0.491394148
273   [73]  0.123305797 -0.397331863  0.119827082  1.753036709  0.030865019  0.120167580
274   [79] -0.093067758  0.224410162 -0.852741827 -0.590230865  0.187451524  1.614486965
275   [85]  0.263740703  0.667105819 -0.827838843  0.271075485  0.561004302 -0.703558407
276   [91]  0.912596736 -0.125338671 -0.126711287  1.781342993 -0.491841367 -1.517108371
277   [97]  0.093301043 -1.332051596 -1.004275772 -0.554991814
278 >
279 > # Q-Qプロットの表示
280 > qqnorm(e)
281 > qqline(e)      # 25%点と75%点を通る直線をガイドラインとするため、傾きは45度にはならない
```

このコードは先ほどのコード 8.9 からの続きとなります。**dlm** では総称関数 `tsdiag()` に対してメソッドが用意されていますので、これを活用して自己相関についてまず確認を行います。

`tsdiag()` の引数は `object` です。`object` には、`dlmFiltered` クラスのオブジェクト `dlmFiltered_obj` を設定します。

`tsdiag()` の結果は図 8.7 に示す 3 つのプロットであり、上から順に、規格化イノベーション、自己相関係数、リュング–ボックス (Ljung–Box) 検定の p 値となっています。

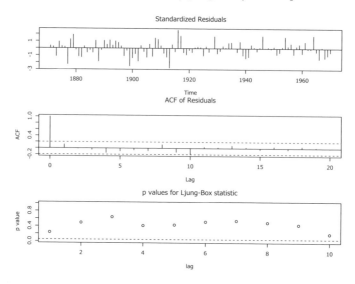

図 8.7: `tsdiag()` の結果

規格化イノベーションに関しては、極端な偏りや特に大きな値が残っていないかを確認します。今回の結果では、そのような特徴は残っていない印象を受けます。続く自己相関係数に関しても、大きな自己相関は残っていない印象を受けます。リュング–ボックス検

8.2 例: ローカルレベルモデルの場合

定の p 値には、有意水準の目安として 0.05 が点線で示されています。この検定の帰無仮説は「系列データは独立である」ですので、今回の結果からはこの帰無仮説は棄却できないことが分かります。

さらに dlm では総称関数 residuals() に対してもメソッドが用意されていますので、これを活用して正規性について確認を行います。residuals() の引数は object, sd です。object には、dlmFiltered クラスのオブジェクト dlmFiltered_obj を設定します。sd はイノベーションの分散 (一期先予測尤度の分散と同じ) を戻り値に含めるか否かの設定であり、今回の例では不要なので FALSE に設定しています。

residuals() の戻り値を代入した e の内容を確認すると、規格化イノベーションの時系列が設定されていることが分かります。続いて規格化イノベーションの Q-Q プロットを描画するため、関数 qqnorm(), qqline() を活用しています。図 8.8 が、Q-Q プロットの描画結果になります。

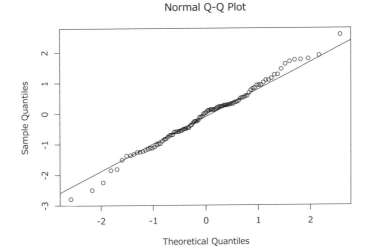

図 8.8: Q-Q プロット

Q-Q プロットは横軸が正規分布の理論的な分位点、縦軸がデータの分位点を表しているため、プロットの結果が斜め上方向のガイドラインに近いほどデータが正規分布に従っていると考えることができます。図 8.8 を確認すると、プロットの結果が特に $\pm 1\sigma$ の範囲でガイドラインによく乗っているため、規格化イノベーションはおおむね正規分布に従っているととらえることができます。正規性の確認のためにさらにシャピロ–ウィルク (Shapiro–Wilk) 検定 (shapiro.test() として利用可能) などの検定手段も使えますが、本書では簡単のため詳細は割愛することにします。

第9章
線形・ガウス型状態空間モデルにおける代表的な成分モデルの紹介と分析例

　本章では状態空間モデルにおいて典型的に用いられる個別のモデルについて、実例を交えて説明をします。状態空間モデルでは5章で説明したように、状態が前時点のみと関連があるという関係性 (マルコフ性) が仮定されています。これは一見かなり強い制約に思えますが、状態を改めて複数時点や複数種類の状態の集まりとして考え直すと、広範なモデルが表現可能になります [47, 補論 A]。本章ではこのようなモデルを、いくつか確認していきます。なお本章におけるパラメータ値は既知と仮定するか、未知の場合は確率変数とは考えずに最尤推定を適用して値を特定します。

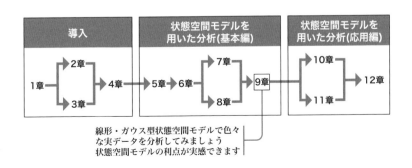

9.1　個別のモデルの組み合わせ

　時系列データは通常、性質の異なるいくつかの成分から構成されると考えられます。このような成分分解の考え方は、すでに「4.3 モデルの定義」でも確認をしました。状態空間モデルでは、個別の基本的なモデルを部品のように組み合わせて利用することが容易です。個別のモデルの内容については次節以降で順次説明をしていきますが、本節ではそれらのモデルの一般的な組み合わせ方について、あらかじめ線形・ガウス型状態空間モデルの加法的な組み合わせ方を例に説明をしておきます。

　まず線形・ガウス型状態空間モデルにおいて個別のモデルが一般に I 種類存在する場合、それらを区別するために変数の右肩に番号 (i) を付与して、以下のように表記します。

$$x_t^{(i)} = G_t^{(i)} x_{t-1}^{(i)} + w_t^{(i)}, \qquad w_t^{(i)} \sim \mathcal{N}(\mathbf{0}, \mathbf{W}^{(i)}) \tag{9.1}$$

$$y_t^{(i)} = F_t^{(i)} x_t^{(i)} + v_t^{(i)}, \qquad v_t^{(i)} \sim \mathcal{N}(0, V^{(i)}) \tag{9.2}$$

事前分布に関しては、$x_0^{(i)} \sim \mathcal{N}(m_0^{(i)}, C_0^{(i)})$ です。ここで**モデルが異なると、状態ベクトルの次元もそれぞれ** $p_1, \ldots, p_i, \ldots, p_I$ **と異なる**点に注意してください。

　次にこれらのモデルを、観測値を構成する独立した各成分として考える場合を想定します。このような場合、次のように置くと、最終的なモデルが単一の状態方程式 (5.8) 式と観測方程式 (5.9) 式にて簡潔に表現できることになります（これらの式は重要で本書でも後に何度か参照するため、網掛けをして強調しておきます）。

$$\boldsymbol{x}_t = \begin{bmatrix} \boldsymbol{x}_t^{(1)} \\ \vdots \\ \boldsymbol{x}_t^{(I)} \end{bmatrix}, \quad \boldsymbol{G}_t = \begin{bmatrix} \boldsymbol{G}_t^{(1)} & & \\ & \ddots & \\ & & \boldsymbol{G}_t^{(I)} \end{bmatrix}, \quad \boldsymbol{W}_t = \begin{bmatrix} \boldsymbol{W}_t^{(1)} & & \\ & \ddots & \\ & & \boldsymbol{W}_t^{(I)} \end{bmatrix} \tag{9.3}$$

$$y_t = \sum_{i=1}^{I} y_t^{(i)}, \quad \boldsymbol{F}_t = \begin{bmatrix} \boldsymbol{F}_t^{(1)} \cdots \boldsymbol{F}_t^{(I)} \end{bmatrix}, \quad V_t = \sum_{i=1}^{I} V_t^{(i)} \tag{9.4}$$

ここで事前分布に関しては、

$$\boldsymbol{x}_0 = \begin{bmatrix} \boldsymbol{x}_0^{(1)} \\ \vdots \\ \boldsymbol{x}_0^{(I)} \end{bmatrix}, \quad \boldsymbol{m}_0 = \begin{bmatrix} \boldsymbol{m}_0^{(1)} \\ \vdots \\ \boldsymbol{m}_0^{(I)} \end{bmatrix}, \quad \boldsymbol{C}_0 = \begin{bmatrix} \boldsymbol{C}_0^{(1)} & & \\ & \ddots & \\ & & \boldsymbol{C}_0^{(I)} \end{bmatrix}$$

です。

ライブラリ dlm では上記のような組み合わせを実現するために、総称関数 + に対してメソッドが用意されています (R で + は演算子として扱えますが、実際には関数です [48])。例えば『dlmクラスのあるオブジェクト + dlmクラスの別のオブジェクト』とすると、このような組み合わせが実現できます。

状態空間モデルで「レベル+傾き+周期」を考慮する基本構造モデル・標準的季節調整モデルは、これから説明する「9.2 ローカルレベルモデル」もしくは「9.3 ローカルトレンドモデル」と「9.4 周期モデル」を組み合わせることで実現されます。

9.2　ローカルレベルモデル

ローカルレベルモデルは**ランダムウォーク・プラス・ノイズモデル**とも呼ばれ、特別な時間パタンを含まず短期的には同じような値をとるレベルの推定に適したモデルです。このモデルは、すでに「8.2 例: ローカルレベルモデルの場合」にてナイル川の流量データに適用しました。ここで、改めて状態方程式と観測方程式 (状態雑音と観測雑音が時不変の場合) を記載しておきます ((8.9), (8.10) 式と同じものです)。

$$x_t = x_{t-1} + w_t, \qquad w_t \sim \mathcal{N}(0, W) \qquad (9.5)$$
$$y_t = x_t + v_t, \qquad v_t \sim \mathcal{N}(0, V) \qquad (9.6)$$

これらは、一般的な線形・ガウス型状態空間モデルを表す (5.8), (5.9) 式で次のような設定を置いた場合になります。

$$\boldsymbol{x}_t = [x_t], \qquad \boldsymbol{G}_t = [1], \qquad \boldsymbol{W}_t = W \qquad (9.7)$$
$$\boldsymbol{F}_t = [1], \qquad V_t = V \qquad (9.8)$$

9.2.1　例: 人工的なローカルレベルモデル

ここで、人工的なローカルレベルモデルとして、$W = 1, V = 2, m_0 = 10, C_0 = 9$ とした場合を想定します。これを成分分解による (9.3), (9.4) 式で考えると、モデルは 1 つだけでそのモデルに、

- (9.7), (9.8) 式

を適用した場合になります。このためのコードは以下のようになります。

第 9 章 線形・ガウス型状態空間モデルにおける代表的な成分モデルの紹介と分析例

コード 9.1
```r
> # 【ローカルレベルモデルに従う人工的なデータの作成】
>
> # 前処理
> set.seed(23)
> library(dlm)
>
> # ローカルレベルモデルの設定
> W <- 1
> V <- 2
> m0 <- 10
> C0 <- 9
> mod <- dlmModPoly(order = 1, dW = W, dV = V, m0 = m0, C0 = C0)
>
> # カルマン予測を活用して観測値を作成
> t_max <- 200
> sim_data <- dlmForecast(mod = mod, nAhead = t_max, sampleNew = 1)
> y <- sim_data$newObs[[1]]
>
> # 結果を ts 型に変換
> y <- ts(as.vector(y))
>
> # 結果のプロット
> plot(y, ylab = "y")
```

コード 7.1 と同様に、ライブラリ **dlm** の関数 dlmForecast() の引数に sampleNew = 1 を指定することで、データを生成しています。時系列長 (t_max) は 200 としています。このデータをプロットしたのが、図 9.1 になります。

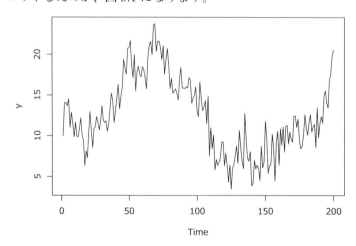

図 9.1: ローカルレベルモデルに従う人工的なデータ

続いて、このモデルをカルマンフィルタで分析してみます。このためのコードは「8.2 例:

9.2 ローカルレベルモデル

ローカルレベルモデルの場合」とほぼ同様になるため表示は割愛しますが、ここで作成したデータは後の章で再度利用するため、モデルやフィルタリング・平滑化の結果などの情報もまとめて ArtifitialLocalLevelModel.RData として保存しています。フィルタリング・予測・平滑化の結果をプロットしたのが図 9.2, 図 9.3, 図 9.4 になります。これらの図では、推定した分布の平均と 50%区間を表示しています。

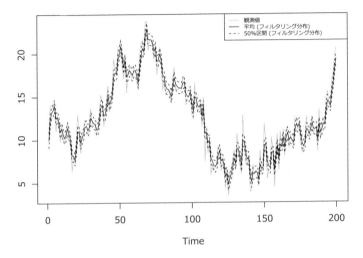

図 9.2: 人工的なローカルレベルをカルマンフィルタで分析 (フィルタリング)

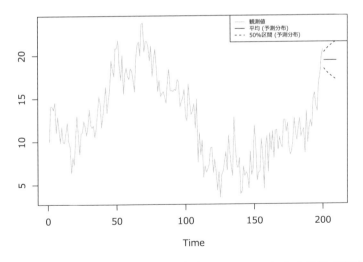

図 9.3: 人工的なローカルレベルをカルマンフィルタで分析 (予測)

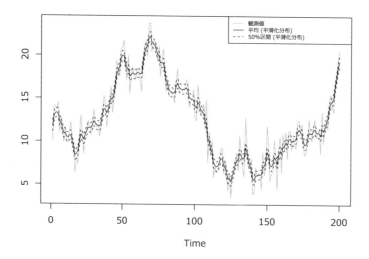

図 9.4: 人工的なローカルレベルをカルマンフィルタで分析 (平滑化)

9.3 ローカルトレンドモデル

ローカルトレンドモデルは**線形成長モデル**とも呼ばれ、レベルの推定において線形な傾き (トレンド) が考慮されます。このため、一定の区間で上昇・下降傾向が認められる時系列データを説明するのに適しています。例えば 4 章で確認した、(b) 大気中の二酸化炭素濃度や (c) 英国における四半期ごとのガス消費量において、周期性を除いた全体的なレベルの増加傾向をとらえることができます。

ローカルトレンドモデルは、一般的には次数 2 の多項式モデルになります。先ほど説明したローカルレベルモデルも次数 1 の多項式モデルとして解釈できますので、まず一般的な**多項式モデル**について説明をすることにします。多項式モデルの状態は $[x_t^{(N)}, \ldots, x_t^{(n)}, \ldots, x_t^{(1)}]^\top$ という N 個の要素から構成されており、ここではそれらの要素を区別するために変数の右肩に番号 (n) を付与しています。N は多項式モデルの次数とも呼ばれます。多項式モデルの状態方程式と観測方程式 (状態雑音と観測雑音が時不変の場合) は、次のようになります。

$$
\begin{align}
x_t^{(n)} &= x_{t-1}^{(n)} + x_{t-1}^{(n-1)} + w_t^{(n)}, \quad (n = N, \ldots, 2) \quad & w_t^{(n)} &\sim \mathcal{N}(0, W^{(n)}) & (9.9) \\
x_t^{(1)} &= x_{t-1}^{(1)} + w_t^{(1)}, & w_t^{(1)} &\sim \mathcal{N}(0, W^{(1)}) & (9.10) \\
y_t &= x_t^{(N)} + v_t, & v_t &\sim \mathcal{N}(0, V) & (9.11)
\end{align}
$$

これらは、一般的な線形・ガウス型状態空間モデルを表す (5.8), (5.9) 式で次のような設定

9.3 ローカルトレンドモデル

を置いた場合になります。

$$\boldsymbol{x}_t = \begin{bmatrix} x_t^{(N)} \\ \vdots \\ x_t^{(2)} \\ x_t^{(1)} \end{bmatrix}, \quad \boldsymbol{G}_t = \begin{bmatrix} 1 & 1 & & & & \\ & 1 & 1 & & & \\ & & \ddots & \ddots & & \\ & & & & 1 & 1 \\ 0 & 0 & \cdots & & 0 & 1 \end{bmatrix}, \quad \boldsymbol{W}_t = \begin{bmatrix} W^{(N)} & & & \\ & \ddots & & \\ & & W^{(2)} & \\ & & & W^{(1)} \end{bmatrix}$$
(9.12)

$$\boldsymbol{F}_t = [1, 0, \ldots, 0], \qquad V_t = V \tag{9.13}$$

> 📝補足 このモデルが多項式モデルと呼ばれるのは、予測関数 $\mathrm{E}[y_{t+k} \mid y_{1:t}]$ が k に関する $N-1$ 次の多項式になるためです [18]。

ここで仮に (9.9) 式で $w_t^{(n)} = 0$ と置くと、$x_t^{(n)} - x_{t-1}^{(n)} = x_{t-1}^{(n-1)}$ という関係があることが分かります。このことから、状態の各要素の意味は、

$x_t^{(N)}$　　短時間でのレベル
$x_t^{(N-1)}$　短時間での傾き (トレンド)
$x_t^{(N-2)}$　短時間での曲率 (曲がり具合)
$\vdots$

となっていることが分かります。

多項式モデルとして実際によく使われるのは、$N=1$ のローカルレベルモデルと、$N=2$ のローカルトレンドモデルまでです。$N=3$ 以上の多項式モデルは、データを生成する仕組みがそれに明確に適合する場合には使用すべきですが、そうでない場合に N を大きくしていくと複雑な変動に追従する傾向が強まる結果、推定結果が解釈しづらくなるため、あまり使われることはありません。

> 📝補足 多項式モデルで $W^{(N)} = \cdots = W^{(2)} = 0$ と置いた特別な場合は、**和分ランダムウォーク (integrated random walk)** モデル [18] と呼ばれます。和分ランダムウォークモデルは通常の多項式モデルに比べてパラメータを減らせるためモデルが簡潔になりますが、その良し悪しは問題に依存します。
> なおこのモデルはデータの前処理で N 階階差をとるのと同等の意味をもっていますので、例えば ARIMA モデルでは前処理で対応していたことが、状態空間モデルでは個別のモデルとして実現されることが分かります。

ここで改めてローカルトレンドモデルの話題に戻ると、その状態方程式と観測方程式 (状態雑音と観測雑音が時不変の場合) は、次のようになります。

$$x_t^{(2)} = x_{t-1}^{(2)} + x_{t-1}^{(1)} + w_t^{(2)}, \qquad w_t^{(2)} \sim \mathcal{N}(0, W^{(2)}) \qquad (9.14)$$

$$x_t^{(1)} = x_{t-1}^{(1)} + w_t^{(1)}, \qquad w_t^{(1)} \sim \mathcal{N}(0, W^{(1)}) \qquad (9.15)$$

$$y_t = x_t^{(2)} + v_t, \qquad v_t \sim \mathcal{N}(0, V) \qquad (9.16)$$

これらは、一般的な線形・ガウス型状態空間モデルを表す (5.8), (5.9) 式で次のような設定を置いた場合になります。

$$\boldsymbol{x}_t = \begin{bmatrix} x_t^{(2)} \\ x_t^{(1)} \end{bmatrix}, \qquad \boldsymbol{G}_t = \begin{bmatrix} 1 & 1 \\ 0 & 1 \end{bmatrix}, \qquad \boldsymbol{W}_t = \begin{bmatrix} W^{(2)} & 0 \\ 0 & W^{(1)} \end{bmatrix} \qquad (9.17)$$

$$\boldsymbol{F}_t = [1, 0], \qquad V_t = V \qquad (9.18)$$

ローカルトレンドモデルの実際の例は、次節で周期モデルとともに確認を行います。

9.4 周期モデル

周期モデルは**季節モデル**とも呼ばれ、観測値の時間パタンが明確な周期性をもつ場合に適したモデルです。この定義には、時間領域と周波数領域からの 2 つのアプローチがありますので、各々について順次説明をします。両者は本質的には等価ですが表現が異なっており、それぞれの利点があります。

9.4.1 時間領域からのアプローチ

このアプローチでは、状態の要素の解釈が直感的で分かりやすいのが特徴です。また、直近の特定曜日などとの類似度を考慮するようなやや応用的なモデルへの拡張 [49] も容易です。

周期性のあるデータは時間領域で眺めると、周期ごとにほぼ同じパタンを繰り返します。このため 1 周期分の周期成分の合計は、どの周期でもほぼ変わらない値になることが想定されます。例えば周期を s として周期成分を x_t と置くと、

$$\sum_{t=1}^{s} x_t = 他の周期での合計と変わらずほぼ一定 \qquad (9.19)$$

となります。ここで、周期成分全体に対する値の上下分は、状態空間モデルでは多項式モデルとの組み合わせでカバーされることが多いため、「一定」を 0 に考えても問題はありません。ただし、柔軟性を持たせるために揺らぎの考え方は残します。これを平均 0 の正

規分布に従うと考えると、(9.19) 式は次式のようになります。

$$\sum_{t=1}^{s} x_t = w_t, \qquad w_t \sim \mathcal{N}(0, W) \tag{9.20}$$

この (9.20) 式は、周期性に関する拘束条件となります。

ここで具体的に四半期ごとに周期性をもつデータを想定して、説明を続けます。まず、時点 t における周期成分に関する状態を、$[x_{t-4}, x_{t-3}, x_{t-2}, x_{t-1}]^\top = [x_t^{(1Q)}, x_t^{(2Q)}, x_t^{(3Q)}, x_t^{(4Q)}]^\top$ とします。このうち観測値に直接反映されるのは、一番最初の $x_{t-4} = x_t^{(1Q)} = x_t$ のみです。これらの時間遷移は次のようになります。

$$x_t^{(1Q)} \leftarrow x_{t-1}^{(4Q)} \tag{9.21}$$
$$x_t^{(2Q)} \leftarrow x_{t-1}^{(1Q)} \tag{9.22}$$
$$x_t^{(3Q)} \leftarrow x_{t-1}^{(2Q)} \tag{9.23}$$
$$x_t^{(4Q)} \leftarrow x_{t-1}^{(3Q)} \tag{9.24}$$

ここで (9.20) 式の拘束条件から、4Q の値は 1Q, 2Q, 3Q の値で定義できることを思い出すと、上記の式はさらに整理できます。まず、(9.24) 式は、(9.21), (9.22), (9.23) 式があれば不要です。また、(9.21) 式の右辺は 1Q, 2Q, 3Q の値で書き直すことができます。これらを踏まえると、時間遷移は次のように整理されます。

$$x_t^{(1Q)} \leftarrow -x_{t-1}^{(1Q)} - x_{t-1}^{(2Q)} - x_{t-1}^{(3Q)} + w_t$$
$$x_t^{(2Q)} \leftarrow x_{t-1}^{(1Q)}$$
$$x_t^{(3Q)} \leftarrow x_{t-1}^{(2Q)}$$

以上の考えを踏まえ、状態方程式と観測方程式を一般的に定義します。時間領域アプローチにおける周期モデルの状態方程式と観測方程式 (状態雑音と観測雑音が時不変の場合) は、一般的な線形・ガウス型状態空間モデルを表す (5.8), (5.9) 式で次のような設定を置いた場合になります。

$$\boldsymbol{x}_t = \begin{bmatrix} x_t^{(1)} \\ x_t^{(2)} \\ \vdots \\ x_t^{(s-1)} \end{bmatrix}, \quad \boldsymbol{G}_t = \begin{bmatrix} -1 & \cdots & -1 & -1 \\ 1 & & & \\ & \ddots & & \\ & & 1 & \end{bmatrix}, \quad \boldsymbol{W}_t = \begin{bmatrix} W & & & \\ & 0 & & \\ & & \ddots & \\ & & & 0 \end{bmatrix} \tag{9.25}$$

$$\boldsymbol{F}_t = [1, 0, \ldots, 0], \qquad V_t = V \tag{9.26}$$

9.4.2 周波数領域からのアプローチ

このアプローチはフーリエ級数展開を元にしており、考慮する周波数成分の数 N を容易に操作できる点が特徴です。周期成分もさまざまですが、多くの場合複雑な周期成分より緩やかな周期成分の方が解釈が容易であり、雑音への過剰な適合も抑止することができます。このような場合 N の値を適度に低く抑えることで緩やかな周期性が表現できることになり、その結果周辺尤度を向上させることができる場合があります。

フーリエ級数についてはすでに「4.2.4 周波数スペクトル」で説明しましたが、一般に任意の周期的なデータはその周波数成分の無限和で表すことができます。具体的に周期的な実信号を γ_t とすると、その複素フーリエ級数は (4.1) 式から次のように表されます。

$$\gamma_t = \sum_{n=-\infty}^{\infty} c_n e^{in\omega_0 t}$$

$$= c_0 + \sum_{n=1}^{\infty} \overline{c_n} e^{-in\omega_0 t} + \sum_{n=1}^{\infty} c_n e^{in\omega_0 t} \tag{9.27}$$

ここで $\omega_0 = 2\pi/s$ は基本角周波数、s は (基本) 周期です。(9.27) 式をさらに整理するために、各項について考察します。

1 項目は周期性が全くない周波数=0 での成分であり、周期信号全体に対する上下分 (工学分野では直流分とも呼ばれます) となります。この項は、状態空間モデルでは多項式モデルとの組み合わせでカバーされることが多いため、無視できます。

2 項目と 3 項目はそれぞれ、負の周波数成分と正の周波数成分の寄与になります。負の周波数とは時計方向の回転、正の周波数とは反時計方向の回転を意味しています。状態空間モデルで実数の周期信号を考える場合、これらのうちいずれか一方は無視できます。これは、実数の信号 γ_t に関してはその虚部が 0 になるように、2 項目と 3 項目が複素共役の関係をとるためです。つまりいずれか一方に対して、同相成分 (実部) を 2 倍にして、直交成分 (虚部) を観測行列で無視すれば、もう一方は不要となります。ここでは 3 項目の正の周波数成分の寄与を無視することにします。

なお、級数は無限和ですが、周期信号が等間隔の離散時点で考えられているので、周期 s が有理数である場合に限り、標本化定理から $\lfloor s/2 \rfloor$ までの有限和で表すことができます (ここで $\lfloor \cdot \rfloor$ は床関数であり、$\cdot$ を超えない最大の整数を返します)。

以上を考慮し、(9.27) 式を負の周波数成分のみの有限和で、次のように再定義します。

9.4 周期モデル

$$\gamma_t := \sum_{n=1}^{N} 2\overline{c_n} e^{-in\omega_0 t}$$
$$= \sum_{n=1}^{N} \gamma_t^{(n)} \tag{9.28}$$

ここで、時点 t における各周波数成分を $\gamma_t^{(n)} = 2\overline{c_n} e^{-in\omega_0 t}$ と置いています。

続いて、$\gamma_t^{(n)}$ の時間遷移を考えると、次式のようになります。

$$\begin{aligned}
\gamma_{t+1}^{(n)} &= 2\overline{c_n} e^{-in\omega_0(t+1)} \\
&= 2\overline{c_n} e^{-in\omega_0 t} e^{-in\omega_0} \\
&= \gamma_t^{(n)} e^{-in\omega_0} \\
&= \left(\text{Re}(\gamma_t^{(n)}) + i\,\text{Im}(\gamma_t^{(n)})\right)\left(\cos(n\omega_0) - i\sin(n\omega_0)\right) \\
&= \begin{pmatrix} \text{Re}(\gamma_t^{(n)})\cos(n\omega_0) + \text{Im}(\gamma_t^{(n)})\sin(n\omega_0) \\ +i\left(-\text{Re}(\gamma_t^{(n)})\sin(n\omega_0) + \text{Im}(\gamma_t^{(n)})\cos(n\omega_0)\right) \end{pmatrix}
\end{aligned} \tag{9.29}$$

この式を $\gamma_t^{(n)}$ の実部と虚部をベクトルの要素にした形で表現し直すと、

$$\begin{aligned}
\begin{bmatrix} \text{Re}(\gamma_{t+1}^{(n)}) \\ \text{Im}(\gamma_{t+1}^{(n)}) \end{bmatrix} &= \begin{bmatrix} \cos(n\omega_0) & \sin(n\omega_0) \\ -\sin(n\omega_0) & \cos(n\omega_0) \end{bmatrix} \begin{bmatrix} \text{Re}(\gamma_t^{(n)}) \\ \text{Im}(\gamma_t^{(n)}) \end{bmatrix} \\
&= \text{回転行列}^{(n)} \begin{bmatrix} \text{Re}(\gamma_t^{(n)}) \\ \text{Im}(\gamma_t^{(n)}) \end{bmatrix}
\end{aligned} \tag{9.30}$$

となります。ここで、回転行列$^{(n)} = \begin{bmatrix} \cos(n\omega_0) & \sin(n\omega_0) \\ -\sin(n\omega_0) & \cos(n\omega_0) \end{bmatrix}$ です。この式は、各周波数成分で状態を $\begin{bmatrix} \text{Re}(\gamma_t^{(n)}) \\ \text{Im}(\gamma_t^{(n)}) \end{bmatrix}$ とした場合の、状態方程式になっています (ただし、状態雑音はまだ含まれていません)。なお、観測値には $\text{Im}(\gamma_t^{(n)})$ を無視して、$\text{Re}(\gamma_t^{(n)})$ のみを反映するようにします。

以上の考えを踏まえ、状態方程式と観測方程式を一般的に定義します。周波数領域アプローチによる周期モデルの状態方程式と観測方程式 (状態雑音と観測雑音が時不変の場合) は、一般的な線形・ガウス型状態空間モデルを表す (5.8), (5.9) 式で次のような設定を置いた場合になります。

第 9 章 線形・ガウス型状態空間モデルにおける代表的な成分モデルの紹介と分析例

$$\boldsymbol{x}_t = \begin{bmatrix} \mathrm{Re}(\gamma_t^{(1)}) \\ \mathrm{Im}(\gamma_t^{(1)}) \\ \mathrm{Re}(\gamma_t^{(2)}) \\ \mathrm{Im}(\gamma_t^{(2)}) \\ \vdots \\ \mathrm{Re}(\gamma_t^{(N-1)}) \\ \mathrm{Im}(\gamma_t^{(N-1)}) \\ \mathrm{Re}(\gamma_t^{(N)}) \\ \mathrm{Im}(\gamma_t^{(N)}) \end{bmatrix},$$

$$\boldsymbol{G}_t = \begin{bmatrix} 回転行列^{(1)} & & & & \\ & 回転行列^{(2)} & & & \\ & & \ddots & & \\ & & & 回転行列^{(N-1)} & \\ & & & & 回転行列^{(N)} \end{bmatrix},$$

$$\boldsymbol{W}_t = \begin{bmatrix} W^{(1)} & & & & & & & \\ & W^{(1)} & & & & & & \\ & & W^{(2)} & & & & & \\ & & & W^{(2)} & & & & \\ & & & & \ddots & & & \\ & & & & & W^{(N-1)} & & \\ & & & & & & W^{(N-1)} & \\ & & & & & & & W^{(N)} \\ & & & & & & & & W^{(N)} \end{bmatrix} \tag{9.31}$$

$$\boldsymbol{F}_t = [1, 0, 1, 0, \ldots, 1, 0, 1, 0],$$
$$V_t = V \tag{9.32}$$

ここで、N は任意の自然数、回転行列$^{(n)} = \begin{bmatrix} \cos(n\omega_0) & \sin(n\omega_0) \\ -\sin(n\omega_0) & \cos(n\omega_0) \end{bmatrix}$、$\omega_0 = 2\pi/s$、$s$ は (基本) 周期となっています。周期 s が有理数であれば、N の最大値は $\lfloor s/2 \rfloor$ となります。特に s が偶数の場合は、$N = s/2$ にて $N\omega_0 = \frac{s}{2}2\pi/s = \pi$ となるため回転行列$^{(N)}$ が対角行列になり、$\mathrm{Re}(\gamma_t^{(N)})$ と $\mathrm{Im}(\gamma_t^{(N)})$ の間に関連がなくなります。そこで、観測方程式で最終的に無視される $\mathrm{Im}(\gamma_t^{(N)})$ は、あらかじめ方程式全体から取り除くことができます。この点を考慮すると、s が偶数の場合の方程式は次のようになります。

$$\boldsymbol{x}_t = \begin{bmatrix} \mathrm{Re}(\gamma_t^{(1)}) \\ \mathrm{Im}(\gamma_t^{(1)}) \\ \mathrm{Re}(\gamma_t^{(2)}) \\ \mathrm{Im}(\gamma_t^{(2)}) \\ \vdots \\ \mathrm{Re}(\gamma_t^{(N-1)}) \\ \mathrm{Im}(\gamma_t^{(N-1)}) \\ \mathrm{Re}(\gamma_t^{(N)}) \end{bmatrix},$$

$$\boldsymbol{G}_t = \begin{bmatrix} 回転行列^{(1)} & & & & \\ & 回転行列^{(2)} & & & \\ & & \ddots & & \\ & & & 回転行列^{(N-1)} & \\ & & & & \cos(\pi) \end{bmatrix},$$

$$\boldsymbol{W}_t = \begin{bmatrix} W^{(1)} & & & & & & \\ & W^{(1)} & & & & & \\ & & W^{(2)} & & & & \\ & & & W^{(2)} & & & \\ & & & & \ddots & & \\ & & & & & W^{(N-1)} & \\ & & & & & & W^{(N-1)} \\ & & & & & & & W^{(N)} \end{bmatrix} \quad (9.33)$$

$$\boldsymbol{F}_t = [1, 0, 1, 0, \ldots, 1, 0, 1],$$
$$V_t = V \quad (9.34)$$

9.4.3 例: 大気中の二酸化炭素濃度

ここでは、4章でも確認した大気中の二酸化炭素濃度に関するデータを、線形・ガウス型状態空間モデルで分析してみましょう。このデータには、「4.3 モデルの定義」でも確認したように、右肩上がりの傾向に加え年単位の周期性があります。そこで、ローカルトレンドモデルと周期モデルを組み合わせて適用してみることにします。以降ではこの方針に即して、細部が異なる3つのモデルを比較します。

ローカルトレンドモデル+周期モデル (時間領域アプローチ)

まずは周期モデルに時間領域のアプローチを適用してみます。成分分解による (9.3), (9.4) 式で考えると、

- 1番目のモデルに (9.17), (9.18) 式
- 2番目のモデルに (9.25), (9.26) 式

を適用した場合になります。このためのコードは以下のようになります。

第 9 章 線形・ガウス型状態空間モデルにおける代表的な成分モデルの紹介と分析例

コード 9.2

```
1  > #【ローカルトレンドモデル+周期モデル (時間領域アプローチ)】
2  >
3  > # 前処理
4  > library(dlm)
5  >
6  > # データの読み込み
7  > Ryori <- read.csv("CO2.csv")
8  >
9  > # データをts型に変換し、2014年12月までで打ち切る
10 > y_all <- ts(data = Ryori$CO2, start = c(1987, 1), frequency = 12)
11 > y <- window(y_all, end = c(2014, 12))
12 >
13 > # モデルの設定：ローカルトレンドモデル+周期モデル (時間領域アプローチ)
14 > build_dlm_CO2a <- function(par) {
15 +   return(
16 +     dlmModPoly(order = 2, dW = exp(par[1:2]), dV = exp(par[3])) +
17 +     dlmModSeas(frequency = 12, dW = c(exp(par[4]), rep(0, times = 10)), dV = 0)
18 +   )
19 + }
20 >
21 > # パラメータの最尤推定と結果の確認
22 > fit_dlm_CO2a <- dlmMLE(y = y, parm = rep(0, 4), build = build_dlm_CO2a)
23 > fit_dlm_CO2a
24 $par
25 [1]  -2.50347101 -21.93720237  -0.09833124  -5.18269911
26
27 $value
28 [1] 330.4628
29
30 $counts
31 function gradient
32       39       39
33
34 $convergence
35 [1] 0
36
37 $message
38 [1] "CONVERGENCE: REL_REDUCTION_OF_F <= FACTR*EPSMCH"
39
40 >
41 > # パラメータの最尤推定結果をモデルに指定
42 > mod  <- build_dlm_CO2a(fit_dlm_CO2a$par)
43 >
44 > # カルマンフィルタリング
45 > dlmFiltered_obj  <- dlmFilter(y = y, mod = mod)
46 > dlmFiltered_obja <- dlmFiltered_obj              # 後で予測値を比較するために別名で保存
47 >
48 > # フィルタリング分布の平均
```

```
49  >    mu    <- dropFirst(dlmFiltered_obj$m[, 1])
50  > gamma <- dropFirst(dlmFiltered_obj$m[, 3])
51  >
52  > # 結果のプロット
53  > oldpar <- par(no.readonly = TRUE)
54  > par(mfrow = c(3, 1)); par(oma = c(2, 0, 0, 0)); par(mar = c(2, 4, 1, 1))
55  > ts.plot(    y, ylab = "観測値")
56  > ts.plot(   mu, ylab = "レベル成分", ylim = c(350, 405))
57  > ts.plot(gamma, ylab = "周期成分"  , ylim = c( -9,   6))
58  > mtext(text = "Time", side = 1, line = 1, outer = TRUE)
59  > par(oldpar)
60  >
61  > # 対数尤度の確認
62  > -dlmLL(y = y, mod = mod)
63  [1] -330.4628
```

3 章で説明したように、気象庁のサイトからダウンロードしたデータを R で扱いやすいように少しだけ整えて、CO2.csv というファイルに保存し直してあります。このファイルからデータを読み込み、2014 年 12 月までの確定的な値を y としています。

続いてユーザ定義関数 build_dlm_CO2a() にて、モデルの設定を行います。ライブラリ **dlm** の関数 dlmModPoly() と dlmModSeas() を + で組み合わせています。dlmModPoly() では order = 2 として、ローカルトレンドモデルを設定しています。引数 dW, dV は、状態雑音の共分散の対角項 $W^{(2)}, W^{(1)}$ と観測雑音の分散 V を意味しています。これらには build_dlm_CO2a() の引数 par に基づき、各々 exp(par[1:2]), exp(par[3]) を設定しています。引数 m0, C0 は設定を省略しているためデフォルト値 ($\mathbf{0}$ と $10^7 \mathbf{I}$) が設定されますが、これらはこの例での使用に問題がないためそのまま用いることとします。dlmModSeas() は、時間領域でのアプローチに基づく周期モデルを設定する関数です。この関数の引数は、frequency, dW, dV, m0, C0 となっています。frequency は周期 s を意味していますので、年周期として frequency = 12 を設定しています。dW, dV は、状態雑音の共分散の対角項 $W, 0, \ldots, 0$ と観測雑音の分散 V を意味しています。dW には build_dlm_CO2a() の引数 par に基づき、c(exp(par[4]), rep(0, times = 10)) を設定しています。dV は dlmModPoly() を通じて設定済みですので、ここでは 0 を設定します。m0, C0 は、事前分布の平均ベクトル $\boldsymbol{m}_0$ と共分散 C_0 を意味しています。ここでは設定を省略しているためデフォルト値 ($\mathbf{0}$ と $10^7 \mathbf{I}$) が設定されますが、これらはこの例での使用に問題がないためそのまま用いることとします。

続いてパラメータの最尤推定を行い、結果を fit_dlm_CO2a に代入しています。結果を確認すると、特に問題はないようです。

続いてパラメータの最尤推定結果をモデルに指定し、カルマンフィルタリングの処理を行います。この結果のプロットが図 9.5 になります。

第 9 章 線形・ガウス型状態空間モデルにおける代表的な成分モデルの紹介と分析例

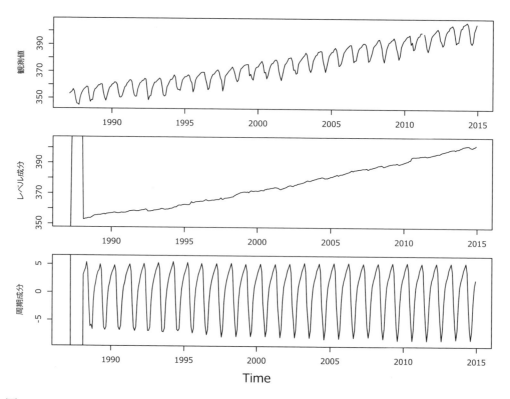

図 9.5: ローカルトレンドモデル+周期モデル (時間領域アプローチ) によるフィルタリング結果

　図は上から順に、観測値、レベル成分 (フィルタリング分布の平均)、周期成分 (フィルタリング分布の平均) となっています。状態空間モデルで個別のモデルを組み合わせて考えると、このように時系列の成分分解が容易に扱えます。レベル成分と周期成分を見ると、最初の 1 年分の推定精度が劣化していることが分かります。これは事前分布の平均ベクトルを **0** とし、データとの整合性を考慮しなかった影響です。このような状況は事前分布の平均ベクトルの精密化やカルマン平滑化により解消ができますが、ここでは追求しないでおきます。また 2011 年 4 月の時点を見ると、観測値に欠測があっても問題なく推定ができているのが分かります。

　最後に対数尤度を確認すると、-330.4628 となりました。この対数尤度の値は、この後モデルを変更した際に比較をしていきます。

9.4 周期モデル

ローカルレベルモデル+周期モデル (時間領域アプローチ)

続いて比較のためにローカルトレンドモデルに代わり、あえてローカルレベルモデルを設定したモデルを考えてみましょう。成分分解による (9.3), (9.4) 式で考えると、

- 1 番目のモデルに (9.7), (9.8) 式
- 2 番目のモデルに (9.25), (9.26) 式

を適用した場合になります (最初のモデルから変更した部分に網掛けをしました)。このためのコードは以下のようになります。

コード 9.3

```
> #【ローカルレベルモデル+周期モデル (時間領域アプローチ)】
>
> # モデルの設定：ローカルレベルモデル+周期モデル (時間領域アプローチ)
> build_dlm_CO2b <- function(par) {
    return(
      dlmModPoly(order = 1, dW = exp(par[1]), dV = exp(par[2])) +
      dlmModSeas(frequency = 12, dW = c(exp(par[3]), rep(0, times = 10)), dV = 0)
    )
  }
>
> # 以降のコードは表示を省略
```

このコードは先ほどのコード 9.2 からの続きとなります。今度はユーザ定義関数 `build_dlm_CO2b()` にて、モデルの設定を行っていますが、先ほどのユーザ定義関数 `build_dlm_CO2a()` とは異なり、`dlmModPoly()` では `order = 1` として、ローカルレベルモデルを設定しています (コードに網掛けをしました)。

続いてパラメータの最尤推定を行い、結果を `fit_dlm_CO2b` に代入しています。結果を確認すると、特に問題はないようです。

続いてパラメータの最尤推定結果をモデルに指定し、カルマンフィルタリングの処理を行います。この結果のプロットが図 9.6 になります。

第 9 章　線形・ガウス型状態空間モデルにおける代表的な成分モデルの紹介と分析例

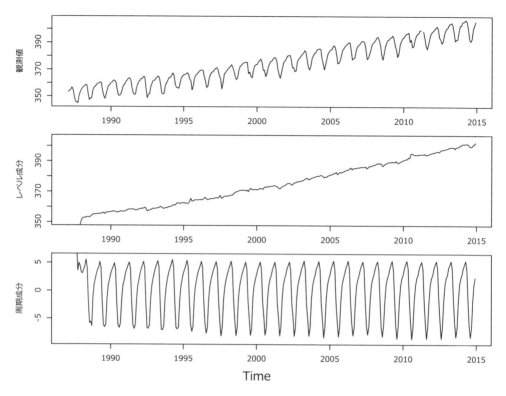

図 9.6: ローカルレベルモデル+周期モデル (時間領域アプローチ) によるフィルタリング結果

　図は上から順に、観測値、レベル成分 (フィルタリング分布の平均)、周期成分 (フィルタリング分布の平均) となっています。レベル成分と周期成分の最初の 1 年分の推定精度が劣化している点は、図 9.5 と同じです。図 9.5 と比較すると、レベル成分のがたつきが増加してしまっている印象を受けます。

　最後に対数尤度を確認すると、-340.1425 となりました。先ほどの『ローカルトレンドモデル+周期モデル (時間領域アプローチ)』における -330.4628 と比べると低下していますので、トレンドを考慮した先ほどのモデルの方がより適当なモデルであったと考えられます。

ローカルトレンドモデル+周期モデル (周波数領域アプローチ)

　最後に周期モデルに周波数領域のアプローチを適用してみます。成分分解による (9.3)、(9.4) 式で考えると、

9.4 周期モデル

- 1番目のモデルに (9.17), (9.18) 式
- 2番目のモデルに (9.31), (9.32) 式

を適用した場合になります (最初のモデルから変更した部分に網掛けをしました)。このためのコードは以下のようになります。

コード 9.4

```
75  > #【ローカルトレンドモデル+周期モデル(周波数領域アプローチ)】
76  >
77  > # モデルの設定：ローカルトレンドモデル+周期モデル(周波数領域アプローチ)
78  > build_dlm_CO2c <- function(par) {
79  +   return(
80  +     dlmModPoly(order = 2, dW = exp(par[1:2]), dV = exp(par[3])) +
81  +     dlmModTrig(s = 12, q = 2, dW = exp(par[4]), dV = 0)
82  +   )
83  + }
84  >
85  > # 以降のコードは表示を省略
```

このコードは先ほどのコード 9.3 からの続きとなります。今度はユーザ定義関数 build_dlm_CO2c() にて、モデルの設定を行っていますが、最初のユーザ定義関数 build_dlm_CO2a() とは異なり、dlmModSeas() に代わり、dlmModTrig() を設定しています (コードに網掛けをしました)。dlmModTrig() は、周波数領域でのアプローチに基づく周期モデルを設定するライブラリ **dlm** の関数です。この関数の引数は、s, q, dV, dW, m0, C0, om, tau となっています。このうち、om, tau は基本周期 s が整数ではない場合に使用し今回の例では使用しませんので、説明は割愛します。s は基本周期 s (整数の場合) を意味していますので、年周期の s = 12 を設定しています。q は周波数成分を低周波要素から数えていくつまで考慮するかの値 N を意味しています。このような値は設定を変えて最適化を図るべきですが、今回は事前に値を振って周辺尤度を比較して得られた最適値として 2 を設定しています。dW, dV は、状態雑音の共分散の対角項の値と観測雑音の分散 V を意味しています。周波数領域のアプローチに基づく周期モデルでは、周波数成分ごとに状態雑音の分散を $W^{(1)}, \ldots, W^{(N)}$ として変えられますが、特段の事前情報がなければ全て同じ値 W を設定します。この例でも特段の事前情報はありませんので、dW には単一の値として、build_dlm_CO2c() の引数 par に基づき exp(par[4]) を設定しています。dV は dlmModPoly() を通じて設定済みですので、ここでは 0 を設定します。m0, C0 は、事前分布の平均ベクトル m_0 と共分散 C_0 を意味しています。ここでは設定を省略しているためデフォルト値 (0 と $10^7 I$) が設定されますが、これらはこの例での使用に問題がないためそのまま用いることとします。

続いてパラメータの最尤推定を行い、結果を fit_dlm_CO2c に代入しています。結果を

第 9 章 線形・ガウス型状態空間モデルにおける代表的な成分モデルの紹介と分析例

確認すると、特に問題はないようです。

続いてパラメータの最尤推定結果をモデルに指定し、カルマンフィルタリングの処理を行います。この結果のプロットが図 9.7 になります。

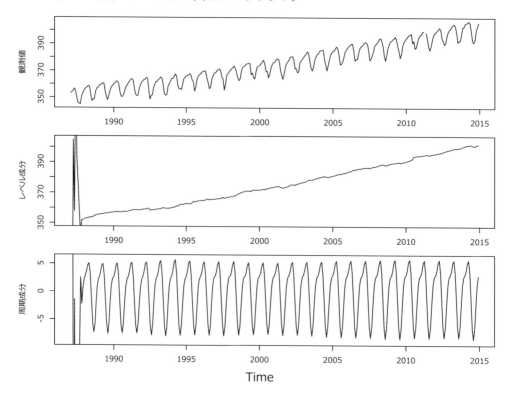

図 9.7: ローカルトレンドモデル+周期モデル (周波数領域アプローチ) によるフィルタリング結果

図は上から順に、観測値、レベル成分 (フィルタリング分布の平均)、周期成分 (フィルタリング分布の平均) となっています。レベル成分と周期成分の最初の 1 年分の推定精度が劣化している点は、図 9.5 と同じです。図 9.5 と比較すると、周期成分の初期の期間で下限値がよりそろっている印象を受けます。

最後に対数尤度を確認すると、-284.6092 となりました。最初の『ローカルトレンドモデル+周期モデル (時間領域アプローチ)』における -330.4628 と比べると向上していますので、こちらのモデルの方がより適当なモデルであると考えられます。この要因は、周期成分の高周波要素を打ち切ったため、信号のひずみへの過剰な適合が抑止できた効果と考えられます。

さらにこのモデルを用いて、2015 年からの予測を行ってみます。観測値 y の元になっ

9.4 周期モデル

た y_all には 2015 年分の速報値のデータも含まれていますので、このデータを正解として比較をします。このためのコードは以下のようになります。

コード 9.5
```
86  > #【2015年からの予測】
87  >
88  > # カルマン予測
89  > dlmForecasted_object <- dlmForecast(mod = dlmFiltered_obj, nAhead = 12)
90  >
91  > # 予測値の標準偏差・2.5%値・97.5%値を求める
92  > f_sd <- sqrt(as.numeric(dlmForecasted_object$Q))
93  > f_lower <- dlmForecasted_object$f + qnorm(0.025, sd = f_sd)
94  > f_upper <- dlmForecasted_object$f + qnorm(0.975, sd = f_sd)
95  >
96  > # 全観測値、予測値の平均値・2.5%値・97.5%値をts型として結合する
97  > y_union <- ts.union(y_all, dlmForecasted_object$f, f_lower, f_upper)
98  >
99  > # 以降のコードは表示を省略
```

このコードは先ほどのコード 9.4 からの続きとなります。まず関数 dlmForecast() を用いて、y の終了時点から 1 年分の予測を行います。この結果から比較に必要な統計量を算出し、R の関数 ts.union() を用いて y_all とそれらを結合しています。結果のプロットが図 9.8 になります。

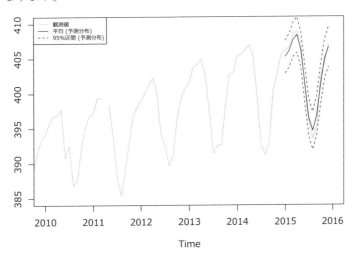

図 9.8: 2015 年からの予測結果

図 9.8 を見ると、予測結果はおおむね妥当であると考えられます。

ここでさらに、2015 年の予測結果をこれまでに検討してきた 3 つのモデルで比較してみます。まず便宜上これらの 3 つのモデルを、モデル a), b), c) と呼ぶことにします。

第 9 章 線形・ガウス型状態空間モデルにおける代表的な成分モデルの紹介と分析例

a) ローカルトレンド+周期（ 時間領域アプローチ）

b) ローカル レベル+周期（ 時間領域アプローチ）

c) ローカルトレンド+周期（周波数領域アプローチ）

これまでのコードの実行時に、フィルタリング結果のオブジェクトをモデルごとに `dlmFiltered_obja`, `dlmFiltered_objb`, `dlmFiltered_objc` として個別に保存しておきましたので、これらを関数 `dlmForecast()` に適用して、各々のモデルの予測値を導出し ts 型に統合します。そのためのコードが、コード 9.6 になります。

コード 9.6

```
> #【2015年からの予測を3つのモデルで比較】
>
> # モデルa, b, cの各々に対して、予測値の平均値・2.5%値・97.5%値を求める
> f_all <- lapply(list(dlmFiltered_obja, dlmFiltered_objb, dlmFiltered_objc),
+                 function(x){
+   # カルマン予測
+   dlmForecasted_object <- dlmForecast(mod = x, nAhead = 12)
+
+   # 予測値の標準偏差・2.5%値・97.5%値を求める
+   f_sd <- sqrt(as.numeric(dlmForecasted_object$Q))
+   f_lower <- dlmForecasted_object$f + qnorm(0.025, sd = f_sd)
+   f_upper <- dlmForecasted_object$f + qnorm(0.975, sd = f_sd)
+
+   # 結果をまとめる
+   return(ts.union(
+      mean = dlmForecasted_object$f,
+      lower = f_lower,
+      upper = f_upper
+   ))
+ })
>
> # 各モデルの予測結果をts型として統合する
> names(f_all) <- c("a", "b", "c")
> y_pred <- do.call("ts.union", f_all)
>
> # 全観測値から2015年のデータを切り出す
> y_true <- window(y_all, start = 2015)
>
> # 以降のコードは表示を省略
```

コードの結果は図 9.9 になります。

9.4 周期モデル

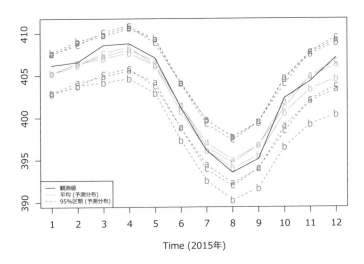

図 9.9: 2015 年からの予測を 3 つのモデルで比較

図 9.9 を見ると、モデル b) の信頼区間はモデル a), c) と比べて大きくなっていることが明らかな一方で、モデル a) と c) の結果は似た印象を受けます。ここで数値指標として 4 章でも説明した MAPE を確認してみることにします。2015 年における MAPE を比較したのがコード 9.7 です。

コード 9.7
```
> #【2015年からのMAPEを3つのモデルで比較】
> MAPE(true = y_true, pred = y_pred[, "a.mean"])
[1] 0.001990842
> MAPE(true = y_true, pred = y_pred[, "b.mean"])
[1] 0.002313552
> MAPE(true = y_true, pred = y_pred[, "c.mean"])
[1] 0.001923007
```

ユーザ定義関数 MAPE() は 4 章で作成したものを流用しています。各モデルの MAPE の小ささは周辺尤度の大きさと同じ順になっていることが分かりますが、図 9.9 の印象どおりモデル a) と c) の差は僅差となっています。

ここで注意してほしいのは、モデル a) では周期性を表すのに 11 の状態 (12 か月周期 − 時間周期に関する拘束条件) を使っているのに対し、モデル c) では 4 つの状態 (人為的に設定した 2 つの周波数成分 × それぞれの実部と虚部) で済んでいる点です。つまり、モデル c) ではモデルの状態数を減らしながらも同等の (実際にはわずかに良い) MAPE が達成できていることになります。このように周波数領域からのアプローチによる周期モデルをうまく使うと、予測性能を劣化させずに計算量が低減できる場合があります。

9.5 ARMA モデル

ARMA モデルはすでに「5.3 状態空間モデルの特徴」で説明をしましたが、状態空間モデルにおける個別のモデルとしても定義できます。まず、ARMA(p,q) モデルの定義は以下のようになります。これは一部表記は異なりますが、(5.7) 式と同じものです。

$$y_t = \sum_{j=1}^{r} \phi_j y_{t-j} + \sum_{j=1}^{r-1} \psi_j \epsilon_{t-j} + \epsilon_t \tag{9.35}$$

ここで、$r = \max\{p, q+1\}, \phi_j = 0\,(j>p), \psi_j = 0\,(j>q)$ であり、ϵ_t は分散 σ^2 の白色雑音です。

> 📝 補足 非定常な時系列に何度か階差をとって定常過程にしてから ARMA モデルをあてはめたものは、**ARIMA モデル**となります。状態空間モデルでは、非定常な系列にはこれまでに説明した多項式モデルや周期モデルを適用することが一般的なため、本節では ARMA モデルに絞って説明を続けます。状態空間モデルにおける ARIMA モデルの表現については、[12, 18] を参照してください。

状態空間モデルでは、データ間の相関に、まずはこれまでに紹介した多項式モデルや周期モデルを組み合わせて考えることが一般的です。しかしながら現実のデータでは、そのようなモデルだけでは十分に説明しきれない、突発事象などによる不規則な変動が残ってしまう場合があります。状態空間モデルでは、このような残留する相関をとらえて表現するのに ARMA モデルを組み込むのが有効です。この用途には、低次の定常な AR モデルを適用することが比較的一般的です。

それでは (9.35) 式の状態空間モデルでの表現を考えましょう。状態空間モデルにおける ARMA モデルの表現には複数の形態がありますが、本書では**可観測正準形** [6, 50] と呼ばれる形態の 1 つ [12, 13, 18] を紹介します。これは、一般的な線形・ガウス型状態空間モデルを表す (5.8), (5.9) 式で次のような設定を置いた場合になります。

$$\boldsymbol{x}_t = \begin{bmatrix} x_t^{(1)} \\ x_t^{(2)} \\ \vdots \\ x_t^{(r-1)} \\ x_t^{(r)} \end{bmatrix}, \quad \boldsymbol{G}_t = \begin{bmatrix} \phi_1 & 1 & & & \\ \phi_2 & & 1 & & \\ \vdots & & & \ddots & \\ \phi_{r-1} & & & & 1 \\ \phi_r & 0 & 0 & \cdots & 0 \end{bmatrix}, \quad \boldsymbol{W}_t = \boldsymbol{R}\boldsymbol{R}^\top \sigma^2 \tag{9.36}$$

$$\boldsymbol{F}_t = [1, 0, \ldots, 0, 0], \quad V_t = 0 \tag{9.37}$$

ここで、$\boldsymbol{R} = [1, \psi_1, \ldots, \psi_{r-2}, \psi_{r-1}]^\top$ であり、σ^2 は白色雑音 ϵ_t の分散です (この設定から、$\boldsymbol{w}_t = \boldsymbol{R}\epsilon_t$ となっています)。

この定義がARMA(p,q)モデル(9.35)式になるのは直感的には分かりづらいかもしれませんので、式を展開して確認しておくことにします。まず状態方程式を展開すると、次のようになります。

$$x_t^{(1)} = \phi_1 x_{t-1}^{(1)} + x_{t-1}^{(2)} + \epsilon_t$$
$$x_t^{(2)} = \phi_2 x_{t-1}^{(1)} + x_{t-1}^{(3)} + \psi_1 \epsilon_t$$
$$\vdots$$
$$x_t^{(r-1)} = \phi_{r-1} x_{t-1}^{(1)} + x_{t-1}^{(r)} + \psi_{r-2} \epsilon_t$$
$$x_t^{(r)} = \phi_r x_{t-1}^{(1)} + \psi_{r-1} \epsilon_t$$

1番目の式における$x_{t-1}^{(2)}$に、2番目の式から得られる値を代入すると、次の関係が得られます。

$$x_t^{(1)} = \phi_1 x_{t-1}^{(1)} + \phi_2 x_{t-2}^{(1)} + x_{t-2}^{(3)} + \psi_1 \epsilon_{t-1} + \epsilon_t$$

このようにして相次いで代入を続けていくと、最終的に次の関係が得られます。

$$x_t^{(1)} = \phi_1 x_{t-1}^{(1)} + \cdots + \phi_r x_{t-r}^{(1)} + \psi_1 \epsilon_{t-1} + \cdots + \psi_{r-1} \epsilon_{t-(r-1)} + \epsilon_t$$

ここで観測方程式から$y_t = x_t^{(1)}$ですので、

$$y_t = \phi_1 y_{t-1} + \cdots + \phi_r y_{t-r} + \psi_1 \epsilon_{t-1} + \cdots + \psi_{r-1} \epsilon_{t-(r-1)} + \epsilon_t$$

ここで$r = \max\{p, q+1\}$であることを思い出せば、これは(9.35)式になっていることが分かります。

9.5.1 例: 国産ビールの生産高

ここでは、国産ビールの生産高に関するデータの分析を実際に行ってみましょう。このデータはビール酒造組合のサイト http://www.brewers.or.jp/data/doko-list.html から取得可能であり、この例では国産の課税移出(引取)数量の月ごとの系列(単位は[kl])を考えます。ここでは2003年1月から2013年12月までのデータを、BEER.csvというファイルにまとめ直していますので、ここからデータを読み込み下調べをします。このためのコードは以下のようになります。

コード 9.8

```
> # 【国産ビールの生産高】
>
> # 前処理
> library(dlm)
```

第 9 章 線形・ガウス型状態空間モデルにおける代表的な成分モデルの紹介と分析例

```
 5  >
 6  > # データの読み込み
 7  > beer <- read.csv("BEER.csv")
 8  >
 9  > # データを ts 型に変換
10  > y <- ts(beer$Shipping_Volume, frequency = 12, start = c(2003, 1))
11  >
12  > # プロット
13  > plot(y)
14  >
15  > # データの対数変換
16  > y <- log(y)
17  >
18  > # 対数変換後のデータのプロット
19  > plot(y, ylab = "log(y)")
```

まずファイルから読み込んだデータを y とし、プロットしています。この結果が図 9.10(a) です。

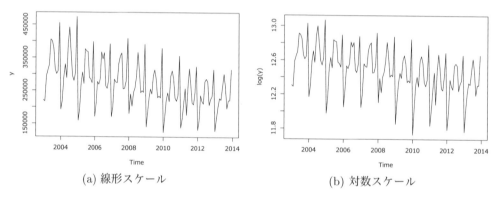

(a) 線形スケール　　　　　　(b) 対数スケール

図 9.10: 国産ビールの生産高

　図 9.10(a) を見ると、特に後年において年とともに変動幅が小さくなっていくような印象を受けます。このような経済関係のデータはその増減において指数的な特徴をもつ場合の多いことが経験的にも知られているため、ここでは経済時系列でよく用いられる前処理として、対数変換を施すことにします。図 9.10(b) がその結果になっています。

　時系列の基本的な傾向としては、年周期と右肩下がりの傾向があることが分かります。年周期に関しては、基本的に夏と年末に需要が高くなる傾向があるそうです [51]。また、右肩下がりの傾向に関しては、若年層のビール離れの影響も考えられるようです [52]。その他にも、成人人口、価格改定、天候、税制、景気、競合製品、自然災害などの影響が考えられます。

　続いて、適用するモデルを検討します。まず年周期に関しては周期モデルを適用することにしますが、周期の様子を見ると極端に鋭い変化が目立ちます。時間領域での鋭い変化

は周波数領域では高い周波数成分に相当しますので、このデータの周期パタンは本質的に高い周波数成分を備えていることが想定されます。周期モデルには時間領域と周波数領域の 2 つのアプローチからのモデル化が可能でしたが、今回のデータへの適用を考えると、このデータの周期性は本質的に高い周波数成分をもつため高周波成分の打ち切りを行う必要がなく、周波数領域のアプローチには利点がなさそうです。そこで、状態の要素がより直観的で分かりやすい時間領域のアプローチによる周期モデルを適用することにします。また、右肩下がりの傾向については、まずはローカルトレンドモデルを適用することにします。

ローカルトレンドモデル+周期モデル (時間領域アプローチ)

以上の方針に基づき、ローカルトレンドモデルと時間領域のアプローチによる周期モデルを組み合わせて分析を行ってみます。成分分解による (9.3), (9.4) 式で考えると、

- 1 番目のモデルに (9.17), (9.18) 式
- 2 番目のモデルに (9.25), (9.26) 式

を適用した場合になります。このためのコードは以下のようになります。

コード 9.9
```
> #【国産ビールの生産高：ローカルトレンドモデル+周期モデル (時間領域アプローチ)】
>
> # モデルの設定：ローカルトレンドモデル+周期モデル (時間領域アプローチ)
> build_dlm_BEERa <- function(par){
+   return(
+     dlmModPoly(order = 2, dW = exp(par[1:2]), dV = exp(par[3])) +
+     dlmModSeas(frequency = 12, dW = c(exp(par[4]), rep(0, times = 10)), dV = 0)
+   )
+ }
>
> # パラメータの最尤推定と結果の確認
> fit_dlm_BEERa <- dlmMLE(y = y, parm = rep(0, 4), build = build_dlm_BEERa)
> fit_dlm_BEERa
$par
[1] -1.248291 -2.552020 -2.054341 -3.564919

$value
[1] 126.3795

$counts
function gradient
       5        5

```

第 9 章 線形・ガウス型状態空間モデルにおける代表的な成分モデルの紹介と分析例

```
43  $convergence
44  [1] 0
45
46  $message
47  [1] "CONVERGENCE: REL_REDUCTION_OF_F <= FACTR*EPSMCH"
48
49  >
50  > # パラメータの最尤推定結果をモデルに指定
51  > mod <- build_dlm_BEERa(fit_dlm_BEERa$par)
52  >
53  > # カルマン平滑化
54  > dlmSmoothed_obj <- dlmSmooth(y = y, mod = mod)
55  >
56  > # 平滑化分布の平均
57  >     mu <- dropFirst(dlmSmoothed_obj$s[, 1])
58  > gamma <- dropFirst(dlmSmoothed_obj$s[, 3])
59  >
60  > # 結果のプロット
61  > oldpar <- par(no.readonly = TRUE)
62  > par(mfrow = c(3, 1)); par(oma = c(2, 0, 0, 0)); par(mar = c(2, 4, 1, 1))
63  > ts.plot(    y, ylab = "観測値(対数変換後)")
64  > ts.plot(   mu, ylab = "レベル成分")
65  > ts.plot(gamma, ylab = "周期成分")
66  > mtext(text = "Time", side = 1, line = 1, outer = TRUE)
67  > par(oldpar)
68  >
69  > # 対数尤度の確認
70  > -dlmLL(y = y, mod = mod)
71  [1] -126.3795
```

このコードは先ほどのコード 9.8 からの続きとなります。モデルを構築するユーザ定義関数は `build_dlm_BEERa()` です。

続いてパラメータの最尤推定を行い、結果を `fit_dlm_BEERa` に代入しています。結果を確認すると、特に問題はないようです。

続いてパラメータの最尤推定結果をモデルに指定し、カルマン平滑化の処理を行います。この結果のプロットが図 9.11 になります。

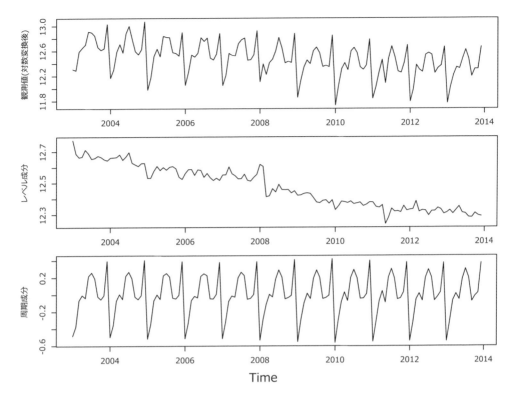

図 9.11: ローカルトレンドモデル+周期モデル (時間領域アプローチ) による平滑化結果

　図は上から順に、観測値、レベル成分 (平滑化分布の平均)、周期成分 (平滑化分布の平均) となっています。この結果は平滑化によるものですので、フィルタリングの場合とは異なり最初の 1 周期分の推定精度の劣化は回避されています。周期成分は形がそろって抽出できている印象を受けます。一方、レベル成分は観測値のひずみが反映され、かなりがたついている印象を受けます。

　最後に対数尤度を確認すると、−126.3795 となりました。

ローカルレベルモデル+周期モデル (時間領域アプローチ)

　以上の結果では、レベル成分が平滑化の結果として期待されるほどなだらかにはなっていませんでした。そこで、改善を図ることを考えます。例えば、レベル成分に関する状態雑音を意図的に小さくするのも一案ですが、理論的根拠に薄いのが難点です。ここで改めてローカルトレンドモデルについて考えると、このモデルでは短期的な傾きが考慮されるため、観測値の不規則な増減に追従しやすくなっており、トレンドとは区別して考えた方

第 9 章 線形・ガウス型状態空間モデルにおける代表的な成分モデルの紹介と分析例

が解釈が容易なひずみに不用意に追従してしまっている可能性があります。そこでモデルを単純化して、ローカルトレンドモデルの代わりにローカルレベルモデルを適用してみることにします。成分分解による (9.3), (9.4) 式で考えると、

- 1 番目のモデルに (9.7), (9.8) 式
- 2 番目のモデルに (9.25), (9.26) 式

を適用した場合になります。このためのコードは以下のようになります (最初のモデルから変更した部分に網掛けをしました)。

コード 9.10

```
72  > #【国産ビールの生産高：ローカルレベルモデル+周期モデル (時間領域アプローチ)】
73  >
74  > # モデルの設定：ローカルレベルモデル+周期モデル (時間領域アプローチ)
75  > build_dlm_BEERb <- function(par){
76  +   return(
77  +     dlmModPoly(order = 1, dW = exp(par[1]), dV = exp(par[2])) +
78  +     dlmModSeas(frequency = 12, dW = c(exp(par[3]), rep(0, times = 10)), dV = 0)
79  +   )
80  + }
81  >
82  > # 以降のコードは表示を省略
```

このコードは先ほどのコード 9.9 からの続きとなります。モデルを構築するユーザ定義関数が `build_dlm_BEERb()` ですが、`build_dlm_BEERa()` とは異なりローカルトレンドモデルの代わりにローカルレベルモデルを適用しています (コードに網掛けをしました)。

続いてパラメータの最尤推定を行い、結果を `fit_dlm_BEERb` に代入しています。結果を確認すると、`Warning in dlmLL` で始まる警告が出ています。これはライブラリ **dlm** によるもので、観測雑音の推定値が 0 に近づいた場合、非常に小さな値 (10^{-6}) を付加したことを示すものです。今回の例では結果に影響を及ぼさないと考えられますので、ここでは無視します。その他収束結果に関して、特に問題はないようです。

続いてパラメータの最尤推定結果をモデルに指定し、カルマン平滑化の処理を行います。この結果のプロットが図 9.12 になります。

9.5 ARMAモデル

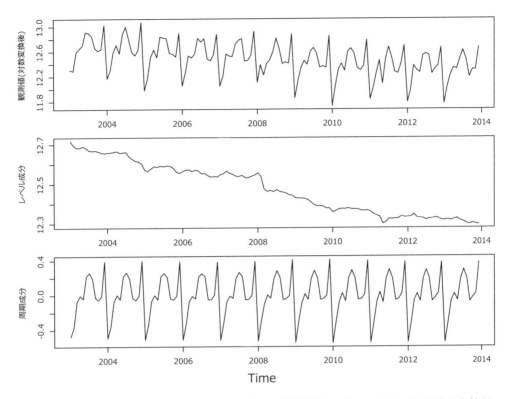

図 9.12: ローカルレベルモデル+周期モデル (時間領域アプローチ) による平滑化結果

図は上から順に、観測値、レベル成分 (平滑化分布の平均)、周期成分 (平滑化分布の平均) となっています。周期成分は形がそろって抽出できている印象を受けます。また、レベル成分のがたつきは、かなり解消されている印象を受けます。

最後に対数尤度を確認すると、106.1595 となっており、先ほどの『ローカルトレンドモデル+周期モデル (時間領域アプローチ)』における −126.3795 から改善されています。

ローカルレベルモデル+周期モデル (時間領域アプローチ)+ARMA モデル

先ほどの結果ではレベル成分のがたつきが改善されましたが、ここで ARMA モデルを加えることで、さらにがたつきを改善することを考えます。なおこのようながたつきをどこまで解消してみるかは主観的な判断ですが、結果の良し悪しは周辺尤度で確認することができます。ARMA モデルでは、時系列に残留したさまざまな要因による相関をまとめてとらえることができます。ここでは簡単のために最も単純な AR(1) モデルを用いて、成人人口、価格改定、天候、税制、景気、競合製品、自然災害などの影響と思われるレベル

第 9 章 線形・ガウス型状態空間モデルにおける代表的な成分モデルの紹介と分析例

成分からの不規則な逸脱をとらえてみることにします。成分分解による (9.3), (9.4) 式で考えると、

- 1 番目のモデルに (9.7), (9.8) 式
- 2 番目のモデルに (9.25), (9.26) 式
- 3 番目のモデルに (9.36), (9.37) 式

を適用した場合になります (前のモデルから変更した部分に網掛けをしました)。このためのコードは以下のようになります。

コード 9.11

```
83  > #【国産ビールの生産高：AR(1)成分の考慮】
84  >
85  > # モデルの設定：ローカルレベルモデル+周期モデル (時間領域アプローチ)+AR(1)モデル
86  > build_dlm_BEERc <- function(par){
87  +   return(
88  +     dlmModPoly(order = 1, dW = exp(par[1]), dV = exp(par[2]))      +
89  +     dlmModSeas(frequency = 12, dW = c(exp(par[3]), rep(0, 10)), dV = 0) +
90  +     dlmModARMA(ar = ARtransPars(par[4]), sigma2 = exp(par[5]))
91  +   )
92  + }
93  >
94  > # 以降のコードは表示を省略
```

このコードは先ほどのコード 9.10 からの続きとなります。モデルを構築するユーザ定義関数が build_dlm_BEERc() ですが、build_dlm_BEERb() とは異なり、AR(1) モデルが加わっています (コードに網掛けをしました)。AR(1) モデルの設定には、ライブラリ **dlm** の関数 dlmModARMA() を活用しています。dlmModARMA() の引数は、ar, ma, sigma2, dV, m0, C0 です。ar は AR 係数 ϕ_j を意味しており、定常性を保ちながら推定を行う必要があります。ライブラリ **dlm** にはこの目的のために、AR 係数の近似 [53] を行うユーティリティ関数 ARtransPars() が用意されています。この例ではこの関数を適用し、build_dlm_BEERc() の引数 par に基づき、ARtransPars(par[4]) を設定しています。ma は MA 係数 ψ_j を意味していますが、今回の例では使用しませんのでデフォルト値 (NULL) を適用します。sigma2 は白色雑音の分散 σ^2 を意味しており、build_dlm_BEERc() の引数 par に基づき、exp(par[5]) を設定しています。dV は、観測雑音の分散 V を意味しています。設定を省略しているためデフォルト値 (0) が設定されますので、これをそのまま用いています。m0, C0 は設定を省略しているためデフォルト値 ($\mathbf{0}$ と $10^7 \boldsymbol{I}$) が設定されますが、これらはこの例での使用に問題がないためそのまま用いることとします。

続いてパラメータの最尤推定を行い、結果を fit_dlm_BEERc に代入しています。結果を確認すると、警告が出ています。これは fit_dlm_BEERb の場合と同じ内容の警告

であり、今回の例では結果に影響を及ぼしていないと考えられますので、ここでは無視します。その他収束結果に関して、特に問題はないようです。AR(1) 係数の推定結果も ARtransPars(fit_dlm_BEERc$par[4]) で確認をしましたが、$|-4.907038 \times 10^{-5}| < 1$ となり定常条件を満たしています。

続いてパラメータの最尤推定結果をモデルに指定し、カルマン平滑化の処理を行います。この結果のプロットが図 9.13 になります。

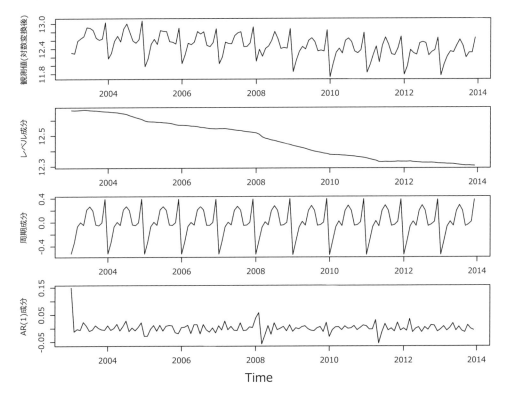

図 9.13: ローカルレベルモデル+周期モデル (時間領域アプローチ)+AR(1) モデルによる平滑化結果

図は上から順に、観測値、レベル成分 (平滑化分布の平均)、周期成分 (平滑化分布の平均)、AR(1) 成分 (平滑化分布の平均) となっています。周期成分は形がそろって抽出できている印象を受けます。また、レベル成分はほぼ滑らかになり、AR(1) 成分が不規則なひずみを反映した結果になっている印象を受けます。例えば AR(1) 成分における 2008 年当初の大きなひずみは、この時期に行われた値上げに伴う駆け込み需要とその反動と予想されます。ただし、因果関係に関する安易な判断は禁物ですので、変動要因について本書ではこれ以上は深入りをしないでおきます。

最後に対数尤度を確認すると、152.6782 となっており、先ほどの『ローカルトレンドモデル+周期モデル (時間領域アプローチ)』における 106.1595 から改善されています。このように ARMA モデルを用いることで、他の成分から区別して考えたいひずみをまとめて抽出し、モデルの尤度も改善することができました。なお今回の ARMA モデルでは AR(1) 係数が比較的小さな値となったことからも分かるように細かな変動をとらえた結果となりましたが、より大まかな (AR(1) 係数が大きな) ひずみをとらえることも可能です (むしろその方が、ARMA モデルを用いる本来の意図にはそっていることを付け加えておきます)。

9.6　回帰モデル

回帰モデルは、時系列の説明に役立つ事象が存在する場合、その事象との関連を考慮してモデルの説得力を向上させるために用いられます。このような関連事象を何らかの方法で定量化した値は**説明変数**と呼ばれ、例えば気温や人口といったものから、事象の有無を示すような 0/1 値の指標 (これは**干渉変数**とも呼ばれます [54]) など、さまざまなものが考えられます。状態空間モデルでは、回帰成分もモデルの 1 つとして考慮することが可能です。

本節では回帰モデルに対して、次式のような**線形回帰**を元に考えます。

$$y_t = \alpha_t + \beta_t^{(1)} x'^{(1)}_t + \cdots + \beta_t^{(n)} x'^{(n)}_t + \cdots + \beta_t^{(N)} x'^{(N)}_t + v_t \tag{9.38}$$

ここで、α_t は**回帰切片**、$\beta_t^{(n)}$ は**回帰係数**、$x'^{(n)}_t$ は説明変数です ($N = 1$ であれば**単回帰**、$N > 1$ であれば**重回帰**となります)。これらは全て時間的に変化することを前提としています。また回帰切片 α_t と回帰係数 $\beta_t^{(n)}$ は推定対象の確率的な値ですが、説明変数 $x'^{(n)}_t$ は確定した値としていることに注意してください。

> 📝 **補足** 本書では推定対象となる確率的な状態を原則 x で表記していますが、これと説明変数 x' は別物ですのでご注意ください。

(9.38) 式に基づく線形回帰モデル (状態雑音と観測雑音が時不変の場合) は、一般的な線形・ガウス型状態空間モデルを表す (5.8), (5.9) 式で次のような設定を置いた場合になります。

$$\boldsymbol{x}_t = \begin{bmatrix} \alpha_t \\ \beta_t^{(1)} \\ \vdots \\ \beta_t^{(N)} \end{bmatrix}, \quad \boldsymbol{G}_t = \boldsymbol{I}, \quad \boldsymbol{W}_t = \begin{bmatrix} W^{(\alpha)} & & & \\ & W^{(1)} & & \\ & & \ddots & \\ & & & W^{(N)} \end{bmatrix} \tag{9.39}$$

$$\boldsymbol{F}_t = [1, x'^{(1)}_t, \ldots, x'^{(N)}_t], \quad V_t = V \tag{9.40}$$

9.6 回帰モデル

ここで回帰切片 α_t や回帰係数 $\beta_t^{(n)}$ はそれぞれ関連がなく、独立なランダムウォークに従うと仮定しています。この動的な線形回帰モデルでは通常の静的な線形回帰とは異なり、回帰切片や回帰係数を時変の値として推定できるのが利点です。ちなみに $\boldsymbol{W}_t = \boldsymbol{O}$ と設定すれば回帰切片や回帰係数の時間遷移がなくなりますので、通常の静的な線形回帰モデルに帰着します。

9.6.1 例: 任天堂の株価

ここでは任天堂の株価のベータ値を調べてみることにします。ベータ値とは、市場平均株価の変動と比べて、個別株価の変動がどの程度大きいかを示す指標です。具体的にベータ値が 1 であれば市場平均と同じような値動きをしますが、1 より大きければ市場平均より値動きが激しく、また 1 より小さければ市場平均より値動きが落ち着いていることを意味しています。市場平均として日経平均株価を考えると、任天堂の株価が観測値、日経平均株価が説明変数、ベータ値が回帰係数という単回帰モデルが成り立ちますので、このモデルに従って分析を進めることにします。

株価のデータは Yahoo! JAPAN ファイナンスのサイト http://finance.yahoo.co.jp/ から取得可能であり、ここでは週ごとの終わり値 (単位は [円]) を対象に考えます。2013 年 10 月から 2016 年 11 月までのデータを、NINTENDO.csv, NIKKEI225.csv というファイルにまとめ直していますので、ここからデータを読み込み下調べをします。このためのコードは以下のようになります。

コード 9.12

```
> # 【任天堂の株価】
>
> # 前処理
> library(dlm)
>
> # データの読み込み
> NINTENDO <- read.csv("NINTENDO.csv")
> NINTENDO$Date <- as.Date(NINTENDO$Date)
>
> NIKKEI225 <- read.csv("NIKKEI225.csv")
> NIKKEI225$Date <- as.Date(NIKKEI225$Date)
>
> # 観測値と説明変数を設定
> y      <- NINTENDO$Close
> x_dash <- NIKKEI225$Close
>
> # 以降のコードは表示を省略
```

まずファイルから読み込んだ任天堂の株価 (観測値) を y、日経平均株価 (説明変数) を

x_dash として、プロットします。この結果が図 9.14 です。

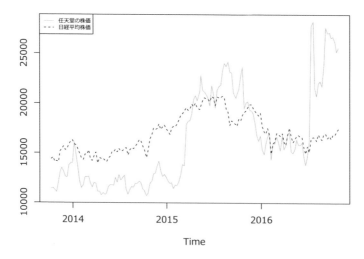

図 9.14: 任天堂株価と日経平均株価

　図 9.14 を見ると、ともに変動が続いていることが分かります。ただし両者の変動の様子は、2014 年や 2016 年の前半では似ていますが、2015 年や 2016 年後半では異なっていたりとさまざまです。

　それでは具体的に回帰モデルを設定して、分析を行います。成分分解による (9.3), (9.4) 式で考えると、モデルは 1 つだけでそのモデルに、

- (9.39), (9.40) 式

を適用した場合になります。このためのコードは以下のようになります。

コード 9.13

```
> #【任天堂の株価のベータ値】
>
> # モデルの設定：回帰モデル
> build_dlm_REG <- function(par) {
+   dlmModReg(X = x_dash, dW = exp(par[1:2]), dV = exp(par[3]))
+ }
>
> # パラメータの最尤推定と結果の確認
> fit_dlm_REG <- dlmMLE(y = y, parm = rep(0, 3), build = build_dlm_REG)
> fit_dlm_REG
$par
[1]   5.607036e-07 -5.186503e+00 -8.297637e-07

$value
```

9.6 回帰モデル

```
[1] 1233.212

$counts
function gradient
       8        8

$convergence
[1] 0

$message
[1] "CONVERGENCE: REL_REDUCTION_OF_F <= FACTR*EPSMCH"

>
> # パラメータの最尤推定結果をモデルに指定
> mod    <- build_dlm_REG(fit_dlm_REG$par)
> str(mod)
List of 11
 $ m0 : num [1:2] 0 0
 $ C0 : num [1:2, 1:2] 1e+07 0e+00 0e+00 1e+07
 $ FF : num [1, 1:2] 1 1
 $ V  : num [1, 1] 1
 $ GG : num [1:2, 1:2] 1 0 0 1
 $ W  : num [1:2, 1:2] 1 0 0 0.00559
 $ JFF: num [1, 1:2] 0 1
 $ JV : NULL
 $ JGG: NULL
 $ JW : NULL
 $ X  : num [1:160, 1] 14405 14562 14088 14202 14087 ...
 - attr(*, "class")= chr "dlm"
>
> # カルマン平滑化
> dlmSmoothed_obj <- dlmSmooth(y = y, mod = mod)
>
> # 以降のコードは表示を省略
```

このコードは先ほどのコード 9.12 からの続きとなります。モデルを構築するユーザ定義関数が build_dlm_REG() であり、回帰モデルの設定には、ライブラリ **dlm** の関数 dlmModReg() を活用しています。dlmModReg() の引数は、X, addInt, dW, dV, m0, C0 です。X は説明変数 $x'^{(n)}_t$ のベクトルを意味しており、x_dash を設定しています。addInt は回帰切片を考慮するか否かの設定を意味しており、今回の例では回帰切片を考慮するので、デフォルト値 (TRUE) をそのまま用いています。dW, dV は、状態雑音の共分散の対角項 $W^{(\alpha)}, W^{(1)}, \ldots, W^{(N)}$ と観測雑音の分散 V を意味しています。それぞれ build_dlm_REG() の引数 par に基づき、exp(par[1:2]) と exp(par[3]) を設定しています。m0, C0 は、事前分布の平均ベクトル $\boldsymbol{m}_0$ と共分散 $\boldsymbol{C}_0$ を意味しています。ここでは設定を省略しているためデフォルト値 ($\boldsymbol{0}$ と $10^7 \boldsymbol{I}$) が設定されますが、これらはこの例での使用に問題がないためそのまま用いることとします。

第 9 章 線形・ガウス型状態空間モデルにおける代表的な成分モデルの紹介と分析例

続いてパラメータの最尤推定を行い、結果を `fit_dlm_REG` に代入しています。結果を確認すると、特に問題はないようです。

続いてパラメータの最尤推定結果をモデルに指定します。ここで改めて、`mod` の内容を確認してみましょう。これまでのモデルでは設定されていなかった、`$JFF`, `$X` という要素が確認できます (コードに網掛けをしておきました)。これらは時変のモデルで用いられる要素であり、回帰モデルが F_t が時変のモデルとして設定されていることが分かります。

> 補足　本書における確率的なモデルのパラメータは、簡単のため原則最後の 12 章までは時不変で考えることにしていましたが、回帰モデルは例外でパラメータが時変になっています。なお、ライブラリ dlm における時変モデルの設定に関しては、付録 D に情報をまとめておきました。

続いて、カルマン平滑化の処理を行います。この結果のプロットが図 9.15 になります。

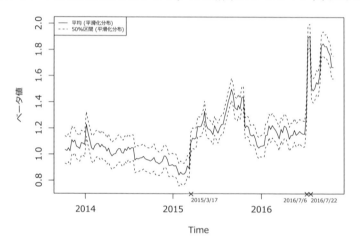

図 9.15: 任天堂株価のベータ値 (平滑化分布)

グラフを見ると、今回の例ではベータ値は基本的に株価と似た形をしているのが分かります。またグラフ横軸における×印の時点は、任天堂に関連する以下のイベント時期を示しています。

- 2015 年 3 月 17 日: 株式会社ディー・エヌ・エーとの業務・資本提携について発表

- 2016 年 7 月 6 日: スマートフォン向けゲームアプリ『ポケモン GO』を米国内で先行サービス開始

- 2016 年 7 月 22 日: 『ポケモン GO』の配信が業績に与える影響は限定的である予想を発表

これらのイベントはベータ値に影響を及ぼしているような印象を受けますが、因果関係に

9.6 回帰モデル

関する安易な判断は禁物ですので、変動要因について本書ではこれ以上は深入りをしないでおきます。

9.6.2 例: ナイル川の流量 (1899年の急減を考慮)

ここでは改めて、ナイル川の流量のデータを考えます。このデータは「8.2 例: ローカルレベルモデルの場合」でも状態空間モデルに基づいて分析をしましたが、1899年の急減は鋭くとらえ切れていませんでした。この例であればデータを分けて考えるという素朴な手段もありますが、データを分けなくても構造変化が考慮できるようにモデルを拡張する方法として、回帰モデルを使って1899年の急減を考慮する方法を考えます。具体的には、説明変数に1899年までは0 (ダムなし)、1899年以後は1 (ダムあり) を設定した回帰モデルを考えます。なお、このような事象の有無を表した説明変数は、干渉変数と呼ばれることがあります。ここではローカルレベルモデルに加え、このような回帰成分も考慮したモデルを考えます [55]。

 ローカルレベルモデルを使用せず、回帰モデルで回帰切片を考慮するようにしても同じモデルが得られますが、今回の例ではモデルの組み合わせを実感してもらうため、ローカルレベルモデルとの組み合わせで説明を行います。

成分分解による (9.3), (9.4) 式で考えると、

- 1番目のモデルに (9.7), (9.8) 式
- 2番目のモデルに (9.39), (9.40) 式

を適用した場合になります。このためのコードは次のようになります。

コード 9.14

```
> #【ナイル川の流量データにローカルレベルモデル+回帰モデル（干渉変数）を適用】
>
> # 前処理
> set.seed(123)
> library(dlm)
>
> # ナイル川の流量データ
> y <- Nile
> t_max <- length(y)
>
> # 説明変数（干渉変数）を設定
> x_dash <- rep(0, t_max)                    # 初期値として全て0 (ダムなし)
> x_dash[which(1899 <= time(y))] <- 1        # 1899年以後は全て1 (ダムあり)
>
> # ローカルレベルモデル+回帰モデル（干渉変数）を構築する関数
```

第 9 章 線形・ガウス型状態空間モデルにおける代表的な成分モデルの紹介と分析例

```
16  > build_dlm_DAM <- function(par) {
17  +   return(
18  +     dlmModPoly(order = 1, dV = exp(par[1]), dW = exp(par[2])) +
19  +     dlmModReg(X = x_dash, addInt = FALSE, dW = exp(par[3]), dV = 0)
20  +   )
21  + }
22  >
23  > # パラメータの最尤推定
24  > fit_dlm_DAM <- dlmMLE(y = y, parm = rep(0, 3), build = build_dlm_DAM)
25  > modtv <- build_dlm_DAM(fit_dlm_DAM$par)
26  >
27  > # カルマン平滑化
28  > dlmSmoothed_obj <- dlmSmooth(y = y, mod = modtv)
29  >
30  > # 平滑化分布の平均と分散
31  > stv <- dropFirst(dlmSmoothed_obj$s)
32  > stv_var <- dlmSvd2var(dlmSmoothed_obj$U.S, dlmSmoothed_obj$D.S)
33  > stv_var <- stv_var[-1]
34  >
35  > # 推定量の平均
36  > s <- stv[, 1] + x_dash * stv[, 2]                          # x_dashも考慮
37  >
38  > # レベル推定量の50%区間（25%値と75%値を求める）
39  > coeff <- cbind(1, x_dash)
40  > s_sdev <- sqrt(sapply(seq_along(stv_var), function(ct){    # 共分散も考慮
41  +             coeff[ct, ] %*% stv_var[[ct]] %*% t(coeff[ct, , drop = FALSE])
42  +           }))
43  > s_quant <- list(s + qnorm(0.25, sd = s_sdev), s + qnorm(0.75, sd = s_sdev))
44  >
45  > # 以降のコードは表示を省略
```

コードの中では、まず説明変数である `x_dash` を設定しています。モデルを構築するユーザ定義関数が `build_dlm_DAM()` であり、回帰モデルの設定には、関数 `dlmModReg()` を活用しています。この関数の引数ですが、`X` には `x_dash` を設定します。また `addInt` は今回の例では回帰切片を考慮しませんので `FALSE` としています。`dW` は `build_dlm_DAM()` の引数 `par` に基づき、`exp(par[3])` を設定します。`dV` はローカルレベルモデルで設定済みですので、ここでは 0 を設定します。`m0, C0` は設定を省略しているためデフォルト値（$\mathbf{0}$ と $10^7 \mathbf{I}$）が設定されますが、これらはこの例での使用に問題がないためそのまま用いることとします。続いてパラメータの最尤推定を行い、結果を `fit_dlm_DAM` に代入しています。この結果に基づきカルマン平滑化を行います。なおこのモデルの推定量は2つの確率変数の和（レベル成分+回帰成分）ですので、その平均と分散を求める際には (2.5), (2.6) 式に基づいて計算を行います。これらの結果をプロットしたのが、図 9.16 になります。

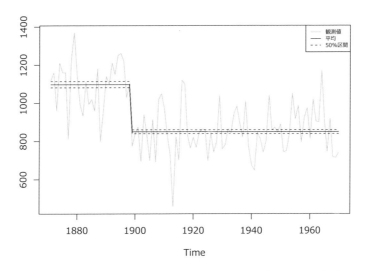

図 9.16: ナイル川の流量 (1899 年の急減を干渉変数で考慮)

　図 9.16 を見ると 1899 年の急減が鋭くとらえられています。またこの影響もあり、1899 年までと 1899 年以後の推定値が安定し、ほぼ一定の値をとっていることも分かります。

　このように既知の変化点は、状態空間モデルでは回帰モデルによって適切に考慮することができます。なおこれとは別のアプローチもあり、12 章で時変の状態雑音を使う方法について確認をします。一方、変化点が未知の場合の分析は難しく、一般状態空間モデルを考える必要がありますが、この一アプローチについても 12 章で確認をすることにします。

9.6.3　例: 家計における食費 (曜日によって異なる影響を考慮)

　ここでは、日本の家計における食費の支出について分析をしてみます。食費の支出には物価・景気などさまざまな要因が影響していることが想像されますが、基本的に継続的に生じる営みです。人間が摂取するものに関するデータという観点では「9.5.1 例: 国産ビールの生産高」で確認したビールと共通する側面はあるものの、食料は継続的に摂取しないと生命にかかわる点が大きな違いです (ビールは飲まなくても、命を落とすことはまずないでしょう)。食費の支出に関するデータは総務省統計局による家計調査の結果から取得可能であり、今回は http://www.stat.go.jp/data/kakei/2.htm から取得した、1 世帯当たりの 1 か月間の消費支出における食料の値 (2 人以上の世帯、単位は [円]) を対象とします。なおこの値に外食費は含まれていません。ここでは 2000 年 1 月から 2009 年 12 月までの月ごとのデータを、FOOD.csv というファイルにまとめ直していますので、ここからデータを読み込み下調べをします。このためのコードは以下のようになります。

コード 9.15

```
1  > #【家計における消費支出（食料）】
2  >
3  > # 前処理
4  > library(dlm)
5  >
6  > # データの読み込み
7  > food <- read.csv("FOOD.csv")
8  >
9  > # データを ts 型に変換
10 > y <- ts(food$Expenditure, frequency = 12, start = c(2000, 1))
11 >
12 > # プロット
13 > plot(y)
14 >
15 > # データの対数変換
16 > y <- log(y)
17 >
18 > # 対数変換後のデータのプロット
19 > plot(y, ylab = "log(y)")
```

まずファイルから読み込んだデータを y とし、プロットしています。この結果が図 9.17(a) です。

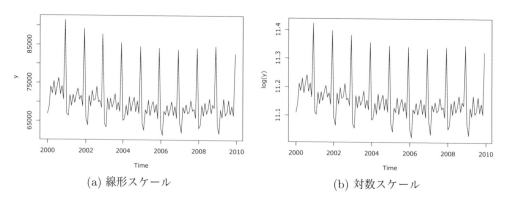

(a) 線形スケール　　　　　　　　(b) 対数スケール

図 9.17: 食費

　図 9.17(a) を見ると、年周期を除くと、全体的には緩やかな下降傾向が続いた後に同じようなレベルが継続している印象を受けます。また年周期に関しては、顕著な傾向として 12 月に高く 1 月に低い傾向が認められます。これはビールの生産量の場合と同じで、日本の文化形態が関係していると推察されます。このデータのみを見る限り対数変換は必ずしも必要ないようにも思えますが、総務省統計局による分析 (http://www.stat.go.jp/data/kakei/longtime/pdf/rev_sa.pdf) との整合性も考慮

し、ここでは対数変換を適用することにします。対数変換を施したデータのプロットが図 9.17(b) になります。このデータに対するモデルとして、全体的な下降傾向については、まずはローカルトレンドモデルを適用することにします。また年周期に関してはビールの生産高と同様に年末年始で急激な変化をしますので、周波数領域ではなく時間領域のアプローチによる周期モデルを適用することにします。成分分解による (9.3), (9.4) 式で考えると、

- 1 番目のモデルに (9.17), (9.18) 式
- 2 番目のモデルに (9.25), (9.26) 式

を適用した場合になります。このモデルに基づいて分析を行うためのコードはコード 9.9 と同等ですので表示は割愛しますが、平滑化を行った結果が図 9.18 になります。

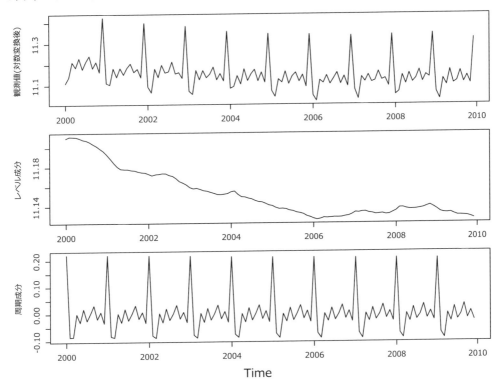

図 9.18: ローカルトレンドモデル+周期モデル (時間領域アプローチ) による食費の分析

図は上から順に、観測値、レベル成分 (平滑化分布の平均)、周期成分 (平滑化分布の平均) となっています。尤度は 312.291 となりました。この結果に違和感はさほどありませんが、さらに改善を図るためにここでは曜日の影響に着目してみます。食費がど

の曜日でもほとんど変わらないのであれば、このような影響は考慮する必要はありませんが、もし曜日が異なると食費も結構変わるようなムラがあるのなら、ある月に含まれる曜日の数は微妙に異なりますので、その差を考慮した方が良いことになります。近年では食費に関して日ごとの詳細データも調査されていますので、先ほどと同じく http://www.stat.go.jp/data/kakei/2.htm から取得した 2009 年 6 月の日ごとのデータを例にして確認してみることにします。このデータのプロットが図 9.19 になります。

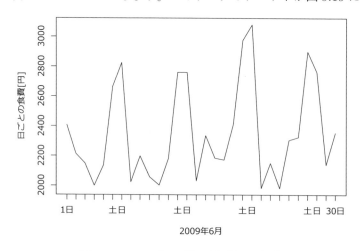

図 9.19: 2009 年 6 月の日ごとの食費

図 9.19 を見ると、土曜・日曜が他の曜日に比べて明確に高くなっている傾向が伺えます。土曜・日曜を典型的な休日ととらえると、休日にある程度まとめて食料を調達する傾向があることが想像されます。なお、2009 年 6 月には祝日はありませんでしたが、この仮定に基づくと祝日も同様に高くなる傾向があることが予想されます。

このような歴の影響はカレンダー効果と呼ばれ、状態空間モデルでは確定的な歴の情報を説明変数にした回帰成分で考慮することができます。考慮の仕方はさまざまですが、月ごとのデータに対しては、1 か月に含まれる月曜日から日曜日の各日数を説明変数とするのが基本的な考え方であり [13,34]、これは曜日効果と呼ばれます。そこから派生するさまざまなバリエーションもあり、この問題への適用についても考えてみることにします。今回の問題に曜日ごとの影響を考慮することも可能ではありますが、図 9.19 から食費に強い影響を及ぼしているのは平日と休日 (土日祝) の区別であると想像されます。そこでこの問題では、1 か月に含まれる平日の数と休日 (土日祝) の数を説明変数として、

$$\text{曜日効果} = \beta^{(1)} 1\text{か月に含まれる平日の数} + \beta^{(2)} 1\text{か月に含まれる休日の数} \quad (9.41)$$

という回帰成分を考えることにします。なお、曜日効果を考える上では回帰係数を時不変

(静的な回帰) にするのが一般的で解釈も容易ですので、今回の問題でも回帰係数は時不変とします。さらに時系列の分解の一意性を保つために、回帰係数の和を 0 と置きます。この場合、

$$\beta^{(1)} + \beta^{(2)} = 0 \tag{9.42}$$

となりますので (9.41) 式はさらに変形でき、

$$\begin{aligned}
曜日効果 &= \beta^{(1)} 1\text{か月に含まれる平日の数} - \beta^{(1)} 1\text{か月に含まれる休日の数} \\
&= \beta^{(1)} (1\text{か月に含まれる平日の数} - 1\text{か月に含まれる休日の数})
\end{aligned} \tag{9.43}$$

となります。つまり今回の問題の曜日効果における説明変数は、「ある月で休日に比べて多くなる平日の日数」となりますので、この曜日効果を「平日効果」と呼ぶことにします。平日効果の説明変数を設定するコードは次のとおりです。

コード 9.16

```r
20  > #【説明変数（平日効果）の設定】
21  >
22  > # 日本の平休日を返すユーザ定義関数
23  > jholidays <- function(days){
24  +   # is.jholiday()を利用する
25  +   library(Nippon)
26  +
27  +   # 曜日（Day Of the Week）を求める
28  +   DOW <- weekdays(days)
29  +
30  +   # 土日祝（代休含む）は休日とみなす
31  +   holidays <- (DOW %in% c("土曜日", "日曜日")) | is.jholiday(days)
32  +
33  +   # 曜日を"休日" or "平日"で上書き
34  +   DOW[ holidays] <- "休日"
35  +   DOW[!holidays] <- "平日"
36  +
37  +   return(DOW)
38  + }
39  >
40  > # 検討対象期間の日付の数列
41  > days <- seq(from = as.Date("2000/1/1"), to = as.Date("2009/12/31"), by = "day")
42  >
43  > # 月毎に平休日の日数を集計
44  > monthly <- table(substr(days, start = 1, stop = 7), jholidays(days))
45  >
46  > # 説明変数（ある月の平日から休日の総数を引いた値）
47  > x_dash_weekday <- monthly[, "平日"] - monthly[, "休日"]
```

このコードはコード 9.15 の続きとなります。コードの中ではまず、ライブラリ **Nippon** を活用して日本の平休日を返すユーザ定義関数 jholidays() を定義しています。そして

第 9 章 線形・ガウス型状態空間モデルにおける代表的な成分モデルの紹介と分析例

この関数を利用して平日効果の説明変数を算出し、`x_dash_weekday` に設定しています。

ここで今回の検討期間にはうるう年 (2000 年, 2004 年, 2008 年) も含まれるため、2 月 29 日の影響も考慮した方が良いことになります。うるう年の影響も回帰成分で考慮することができ、具体的には月ごとのデータに対する説明変数を、うるう年の 2 月で 1、それ以外で 0 とすることで考慮ができます。これを「うるう年効果」と呼ぶことにします。うるう年効果も平日効果の場合と同様に、解釈を容易にするために静的な回帰とします。うるう年効果の説明変数を設定するコードは次のとおりです。

コード 9.17

```
48  > #【説明変数（うるう年効果）の設定】
49  >
50  > # データ長
51  > t_max <- length(y)
52  >
53  > # 検討期間中のうるう年の2月
54  > LEAPYEAR_FEB <- (c(2000, 2004, 2008) - 2000)*12 + 2
55  >
56  > # 説明変数（うるう年の2月のみ1）
57  > x_dash_leapyear <- rep(0, t_max)              # 初期値は全て0
58  > x_dash_leapyear[LEAPYEAR_FEB] <- 1            # うるう年の2月は1
```

このコードはコード 9.16 の続きとなります。このコードでは、うるう年効果の説明変数を `x_dash_leapyear` に設定しています。

以上検討してきた回帰モデルを、最初に考えたローカルトレンドモデル+周期モデル (時間領域アプローチ) に加えますが、この回帰モデルによって細かな変動がとらえられることを期待して、あらかじめ元のモデルを簡素化しておくことにします。具体的には、ローカルトレンドモデルをローカルレベルモデルに変更し、周期モデル (時間領域アプローチ) の状態雑音を 0 にします。成分分解による (9.3), (9.4) 式で考えると、

- 1 番目のモデルに (9.7), (9.8) 式
- 2 番目のモデルに (9.25), (9.26) 式 (ただし状態雑音=0)
- 3 番目のモデルに (9.39), (9.40) 式

を適用した場合になります (元のモデルから変更した部分に網掛けをしました)。このモデルに基づき分析を行うためのコードが次のようになります。

コード 9.18

```
59  > #【ローカルレベルモデル+周期モデル(時間領域アプローチ)+回帰モデルによる食費の分析】
60  >
61  > # 説明変数（平日効果、うるう年効果）を統合
62  > x_dash <- cbind(x_dash_weekday, x_dash_leapyear)
```

9.6 回帰モデル

```r
> 
> # ローカルレベルモデル+周期モデル（時間領域）+回帰モデルを構築する関数
> build_dlm_FOODb <- function(par) {
+   return(
+     dlmModPoly(order = 1, dW = exp(par[1]), dV = exp(par[2]))          +
+     dlmModSeas(frequency = 12, dW = c(0, rep(0, times = 10)), dV = 0) +
+     dlmModReg(X = x_dash, addInt = FALSE, dV = 0)
+   )
+ }
> 
> # パラメータの最尤推定
> fit_dlm_FOODb <- dlmMLE(y = y, parm = rep(0, 2), build = build_dlm_FOODb)
> 
> # パラメータの最尤推定結果をモデルに指定
> mod   <- build_dlm_FOODb(fit_dlm_FOODb$par)
> -dlmLL(y = y, mod = mod)
[1] 319.8928
> 
> # カルマンフィルタリング
> dlmSmoothed_obj  <- dlmSmooth(y = y, mod = mod)
> 
> # 平滑化分布の平均
>     mu <- dropFirst(dlmSmoothed_obj$s[, 1])
>  gamma <- dropFirst(dlmSmoothed_obj$s[, 3])
> beta_w <- dropFirst(dlmSmoothed_obj$s[, 13])[t_max]   # 時不変
> beta_l <- dropFirst(dlmSmoothed_obj$s[, 14])[t_max]   # 時不変
> 
> # 結果の確認
> cat(beta_w, beta_l, "\n")
-0.003098287 0.03920194
> 
> # 回帰成分の平均
> reg <- x_dash %*% c(beta_w, beta_l)
> tsp(reg) <- tsp(y)
> 
> # 結果のプロット
> oldpar <- par(no.readonly = TRUE)
> par(mfrow = c(4, 1)); par(oma = c(2, 0, 0, 0)); par(mar = c(2, 4, 1, 1))
> ts.plot(     y, ylab = "観測値(対数変換後)")
> ts.plot(    mu, ylab = "レベル成分")
> ts.plot(gamma, ylab = "周期成分")
> ts.plot(   reg, ylab = "回帰成分")
> mtext(text = "Time", side = 1, line = 1, outer = TRUE)
> par(oldpar)
```

このコードはコード 9.17 の続きとなります。まず、これまでに設定した説明変数の平日効果とうるう年効果を、1 つの `x_dash` に統合します。またモデルを構築するユーザ定義関数は `build_dlm_FOODb()` となっています。図 9.18 を求めた際の分析ではコードの表示を省略しましたが、その際のモデルと比べるとローカルトレンドモデルがローカルモデルに

第 9 章 線形・ガウス型状態空間モデルにおける代表的な成分モデルの紹介と分析例

変わり、回帰モデルが加わっています (変更のあった部分のコードに網掛けをしました)。このコードの結果が図 9.20 になります。

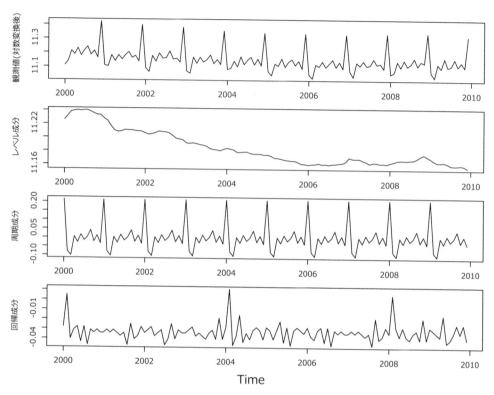

図 9.20: ローカルレベルモデル+周期モデル (時間領域アプローチ)+回帰モデルによる食費の分析

　図は上から順に、観測値、レベル成分 (平滑化分布の平均)、周期成分 (平滑化分布の平均)、回帰成分 (平滑化分布の平均) となっています。回帰成分はうるう年の 2 月で伸びており、レベル成分を図 9.18 と比べると、2 月 29 日の増分が回帰成分で吸収されています。回帰係数も想定内の結果が得られており、平日効果の回帰係数 beta_w は −0.003098287 と負の値 (休日と比べると平日の支出は減る)、うるう年効果の回帰係数 beta_l は 0.03920194 と 1/30 程度の値 (1 か月における 1 日分) になっています。周辺尤度は最初のモデルの結果から若干改善され 319.8928 となっていますが、この結果を見るとまだモデル化を工夫できる余地はありそうです。例えば総務省統計局の分析 (http://www.stat.go.jp/data/kakei/longtime/pdf/rev_sa.pdf) によると、月末の曜日によっては別の支出からの影響も受けるようですが、本書での検討はここまでにとどめておきます。

9.7 モデル化に関する補足

本章では、線形・ガウス型状態空間モデルにおいて典型的に用いられる個別のモデルについて説明をしました。この他にも、AR 係数を時変で考える時変係数 AR モデル [13] や多変量時系列に関する応用的なモデル [18] も存在しますが、本書では説明を割愛します。なお非線形のモデルには、これまでに説明した線形モデルのような典型的なモデルは一般に存在しておらず、問題個々に検討が必要となります。

実際の問題では、部品となるモデルを組み合わせてモデル化を行います。本章でも例を通じて確認をしましたが、この組み合わせ方に関しては尤度という指標はあるものの、個々の問題にあわせて検討を行う必要があり、試行錯誤が必要になります。今のところモデル化に万能薬はありませんが、基本的な指針に関して筆者の考えを補足しておきます。

まず、モデル化の前に、データの下調べを十分に行うことが重要です。データの下調べは予備分析ではありますが、一種の**探索的データ分析**になっているととらえることができます [56,57]。この点に関して、時系列分析を含むデータ分析は料理に似ている、というのが筆者の見解です。データの下調べは、料理でいえば調理の大まかな方針を定め食材の下ごしらえをするような事前準備にあたり、料理の出来を決める重要な一歩になります。

次に「4.3 モデルの定義」でも述べましたが、実データを対象にする場合、特殊な場合を除きモデルに正解は存在しません。モデルは、観測値のもつ特徴を表現・解釈しやすいように定めた決めごとである、と割り切った認識をもって問題に挑むことをお勧めします。

またモデルの精緻化は段階的に行うべきであって、最初は簡単なものから始めた方が無難です。さらにモデルは、可能な限り簡潔にとどめておくことが肝要です。簡潔さは理解を助け、結果の精度をも向上させる鍵です。この点に関して図 9.21 にも示しましたが、モデル化は漫画に似ている、というのが筆者の見解です。問題の論点を明確にして本質を浮き彫りにするためにも、不要な要素はそぎ落とすべきと考えます。

第 9 章 線形・ガウス型状態空間モデルにおける代表的な成分モデルの紹介と分析例

(a) 現実

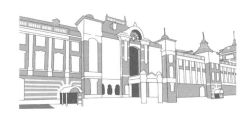
(b) モデル

図 9.21: 現実とモデル

第10章
一般状態空間モデルの一括解法

　本章では、一般状態空間モデルにおいて、まとまった時点のデータが存在する場合の一括推定法について、例を交えて説明します。この解法には、マルコフ連鎖モンテカルロ法 (MCMC; Markov chain Monte Carlo) を活用します。MCMC の活用に関して最近では優れたライブラリが普及していますので、本書では **Stan** というソフトを用いた説明に力点を置きます。また、推定精度向上のためのテクニックとして、カルマンフィルタを解法の部品として扱う場合に用いる前向きフィルタ後ろ向きサンプリング (FFBS; Forward Filtering Backward Sampling) についても説明をします。

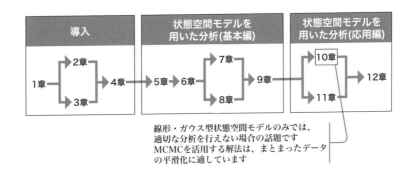

第 10 章　一般状態空間モデルの一括解法

10.1　MCMC

　一般状態空間モデルの推定に関する定式化は、6 章で説明を行いました。線形・ガウス型状態空間モデルの場合には「幸運にも」解析的な解の導出が可能であり、その内容については 7, 8 章で説明を行いました。しかし制約条件のない一般状態空間モデルでは、解析的な解を導出することは基本的には不可能です。従来、計算機能力が十分ではない時代には、解析的な計算が可能なように事後分布が同じ確率分布族となる**共役事前分布**の設定などが工夫されてきました。計算機能力が潤沢な現在では、通常数値的な近似解が用いられます。求める分布を数値的に計算する場合、フィルタリング分布 (6.18) 式、予測分布 (6.22) 式、(周辺) 平滑化分布 (6.24) 式からも分かるように、積分の計算を克服する必要があります。これには、いくつかのアプローチがあります。

　例えば、数値積分法を活用するアプローチはグリッドフィルタとも呼ばれ、状態の次元が大きくない場合には現実的な方法であることが確認されています [13, 58, 59]。

　また、乱数を用いるアプローチも存在します。例えば、[12, 39] では**重点サンプリング**を活用するアプローチが提案されています。

> 📝**補足**　重点サンプリングとは、求めたい分布に関する統計量を計算する際に、サンプリングが容易な代理となる分布 (**提案分布**) から一旦標本を抽出し、求めたい分布の尤度で補正を施す方法です。

このアプローチの基本的な考え方は、一般状態空間モデルにおける分布を線形・ガウス型状態空間モデルにおける分布で近似し、その分布を提案分布として利用するものです。この近似にはラプラス (Laplace) 近似 [5] が用いられ、その計算や提案分布からのサンプリングには、カルマンフィルタリングやカルマン平滑化が利用されます。R のライブラリ **KFAS** にはこのアプローチに基づく実装が行われており、状態が与えられた下での観測値が指数分布族に従う場合の平滑化分布を、単独で推定できるようになっています [39, 60]。

　さらに乱数を用いる別のアプローチとして、近年では汎用性の高い**マルコフ連鎖モンテカルロ法** (**MCMC**; Markov chain Monte Carlo) が用いられるのが一般的であるため、本書では MCMC を活用したアプローチについて説明を続けることにします。

> 📝**補足**　MCMC とはマルコフ連鎖の仕組みを活用して、関心のある分布の密度の高いところを適度に探索し回ることで、その分布に基づく乱数を生成する方法です。アルゴリズムの基本はメトロポリス–ヘイスティングス (Metropolis–Hastings) 法にあり、その特別な場合であるギブス (Gibbs) 法も有名です [5, 47, 61–63]。

MCMC を活用したアプローチでは、一般状態空間モデルにおけるフィルタリング・予測・平滑化の各々に関して、求めたい分布からのサンプルを直接得ることになります。なおこれらの中では、まとまったデータに対する平滑化としての扱いが自然で最も容易です。

10.1 MCMC

フィルタリング分布や予測分布を MCMC を活用したアプローチでストレートに求める場合、時点が進む度に MCMC の計算を最初からやり直す必要があり、計算上の効率があまり良くありません。このため、一般状態空間モデルのフィルタリングや予測には、次章で述べる逐次解法を適用するのが一般的です。

以上の説明を踏まえ、本章では「MCMC を活用した、まとまったデータに対する平滑化」に焦点を合わせて説明を行います。

ここで、MCMC を活用する際の注意点をあらかじめ補足しておきます。MCMC の出力は乱数ですので、その成否が直ちには把握しづらい側面があります。このため、少なくともマルコフ連鎖の収束状況は必ず確かめた上で、その結果を利用するべきです。収束状況の判定にもさまざまな方法がありますが、複数のマルコフ連鎖を活用する方法がポピュラーです。目視による確認も効果的であり、その際にはまず、横軸に探索ステップ数、縦軸にサンプルの実現値をとった**トレースプロット**と呼ばれる図を描きます。そしてこのトレースプロットにおいて複数のマルコフ連鎖の混ざり具合を確認することで、収束状況を確かめます。これらの例が図 10.1 になります。

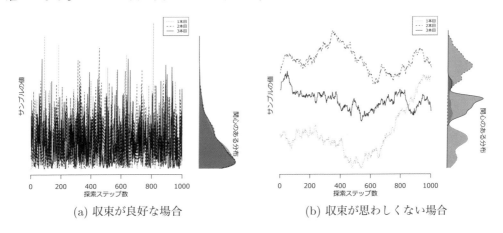

(a) 収束が良好な場合　　(b) 収束が思わしくない場合

図 10.1: マルコフ連鎖のトレースプロット

図 10.1 には、各々 3 本のマルコフ連鎖がプロットされています。図 10.1(a) は、収束が良好な場合のトレースプロットです。マルコフ連鎖の収束が良好な場合では、同じようなサンプル値が続くことは少なく、トレースプロットの変動は激しくなります。これは探索ステップの進捗とともに、関心のある分布のさまざまな部分が探索されている証です。このため、別のマルコフ連鎖のトレースプロットを重ねると、混ざり具合が激しくなる結果となります。一方、図 10.1(b) は、収束が思わしくない場合のトレースプロットです。マルコフ連鎖の収束が思わしくない場合には、同じようなサンプル値が続くことが多くなり、トレースプロットの変動はあまりなくなります。これは探索ステップが進捗しても、関心

のある分布のごく一部しか探索が行われていない証です。このため、別のマルコフ連鎖のトレースプロットを重ねると、混ざり合いがあまりない結果となります。

10.2 MCMCによる状態の推定

MCMCを活用した平滑化では、推定対象の分布を同時事後分布 $p(\boldsymbol{x}_{0:T} \mid y_{1:T})$ として扱うのが一般的です。さらにパラメータを確率変数と考える場合、同時事後分布は $p(\boldsymbol{x}_{0:T}, \boldsymbol{\theta} \mid y_{1:T})$ となります。本節では、同時事後分布 $p(\boldsymbol{x}_{0:T}, \boldsymbol{\theta} \mid y_{1:T})$ を推定対象の分布として考えることにします。

それでは、MCMCを活用して同時事後分布からのサンプルを求める方法を説明していきます。MCMCのアルゴリズムにはさまざまなものがありますが、ここでは一例としてギブス法を想定して説明を続けます [18]。**ギブス法**では、**全条件付き分布**からのサンプリングが繰り返されることになります。全条件付き分布とは、モデルに含まれる確率変数のうち、1種類を除いてその他すべてを既知とした場合の分布を意味しています。具体的なアルゴリズムは、次のようになります。

アルゴリズム 10.1 ギブス法
0. 初期値 $\boldsymbol{\theta}^{(0)}$ を準備
1. $i = 1, \ldots, I$ に対して
    a. $p(\boldsymbol{x}_{0:T} \mid \boldsymbol{\theta} = \boldsymbol{\theta}^{(i-1)}, y_{1:T})$ から $\boldsymbol{x}_{0:T}^{(i)}$ をサンプリングする
    b. $p(\boldsymbol{\theta} \mid \boldsymbol{x}_{0:T} = \boldsymbol{x}_{0:T}^{(i)}, y_{1:T})$ から $\boldsymbol{\theta}^{(i)}$ をサンプリングする
2. $\{\boldsymbol{x}_{0:T}^{(i)}, \boldsymbol{\theta}^{(i)}\}$ $(i = 1, \ldots, I)$ は $p(\boldsymbol{x}_{0:T}, \boldsymbol{\theta} \mid y_{1:T})$ からの標本となる

本章では、マルコフ連鎖の計算における総繰り返し回数を I とし、ある繰り返し i における変数の実現値を $\cdot^{(i)}$ で表記します。アルゴリズムにおける1-aに関して、$p(\boldsymbol{x}_{0:T} \mid \boldsymbol{\theta} = \boldsymbol{\theta}^{(i-1)}, y_{1:T})$ は一般に任意の分布となりますが、特別に線形・ガウス型状態空間モデルに従う場合には効率の良いアルゴリズムが開発されています。このアルゴリズムは、**前向きフィルタ後ろ向きサンプリング** (**FFBS**; Forward Filtering Backward Sampling) と呼ばれています。名前からも分かるように、時間順方向に一度カルマンフィルタリングを実施してから、時間逆方向でカルマン平滑化に基づきながらサンプリングを行います。これはカルマン平滑化のシミュレーション版になっているため、**シミュレーション平滑化**と呼ばれる場合もあります。FFBSのアルゴリズムは、次のとおりとなります(導出は付録G.3にまとめておきました)。

アルゴリズム 10.2 FFBS アルゴリズム

0. パラメータを $\theta^{(i-1)}$ として、カルマンフィルタリングを行う
1. $\mathcal{N}(m_T, C_T)$ から x_T をサンプリングする
2. $t = T-1, \ldots, 0$ に対して
   - 平滑化利得
     $A_t \leftarrow C_t G_{t+1}^\top R_{t+1}^{-1}$
   - $\mathcal{N}(h_t, H_t)$ から x_t をサンプリングする
     ここで、$h_t \leftarrow m_t + A_t [x_{t+1} - a_{t+1}]$
     $H_t \leftarrow C_t + A_t [O - R_{t+1}] A_t^\top$
3. $\{x_t\} \, (t = T, \ldots, 0)$ は $p(x_{0:T} \mid \theta = \theta^{(i-1)}, y_{1:T})$ からの標本 $x_{0:T}^{(i)}$ となる

FFBS がカルマン平滑化のシミュレーション版であるということを確認するためには、FFBS のアルゴリズム 10.2 とカルマン平滑化のアルゴリズム 8.3 を比較すると理解が深まるでしょう。

具体的に自作アプローチを行う場合これらのアルゴリズムをコードに起こすことになりますが、ここで一旦自作アプローチの特徴について改めて考えてみます。自作アプローチの得失は、拡張性に富む一方、実装が必ずしも容易ではない点にあります。特にギブス法では全条件付き分布からのサンプリングが容易になるように、問題に応じてモデルに適用する確率分布に配慮を行う必要があります。これによりモデル化の自由度が減りますし、モデルが複雑な場合にこの配慮は (統計の専門家以外には) 困難な作業となります。

自作アプローチとは対照的に、ライブラリを活用するアプローチが存在します。ライブラリを活用するアプローチの得失は自作アプローチの裏返しですが、近年では汎用的なライブラリが容易に利用できる状況になっています。MCMC に関して現在では優れたライブラリが普及していますので、ライブラリを活用するアプローチに説明を移すことにします。

10.3 ライブラリの活用

10.3.1 さまざまなライブラリ

R で利用可能な MCMC のライブラリには、さまざまなものが存在しています。これらを大別すると、R の単体ライブラリと、R と連携して動く外部ソフトウェアに分かれます。ここでは筆者が確認したいくつかのライブラリについて、簡単に特徴を紹介します。

まず R の単体ライブラリとして、状態空間モデルを明示的に考慮したものには **dlm** と **bsts** [64–66] があります。**dlm** では、単変量の線形・ガウス型状態空間モデルに関して、

状態と観測雑音・状態雑音を同時に推定する関数が用意されています。モデルの設定や結果の分析は、利用者が個別にコードを作成します。この実装では、FFBSを活用したギブス法がRで記述されています。

bsts では線形・ガウス型を中心とした典型的な単変量の状態空間モデルに関して、状態と各種のパラメータを同時に推定することができます。個別のモデルを追加していくための関数が豊富に用意され、全体的に使いやすくまとめられています。この実装では、C++ で記述されたベイズ推定のライブラリ **Boom** と連携するようになっています (FFBS も実装されています)。

一方Rと連携して動く外部ソフトウェアには、**WinBUGS**, **OpenBUGS**, **JAGS**, **Stan**, **NIMBLE** があります。これらには程度の差はありますが、概して統計モデリングに適したプログラミング言語といえる存在になっています。**WinBUGS**, **OpenBUGS**, **JAGS** ではBUGS言語という記法を使い、**Stan**, **NIMBLE** でもBUGS言語に似た記法を使います。これらのソフトウェアの実装にはそれぞれの特徴がありますが [7]、詳細は割愛します。

本書では汎用性を考慮して、Rと連携して動く外部ソフトウェアをライブラリとして用いることにします。また、どのライブラリを活用するかは好みにもよりますが、サンプリングの効率と拡張性を踏まえて **Stan** [67–69] を用いることにします。

> **補足** **Stan** では MCMC のアルゴリズムとしてメトロポリス–ヘイスティングス法を拡張したハイブリッドモンテカルロ法 (ハミルトニアンモンテカルロ法) が実装されており、他ソフトウェアに比べ概してサンプリングの効率が優れています。また **Stan** は、プログラミング言語としての機能も充実しています。

なお **NIMBLE** に関しては本章では取り扱いませんが、粒子フィルタを実現するライブラリの1つとして付録Hに記載をしておきました。

10.3.2 例: 人工的なローカルレベルモデル

Stan を用いて一般状態空間モデルの推定を行っていくにあたり、その基本的な記法と動作を確認しておきましょう。ここではそのために、あえてパラメータが全て既知である線形・ガウス型状態空間モデルを **Stan** で平滑化し、その結果をカルマン平滑化と比較することにします。モデルとデータには「9.2 ローカルレベルモデル」のコード 9.1 で準備した、人工的なローカルレベルモデルと生成データを用います。今回の場合パラメータが既知ですので、MCMC を活用して状態空間モデルの平滑化を行うということは、同時事後分布 $p(\boldsymbol{x}_{0:T} \mid y_{1:T})$ からのサンプルを求めることになります。このための **Stan** のコードは、次のようになります。

10.3 ライブラリの活用

コード 10.1

```stan
// model10-1.stan
// モデル：規定【ローカルレベルモデル、パラメータが既知】

data{
  int<lower=1>    t_max;      // 時系列長
  vector[t_max]   y;          // 観測値

  cov_matrix[1]   W;          // 状態雑音の分散
  cov_matrix[1]   V;          // 観測雑音の分散
  real            m0;         // 事前分布の平均
  cov_matrix[1]   C0;         // 事前分布の分散
}

parameters{
  real            x0;         // 状態[0]
  vector[t_max]   x;          // 状態[1:t_max]
}

model{
  // 尤度の部分
  /* 観測方程式・・・(5.11)式を参照 */
  for (t in 1:t_max){
    y[t] ~ normal(x[t], sqrt(V[1, 1]));
  }

  // 事前分布の部分
  /* 状態の事前分布 */
  x0   ~ normal(m0, sqrt(C0[1, 1]));

  /* 状態方程式・・・(5.10)式を参照 */
  x[1] ~ normal(x0, sqrt(W[1, 1]));
  for (t in 2:t_max){
    x[t] ~ normal(x[t-1], sqrt(W[1, 1]));
  }
}
```

コードの中で使用している変数の名称は、これまでの説明で用いてきたものと整合させてあります。Stan では記載が複数のブロックに分かれていますので、順に説明をします。まず data ブロックでは、R 側から渡される定数を設定します。ここでは時系列長 t_max、データ y、状態雑音の分散 W、観測雑音の分散 V、事前分布の平均 m0、事前分布の分散 C0 を設定しています。続いて parameters ブロックでは、サンプリング対象の変数を宣言します。ここでは事前分布の状態 x_0 と、状態 x を宣言しています。続く model ブロックは Stan の中核部分であり、事後分布に関する記述を行います。具体的には求めたい事後分布をベイズの定理で変形し、尤度と事前分布の部分に分けて記述をします。例えば事後分布を $p(x \mid y)$ とすると $p(x \mid y) \propto p(y \mid x) p(x)$ ですので、尤度の部分は $p(y \mid x)$、事前分

第 10 章 一般状態空間モデルの一括解法

布の部分は $p(x)$ となります。今回の場合求めたい事後分布は同時事後分布 $p(\boldsymbol{x}_{0:T} \mid y_{1:T})$ でしたので、具体的にベイズの定理を用いて変形すると次のようになります。

$$p(\boldsymbol{x}_{0:T} \mid y_{1:T}) = p(\boldsymbol{x}_{0:T}, y_{1:T})/p(y_{1:T})$$
$$\propto p(\boldsymbol{x}_{0:T}, y_{1:T}) = \underbrace{p(y_{1:T} \mid \boldsymbol{x}_{0:T})}_{\text{尤度の部分}} \underbrace{p(\boldsymbol{x}_{0:T})}_{\text{事前分布の部分}}$$

(5.6) 式より、

$$= p(\boldsymbol{x}_0) \prod_{t=1}^{T} p(y_t \mid \boldsymbol{x}_t) p(\boldsymbol{x}_t \mid \boldsymbol{x}_{t-1})$$
$$= \underbrace{\prod_{t=1}^{T} p(y_t \mid \boldsymbol{x}_t)}_{\text{尤度の部分}} \underbrace{\prod_{t=1}^{T} p(\boldsymbol{x}_t \mid \boldsymbol{x}_{t-1}) p(\boldsymbol{x}_0)}_{\text{事前分布の部分}} \quad (10.1)$$

となります。したがって、尤度の部分 $p(y_{1:T} \mid \boldsymbol{x}_{0:T})$ は観測方程式の累積 $\prod_{t=1}^{T} p(y_t \mid \boldsymbol{x}_t)$ になり、事前分布の部分 $p(\boldsymbol{x}_{0:T})$ は状態方程式の累積 $\prod_{t=1}^{T} p(\boldsymbol{x}_t \mid \boldsymbol{x}_{t-1})$ と事前分布 $p(\boldsymbol{x}_0)$ の積になることが分かります。これらのそれぞれに関して、観測方程式の確率分布表現 (5.11) 式、状態方程式の確率分布表現 (5.10) 式、状態の事前分布規定に基づき記述をします。この際、BUGS 言語と同様に「~」を使った分かりやすい表記が可能です。なお、事前分布の部分における $p(\boldsymbol{x}_0)$ と $p(\boldsymbol{x}_1 \mid \boldsymbol{x}_0)$ に関するコード記述を省略し、**Stan** のデフォルト設定を活用して**無情報事前分布** (十分広い一様分布) を適用することもできますが [7, 68]、本書では定義に従ったコード記述を行っています。また、**Stan** のベクトル化の特徴を積極的に活かして for を使わない記述も可能ですが [67, 68]、ここでは基本的な記述にとどめています。

続いて、コード 10.1 を実行するための R のコードは次のようになります。

コード 10.2

```
> #【MCMCを活用したローカルレベルモデルの平滑化（パラメータが既知）】
>
> # 前処理
> set.seed(123)
> library(rstan)
>
> # Stanの事前設定：コードのHDD保存、並列演算、グラフの縦横比
> rstan_options(auto_write = TRUE)
> options(mc.cores = parallel::detectCores())
> theme_set(theme_get() + theme(aspect.ratio = 3/4))
>
> # 人工的なローカルレベルモデルに関するデータを読み込み
> load(file = "ArtifitialLocalLevelModel.RData")
```

10.3 ライブラリの活用

```
> 
> # モデル：生成・コンパイル
> stan_mod_out <- stan_model(file = "model10-1.stan")
> 
> # 平滑化：実行（サンプリング）
> fit_stan <- sampling(object = stan_mod_out,
+                      data = list(t_max = t_max, y = y,
+                                  W = mod$W, V = mod$V,
+                                  m0 = mod$m0, C0 = mod$C0),
+                      pars = c("x"),
+                      seed = 123
+            )
> 
> # 結果の確認
> oldpar <- par(no.readonly = TRUE); options(max.print = 99999)
> fit_stan
Inference for Stan model: model10-1.
4 chains, each with iter=2000; warmup=1000; thin=1;
post-warmup draws per chain=1000, total post-warmup draws=4000.

          mean se_mean    sd    2.5%    25%    50%    75%   97.5% n_eff Rhat
x[1]     11.76    0.02  0.95    9.91  11.12  11.76  12.40   13.63  4000    1
x[2]     12.82    0.01  0.84   11.20  12.26  12.82  13.36   14.50  4000    1

...途中表示省略...

x[199]   18.70    0.01  0.85   17.06  18.12  18.70  19.27   20.36  4000    1
x[200]   19.35    0.02  0.99   17.45  18.66  19.36  20.01   21.27  4000    1
lp__   -197.74    0.25 10.02 -218.44 -204.34 -197.44 -190.69 -179.59  1572    1

Samples were drawn using NUTS(diag_e) at Mon Jan 08 13:27:03 2018.
For each parameter, n_eff is a crude measure of effective sample size,
and Rhat is the potential scale reduction factor on split chains (at
convergence, Rhat=1).
> options(oldpar)
> traceplot(fit_stan, pars = c(sprintf("x[%d]", 100), "lp__"), alpha = 0.5)
> 
> # 必要なサンプリング結果を取り出す
> stan_mcmc_out <- rstan::extract(fit_stan, pars = "x")
> str(stan_mcmc_out)
List of 1
 $ x: num [1:4000, 1:200] 12.5 12 11 12.1 12.3 ...
  ..- attr(*, "dimnames")=List of 2
  .. ..$ iterations: NULL
  .. ..$           : NULL
> 
> # 周辺化を行い、平均・25%値・75%値を求める
> s_mcmc <- colMeans(stan_mcmc_out$x)
> s_mcmc_quant <- apply(stan_mcmc_out$x, 2, FUN = quantile, probs=c(0.25, 0.75))
> 
> # 以降のコードは表示を省略
```

まず R と **Stan** を連携させるために、ライブラリ **rstan** を使用します。**Stan** に関する各種事前設定を行った後、コード 9.1 で準備した人工的なローカルレベルモデルに関するデータを読み込んでいます。ここまでは準備段階で、続く部分に **Stan** との連携が具体的に記載されています。まず関数 stan_model() を用いてコード 10.1 を読み込んでコンパイルを行い、結果を stan_mod_out に保存します。続いて関数 sampling() を用いてサンプリングを行い、その結果を fit_stan に代入しています。関数 sampling() の引数としては、object にはコンパイル済みのオブジェクト、data には **Stan** 側に渡すデータ、pars にはサンプリングした変数の中で戻り値に含めるもの、seed には再現性を確保するための乱数種を設定しています。それ以外の引数 (マルコフ連鎖の本数や繰り返し数など) もありますが、デフォルト設定を活用しています。結果の fit_stan には、サンプリング結果以外の情報も含まれています。fit_stan のコンソール表示からはその要約情報が確認可能であり、サンプリングをした変数と **Stan** 内部で用いられている対数事後確率の値 (lp__) に関する各種の統計量が表示されています。具体的には、行ごとに平均、標準誤差、標準偏差、分位値、実効サンプルサイズ、$\hat{R}$ が確認できます。このうち、最後の 2 つの統計量はマルコフ連鎖の収束を測る指標になります。MCMC における**実効サンプルサイズ**とはサンプル間に相関がないと想定した場合のサンプルサイズを意味しており、実際のサンプルサイズに比べて極端に小さい場合、マルコフ連鎖の収束に懸念が残ります。今回のデフォルト設定では、マルコフ連鎖 4 本で 2,000 回の繰り返しを行っていますが、ウォームアップ期間として半分の繰り返しが破棄されますので、実際のサンプルサイズは $4 \times 2,000/2 = 4,000$ となります。したがって実効サンプルサイズは最大で 4,000 となりますので、今回の結果を確認すると、特段の問題はなさそうです。また $\hat{R}$ とは、サンプルに関するマルコフ連鎖内の分散とマルコフ連鎖間の分散の比に基づく値で、この値が 1 に近くないとマルコフ連鎖の収束に懸念が残ります。本書では [28] を踏まえ、$\hat{R} < 1.1$ をマルコフ連鎖の収束の目安と考えることにします。今回の結果を確認すると、問題はなさそうです。結果の fit_stan に関しては、さらに traceplot() で標本値の軌跡 (トレースプロット) が確認できます。トレースプロットの結果が、図 10.2 になります。

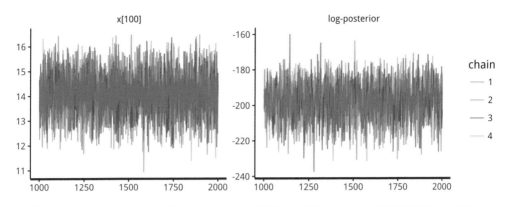

図 10.2: トレースプロット (パラメータが既知の線形・ガウス型状態空間モデル)

　紙幅の都合もあるため、ここでは時点 100 の状態と対数事後確率のグラフを選別して表示しました。トレースプロットの横軸はマルコフ連鎖の繰り返し回数、縦軸は標本の値となっています。トレースプロットにおいて複数のマルコフ連鎖の混ざり具合が不足している場合、マルコフ連鎖の収束に懸念が残ることについては本章の最初に述べました。白黒のグラフで若干分かりづらいかもしれませんが、今回の結果に特段の問題はなさそうです。続いて fit_stan から必要なサンプリング結果を取り出すために、**rstan** の関数 extract() を利用し、その結果を stan_mcmc_out に代入しています。stan_mcmc_out を確認するとリストになっており、要素 $x にサンプリング結果が保存されています。要素 $x は、繰り返し数が行方向、時間が列方向の行列になっています。

　続いて、MCMC を活用して得られた平滑化結果とパラメータを全て既知とした場合のカルマン平滑化の結果を比較します。ここで、**Stan** を活用した平滑化結果は同時事後分布からの標本であり、カルマン平滑化の結果は周辺事後分布に関する統計量です。このため両者の比較を行う場合には、同時事後分布の標本について周辺化を行い統計量を求める必要があります。同時事後分布からの標本についての周辺化は難しくはなく、ある時点 t' における周辺化は、単に時点 t' の標本だけを対象に (それ以外を無視して) 考えることで達成されます。先ほど fit_stan のコンソール表示で確認した統計量も、周辺化後の統計量になっています。ここでは stan_mcmc_out から周辺事後分布に関する統計量を再計算し、s_mcmc に平均値、s_mcmc_sdev に 25%値と 75%値を設定しています。このようにして得られた MCMC による平滑化結果とパラメータを全て既知とした場合のカルマン平滑化の結果を比較してプロットしたのが、図 10.3 になります。

第10章 一般状態空間モデルの一括解法

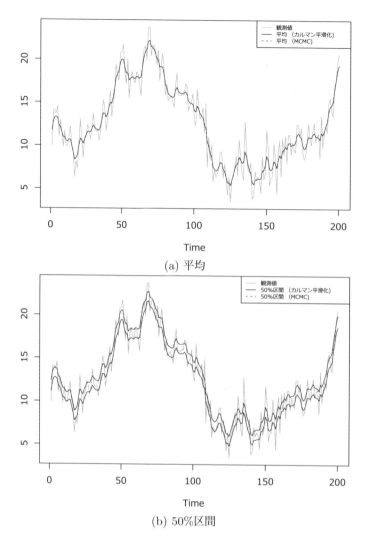

(a) 平均

(b) 50%区間

図 10.3: MCMC を活用した平滑化とカルマン平滑化 (パラメータが既知の線形・ガウス型状態空間モデル)

図 10.3 を確認すると、両者の結果はほぼ一致することが分かります (グラフがほぼ重なって判別できません)。

以上簡単な例ではありましたが、**Stan** を用いて線形・ガウス型状態空間モデルの推定が適切に行えることが確認できました。

10.4　一般状態空間モデルにおける推定例

前節の例は、パラメータが既知の線形・ガウス型状態空間モデルでしたので、カルマンフィルタでも解ける問題でした。ここでは一般状態空間モデルとして、線形・ガウス型状態空間モデルにおいて未知パラメータを確率変数として扱う場合を考えることにします。「6.4.2 パラメータを確率変数として考える場合」でも触れましたが、未知パラメータを確率変数として状態に含めた拡大状態空間モデルは、例え元が線形・ガウス型状態空間モデルであっても、その推定には本章や次章で説明する方法が必要になります。モデルとデータには再び「9.2 ローカルレベルモデル」のコード 9.1 で準備した、人工的なローカルレベルモデルと生成データを用います。前節と同様に状態の事前分布に関するパラメータは既知としますが、今回の例では状態・観測雑音の分散を未知として、状態とあわせて推定する状況を考えます。今回の推定対象は同時事後分布 $p(\boldsymbol{x}_{0:T}, \boldsymbol{\theta} \mid y_{1:T})$ となり、この分布からのサンプルを求めることになります。このための **Stan** のコードは、以下のようになります。

コード 10.3

```
1  // model10-2.stan
2  // モデル：規定【ローカルレベルモデル、パラメータが未知】
3
4  data{
5    int<lower=1>    t_max;      // 時系列長
6    vector[t_max]   y;          // 観測値
7
8    real            m0;         // 事前分布の平均
9    cov_matrix[1]   C0;         // 事前分布の分散
10 }
11
12 parameters{
13   real            x0;         // 状態[0]
14   vector[t_max]   x;          // 状態[1:t_max]
15
16   cov_matrix[1]   W;          // 状態雑音の分散
17   cov_matrix[1]   V;          // 観測雑音の分散
18 }
19
20 model{
21   // 尤度の部分
22   /* 観測方程式 */
23   for (t in 1:t_max){
24     y[t] ~ normal(x[t], sqrt(V[1, 1]));
25   }
26
```

第10章 一般状態空間モデルの一括解法

```
27    // 事前分布の部分
28    /* 状態の事前分布 */
29    x0   ~ normal(m0, sqrt(C0[1, 1]));
30
31    /* 状態方程式 */
32    x[1] ~ normal(x0, sqrt(W[1, 1]));
33    for (t in 2:t_max){
34      x[t] ~ normal(x[t-1], sqrt(W[1, 1]));
35    }
36
37    /* W, Vの事前分布：無情報事前分布（省略時のデフォルト設定を活用） */
38  }
```

先ほどのコード 10.1 と比べると、data ブロックに存在していた状態雑音の分散 W、観測雑音の分散 V が parameters ブロックに移行しています (コードに網掛けをしました)。続いて model ブロックについて説明します。今回求めたい分布は同時事後分布 $p(\boldsymbol{x}_{0:T}, \boldsymbol{\theta} \mid y_{1:T})$ ですので、具体的にベイズの定理を用いて変形すると次のようになります。

$$p(\boldsymbol{x}_{0:T}, \boldsymbol{\theta} \mid y_{1:T}) = p(\boldsymbol{x}_{0:T}, \boldsymbol{\theta}, y_{1:T})/p(y_{1:T})$$
$$\propto p(\boldsymbol{x}_{0:T}, \boldsymbol{\theta}, y_{1:T}) = \underbrace{p(y_{1:T} \mid \boldsymbol{x}_{0:T}, \boldsymbol{\theta})}_{\text{尤度の部分}} \underbrace{p(\boldsymbol{x}_{0:T}, \boldsymbol{\theta})}_{\text{事前分布の部分}}$$

(6.28) 式より、

$$= p(\boldsymbol{x}_0 \mid \boldsymbol{\theta})p(\boldsymbol{\theta})\prod_{t=1}^{T} p(y_t \mid \boldsymbol{x}_t, \boldsymbol{\theta})p(\boldsymbol{x}_t \mid \boldsymbol{x}_{t-1}, \boldsymbol{\theta})$$

最初の項 $p(\boldsymbol{x}_0 \mid \boldsymbol{\theta})$ に関して、事前の状態 $\boldsymbol{x}_0$ とパラメータ $\boldsymbol{\theta}$ は通常互いに独立に考えるため、

$$= \underbrace{\prod_{t=1}^{T} p(y_t \mid \boldsymbol{x}_t, \boldsymbol{\theta})}_{\text{尤度の部分}} \underbrace{\prod_{t=1}^{T} p(\boldsymbol{x}_t \mid \boldsymbol{x}_{t-1}, \boldsymbol{\theta})p(\boldsymbol{x}_0)p(\boldsymbol{\theta})}_{\text{事前分布の部分}} \tag{10.2}$$

したがって、尤度の部分 $p(y_{1:T} \mid \boldsymbol{x}_{0:T}, \boldsymbol{\theta})$ は観測方程式の累積 $\prod_{t=1}^{T} p(y_t \mid \boldsymbol{x}_t, \boldsymbol{\theta})$、事前分布の部分 $p(\boldsymbol{x}_{0:T}, \boldsymbol{\theta})$ は状態方程式の累積 $\prod_{t=1}^{T} p(\boldsymbol{x}_t \mid \boldsymbol{x}_{t-1}, \boldsymbol{\theta})$ と事前分布 $p(\boldsymbol{x}_0)$, $p(\boldsymbol{\theta})$ の積になることが分かります。ここで観測方程式の累積 $\prod_{t=1}^{T} p(y_t \mid \boldsymbol{x}_t, \boldsymbol{\theta})$ と状態方程式の累積 $\prod_{t=1}^{T} p(\boldsymbol{x}_t \mid \boldsymbol{x}_{t-1}, \boldsymbol{\theta})$、ならびに状態の事前分布 $p(\boldsymbol{x}_0)$ の記述は、コード 10.1 と同じです。$p(\boldsymbol{\theta})$ に関して、パラメータの事前分布は特段の事前情報がなければ通常互いに独立に考えるため、$p(\boldsymbol{\theta}) = p(\boldsymbol{W}, V) = p(\boldsymbol{W})p(V)$ とします。$p(\boldsymbol{W})$ や $p(V)$ に関して何らかの事前情報があればそれらを反映した設定しますが、ここでは特段の事前情報はありませので、無情報事前分布 (十分広い一様分布) を設定することにします。**Stan** では事前分布の設定を

10.4 一般状態空間モデルにおける推定例

省略すると無情報事前分布が適用されますので、この特徴を活用して記載を省略しています。結果 model 部の記述は、コード 10.1 と同じになっています。

続いてコード 10.3 を実行するための R のコードは次のようになります。

コード 10.4

```
1  > #【MCMCを活用したローカルレベルモデルの平滑化（パラメータが未知）】
2  
3  ...途中表示省略...
4  
5  > # モデル：生成・コンパイル
6  > stan_mod_out <- stan_model(file = "model10-2.stan")
7  >
8  > # 平滑化：実行（サンプリング）
9  > fit_stan <- sampling(object = stan_mod_out,
10 +                      data = list(t_max = t_max, y = y,
11 +                                  m0 = mod$m0, C0 = mod$C0),
12 +                      pars = c("W", "V", "x"),
13 +                      seed = 123
14 +            )
15 >
16 > # 結果の確認
17 > oldpar <- par(no.readonly = TRUE); options(max.print = 99999)
18 > fit_stan
19 Inference for Stan model: model10-2.
20 4 chains, each with iter=2000; warmup=1000; thin=1;
21 post-warmup draws per chain=1000, total post-warmup draws=4000.
22 
23          mean se_mean    sd    2.5%    25%     50%     75%   97.5% n_eff Rhat
24 W[1,1]   0.97    0.01  0.26    0.57   0.78    0.93    1.12    1.59   506 1.01
25 V[1,1]   2.07    0.01  0.32    1.50   1.85    2.06    2.27    2.76  1585 1.00
26 x[1]    11.78    0.02  0.98    9.93  11.13   11.77   12.43   13.76  4000 1.00
27 x[2]    12.81    0.01  0.86   11.07  12.25   12.81   13.37   14.52  4000 1.00
28 
29 ...途中表示省略...
30 
31 x[199]  18.62    0.01  0.89   16.90  18.03   18.62   19.24   20.35  4000 1.00
32 x[200]  19.24    0.02  1.05   17.16  18.53   19.26   19.94   21.30  4000 1.00
33 lp__  -261.44    0.98 19.06 -298.47 -274.76 -261.89 -248.50 -223.34   378 1.02
34 
35 Samples were drawn using NUTS(diag_e) at Mon Jan 08 13:27:15 2018.
36 For each parameter, n_eff is a crude measure of effective sample size,
37 and Rhat is the potential scale reduction factor on split chains (at
38 convergence, Rhat=1).
39 >
40 > # 以降のコードは表示を省略
```

このコードの内容は、先ほどのコード 10.2 とほぼ同じです。ただし今回は、一般状態空間モデルとして線形・ガウス型状態空間モデルの状態とパラメータをあわせて推定する場合ですので、関数 sampling() の引数において、data から W, V が削除され、pars に W, V

が追加されています。fit_stan のコンソール表示を確認すると、実効サンプルサイズと $\hat{R}$ は、問題はなさそうです。状態雑音・観測雑音の分散の真値は各々 1 と 2 ですが、推定結果の平均値を確認すると各々 0.97 と 2.07 と十分近い値が推定できており、標準誤差も特に大きくはないことが分かります。しかしながら細かく見るとコード 10.2 に比べて実効サンプルサイズや $\hat{R}$ が少し悪くなっています。特に W[1, 1] と lp__ に関してその傾向が顕著です。これは先ほどのコード 10.2 とは異なり一般状態空間モデルの推定をしており、推定対象の変数の数も増えているため、推定の困難さが増しているためです。特にパラメータの中でも状態雑音の分散は、モデルの動的な特性に直結するセンシティブな量であり、対数事後確率の計算にも影響を与えていることが伺えます。トレースプロットの結果は、図 10.4 になります。

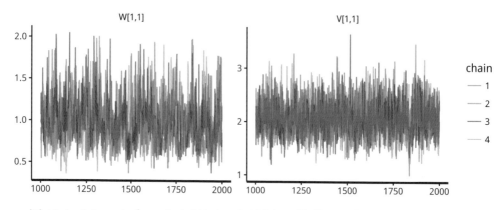

図 10.4: トレースプロット (パラメータが未知の線形・ガウス型状態空間モデル)

ここでは、状態雑音・観測雑音の分散のグラフを選別して表示しました。今回の結果を確認すると、特段の問題はなさそうです。ただし細かく見ると (白黒の図では分かりづらいかもしれませんが)、特に状態雑音の分散に少しだけムラがあるのが分かります。これは、先ほどの実効サンプルサイズなどの結果とも整合しています。さらに fit_stan から状態のサンプリング結果を取り出し、パラメータを全て既知とした場合のカルマン平滑化の結果と比較を行った結果が図 10.5 になります。

10.4 一般状態空間モデルにおける推定例

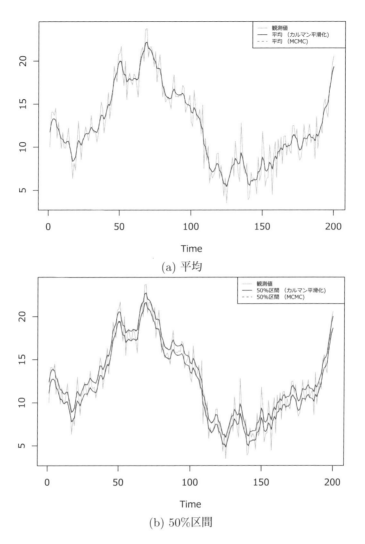

(a) 平均

(b) 50%区間

図 10.5: MCMC を活用した平滑化とカルマン平滑化 (パラメータが未知の線形・ガウス型状態空間モデル)

図 10.5 を確認すると、両者の結果はほぼ一致することが確認できます (グラフがほぼ重なって判別できません)。

> 補足 ここでは周辺平滑化分布 $p(\boldsymbol{x}_t \mid y_{1:T})$ を比較したわけですが、その求め方は異なっており、

$$\text{MCMC を活用した平滑化:} \int p(\boldsymbol{x}_t, \boldsymbol{\theta} \mid y_{1:T}) \mathrm{d}\boldsymbol{\theta}$$

$$\text{カルマン平滑化:} \ p(\boldsymbol{x}_t \mid y_{1:T}; \boldsymbol{\theta} = \text{真値})$$

となっています。したがって、両者はおおむね一致することが期待されつつも、必ずしも一致するわけではありません [21]。後の章でも、線形・ガウス型状態空間モデルのパラメータを確率変数として考え、一般状態空間モデルにおいて得られた結果に対してパラメータを周辺化消去し、線形・ガウス型状態空間モデルの結果と比較することがあります。このような場合、本書で紹介する例では全て一致した結果が得られましたが、原理的には必ずしも一致した結果が得られるわけではないことにご注意ください。

以上簡単な例ではありましたが、**Stan** を用いて一般状態空間モデルの推定も適切に行えることが確認できました。

10.5 推定精度向上のためのテクニック

ここまでの説明で、MCMC を活用して一般状態空間モデルの推定が可能であることが実際に分かりました。MCMC はマルコフ連鎖の繰り返し数を無限にした時に、理想的な性能を達成することができます。これに対して現実の実装では繰り返し数は有限になりますので、理想的な状況に比べ性能が劣化します。より少ない繰り返し数で性能を維持するために、アルゴリズムから実装に及ぶまで、さまざまな改善手法が提案されています [28, 47, 67]。例えばマルコフ連鎖による探索が分布の局所的な領域から抜け出しにくくなる状況を回避するために、レプリカ交換法という発展的なアルゴリズムも開発されています [47]。本書では MCMC を活用した一般状態空間モデルの推定に関する改善手法として、線形・ガウス型の状態空間モデルが部分的にあてはまる場合について説明を行います。

10.5.1 線形・ガウス型状態空間モデルが部分的にあてはまる場合

全てではありませんが一般状態空間モデルにおいて、線形・ガウス型状態空間モデルが部分的にあてはまる場合があります。この場合には、カルマンフィルタを解法の部品として利用する方法が存在します。この方法では、限りある MCMC の力を、カルマンフィルタでは解けない部分に注力させることができます。また、カルマンフィルタは解析解であり推定精度の向上に寄与します。このため、このようなアプローチは可能であれば利用すべきというのが本書の立場です。

このような方法が適用できるのは、一般状態空間モデルにおける状態が、線形・ガウス型状態空間モデルに従う部分とそれ以外の部分に分かれる場合です。例えば、パラメータが未知の線形・ガウス型状態空間モデルにおいて、パラメータを確率変数として考え、状態とパラメータの同時事後分布 $p(\boldsymbol{x}_{0:T}, \boldsymbol{\theta} \mid y_{1:T})$ を推定する場合が相当します。この場合のモデルは、パラメータが既知であったり、パラメータが未知でも状態とは別にあらかじ

め最尤推定などで求めた値を用いれば線形・ガウス型状態空間モデルだったところが、状態とパラメータをあわせて推定するために一般状態空間モデルになったのでした。この場合、パラメータさえ分かってしまえば線形・ガウス型の状態空間モデルとして考えることができます。ここではこの特徴を活かした方法を、2つ説明します。

1つ目の方法は簡単な方法であり、確率変数として考えているパラメータのみをMCMCで推定し、その推定結果をカルマンフィルタで利用するものです。この場合MCMCで求める事後分布は、$p(\boldsymbol{\theta} \mid y_{1:T})$ となります。ここでベイズの定理から、$p(\boldsymbol{\theta} \mid y_{1:T}) \propto p(y_{1:T} \mid \boldsymbol{\theta})p(\boldsymbol{\theta})$ となります。$p(y_{1:T} \mid \boldsymbol{\theta})$ は線形・ガウス型状態空間モデルの尤度ですので、(8.6) 式が利用できます。$p(\boldsymbol{\theta})$ に関しては、特段の事前情報がなければ無情報事前分布を設定します。こうして得られた $\boldsymbol{\theta}$ の推定結果の代表値を点推定値として、カルマンフィルタにプラグインします。

> 補足 **Stan** には、線形・ガウス型状態空間モデルの尤度を計算するための関数 `gaussian_dlm_obs()` が用意されており、内部でカルマンフィルタリングの計算をしています。この関数はジェフリー・B・アーノルド (Jeffrey B. Arnold) 氏の貢献により実装が行われましたが、**Stan** 2.17.2 ではまだ時変のモデルと欠測値に対応していません。

2つ目の方法はあくまで同時事後分布 $p(\boldsymbol{x}_{0:T}, \boldsymbol{\theta} \mid y_{1:T})$ からのサンプルを求める方法で、FFBSを利用します。まず同時分布は、ベイズの定理から $p(\boldsymbol{x}_{0:T}, \boldsymbol{\theta} \mid y_{1:T}) = p(\boldsymbol{x}_{0:T} \mid \boldsymbol{\theta}, y_{1:T})p(\boldsymbol{\theta} \mid y_{1:T})$ となります。1項目の $p(\boldsymbol{x}_{0:T} \mid \boldsymbol{\theta}, y_{1:T})$ は $\boldsymbol{\theta}$ が既知という条件になっており、線形・ガウス型状態空間モデルに従います。この分布からのサンプリングには、アルゴリズム10.2で説明したFFBSが利用できます。2項目の $p(\boldsymbol{\theta} \mid y_{1:T})$ のサンプリングには、最初の方法で説明した方法を適用します。順番としては先に2項目の $p(\boldsymbol{\theta} \mid y_{1:T})$ からのサンプリングを行い、その後FFBSを用いて1項目の $p(\boldsymbol{x}_{0:T} \mid \boldsymbol{\theta}, y_{1:T})$ からサンプリングを行い、状態の標本を再生します。

> 補足 **dlm** には、FFBSを実行するための関数 `dlmBSample()` が用意されています。この関数は、内部でカルマン平滑化の計算をしています。

線形・ガウス型状態空間モデルにおいてパラメータを確率変数として考え、状態とパラメータをあわせて推定する場合、推定において本質的にMCMCを使う必要があるのはパラメータのみであり、いずれの方法でもMCMCによる推定対象はパラメータに限定されています。このように両者とも最初に $p(\boldsymbol{\theta} \mid y_{1:T})$ からパラメータをサンプリングするのは同じであり、カルマンフィルタの利用についてはすでに8章で説明を行いましたので、以降では2番目のFFBSを利用する方法について説明を行います。

10.5.2 例: 人工的なローカルレベルモデル

ここでは改めて、パラメータが未知の線形・ガウス型状態空間モデルにおいて、状態とパラメータを、あわせて推定する例を取り上げます。モデルとデータには再び「9.2 ローカルレベルモデル」のコード 9.1 で準備した、人工的なローカルレベルモデルと生成データを用います。「10.4 一般状態空間モデルにおける推定例」では同じ問題に対して状態について MCMC を直接適用してサンプルを得ましたが、今回は FFBS を用いて後からサンプルを再生します。なお、状態の事前分布に関する平均と分散を既知とするのは、前回と同様としました。今回 MCMC を活用してサンプルを得る対象は状態・観測雑音の分散のみですので、推定対象の同時事後分布は $p(\boldsymbol{\theta} \mid y_{1:T}) = p(\boldsymbol{W}, V \mid y_{1:T})$ となります。このための **Stan** のコードは、以下のようになります。

コード 10.5

```
// model10-3.stan
// モデル：規定【ローカルレベルモデル、パラメータが未知、カルマンフィルタを活用】

data{
  int<lower=1>    t_max;      // 時系列長
  matrix[1, t_max]    y;      // 観測値

  matrix[1, 1]        G;      // 状態遷移行列
  matrix[1, 1]        F;      // 観測行列
  vector[1]           m0;     // 事前分布の平均
  cov_matrix[1]       C0;     // 事前分布の分散
}

parameters{
  cov_matrix[1]       W;      // 状態雑音の分散
  cov_matrix[1]       V;      // 観測雑音の分散
}

model{
  // 尤度の部分
  /* 線形・ガウス型状態空間モデルの尤度を求める関数 */
  y ~ gaussian_dlm_obs(F, G, V, W, m0, C0);

  // 事前分布の部分
  /* W, Vの事前分布：無情報事前分布（省略時のデフォルト設定を活用） */
}
```

コード 10.3 と比べると、data ブロックでは状態遷移行列 G と観測行列 F の記述が追加されています (コードに網掛けをしました)。これらの値は、線形・ガウス型状態空間モデルの尤度を計算する関数 gaussian_dlm_obs() の引数として用いられます。なお、この関数の規定に整合させるために、観測値 y は 1 行の行列、事前分布の平均 m0 は要素数 1 の

10.5 推定精度向上のためのテクニック

ベクトルとして宣言されています。続く parameters ブロックでは、コード 10.3 で存在していた状態 x0, x の記述が削除されています。最後の model ブロックでは、尤度の部分の記述に関数 gaussian_dlm_obs() を用いています。また事前分布の部分では、コード 10.3 で存在していた状態に関する記述が削除されています。

続いてコード 10.5 を実行するための R のコードは次のようになります。

コード 10.6
```
1  > #【MCMCを活用したローカルレベルモデルの平滑化（パラメータが未知、カルマンフィルタを活用）】
2  >
3  > # 前処理
4  > set.seed(123)
5  > library(rstan)
6  >
7  > # Stanの事前設定：コードのHDD保存、並列演算、グラフの縦横比
8  > rstan_options(auto_write = TRUE)
9  > options(mc.cores = parallel::detectCores())
10 > theme_set(theme_get() + theme(aspect.ratio = 3/4))
11 >
12 > # 人工的なローカルレベルモデルに関するデータを読み込み
13 > load(file = "ArtifitialLocalLevelModel.RData")
14 >
15 > # モデル：生成・コンパイル
16 > stan_mod_out <- stan_model(file = "model10-3.stan")
17 >
18 > # 平滑化：実行（サンプリング）
19 > dim(mod$m0) <- 1              # ベクトル要素が1つの場合は、明示的に次元を設定
20 > fit_stan <- sampling(object = stan_mod_out,
21 +                      data = list(t_max = t_max, y = matrix(y, nrow = 1),
22 +                                  G = mod$G, F = t(mod$F),
23 +                                  m0 = mod$m0, C0 = mod$C0),
24 +                      pars = c("W", "V"),
25 +                      seed = 123
26 +                     )
27 >
28 > # 結果の確認
29 > fit_stan
30 Inference for Stan model: model10-3.
31 4 chains, each with iter=2000; warmup=1000; thin=1;
32 post-warmup draws per chain=1000, total post-warmup draws=4000.
33
34           mean se_mean   sd    2.5%    25%     50%     75%   97.5% n_eff Rhat
35 W[1,1]    0.98    0.01 0.27    0.56   0.79    0.94    1.13    1.61  2160    1
36 V[1,1]    2.06    0.01 0.33    1.48   1.83    2.04    2.27    2.75  2101    1
37 lp__   -235.52    0.03 1.02 -238.39 -235.89 -235.20 -234.79 -234.52 1504    1
38
39 Samples were drawn using NUTS(diag_e) at Mon Jan 08 13:27:41 2018.
40 For each parameter, n_eff is a crude measure of effective sample size,
41 and Rhat is the potential scale reduction factor on split chains (at
```

```
42  convergence, Rhat=1).
43  > traceplot(fit_stan, pars = c("W", "V"), alpha = 0.5)
```

このコードの内容は、関数 sampling() まではコード 10.4 と基本的に同じです。主な差分としては、まず関数 sampling() に先立って mod$m0 に明示的に次元特性を与えることで、mod$m0 を要素が 1 つのベクトルとしています。そして関数 sampling() の引数では、data において、gaussian_dlm_obs() の規定にあわせて観測値 y を 1 行の行列に変換し、観測行列 mod$F を転置しています。また、pars からは状態 x を削除しています。サンプリング結果の fit_stan のコンソール表示を確認すると、実効サンプルサイズと $\hat{R}$ は、特段問題はなさそうです。状態雑音・観測雑音の分散の真値は各々 1 と 2 ですが、推定結果の平均値を確認すると各々 0.98 と 2.06 と十分近い値が推定できており、標準誤差も特に大きくはないことが分かります。さらに細かく見ると、コード 10.4 に比べて実効サンプルサイズや $\hat{R}$ が改善されていることが分かります。トレースプロットの結果は、図 10.6 になります。

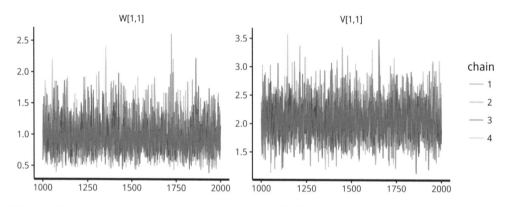

図 10.6: トレースプロット (パラメータが未知の線形・ガウス型状態空間モデル、カルマンフィルタを活用)

図 10.6 では状態雑音・観測雑音の分散のグラフを選別して表示しています。今回の結果を確認すると、特段の問題はなさそうです。白黒の図では分かりづらいかもしれませんが細かく見ると、図 10.4 と比べ、状態雑音の分散のムラがわずかですが改善されている印象を受けます。この結果は、先ほどの実効サンプルサイズなどの結果と整合しています。

続いて、FFBS を用いて状態の標本を再生してみましょう。このための R のコードは次のようになります。

コード 10.7
```
44  > #【MCMCを活用したローカルレベルモデルの平滑化 (FFBSで状態を再生)】
```

10.5 推定精度向上のためのテクニック

```
> 
> # 前処理
> set.seed(123)
> library(dlm)
> 
> # 必要なサンプリング結果を取り出す
> stan_mcmc_out <- rstan::extract(fit_stan, pars = c("W", "V"))
> 
> # FFBSの前処理：MCMCの繰り返しステップを設定、進捗バーの設定
> it_seq <- seq_along(stan_mcmc_out$V[, 1, 1])
> progress_bar <- txtProgressBar(min = 1, max = max(it_seq), style = 3)
> 
> # FFBSの本処理：状態の再生
> x_FFBS <- sapply(it_seq, function(it){
+   # 進捗バーの表示
+   setTxtProgressBar(pb = progress_bar, value = it)
+ 
+   # W, Vの値をモデルに設定
+   mod$W[1, 1] <- stan_mcmc_out$W[it, 1, 1]
+   mod$V[1, 1] <- stan_mcmc_out$V[it, 1, 1]
+ 
+   # FFBSの実行
+   return(dlmBSample(dlmFilter(y = y, mod = mod)))
+ })
  |======================================================================| 100%
> 
> # FFBSの後処理：x0の分を除去して転置（Stanの出力と整合させて、列が時間方向）
> x_FFBS <- t(x_FFBS[-1, ])
> 
> # 周辺化を行い、平均・25%値・75%値を求める
> s_FFBS <- colMeans(x_FFBS)
> s_FFBS_quant <- apply(x_FFBS, 2, FUN = quantile, probs=c(0.25, 0.75))
> 
> # 以降のコードは表示を省略
```

このコードは、コード 10.6 からの続きとなります。FFBS の本処理では、MCMC の繰り返しステップごとに状態を再生しています。この処理はやや重いため、進捗バーを表示するようにしました。処理の中では、ある MCMC の繰り返しステップ it における状態・観測雑音のサンプル値をモデルに設定し、`dlmBSample()` を用いて状態の標本を生成しています。`dlmBSample()` の引数は `modFilt` であり、これは関数 `dlmFilter()` の出力になります。モデルの状態・観測雑音は MCMC の繰り返しステップごとに変わるため、関数 `dlmFilter()` を毎回実行しています。このようにして得られた FFBS の結果と、パラメータを全て既知とした場合のカルマン平滑化の結果を比較したのが、図 10.7 になります。

第 10 章 一般状態空間モデルの一括解法

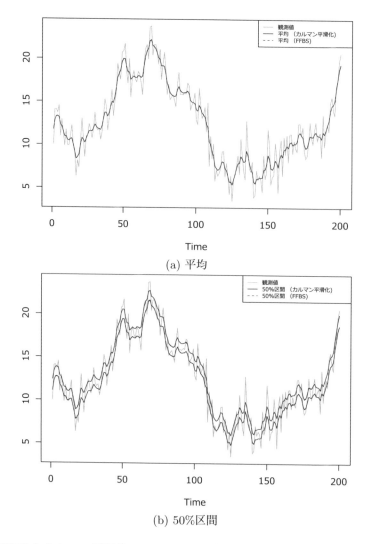

(a) 平均

(b) 50%区間

図 10.7: FFBS とカルマン平滑化 (パラメータが未知の線形・ガウス型状態空間モデル)

図 10.7 を見ると、両者の結果はほぼ一致することが確認できます (グラフがほぼ重なって判別できません)。

以上簡単な例ではありましたが、線形・ガウス型状態空間モデルが部分的にあてはまる場合における推定精度の改善法について確認を行いました。

10.5.3 例: 英国における自動車運転者死傷者数

先ほどの例で扱ったローカルレベルモデルは簡単なモデルですので、カルマンフィルタを部品として用いた改善の程度もささやかなものでした。モデルが複雑 (状態の数が多い・規定階層が深い・非線形性が強いなど) になってくると、改善の有効性が増します。ここではそのような例として、英国における自動車運転者死傷者数の分析例を紹介します。このデータにはさまざまなモデルが適用できますが、[54, 4.2 章] に基づき、ローカルレベルモデル＋周期モデル (時間領域アプローチ) で分析を行うことにします。なお [54, 4.2 章] では、このモデルのことを確率的レベル＋確率的な季節要素と呼んでいます。このモデルはローカルレベルモデルに比べ、状態の数が多く複雑さが増しています。**Stan** でこのモデルを推定する際に、状態とパラメータをあわせてサンプリングすると、MCMC の収束が難しいことが指摘されています [70]。ここで採用することにしたローカルレベルモデル＋周期モデル (時間領域アプローチ) は線形・ガウス型状態空間モデルですので、このモデルに基づいて状態とパラメータをあわせて推定する際には、線形・ガウス型状態空間モデルが部分的にあてはまることになります。そのため、カルマンフィルタを部品として利用することで推定の安定性を改善できます。

それでは実際に確認をしてみましょう。まずはデータを確認し、パラメータを最尤推定で求め、カルマン平滑化を適用してみます。このためのコードは以下のとおりです。

コード 10.8

```
1  > #【英国における自動車運転者死傷者数：カルマン平滑化】
2  >
3  > # 前処理
4  > set.seed(123)
5  > library(dlm)
6  >
7  > # データを対数変換、時系列長の設定
8  > y <- log(UKDriverDeaths)
9  > t_max <- length(y)
10 >
11 > # 横軸時間のプロット
12 > plot(y)
13 >
14 > # モデルのテンプレート
15 > mod <- dlmModPoly(order = 1) + dlmModSeas(frequency = 12)
16 >
17 > # モデルを定義・構築するユーザ定義関数
18 > build_dlm_UKD <- function(par) {
19 +   mod$W[1, 1] <- exp(par[1])
20 +   mod$W[2, 2] <- exp(par[2])
21 +   mod$V[1, 1] <- exp(par[3])
```

第 10 章 一般状態空間モデルの一括解法

```
22  +
23  +     return(mod)
24  + }
25  >
26  > # パラメータの最尤推定
27  > fit_dlm_UKD <- dlmMLE(y = y, parm = rep(0, times = 3), build = build_dlm_UKD)
28  Warning messages:
29  1: In dlmLL(y = y, mod = mod, debug = debug) :
30    a numerically singular 'V' has been slightly perturbed to make it nonsingular
31  2: In dlmLL(y = y, mod = mod, debug = debug) :
32    a numerically singular 'V' has been slightly perturbed to make it nonsingular
33  3: In dlmLL(y = y, mod = mod, debug = debug) :
34    a numerically singular 'V' has been slightly perturbed to make it nonsingular
35  4: In dlmLL(y = y, mod = mod, debug = debug) :
36    a numerically singular 'V' has been slightly perturbed to make it nonsingular
37  5: In dlmLL(y = y, mod = mod, debug = debug) :
38    a numerically singular 'V' has been slightly perturbed to make it nonsingular
39  6: In dlmLL(y = y, mod = mod, debug = debug) :
40    a numerically singular 'V' has been slightly perturbed to make it nonsingular
41  7: In dlmLL(y = y, mod = mod, debug = debug) :
42    a numerically singular 'V' has been slightly perturbed to make it nonsingular
43  >
44  > # モデルの設定と結果の確認
45  > mod <- build_dlm_UKD(fit_dlm_UKD$par)
46  > cat(diag(mod$W)[1:2], mod$V, "\n")
47  0.0009456339 1.841854e-10 0.003513928
48  >
49  > # 平滑化処理
50  > dlmSmoothed_obj <- dlmSmooth(y = y, mod = mod)
51  >
52  > # 平滑化分布の平均
53  >     mu <- dropFirst(dlmSmoothed_obj$s[, 1])
54  > gamma <- dropFirst(dlmSmoothed_obj$s[, 2])
55  >
56  > # 結果のプロット
57  > oldpar <- par(no.readonly = TRUE)
58  > par(mfrow = c(3, 1)); par(oma = c(2, 0, 0, 0)); par(mar = c(2, 4, 1, 1))
59  > ts.plot(     y, ylab = "観測値(対数変換後)")
60  > ts.plot(    mu, ylab = "レベル成分")
61  > ts.plot(gamma, ylab = "周期成分")
62  > mtext(text = "Time", side = 1, line = 1, outer = TRUE)
63  > par(oldpar)
```

データは UKDriverDeaths として R に組み込まれており、[54, 4.2 章] にならい対数変換を施して用いることにします。対数変化後のデータのプロットを、図 10.8 に示します。

10.5 推定精度向上のためのテクニック

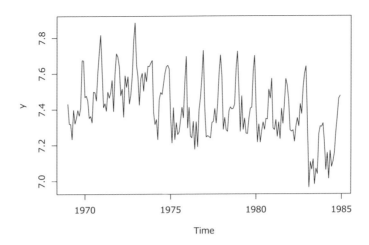

図 10.8: 英国における自動車運転者死傷者数 (対数変換後)

　全体的なレベルが上下しつつ、ひずんだ年周期が認められます。このデータに対して、**dlm** の関数 `dlmModPoly()`, `dlmModSeas()` を利用してローカルレベルモデル+周期モデル (時間領域アプローチ) を設定します。この際関数のデフォルト設定を活用していますので、状態の事前分布の平均ベクトルは $\boldsymbol{0}$、共分散行列は $10^7 \boldsymbol{I}$ となっています。続いてパラメータを最尤推定する際に、警告が出ています。これは **dlm** によるもので、観測雑音の推定値が 0 に近づいた場合、非常に小さな値 (10^{-6}) を付加したことを示すものです。今回の例では結果に大きな影響を及ぼさないと考えられますので、ここでは無視します。最尤推定の結果は、レベル成分の状態雑音の分散が 0.0009456339、周期成分の状態雑音の分散が 1.841854e-10、観測雑音の分散が 0.003513928 となりました。実データが対象ですのでこの値が正解というわけではありませんが、目安にはなります。この結果を用いてカルマン平滑化を行った結果が、図 10.9 になります。

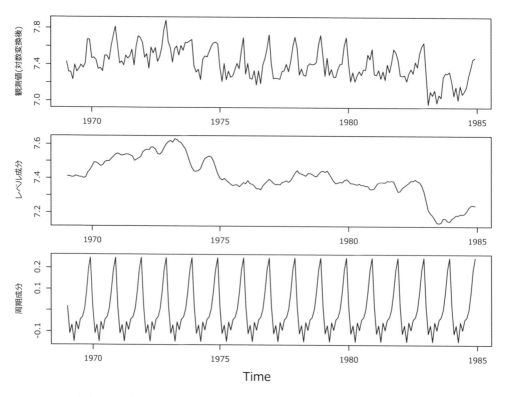

図 10.9: 英国における自動車運転者死傷者数 (カルマン平滑化)

図 10.9 は上から順に、観測値、レベル成分 (平滑化分布の平均)、周期成分 (平滑化分布の平均) となっています。

続いて、**Stan** を用いて同時事後分布からのサンプルを取得します。まず、状態とパラメータをあわせて MCMC でサンプリングするストレートな方法について説明します。このための **Stan** のコードは以下のようになります。

コード 10.9

```
// model10-4.stan
// モデル：規定【ローカルレベルモデル+周期モデル(時間領域アプローチ)】

data{
  int<lower=1>     t_max;         // 時系列長
  vector[t_max]    y;             // 観測値

  vector[12]       m0;            // 事前分布の平均ベクトル
  cov_matrix[12]   C0;            // 事前分布の共分散行列
}
```

10.5 推定精度向上のためのテクニック

```
11
12   parameters{
13     real              x0_mu;         // 状態（レベル成分）[0]
14     vector[11]        x0_gamma;      // 状態（  周期成分）[0]
15     vector[t_max]     x_mu;          // 状態（レベル成分）[1:t_max]
16     vector[t_max]     x_gamma;       // 状態（  周期成分）[1:t_max]
17
18     real<lower=0>     W_mu;          // 状態雑音（レベル成分）の分散
19     real<lower=0>     W_gamma;       // 状態雑音（  周期成分）の分散
20     cov_matrix[1]     V;             // 観測雑音の共分散行列
21   }
22
23   model{
24     // 尤度の部分
25     /* 観測方程式 */
26     for (t in 1:t_max){
27       y[t] ~ normal(x_mu[t] + x_gamma[t], sqrt(V[1, 1]));
28     }
29
30     // 事前分布の部分
31     /* 状態（レベル成分）の事前分布 */
32     x0_mu ~ normal(m0[1], sqrt(C0[1, 1]));
33
34     /* 状態方程式（レベル成分）  */
35       x_mu[1] ~ normal(x0_mu     , sqrt(W_mu));
36     for(t in 2:t_max){
37       x_mu[t] ~ normal( x_mu[t-1], sqrt(W_mu));
38     }
39
40     /* 状態（周期成分）の事前分布 */
41     for (p in 1:11){
42       x0_gamma[p] ~ normal(m0[p+1], sqrt(C0[(p+1), (p+1)]));
43     }
44
45     /* 状態方程式（周期成分）  */
46       x_gamma[1] ~ normal(-sum(x0_gamma[1:11])                                 ,
47                                                                   sqrt(W_gamma));
48     for(t in 2:11){
49       x_gamma[t] ~ normal(-sum(x0_gamma[t:11])-sum(x_gamma[    1:(t-1)]),
50                                                                   sqrt(W_gamma));
51     }
52     for(t in 12:t_max){
53       x_gamma[t] ~ normal(                    -sum(x_gamma[(t-11):(t-1)]),
54                                                                   sqrt(W_gamma));
55     }
56
57     /* W, Vの事前分布：無情報事前分布（省略時のデフォルト設定を活用）  */
58   }
```

コードの作成にあたっては、[68, 71] を参考にさせていただきました。まず parameters ブロックにおいて、推定対象となる状態とパラメータを宣言しています。状態には、レベ

第 10 章 一般状態空間モデルの一括解法

ル成分と周期成分の二種類が存在しています。model ブロックには、同時事後分布に関する尤度と事前分布の部分が記述されています。状態の事前分布には、作成済みの mod の値 (平均が $\mathbf{0}$、共分散が $10^7 \mathbf{I}$) が設定されます。状態 (周期成分) の状態方程式としては、(9.20) 式に基づく設定を行っています。パラメータの W_mu, W_gamma, V に関する事前分布は記述を省略しましたので、デフォルトの無情報事前分布が設定されています。

コード 10.9 を実行するための R のコードは、次のようになります。

コード 10.10

```
> #【英国における自動車運転者死傷者数：MCMCで状態もサンプリングする】
>
> # 前処理
> set.seed(123)
> library(rstan)
>
> # Stanの事前設定：コードのHDD保存、並列演算、グラフの縦横比
> rstan_options(auto_write = TRUE)
> options(mc.cores = parallel::detectCores())
> theme_set(theme_get() + theme(aspect.ratio = 3/4))
>
> # モデル：生成・コンパイル
> stan_mod_out <- stan_model(file = "model10-4.stan")
>
> # 平滑化：実行（サンプリング）
> fit_stan <- sampling(object = stan_mod_out,
+                      data = list(n = t_max, y = y, m0 = mod$m0, C0 = mod$C0),
+                      pars = c("W_mu", "W_gamma", "V"),
+                      seed = 123
+                      )
Warning messages:
1: There were 13 divergent transitions after warmup. Increasing adapt_delta above 0.8
     may help. See
http://mc-stan.org/misc/warnings.html#divergent-transitions-after-warmup
2: There were 293 transitions after warmup that exceeded the maximum treedepth.
     Increase max_treedepth above 10. See
http://mc-stan.org/misc/warnings.html#maximum-treedepth-exceeded
3: There were 4 chains where the estimated Bayesian Fraction of Missing Information
     was low. See
http://mc-stan.org/misc/warnings.html#bfmi-low
4: Examine the pairs() plot to diagnose sampling problems

>
> # 結果の確認
> fit_stan
Inference for Stan model: model10-4.
4 chains, each with iter=2000; warmup=1000; thin=1;
post-warmup draws per chain=1000, total post-warmup draws=4000.

```

10.5 推定精度向上のためのテクニック

```
100              mean se_mean    sd    2.5%    25%    50%     75%  97.5% n_eff Rhat
101 W_mu         0.00     0.0  0.00    0.00   0.00   0.00    0.0    0.0   346 1.01
102 W_gamma      0.00     0.0  0.00    0.00   0.00   0.00    0.0    0.0    39 1.08
103 V[1,1]       0.00     0.0  0.00    0.00   0.00   0.00    0.0    0.0   923 1.00
104 lp__      1868.01    12.8 77.81 1729.92 1808.57 1862.26 1927.4 2021.4   37 1.09
105
106 Samples were drawn using NUTS(diag_e) at Mon Jan 08 13:30:53 2018.
107 For each parameter, n_eff is a crude measure of effective sample size,
108 and Rhat is the potential scale reduction factor on split chains (at
109 convergence, Rhat=1).
110 > traceplot(fit_stan, pars = c("W_mu", "W_gamma", "V"), alpha = 0.5)
```

このコードは、コード 10.8 からの続きとなっています。結果を確認すると、まず sampling() の実行時に収束の悪化が検知され、警告が出ています。結果の fit_stan を確認すると、周期成分の状態雑音の分散と対数事後確率の値について、実効サンプルサイズ、$\hat{R}$ ともに値が悪くなっています。トレースプロットは図 10.10 になりますが、特に周期成分の状態雑音の分散について、推定結果の混ざり具合が悪いのが分かります。

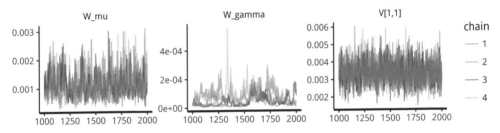

図 10.10: トレースプロット (英国における自動車運転者死傷者数：MCMC で状態もサンプリングする)

続いて、パラメータのみを MCMC でサンプリングし、その後 FFBS で状態のサンプルを再生する方法について説明します。このための **Stan** のコードは以下のようになります。

コード 10.11
```
1  // model10-5.stan
2  // モデル：規定【ローカルレベルモデル+周期モデル(時間領域アプローチ)、カルマンフィルタを活用】
3
4  data{
5    int<lower=1>   t_max;         // 時系列長
6    matrix[1, t_max]  y;          // 観測値
7
8    matrix[12, 12]    G;          // 状態遷移行列
9    matrix[12,  1]    F;          // 観測行列
10   vector[12]       m0;          // 事前分布の平均ベクトル
11   cov_matrix[12]   C0;          // 事前分布の共分散行列
12 }
```

第 10 章　一般状態空間モデルの一括解法

```
13
14   parameters{
15     real<lower=0>        W_mu;         // 状態雑音（レベル成分）の分散
16     real<lower=0>        W_gamma;      // 状態雑音（ 周期成分）の分散
17     cov_matrix[1]        V;            // 観測雑音の共分散行列
18   }
19
20   transformed parameters{
21       matrix[12, 12]    W;             // 状態雑音の共分散行列
22
23       for (k in 1:12){                 // Stanのmatrixでは列優先のアクセスが高速
24         for (j in 1:12){
25                 if (j == 1 && k == 1){ W[j, k] = W_mu;    }
26           else if (j == 2 && k == 2){ W[j, k] = W_gamma; }
27           else{                        W[j, k] = 0;       }
28         }
29       }
30   }
31
32   model{
33     // 尤度の部分
34     /* 線形・ガウス型状態空間モデルの尤度を求める関数 */
35     y ~ gaussian_dlm_obs(F, G, V, W, m0, C0);
36
37     // 事前分布の部分
38     /* W, Vの事前分布：無情報事前分布（省略時のデフォルト設定を活用）  */
39   }
```

まず parameters ブロックにおいて、推定対象となるパラメータが宣言されています。続く transformed parameters ブロックでは、data ブロックで宣言された定数や parameters ブロックで宣言されたパラメータを利用して、計算に便利な別のパラメータを定義することができます。今回ここでは、状態雑音の共分散行列を組み立てています。最後の model ブロックでは関数 gaussian_dlm_obs() を利用しています。状態の事前分布には、作成済みの mod の値 (平均が $\boldsymbol{0}$、共分散が $10^7 \boldsymbol{I}$) を設定します。なおパラメータの事前分布は記述を省略しましたので、デフォルトの無情報事前分布が設定されています。

コード 10.11 を実行するための R のコードは、次のようになります。

コード 10.12

```
111  > #【英国における自動車運転者死傷者数：MCMCで状態はサンプリングしない】
112  >
113  > # 前処理
114  > set.seed(123)
115  > library(rstan)
116  >
117  > # Stanの事前設定：コードのHDD保存、並列演算、グラフの縦横比
118  > rstan_options(auto_write = TRUE)
```

10.5 推定精度向上のためのテクニック

```
> options(mc.cores = parallel::detectCores())
> theme_set(theme_get() + theme(aspect.ratio = 3/4))
>
> # モデル：生成・コンパイル
> stan_mod_out <- stan_model(file = "model10-5.stan")
>
> # 平滑化：実行（サンプリング）
> fit_stan <- sampling(object = stan_mod_out,
+                      data = list(t_max = t_max, y = matrix(y, nrow = 1),
+                                  G = mod$G, F = t(mod$F),
+                                  m0 = mod$m0, C0 = mod$C0),
+                      pars = c("W_mu", "W_gamma", "V"),
+                      seed = 123
+         )
>
> # 結果の確認
> fit_stan
Inference for Stan model: model10-5.
4 chains, each with iter=2000; warmup=1000; thin=1;
post-warmup draws per chain=1000, total post-warmup draws=4000.

          mean se_mean   sd   2.5%    25%    50%   75%  97.5% n_eff Rhat
W_mu      0.00    0.00 0.00   0.00   0.00   0.00   0.0   0.00  2265    1
W_gamma   0.00    0.00 0.00   0.00   0.00   0.00   0.0   0.00  3779    1
V[1,1]    0.00    0.00 0.00   0.00   0.00   0.00   0.0   0.00  2242    1
lp__    233.25    0.04 1.31 229.82 232.67 233.59 234.2 234.71  1325    1

Samples were drawn using NUTS(diag_e) at Mon Jan 08 13:32:29 2018.
For each parameter, n_eff is a crude measure of effective sample size,
and Rhat is the potential scale reduction factor on split chains (at
convergence, Rhat=1).
> traceplot(fit_stan, pars = c("W_mu", "W_gamma", "V"), alpha = 0.5)
>
> # 推定結果の周辺分布の平均を確認
> cat(summary(fit_stan)$summary[    "W_mu", "mean"],
+     summary(fit_stan)$summary["W_gamma", "mean"],
+     summary(fit_stan)$summary[ "V[1,1]", "mean"], "\n")
0.001117487 5.048491e-05 0.003373244
```

このコードは、コード 10.10 からの続きとなっています。結果の `fit_stan` を確認すると、実効サンプルサイズ、$\hat{R}$ ともに改善が図られています。トレースプロットの結果は図 10.11 になりますが、特に周期成分の状態雑音の分散について、混ざり具合が改善されているのが分かります。

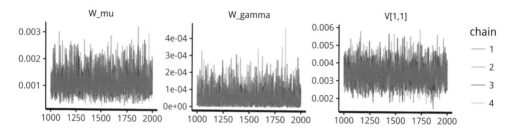

図 10.11: トレースプロット (英国における自動車運転者死傷者数：MCMC で状態はサンプリングしない)

パラメータの推定結果 (周辺分布の平均値) は、レベル成分の状態雑音の分散が 0.001117487、周期成分の状態雑音の分散が $5.048491e-05$、観測雑音の分散が 0.003373244 となりました。周期成分の状態雑音の分散が最尤推定値の $1.841854e-10$ と比べて大きめですが、それ以外は最尤推定値に近い値が得られています。

最後に FFBS を用いて状態のサンプルを再生し、パラメータを最尤推定した場合のカルマン平滑化の結果と比較します。このためのコードは以下のとおりです。

コード 10.13

```
157  > #【英国における自動車運転者死傷者数：FFBSで状態を再生】
158  >
159  > # 前処理
160  > set.seed(123)
161  > library(dlm)
162  >
163  > # 必要なサンプリング結果を取り出す
164  > stan_mcmc_out <- rstan::extract(fit_stan, pars = c("W_mu", "W_gamma", "V"))
165  >
166  > # FFBSの前処理：MCMCの繰り返しステップを設定、進捗バーの設定
167  > it_seq <- seq_along(stan_mcmc_out$V[, 1, 1])
168  > progress_bar <- txtProgressBar(min = 1, max = max(it_seq), style = 3)
169  >
170  > # FFBSの本処理：状態の再生
171  > x_FFBS <- lapply(it_seq, function(it){
172  +    # 進捗バーの表示
173  +    setTxtProgressBar(pb = progress_bar, value = it)
174  +
175  +    # W, Vの値をモデルに設定
176  +    mod$W[1, 1] <- stan_mcmc_out$W_mu[it]
177  +    mod$W[2, 2] <- stan_mcmc_out$W_gamma[it]
178  +    mod$V[1, 1] <- stan_mcmc_out$V[it, 1, 1]
179  +
180  +    # FFBSの実行
181  +    return(dlmBSample(dlmFilter(y = y, mod = mod)))
```

10.5 推定精度向上のためのテクニック

```
182  + })
183    |===============================================================| 100%
184  >
185  > # FFBSの後処理：x0の分を除去して転置（Stanの出力と整合させて、列が時間方向）
186  >     x_mu_FFBS    <- t(sapply(x_FFBS, function(x){ x[-1, 1] }))
187  > x_gamma_FFBS <- t(sapply(x_FFBS, function(x){ x[-1, 2] }))
188  >
189  > # 周辺化を行い、平均を求める
190  >     mu_FFBS <- colMeans(   x_mu_FFBS)
191  > gamma_FFBS <- colMeans(x_gamma_FFBS)
192  >
193  > # 以降のコードは表示を省略
```

このコードは、コード 10.12 からの続きとなっています。コード 10.7 と同じように FFBS の本処理では、MCMC の繰り返しステップごとに状態を再生しています。FFBS の結果と、パラメータを最尤推定した場合のカルマン平滑化の結果を比較したのが、図 10.12 になります。

第10章 一般状態空間モデルの一括解法

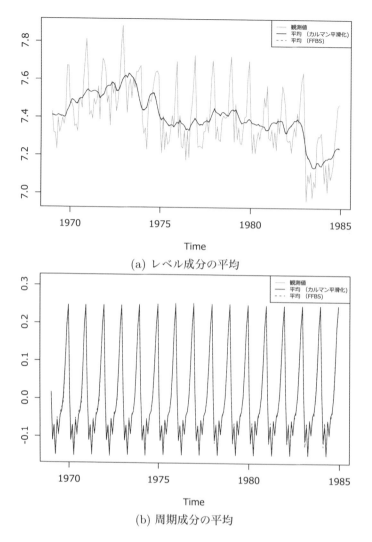

(a) レベル成分の平均

(b) 周期成分の平均

図 10.12: FFBS とカルマン平滑化 (英国における自動車運転者死傷者数)

図 10.12 を確認すると、両者の結果はほぼ一致することが確認できます (グラフがほぼ重なっています)。細かく見ると、周期成分の平均に関して少しだけグラフのずれが認められます。これは、周期成分の状態雑音の分散が最尤推定値に比べ大きめに推定された影響と思われます。ただし、周辺平滑化分布の平均に関して、全体的に大きな差はない印象を受けます。

以上から、複雑なモデルで線形・ガウス型状態空間モデルが部分的にあてはまる場合、カルマンフィルタを部品として利用することで、推定の安定性を改善できることが分かり

ました。

第11章
一般状態空間モデルの逐次解法

　本章では、一般状態空間モデルにおいて、順次データが得られる場合の逐次推定法について例を交えて説明します。このような解法にはさまざまな方法が提案されていますが、ここでは粒子フィルタを取り上げます。本章では粒子フィルタに関して、自作のアプローチとライブラリを活用するアプローチの両方を紹介しますが、本書執筆時点では定番といえるライブラリが普及している状況ではないことを鑑み、自作アプローチの説明に力点を置きます。また、推定精度向上のためのテクニックとして、補助粒子フィルタとラオ–ブラックウェル化についても説明をします。なお、粒子フィルタは逐次解法ですが、まとまった時点のデータに適用することもできます。

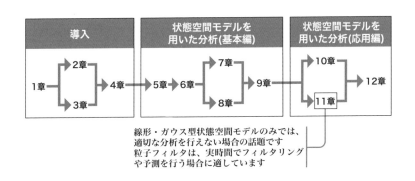

第11章 一般状態空間モデルの逐次解法

11.1 粒子フィルタ

前章では一般状態空間モデルの一括解法として、MCMC を活用した解法を説明しました。順次得られるデータにこの方法を適用することも不可能ではありませんが、基本的に時点ごとに MCMC の計算を最初からやり直す必要があり、計算上の効率があまり良くありません。一般状態空間モデルの逐次解法に関しては、カルマンフィルタの発展版ともいえる方法が以前より複数提案されています。最初期に提案された方法は拡張カルマンフィルタ [72] であり、元々は米国 NASA のアポロ計画で検討が行われ実用化もされました[1]。またアンセンテッドカルマンフィルタ [73] はロボット工学から提案された方法であり、アンサンブルカルマンフィルタ [74] は気象学から提案された方法です。この3つの方法はいずれも、求めたい事後分布の平均と共分散に関する統計量を逐次的に求める方法となっています。さらに**粒子フィルタ** [75, 76] という方法も提案されており、こちらは図 11.1 に示すように、求めたい事後分布を**粒子**と呼ばれる実現値と重みのペアを多数使って直接求める方法になっています (なお、粒子の重みを均一にしてその分を粒子の数に置き換えた別の表現もありますが、両者は基本的には同じものです)。

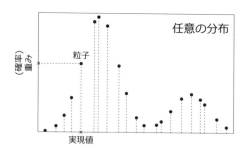

図 11.1: 粒子フィルタの考え方

粒子フィルタでは事後分布の近似を直接求めた後で、必要に応じて各種の統計量 (平均や共分散) を算出します。これらの方法にはそれぞれ特徴がありますが、本書では原理的な汎用性を踏まえ、粒子フィルタの説明に焦点を絞ることにします。拡張カルマンフィルタ、アンセンテッドカルマンフィルタ、アンサンブルカルマンフィルタについて関心のある読者は、参考文献 [26, 77] を参照してください。

> 補足 粒子フィルタの原理は古くから提案されていましたが [78–80]、実際に利用されるようになったのは計算機能力の向上を踏まえて [75, 76] 以降のようです。粒子フィルタは**パーティクルフィル**

---

[1] アポロ計画で実際に使用された (おそらく) 世界初の拡張カルマンフィルタのソースコードが、https://github.com/chrislgarry/Apollo-11/blob/master/Luminary099/KALMAN_FILTER.agc で公開されています。

タとも呼ばれますが、その原理から**逐次モンテカルロ法**、もしくは重点サンプリングの逐次版としての観点から **SIR 法** (SIR; Sequential Importance Resampling) と呼ばれる場合もあります。

本節ではこれ以降、粒子フィルタに関するフィルタリング・予測・平滑化について説明を行っていきます [13, 18, 25, 26, 47, 81–89]。

> 📝**補足** 粒子フィルタは順次得られるデータに適した解法ですが、解析解であるカルマンフィルタとは異なりあくまで近似解ですので、処理の継続に伴い近似誤差が累積していきます。このため、非常に長い期間の連続動作では推定精度が劣化してしまうことがあります。このような推定精度の劣化を防ぐためには、現実的にある程度の期間でフィルタリングの処理を再スタートさせた方が良いでしょう [18]。

11.1.1 粒子フィルタリング

粒子フィルタリングにはいろいろな解釈がありますが、重点サンプリングの逐次版としてのとらえ方が最も一般的です。そこで本書ではまず、重点サンプリングについて簡単に説明をすることにします。

重点サンプリングとは、求めたい分布に関する統計量を計算する際に、サンプリングが容易な代理となる分布 (**提案分布**) から一旦標本を抽出し、求めたい分布の尤度で補正を施す方法です。順を追って説明すると、例えば確率変数 x に関するある関数 $f(x)$ の期待値を計算する場合、

$$\mathrm{E}[f(x)] = \int f(x)p(x)\mathrm{d}x$$

となり、$p(x)$ からのサンプリングが容易ならば、

$$\mathrm{E}[f(x)] \approx \frac{1}{N}\sum_{n=1}^{N} f(x^{(n)})$$

と近似ができます。ここで x に対する右肩の添え字 (n) はサンプルの通し番号、N はサンプルサイズを表しています。ところが残念ながら、$p(x)$ からのサンプリングは常に容易とは限りません。このため、重点サンプリングではサンプリングが容易な代理となる分布 (提案分布) を活用します。具体的に提案分布を $q(\cdot)$ とすると、

$$\mathrm{E}[f(x)] = \int f(x)p(x)\mathrm{d}x$$
$$= \int f(x)\frac{p(x)}{q(x)}q(x)\mathrm{d}x$$

$w(x) = p(x)/q(x)$ と置くと

$$= \int f(\boldsymbol{x})w(\boldsymbol{x})q(\boldsymbol{x})\mathrm{d}\boldsymbol{x}$$
$$\approx \frac{1}{N}\sum_{n=1}^{N} w(\boldsymbol{x}^{(n)})f(\boldsymbol{x}^{(n)})$$

となるため、提案分布からのサンプルを用いて $\mathrm{E}[f(\boldsymbol{x})]$ が近似できることになります。ここで $w(\boldsymbol{x})$ は重点関数と呼ばれ、代理である提案分布の影響をキャンセルし、求めたい分布の尤度で補正を施す意味をもっています。この仕組みから、求めたい分布と大きく異なる提案分布からサンプルを発生させてしまうと、重点関数により尤度が低く補正されてしまうサンプルが多発し、近似計算において無駄が多くなることが分かります。したがってサンプルサイズが同じであれば、提案分布 $q(\cdot)$ は求めたい分布 $p(\cdot)$ に似ているほど、近似精度が向上することになります。

ここまでが、重点サンプリングの簡単な説明でした。この仕組みをフィルタリングに適用して、求めたいフィルタリング分布の離散近似における重みを逐次的に更新するようにまとめると、粒子フィルタリングのアルゴリズムが得られます (導出は付録 G.4 にまとめておきました)。具体的に時点 $t-1$ でのフィルタリング分布から時点 t でのフィルタリング分布を求める手続きは、次のようになります。

アルゴリズム 11.1 粒子フィルタリング

0. 時点 $t-1$ でのフィルタリング分布: $\left\{ 実現値\ \boldsymbol{x}_{t-1}^{(n)},\ 重み\ \omega_{t-1}^{(n)} \right\}_{n=1}^{N}$
1. 時点 t での更新手続き
   - for $n=1$ to N do
     a. **実現値**
        提案分布 $q\left(\boldsymbol{x}_t \mid \boldsymbol{x}_{0:t-1}^{(n)}, y_{1:t}\right)$ から $\boldsymbol{x}_t^{(n)}$ を抽出
     b. **重み**
        $$\omega_t^{(n)} \leftarrow \omega_{t-1}^{(n)} \frac{p\left(\boldsymbol{x}_t^{(n)} \mid \boldsymbol{x}_{t-1}^{(n)}\right) p\left(y_t \mid y_{1:t-1}, \boldsymbol{x}_t^{(n)}\right)}{q\left(\boldsymbol{x}_t^{(n)} \mid \boldsymbol{x}_{0:t-1}^{(n)}, y_{1:t}\right)} \quad (11.1)$$
     end for
   - **重みの規格化**: $\omega_t^{(n)} \leftarrow \omega_t^{(n)} \Big/ \sum_{n=1}^{N} \omega_t^{(n)}$
   - **リサンプリング**
     集合 $\{1,\ldots,N\}$ から $\omega_t^{(n)}\ (n=1,\ldots,N)$ に比例した確率で復元抽出を行い、リサンプリング用のインデックス列 $\boldsymbol{k} = \{k_1,\ldots,k_n,\ldots,k_N\}$ を作る
     $\boldsymbol{x}_t^{(\boldsymbol{k})} = \left\{ \boldsymbol{x}_t^{(k_1)},\ldots,\boldsymbol{x}_t^{(k_n)},\ldots,\boldsymbol{x}_t^{(k_N)} \right\}$ に対して通番を振り直して実現値 $\boldsymbol{x}_t^{(n)}$ とし、重み $\omega_t^{(n)}$ を全て $1/N$ にリセット
2. 時点 t でのフィルタリング分布: $\left\{ 実現値\ \boldsymbol{x}_t^{(n)},\ 重み\ \omega_t^{(n)} \right\}_{n=1}^{N}$

このアルゴリズムにおける記法についてまず補足をすると、粒子フィルタにおける粒子

の総数は N としています。また本書ではこれまで、変数の右肩の添え字を、変数の種別やマルコフ連鎖の繰り返しステップの意味で用いてきましたが、本章では粒子の番号を変数の右肩の添え字 $\cdot^{(n)}$ で表すことにします。アルゴリズム 11.1 の手続きを $t=1$ から繰り返すことで、全時点のフィルタリング分布が求まることになります。なお、時点 0 でのフィルタリング分布は事前分布に相当しており、通常 $x_0^{(n)}$ は事前分布から抽出した実現値とし、$\omega_0^{(n)} = 1/N$ とします。アルゴリズム 11.1 における演算の意味合いは「6.2.3 フィルタリング分布の定式化」と整合しており、

- 一期先予測分布: (11.1) 式における $\omega_{t-1}^{(n)} p(x_t^{(n)} \mid x_{t-1}^{(n)})$

- 一期先予測尤度: 重みの規格化により考慮

- フィルタリング分布: (11.1) 式における $p(y_t \mid y_{1:t-1}, x_t^{(n)})$ による補正

となっています。

ここで、アルゴリズム 11.1 の内容に関して、何点か補足をします。

まず 1-a では、実現値を抽出するために提案分布 $q(\cdot)$ が用いられています。提案分布はあくまで求めたい分布の代理ですので、最終的にその影響は (11.1) 式における除算でキャンセルされています。提案分布の選択には自由度がありますが、求めたい分布の密度が 0 ではない箇所で 0 になってはいけません。また粒子数は有限ですので、基本的に求めたい分布になるべく似た分布を用いるべきですが、現実的には難しい部分です。なお、重み $\omega_t^{(n)}$ のばらつきを最小にする最適な提案分布では、$q(\cdot)$ は状態空間モデルにおける条件付き独立の性質から x_{t-1} と y_t のみに依存することになるため、$q(x_t^{(n)} \mid x_{0:t-1}^{(n)}, y_{1:t}) = p(x_t^{(n)} \mid x_{t-1}^{(n)}, y_t)$ となります [18, 25]。実際どのような分布を提案分布に設定するかは問題にも依存しますが、よく使われるのは状態方程式です。その場合、(11.1) 式は次のようにさらに簡潔になります。

$$\begin{aligned}
\omega_t^{(n)} &\leftarrow \omega_{t-1}^{(n)} \frac{p\left(x_t^{(n)} \mid x_{t-1}^{(n)}\right) p\left(y_t \mid y_{1:t-1}, x_t^{(n)}\right)}{q\left(x_t^{(n)} \mid x_{0:t-1}^{(n)}, y_{1:t}\right)} \\
&= \omega_{t-1}^{(n)} \frac{p\left(x_t^{(n)} \mid x_{t-1}^{(n)}\right) p\left(y_t \mid y_{1:t-1}, x_t^{(n)}\right)}{p\left(x_t^{(n)} \mid x_{t-1}^{(n)}\right)} \\
&= \omega_{t-1}^{(n)} p\left(y_t \mid y_{1:t-1}, x_t^{(n)}\right)
\end{aligned} \tag{11.2}$$

この形態の粒子フィルタは、**ブートストラップフィルタ/モンテカルロフィルタ**とも呼ばれます。提案分布を状態方程式に設定する場合、観測値 y_t の情報が考慮されないため、有限の粒子では推定性能の劣化につながる可能性があります。この点を改善する提案として

は補助粒子フィルタが有名であり、本章でも推定精度向上のためのテクニックの1つとして後ほど説明をします。

(11.1) 式の $p(y_t \mid y_{1:t-1}, \boldsymbol{x}_t^{(n)})$ における $y_{1:t-1}$ は、状態空間モデルの条件付き独立の仮定により省略することが可能ですが、後のラオ–ブラックウェル化の説明との整合で残してあります。

リサンプリングは有限の粒子を効率的に再利用するための処理であり、粒子数が無限の場合原理的には不要ですが、粒子数が有限の場合には現実的に必要となります。リサンプリングではフィルタリング分布において重みの小さい粒子をつぶして重みの大きな粒子を積み増しますので、次の時点で重みが大きくなりそうな領域に多くの粒子が配置されることになり、分布の近似精度の劣化を防ぐことができます。この処理はインデックス操作で実現できますので、本書ではそのスタンスで記載をしています。リサンプリング用のインデックス列 $\boldsymbol{k}$ は、仮に $\omega_t^{(n)}$ が全て等しい値であれば $k = 1, 2, 3, \ldots, N-2, N-1, N$ というようなムラのない結果が得られますが、例えば $\omega_t^{(2)}$ だけが突出して大きい値であれば $k = 1, 2, 2, 2, 2, 3, \ldots$ というような2が多く含まれる結果になります。$\boldsymbol{k}$ の値に即して選択された実現値に通番を振り直すことは、$\omega_t^{(n)}$ の偏りに応じて実現値を再選択していることになります。なお、リサンプリングは粒子の多様性を減らしますので、過剰に行うと推定性能に悪影響を与える場合があります。本書では簡単のためにリサンプリングを常時行う記述としましたが、その適用条件やタイミングには自由度があります (例えば、実効的な粒子数がある程度少なくなったらリサンプリングを行うなど)。

> **補足** リサンプリングの繰り返しにより、**粒子の退化**と呼ばれる現象が生じることがあります。粒子の退化とは、粒子の重みが特定の少数の粒子に偏る現象です。粒子数を十分大きくすれば発生の可能性は少なくなりますが、ここでは理解を深めるために粒子の退化を簡単な実験で確認してみることにします。

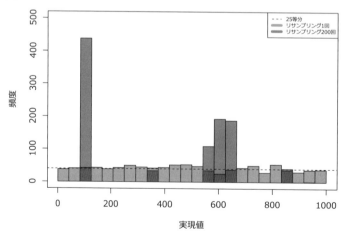

まず、1, 2, …, 1,000 という数列を考え、それぞれの値を粒子番号と考えます。この数列をヒス

11.1 粒子フィルタ

トグラムで表現する場合、ビンを 25 等分すると、最初は図の点線のような完全に等しい配分になります。ここで、全ての粒子の重みが等しいとして 1 回リサンプリングを行った結果が、薄い灰色 (カラーでは赤色) のヒストグラムになります。全ての粒子の重みが等しいため理想的には全く同じ数列が再現されるはずですが、リサンプリングの際に生じる不確定な要素のため値の重複が発生し、一度リサンプリングを行っただけでも少し偏りが生じています。さらに同じ条件でリサンプリングを 200 回繰り返した結果が、濃い灰色 (カラーでは青色) のヒストグラムになります。リサンプリングの際に値の重複が生じてしまう状況が繰り返され、最終的にかなり偏りのある結果になることが分かります。

最後に、ブートストラップフィルタ/モンテカルロフィルタにおいて、リサンプリングを毎時点必ず行う場合を考えます。この場合の粒子フィルタリングのアルゴリズムを模式的に表したのが、図 11.2 になります。

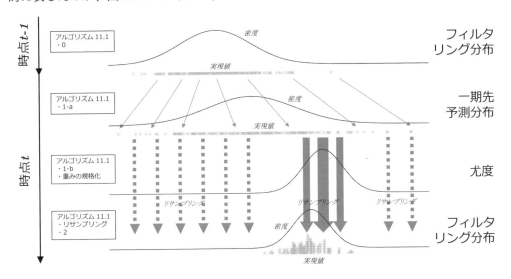

図 11.2: ブートストラップフィルタ/モンテカルロフィルタの例

この場合には粒子の重みは全て同じであり、フィルタリングにおいて一期先予測を行ってから観測値に基づく尤度で補正を施す仕組みが、より直接的に表現できます (図 11.2 において、時間の進展を横方向にしたり、実現値の形の大きさで尤度の考慮を表現するのもポピュラーです [21])。

11.1.2 粒子予測

「6.2.4 予測分布の定式化」での記載を踏まえ、粒子予測について説明をします。

時点 $t+(k-1)$ での $k-1$ 期先予測分布から時点 $t+k$ での k 期先予測分布を求める手続きは、次のようになります (導出の考え方は、付録 G.4 にも記載をしておきました)。

アルゴリズム 11.2 粒子予測

0. 時点 $t+(k-1)$ での $k-1$ 期先予測分布: $\left\{実現値\ \boldsymbol{x}_{t+(k-1)}^{(n)},\ 重み\ \omega_{t+(k-1)}^{(n)}\right\}_{n=1}^{N}$
1. 時点 $t+k$ での更新手続き
    - for $n=1$ to N do
        a. **実現値**
           状態方程式 $p\left(\boldsymbol{x}_{t+k} \mid \boldsymbol{x}_{t+(k-1)}^{(n)}\right)$ から $\boldsymbol{x}_{t+k}^{(n)}$ を抽出
        b. **重み**
$$\omega_{t+k}^{(n)} \leftarrow \omega_{t+(k-1)}^{(n)} \tag{11.3}$$
    end for
2. 時点 $t+k$ での k 期先予測分布: $\left\{実現値\ \boldsymbol{x}_{t+k}^{(n)},\ 重み\ \omega_{t+k}^{(n)}\right\}_{n=1}^{N}$

アルゴリズム 11.2 の手続きを $k=1$ から繰り返すことで、時点 $t+k$ における予測分布が求まることになります。なお、時点 t での 0 期先予測分布は時点 t でのフィルタリング分布に相当しています。アルゴリズム 11.2 における記述の意味合いは、「6.2.4 予測分布の定式化」と整合しており、

- k 期先予測分布: 実現値の抽出において、$k-1$ 期先予測分布を状態遷移

となっています。

ここで、粒子予測に関連して補足をしておきます。

粒子予測のアルゴリズムは、粒子フィルタリング 11.1 において観測値 y_t が存在しない場合と解釈できます。そのため 1-a において、提案分布にはブートストラップフィルタ/モンテカルロフィルタのように、状態方程式が適用されます。続いて 1-b では、状態方程式と提案分布が相殺され、尤度による補正もありませんので、重みは不変となります。その結果、重みの規格化やリサンプリングも不要となります。

11.1.3 粒子平滑化

「6.2.5 平滑化分布の定式化」での記載を踏まえ、粒子平滑化について説明をします。粒子平滑化には多数の方法が開発されていますが、本書ではその中から比較的ポピュラーな方法を 2 つ説明します。これらはいずれも、フィルタリング済みの粒子をその時点より未来の情報を踏まえて再選択する方法になっています。他にも二方向フィルタに基づく方法など、さまざまなアルゴリズムが提案されています [81, 83–86, 88]。なお、本章では平滑化に先立って時点 T までの粒子フィルタリングが一旦完了している前提の元で、固定区間平滑化について考えることにします。また、時点 T での平滑化分布は時点 T でのフィルタリング分布と考えます。

北川アルゴリズム

この方法は、固定ラグ平滑化に基づく方法です [76]。状態の定義を拡張し、過去の状態を含めた拡大状態を考えます。こうすると、過去の粒子に対しても現時点の規範でのリサンプリングが繰り返されることになります。このようにしてフィルタリング済みの粒子を再選択し、重みには現時点の重みを適用します。なお粒子の定義を元々過去の履歴を含めた一群と考える立場もあり [18, 47, 81, 88]、その考え方からは自然な方法となっています。この方法は固定ラグ平滑化に基づく方法ですが、ラグ長をデータの終わりまでと考えれば原理的には固定区間平滑化が実現できます。ただしそのような場合、過去の粒子に最大でデータ時点数分のリサンプリングが繰り返されることになるため、粒子の退化が発生しやすくなります。このような状況では粒子の数が実効的に減少していることになるため、十分な推定性能が保たれなくなりますが、ラグ長を極端に長くしなければ現実的には回避できます。時系列データの相関にもおおむね局所的な性質がありますので、ラグ長が長くはなくても平滑化は有効です。なおこの方法に関して、本書執筆時点で定着した呼び名があまりない印象を受けます。例えば文献により、SIR 平滑化 [83]、固定ラグ平滑化 [86]、廉価版 (poor man's) 平滑化 [84] などさまざまな呼称があります。本書では [90] での表記も踏まえ、この方法を最初に明確に提案した北川源四郎博士に敬意を表し、**北川アルゴリズム**と呼ぶことにします。

前向きフィルタ後ろ向きシミュレーション (FFBSi; Forward Filtering Backward Simulation) アルゴリズム

この方法は、カルマン平滑化 (RTS アルゴリズム) に類似する方法です [91]。このアルゴリズムでは平滑化に先立って、時点 T までの粒子フィルタリングが一旦完了しているものとします。そして、時点 T における平滑化分布を時点 T のフィルタリング分布に基づき初期化します (具体的には、重み $\rho_T^{(n)}$ は $\omega_T^{(n)}$ とし、実現値 $b_T^{(n)}$ は $\omega_T^{(n)}$ に比例して $x_T^{(n)}$ をリサンプリングした結果とします)。時点 $t+1$ までの平滑化分布を元に時点 t での平滑化分布を求める手続きは、次のようになります (導出は付録 G.4 にまとめておきました)。

アルゴリズム 11.3 粒子平滑化 (FFBSi アルゴリズム)

0. 時点 $t+1$ での平滑化分布: $\left\{\text{実現値 } \boldsymbol{b}_{t+1}^{(n)}, \text{重み } \rho_{t+1}^{(n)}\right\}_{n=1}^{N}$
1. 時点 t での更新手続き
   - **for** $n=1$ **to** N **do**

     状態方程式 $p\left(\boldsymbol{x}_{t+1} \mid \boldsymbol{x}_t^{(n)}\right)$ に基づいて、平滑化用の重みを計算

     $$\rho_t^{(n)} \leftarrow \omega_t^{(n)} p\left(\boldsymbol{b}_{t+1}^{(n)} \mid \boldsymbol{x}_t^{(n)}\right) \tag{11.4}$$

     end for
   - 重みの規格化: $\rho_t^{(n)} \leftarrow \rho_t^{(n)} \Big/ \sum_{n=1}^{N} \rho_t^{(n)}$
   - リサンプリング

     集合 $\{1,\ldots,N\}$ から $\rho_t^{(n)}$ $(n=1,\ldots,N)$ に比例した確率で復元抽出を行い、リサンプリング用のインデックス列 $\boldsymbol{k} = \{k_1,\ldots,k_n,\ldots,k_N\}$ を作る
     $\boldsymbol{x}_t^{(\boldsymbol{k})} = \left\{\boldsymbol{x}_t^{(k_1)},\ldots,\boldsymbol{x}_t^{(k_n)},\ldots,\boldsymbol{x}_t^{(k_N)}\right\}$ に対して通番を振り直して実現値 $\boldsymbol{b}_t^{(n)}$ とし、重み $\rho_t^{(n)}$ を全て $1/N$ にリセット
2. 時点 t での平滑化分布: $\left\{\text{実現値 } \boldsymbol{b}_t^{(n)}, \text{重み } \rho_t^{(n)}\right\}_{n=1}^{N}$

アルゴリズム 11.3 の手続きを $t = T-1$ から時間逆方向に繰り返すことで、全時点の平滑化分布が求まることになります。アルゴリズム 11.3 における演算の意味合いは、「6.2.5 平滑化分布の定式化」と整合しており、

- 平滑化分布: (11.4) 式において、フィルタリング分布の $\omega_t^{(n)}$ を補正 (補正の程度は一期先における平滑化分布に基づく)

となっています。

ここで、FFBSi アルゴリズムに関して補足をしておきます。

このアルゴリズムで求められるのは、同時平滑化分布 $p(\boldsymbol{x}_{0:T} \mid y_{1:T})$ の一試行分となっており、周辺平滑化分布 $p(\boldsymbol{x}_t \mid y_{1:T})$ を求める場合には、アルゴリズム 11.3 を複数回繰り返して得られた結果に対して周辺化を施す必要があります。

(11.4) 式において、状態方程式に関するパラメータは既知である必要があります。

リサンプリングにおいて、$\boldsymbol{k}$ の値に即して選択された実現値に通番を振り直すことは、$\rho_t^{(n)}$ の偏りに応じてフィルタリング済みの実現値を再選択していることになります。

先ほどの北川アルゴリズムと比べると、過去の粒子が直接何度もリサンプリングにさらされる状況が回避されています。このためこのアルゴリズムでは、粒子の退化がより抑制されているといえるでしょう。

このアルゴリズムは、Forward Filtering Backward Smoothing とも呼ばれることがあります [86]。本書では 10 章で説明した FFBS と区別するために、[84] に基づき **FFBSi アル**

ゴリズム (FFBSi; Forward Filtering Backward Simulation) という呼称を採用することにしました。

11.2 粒子フィルタによる状態の推定

　MCMC の場合と同様、粒子フィルタについても自作アプローチとライブラリを活用するアプローチの両方があります。ここでこれらのアプローチの得失について、改めて考えてみます。ライブラリは手軽に使えるものの、機能の拡張は容易ではありません。例えば本書で紹介するライブラリはいずれも、カルマンフィルタとの組み合わせのような進んだ機能は本書執筆時点ではまだなく、このような機能を実現したい場合にはソースコードかそれに準じるレベルで手を加える必要があります。一方、自作であれば自ら構築する手間はかかりますが、機能の拡張は容易です。ライブラリ活用・自作のアプローチは各々一長一短があり利用者の目的に応じて使い分けていただくのがベストではありますが、筆者としては粒子フィルタの自作も決してハードルは高くないと考えますので、本書では自作アプローチに力点を置いた説明を行うことにします。

11.2.1　例: 人工的なローカルレベルモデル

　それでは、粒子フィルタの自作について説明をしていきます。まずはライブラリを活用するアプローチと同様に、あえてパラメータが全て既知である線形・ガウス型状態空間モデルを対象に、その結果をカルマンフィルタと比較することにします。モデルとデータには「9.2 ローカルレベルモデル」のコード 9.1 で準備した、人工的なローカルレベルモデルと生成データを用います。粒子フィルタの実行における粒子数は 10,000 とし、状態抽出用の提案分布には状態方程式を適用することにします。

フィルタリング

　まず、粒子フィルタリングについて確認します。このためのコードは以下のようになります。

コード 11.1
```
> # 【パラメータが既知のローカルレベルモデルで粒子フィルタリング（自作）】
>
> # 前処理
> set.seed(4521)
```

第 11 章　一般状態空間モデルの逐次解法

```
> 
> # 粒子フィルタの事前設定
> N <- 10000                         # 粒子数
> 
> # 人工的なローカルレベルモデルに関するデータを読み込み
> load(file = "ArtifitialLocalLevelModel.RData")
> 
> # ※注意：事前分布を時点1とし、本来の時点1~t_maxを+1シフトして2~t_max+1として扱う
> 
> # データの整形(事前分布に相当するダミー分(先頭)を追加)
> y <- c(NA_real_, y)
> 
> # リサンプリング用のインデックス列は全時点で保存しておく
> k <- matrix(1:N, nrow = N, ncol = t_max+1)
> 
> # 事前分布の設定
> 
> # 粒子（実現値）
> x <- matrix(NA_real_, nrow = t_max+1, ncol = N)
> x[1, ] <- rnorm(N, mean = mod$m0, sd = sqrt(mod$C0))
> 
> # 粒子（重み）
> w <- matrix(NA_real_, nrow = t_max+1, ncol = N)
> w[1, ] <- 1 / N
> 
> # 時間順方向の処理
> for (t in (1:t_max)+1){
+   # 状態方程式：粒子（実現値）を生成
+   x[t, ] <- rnorm(N, mean = x[t-1, ], sd = sqrt(mod$W))
+ 
+   # 観測方程式：粒子（重み）を更新
+   w[t, ] <- w[t-1, ] * dnorm(y[t], mean = x[t, ], sd = sqrt(mod$V))
+ 
+   # 重みの規格化
+   w[t, ] <- w[t, ] / sum(w[t, ])
+ 
+   # リサンプリング
+ 
+   # リサンプリング用のインデックス列
+   k[, t] <- sample(1:N, prob = w[t, ], replace = TRUE, size = N)
+ 
+   # 粒子（実現値）：リサンプリング用のインデックス列を新たな通番とする
+   x[t, ] <- x[t, k[, t]]
+ 
+   # 粒子（重み）：リセット
+   w[t, ] <- 1 / N
+ }
> 
> # 結果の整形：事前分布の分（先頭）を除去等
> y <- ts(y[-1])
```

11.2 粒子フィルタによる状態の推定

```
55  > k <- k[, -1, drop = FALSE]
56  > x <- x[-1, , drop = FALSE]
57  > w <- w[-1, , drop = FALSE]
58  >
59  > # 平均・25%値・75%値を求める
60  > scratch_m       <- sapply(1:t_max, function(t){
61  +                     mean(x[t, ])
62  +                   })
63  > scratch_m_quant <- lapply(c(0.25, 0.75), function(quant){
64  +                     sapply(1:t_max, function(t){
65  +                       quantile(x[t, ], probs = quant)
66  +                     })
67  +                   })
68  >
69  > # 以降のコードは表示を省略
```

まず、粒子数 N を 10,000 に設定した後、コード 9.1 で準備した人工的なローカルレベルモデルに関するデータを読み込んでいます。また、フィルタリングの処理では事前分布を時点 1 とし、本来の時点 1, ..., t_max を+1 シフトして 2, ..., t_max+1 として扱います。これにより観測値なども時点をあわせて扱いやすくする目的で、先頭分にダミーを 1 つ追加しています。次いで、リサンプリング用のインデックス列、粒子の実現値、粒子の重みに関して、必要となる領域を事前に確保します。大きさが既知の変数はあらかじめ領域を確保しておいた方が、(R では特に) 実行速度の面で有利です。リサンプリング用のインデックス列を全時点で保存する形態としたのは、後の平滑化で北川アルゴリズムを実行する際に必要になるためです。実現値と重みについては、事前分布に基づき時点 1 に対して初期化を行います。ここまでが準備段階で、続く for ループの中に粒子フィルタリングの処理が記載されています。ループの中では、アルゴリズム 11.1 にそって処理が記載されています。まず、確率分布表現の状態方程式 (5.10) 式に基づき、状態方程式から実現値を抽出します。続いて、確率分布表現の観測方程式 (5.11) 式に基づき、重みを更新します。そして、重みの規格化とリサンプリングを行います。リサンプリングでは、リサンプリング用のインデックス列を求めるために、R の関数 sample() を利用しています。この関数には多項分布に基づく復元抽出法が実装されており、この方法は多項リサンプリングと呼ばれています。なおこれら一連の処理における粒子別の対応は、R のベクトル化機能を用いて実現しています。ループを使って粒子ごとに処理を実装することもできますが、R では特に遅くなるためベクトル化機能を活用しました。最後に得られた結果について、事前分布の分 (先頭) を除去して整形し、要約統計量を求めています。このようにして得られた結果とパラメータを全て既知とした場合のカルマンフィルタリングの結果を比較してプロットしたのが、図 11.3 になります。

第 11 章 一般状態空間モデルの逐次解法

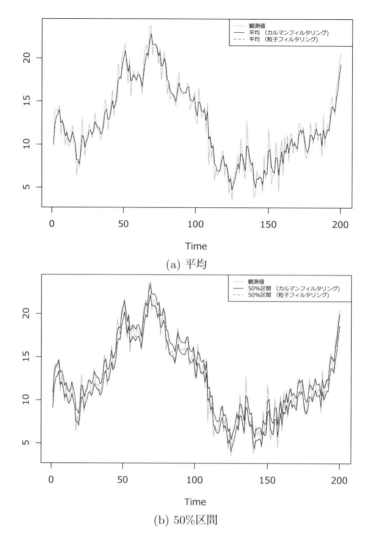

(a) 平均

(b) 50%区間

図 11.3: 自作粒子フィルタリングとカルマンフィルタリング (パラメータが既知の線形・ガウス型状態空間モデル)

図 11.3 を確認すると、両者の結果はほぼ一致することが分かります (グラフがほぼ重なっています)。

以上簡単な例ではありましたが、自作の粒子フィルタリングのコードを用いて線形・ガウス型状態空間モデルの推定が適切に行えることが確認できました。

予測

次に、粒子予測について確認します。このためのコードは以下のようになります。

```
コード 11.2
70  > #【パラメータが既知のローカルレベルモデルで粒子予測（自作）】
71  >
72  > # 前処理
73  > set.seed(4521)
74  >
75  > # 未来時点のデータ領域を追加
76  > x <- rbind(x, matrix(NA_real_, nrow = 10, ncol = N))
77  > w <- rbind(w, matrix(NA_real_, nrow = 10, ncol = N))
78  >
79  > # 時間順方向の処理
80  > for (t in t_max+(1:10)){
81  +   # 状態方程式：粒子（実現値）を生成
82  +   x[t, ] <- rnorm(N, mean = x[t-1, ], sd = sqrt(mod$W))
83  +
84  +   # 粒子（重み）を更新
85  +   w[t, ] <- w[t-1, ]
86  + }
87  >
88  > # 平均・25%値・75%値を求める
89  > scratch_a       <- sapply(t_max+(1:10), function(t){
90  +                     mean(x[t, ])
91  +                   })
92  > scratch_a_quant <- lapply(c(0.25, 0.75), function(quant){
93  +                     sapply(t_max+(1:10), function(t){
94  +                       quantile(x[t, ], probs = quant)
95  +                     })
96  +                   })
97  >
98  > # 以降のコードは表示を省略
```

このコードは、コード 11.1 からの続きとなっています。まず、粒子の実現値と粒子の重みに関して、観測値の最後から 10 時点分の領域を予測対象の未来時点として事前に領域を確保しています。この準備を経て、続く for ループの中に粒子予測の処理が記載されています。ループの中では、アルゴリズム 11.2 にそって処理が記載されています。まず、確率分布表現の状態方程式 (5.10) 式に基づき、状態方程式から実現値を抽出します。重みには、同じ値が適用され続けます。最後に得られた未来時点分の結果について、要約統計量を求めています。このようにして得られた結果とパラメータを全て既知とした場合のカルマン予測の結果を比較してプロットしたのが、図 11.4 になります。

第 11 章 一般状態空間モデルの逐次解法

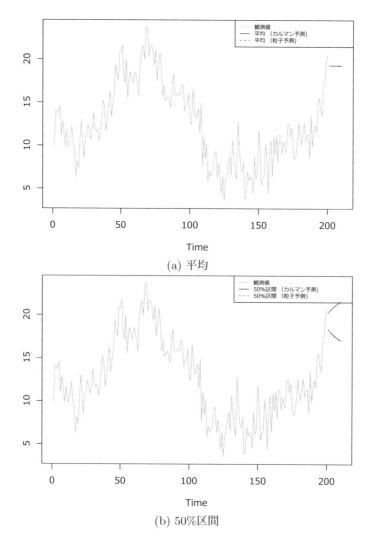

(a) 平均

(b) 50%区間

図 11.4: 自作粒子予測とカルマン予測 (パラメータが既知の線形・ガウス型状態空間モデル)

図 11.4 を確認すると、両者の結果はほぼ一致することが分かります (グラフがほぼ重なっています)。

以上簡単な例ではありましたが、自作の粒子予測のコードを用いて線形・ガウス型状態空間モデルの推定が適切に行えることが確認できました。

11.2 粒子フィルタによる状態の推定

平滑化

最後に、粒子平滑化について確認をします。まず北川アルゴリズムから確認を行います。このためのコードは以下のようになります。

```
コード 11.3
 99  > #【パラメータが既知のローカルレベルモデルで粒子平滑化（自作、北川アルゴリズム）】
100  >
101  > # 前処理
102  > set.seed(4521)
103  >
104  > # 未来の情報を考慮してフィルタリング粒子を再選択する指標を求めるユーザ定義関数
105  > smoothing_index <- function(t_current){
106  +   # 現時点：t_currentにおけるインデックス列
107  +   index <- 1:N
108  +
109  +   # t_current+1～t_maxに対し、仮想的にリサンプリングを繰り返す
110  +   for (t in (t_current+1):t_max){       # 上限を限定すれば固定ラグ平滑化になる
111  +     index <- index[k[, t]]
112  +   }
113  +
114  +   # 仮想的にリサンプリングを繰り返して得られた、最終的な再選択指標を返す
115  +   return(index)
116  + }
117  >
118  > # 未来の情報を考慮してフィルタリング粒子を再選択
119  > ki <- sapply(1:(t_max-1), function(t){ x[t, smoothing_index(t)] })
120  > ki <- t(cbind(ki, x[t_max, ]))          # 最終時点での平滑化分布を追加
121  >
122  > # 平均・25%値・75%値を求める
123  > scratch_s       <- sapply(1:t_max, function(t){
124  +                       mean(ki[t, ])
125  +                     })
126  > scratch_s_quant <- lapply(c(0.25, 0.75), function(quant){
127  +                     sapply(1:t_max, function(t){
128  +                       quantile(ki[t, ], probs = quant)
129  +                     })
130  +                   })
131  >
132  > # 以降のコードは表示を省略
```

このコードは、コード 11.2 からの続きとなっています。北川アルゴリズムでは、過去の粒子に対して現時点の規範でのリサンプリングが繰り返されます。この処理をフィルタリングの後で行うユーザ定義関数が、`smoothing_index()` です。フィルタリングの際にリサンプリング用のインデックス列を全時点分保存しておきましたので、ある時点のインデックスに仮想的にリサンプリングを繰り返す処理が後から再現できます。続いて、この関数の戻り値に基づき、全時点でフィルタリング粒子を再選択し、結果を `ki` に保存します。

第 11 章 一般状態空間モデルの逐次解法

なお、最終時点での平滑化分布はフィルタリング分布に等しいため、関数を用いずに値を設定しています。最後に得られた結果について、要約統計量を求めています。このようにして得られた結果とパラメータを全て既知とした場合のカルマン平滑化の結果を比較してプロットしたのが、図 11.5 になります。

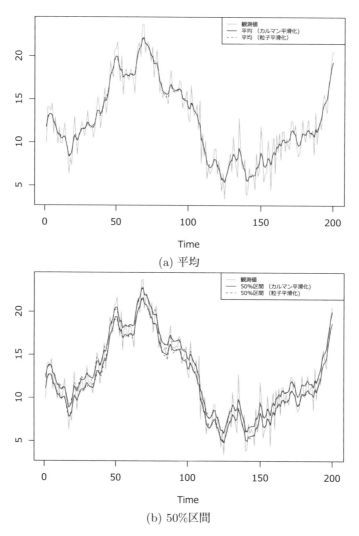

(a) 平均

(b) 50%区間

図 11.5: 自作粒子平滑化 (北川アルゴリズム) とカルマン平滑化 (パラメータが既知の線形・ガウス型状態空間モデル)

図 11.5 を確認すると、両者の結果はおおむね一致することが分かります。ただし細かく見ると若干の差が認められます。これはフィルタリングに加えて平滑化のための処理が加

11.2 粒子フィルタによる状態の推定

わったことで、モンテカルロ誤差が増加した影響と考えられます。

続いて FFBSi アルゴリズムも確認を行います。このためのコードは以下のようになります。

コード 11.4

```
133 > # 【パラメータが既知のローカルレベルモデルで粒子平滑化（自作、FFBSiアルゴリズム）】
134 >
135 > # 前処理
136 > set.seed(4521)
137 >
138 > # 試行（パス）の最大値
139 > path_max <- 500
140 >
141 > # 進捗バーの設定
142 > progress_bar <- txtProgressBar(min = 2, max = path_max, style = 3)
143 >
144 > # 平滑化粒子（実現値）
145 > b   <- array(NA_real_, dim = c(t_max, N, path_max))
146 >
147 > # 平滑化粒子（重み）
148 > rho  <- matrix(NA_real_, nrow = t_max, ncol = N)
149 > rho[t_max, ]   <- w[t_max, ]
150 >
151 > # 試行（パス）分
152 > for (path in 1:path_max){
153 +   # 進捗バーの表示
154 +   setTxtProgressBar(pb = progress_bar, value = path)
155 +
156 +   # t_maxにおける平滑化分布の実現値を初期化
157 +   b[t_max, , path] <- sample(x[t_max, ],
158 +                              prob = w[t_max, ], replace = TRUE, size = N)
159 +
160 +   # 時間逆方向の処理
161 +   for (t in (t_max-1):1){
162 +     # 重み
163 +     rho[t, ] <- w[t, ] * dnorm(b[t+1, , path], mean = x[t, ], sd = sqrt(mod$W))
164 +
165 +     # 重みの規格化
166 +     rho[t, ] <- rho[t, ] / sum(rho[t, ])
167 +
168 +     # リサンプリング
169 +
170 +     # 未来の情報を考慮してフィルタリング粒子を再選択する指標を求める
171 +     FFBSi_index <- sample(1:N, prob = rho[t, ], replace = TRUE, size = N)
172 +
173 +     # 未来の情報を考慮してフィルタリング粒子を再選択
174 +     b[t, , path] <- x[t, FFBSi_index]
175 +
176 +     # 重みをリセット
```

```
177  +        rho[t, ] <- 1 / N
178  +      }
179  + }
180    |================================================================| 100%
181  >
182  > # 平均・25%値・75%値を求める
183  > scratch_s        <- sapply(1:t_max, function(t){
184  +                         mean(b[t, ,])
185  +                       })
186  >
187  > scratch_s_quant  <- lapply(c(0.25, 0.75), function(quant){
188  +                         sapply(1:t_max, function(t){
189  +                           quantile(b[t, ,], probs = quant)
190  +                         })
191  +                       })
192  >
193  > # 以降のコードは表示を省略
```

このコードは、コード 11.3 からの続きとなっています。まず、同時平滑化分布から周辺平滑化分布を求めるために、試行の最大値を 500 回に設定しています。試行分の繰り返しには処理時間がかかるため、進捗バーを表示するようにしました。続いて平滑化分布の粒子に関する実現値と重みについて、必要となる領域を事前に確保しています。平滑化分布の重みに関しては、時点 t_max におけるフィルタリング分布の値で初期化をします。ここまでが準備段階で、続く 2 重の for ループにメインの処理が記載されています。最初のループは試行分の繰り返しを設定しているもので、そのループの直後では時点 t_max における平滑化分布の実現値に関して、フィルタリング分布の値をリサンプリングすることで初期化をしています。2 つ目のループの中には粒子平滑化 (FFBSi アルゴリズム) の処理が、アルゴリズム 11.3 にそって記載されています。具体的にはまず、確率分布表現の状態方程式 (5.10) 式に基づいて、平滑化用の重みを計算します。そして、重みの規格化とリサンプリングを行います。このリサンプリングによって、未来の情報を考慮してフィルタリング粒子が再選択されることになります。このようにして同時平滑化分布を試行回数分求め、最後にその結果から周辺平滑化分布の要約統計量を求めています (平均などの要約統計量を求める場合、ある時点だけで考えても、粒子数 10,000 × 試行回数 500 = 5,000,000 サンプルに対する計算が行われることになるため、結構時間がかかります)。こうして得られた結果とパラメータを全て既知とした場合のカルマン平滑化の結果を比較してプロットしたのが、図 11.6 になります。

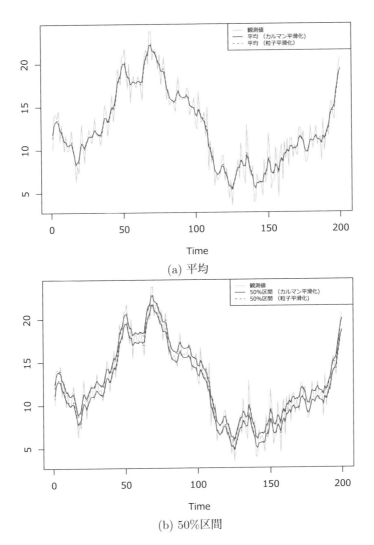

図 11.6: 自作粒子平滑化 (FFBSi アルゴリズム) とカルマン平滑化 (パラメータが既知の線形・ガウス型状態空間モデル)

　図 11.6 を確認すると、両者の結果はおおむね一致することが分かります。ただし細かく見ると若干の差が認められます。これはフィルタリングに加えて平滑化のための処理が加わったことで、モンテカルロ誤差が増加した影響と考えられます。

　最後に、北川アルゴリズムと FFBSi アルゴリズムを比較してみます。粒子の退化を確認しやすくするために、粒子数を意図的に 500 に減少させてみます。この場合の平滑化分布の 50% 値を比較したのが、図 11.7 になります。

第 11 章 一般状態空間モデルの逐次解法

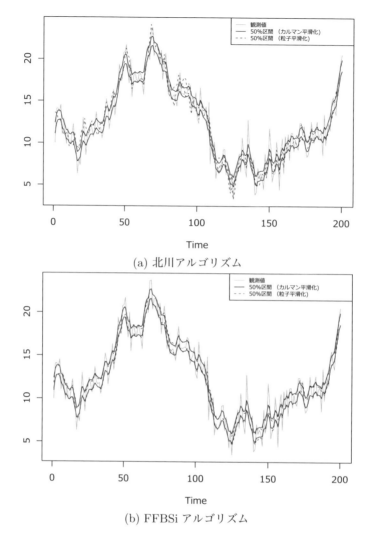

(a) 北川アルゴリズム

(b) FFBSi アルゴリズム

図 11.7: 北川アルゴリズムと FFBSi アルゴリズム (パラメータが既知の線形・ガウス型状態空間モデル)

図 11.7 を確認すると、北川アルゴリズムでは粒子の退化の影響が分かりやすく、時間を遡(さかのぼ)るほどカルマン平滑化の結果との乖離が激しくなり、(白黒のグラフでは分かりづらいかもしれませんが) 時点 80 付近より前では 25%値と 75%値が同じ値になっています。一方 FFBSi アルゴリズムでは粒子の退化がより抑制され、カルマン平滑化の結果との乖離が少なくなっています。この例では粒子数を意図的に少なめにしたためこのような差が明確になりましたが、粒子数が十分多くラグ長が長過ぎなければ北川アルゴリズムでも問題

になることはありません[2]。さらに北川アルゴリズムには状態方程式に関するパラメータが未知の場合にも適用が容易であるという利点もあるため、どちらのアルゴリズムを使うかは問題に応じて使い分けると良いと考えます。

以上簡単な例ではありましたが、自作の粒子平滑化のコードを用いて線形・ガウス型状態空間モデルの推定が適切に行えることが確認できました。

11.2.2 数値計算上の配慮

ここまでで、自作の粒子フィルタについて基本的な動作を確認しました。紹介したコードは、基本的な実装としていました。このような実装でも簡単な問題では懸念は発生しませんが、問題が複雑になってくると推定性能に影響が及ぶ場合があります。ここではそのような推定性能の劣化を極力抑止するための、実装上のテクニックを紹介しておきます。

対数領域での計算

粒子フィルタの処理において、重みの値は非常に小さな値をとる場合があります。このような場合、素朴な実装ではアンダーフローが発生しやすくなります。このため重みの値は対数領域で扱い、計算も極力対数領域で行った方が数値演算精度の劣化が抑止できます。ただし、線形領域での演算が避けられない場合にはやむを得ず指数をとって線形領域に戻すことになりますが、線形領域での規格化演算に関しては値にスケーリングを施してアンダーフローを極力抑止するテクニックが知られています。これは **logsumexp** とも呼ばれており、本書でも採用することにします。具体的に、対数値のベクトルを l とするとその線形領域での規格化は $\exp(l)/\sum \exp(l)$ となりますので、この結果を対数領域に戻した値は次のようになります。

$$\log\left(\frac{\exp(l)}{\sum \exp(l)}\right) = \log\left(\exp(l)\right) - \log\left(\sum \exp(l)\right)$$

l の中の最大値を $l_{\max}$ と置くと

$$= l - \log\left(\sum \exp(l - l_{\max} + l_{\max})\right)$$

最後の $l_{\max}$ は $\sum$ からくくりだすことができるので

---

[2] 筆者の経験した範囲では、粒子数は少なくとも 1,000 以上、ラグ長は長くても 100 以下であれば問題になることは少ないかという感触をもっていますが、問題に依存する部分ですので、実際に値を振って確認されることをお勧めします。

$$= l - \left\{ \log\left(\sum \exp(l - l_{\max})\right) + \log\left(\exp(l_{\max})\right) \right\}$$

$$= l - l_{\max} - \log\left(\sum \exp(l - l_{\max})\right)$$

さらに $\sum$ の中の l を $l_{\max}$ とそれ以外の要素に分けて書くと

$$= l - l_{\max} - \log\left(\sum \exp\left(\{l_{\max}, l_{\max\ 以外}\} - l_{\max}\right)\right)$$

$$= l - l_{\max} - \log\left(\sum \exp\left(\{0, l_{\max\ 以外} - l_{\max}\}\right)\right)$$

$$= l - l_{\max} - \log\left(1 + \sum \exp(l_{\max\ 以外} - l_{\max})\right) \quad (11.5)$$

(11.5) 式に基づき線形領域で規格化を行うコードは、次のようになります。

コード 11.5

```
1  > #【logsumexp】
2  >
3  > # 線形領域での規格化（入力：規格化前の対数値ベクトル、戻り値：規格化後の対数値ベクトル）
4  > normalize <- function(l){
5  +   # 入力の対数値ベクトルが最大値を取る番号
6  +   max_ind <- which.max(l)
7  +
8  +   # スケーリングを施すことでアンダーフローを極力抑止
9  +   return(
10 +     l - l[max_ind] -
11 +     log1p(sum(exp(l[-max_ind] - l[max_ind])))
12 +   )
13 + }
```

このコードでは線形領域で規格化を行うユーザ定義関数を、`normalize()` として定義しています。この関数の引数 `l` は規格化前の対数値ベクトルで、関数の戻り値は規格化後の対数値ベクトルとなります。R では対数の計算に関して、$|x| \ll 1$ となる値でも $\log(1+x)$ を精度よく計算する `log1p()` という関数が用意されていますので、この関数を活用しています。`log1p(x)` は `x` が -1 に近いと通常の `log(1+x)` に比べて精度が劣化しますが、本書の問題では `x` に相当する部分が負になることはないため問題なく活用できます。なおここでの実装は、R-help メーリングリスト (https://stat.ethz.ch/pipermail/r-help/2011-February/269205.html) を参考にしました。

リサンプリング

自作の粒子フィルタのコードでは、リサンプリングに R の関数 `sample()` を使っていました。この関数では**多項リサンプリング** (ランダムリサンプリングとも呼ばれます) が実装されており、結果にはばらつきが生じます。粒子フィルタにおけるリサンプリングは

重みに応じて実現値の数を増減させるために用いられますが、通常のリサンプリングの用途とは少し異なり、不確定な要素は必ずしも必要ではありません。むしろない方が、推定精度の向上には有益です。このため、このようなモンテカルロ誤差の影響を抑止するために、いくつかの改善方法が提案されてきました。ここではその中から、**系統リサンプリング** (等間隔リサンプリング、確定的な層化リサンプリングとも呼ばれます) [76]、**層化リサンプリング** [76]、**残差リサンプリング** [92] を紹介します。

系統リサンプリングでは、図 11.8 の例に示すように重みの経験分布に対して等間隔な分位点でサンプリングを行います。

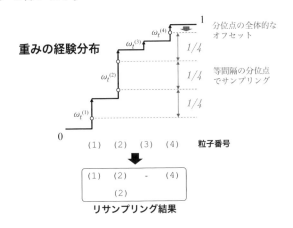

図 11.8: 系統リサンプリングの例

分位点の全体的なオフセットには乱数を用いるのが一般的ですが、確定的な値を用いるバリエーションもあります。なお、重みをソートしてからこの方法を適用すると結果の偏りをさらに改善できますが、必須の処理ではありません。

層化リサンプリングは、系統リサンプリングに似ています。この方法では重みの経験分布に対して、不等間隔な分位点でサンプリングを行います。分位点が不等間隔となるのは、分位点ごとに乱数に基づくオフセットを考慮するためです。

残差リサンプリングは、次のような考え方をします。粒子の総数に重みをかけた値は必ずしも整数になりませんが、この値はリサンプリング後の各粒子の実効的な個数を意味しています。そこで、この値の整数分を確定分として先取り確保し、端数分をかき集めた残りに対して改めて多項リサンプリングなどを適用し、両者をあわせて最終的なリサンプリングの結果とします。なお系統リサンプリングと比較した場合、粒子の総数に重みをかけた値の整数分が確保されるのは同じですが、端数分の扱いが異なります。

粒子フィルタに適用されるリサンプリングとしてどの方法が優れているかは一概にもいえないようですが [93]、おおむね系統リサンプリングがポピュラーな存在となっているよ

うです [86]。そこで、本書でも系統リサンプリングを採用することにします。

系統リサンプリングのコードは次のようになります。

コード 11.6
```
1  > #【系統リサンプリング】
2  >
3  > # 系統リサンプリングを行うユーザ定義関数（N：粒子数、w：規格化済みの対数重みベクトル）
4  > sys_resampling <- function(N, w){
5  +   # wを線形領域に戻す
6  +   w <- exp(w)
7  +
8  +   # 重みの経験分布に応じて粒子番号を返す階段関数を規定（yはxより1つ多い）
9  +   sfun <- stepfun(x = cumsum(w), y = 1:(N+1))
10 +
11 +   # 等間隔でサンプリング（分位点全体に対してrunif()でオフセットをかける）
12 +   sfun((1:N - runif(n = 1)) / N)
13 + }
```

このコードでは、系統リサンプリングを行うユーザ定義関数 `sys_resampling()` を定義しています。関数の引数は N が粒子数、w が規格化済みの対数重みのベクトルとなります。関数の中では、階段状の関数を作る R の汎用的な関数 `stepfun()` を活用しています。そして、重みの経験分布に応じて粒子番号を返す関数を規定するために、引数 x には重みの経験分布、y には粒子番号を設定します。`stepfun()` の戻り値は関数オブジェクトであり、結果を sfun に保存しています。最後に作成した関数 `sfun()` の引数に等間隔の分位点を設定することで、リサンプリングを実現しています。

性能強化版のコード

以上で説明したリサンプリングと対数領域での計算を考慮して、コード 11.1 を改善してみます。このコードは以下のようになります。

コード 11.7
```
1  > #【パラメータが既知のローカルレベルモデルで粒子フィルタリング（性能強化版）】
2  >
3  > # 前処理
4  > set.seed(4521)
5  >
6  > # 粒子フィルタの事前設定
7  > N <- 10000                          # 粒子数
8  >
9  > # 人工的なローカルレベルモデルに関するデータを読み込み
10 > load(file = "ArtifitialLocalLevelModel.RData")
11 >
```

11.2 粒子フィルタによる状態の推定

```
12  > # ※注意：事前分布を時点1とし、本来の時点1~t_maxを+1シフトして2~t_max+1として扱う
13  >
14  > # データの整形(事前分布に相当するダミー分(先頭)を追加)
15  > y <- c(NA_real_, y)
16  >
17  > # リサンプリング用のインデックス列は全時点で保存しておく
18  > k <- matrix(1:N, nrow = N, ncol = t_max+1)
19  >
20  > # 事前分布の設定
21  >
22  > # 粒子（実現値）
23  > x <- matrix(NA_real_, nrow = t_max+1, ncol = N)
24  > x[1, ] <- rnorm(N, mean = mod$m0, sd = sqrt(mod$C0))
25  >
26  > # 粒子（重み）
27  > w <- matrix(NA_real_, nrow = t_max+1, ncol = N)
28  > w[1, ] <- log(1 / N)
29  >
30  > # 時間順方向の処理
31  > for (t in (1:t_max)+1){
32  +   # 状態方程式：粒子（実現値）を生成
33  +   x[t, ] <- rnorm(N, mean = x[t-1, ], sd = sqrt(mod$W))
34  +
35  +   # 観測方程式：粒子（重み）を更新
36  +   w[t, ] <- w[t-1, ] +
37  +             dnorm(y[t], mean = x[t, ], sd = sqrt(mod$V), log = TRUE)
38  +
39  +   # 重みの規格化
40  +   w[t, ] <- normalize(w[t, ])
41  +
42  +   # リサンプリング
43  +
44  +   # リサンプリング用のインデックス列
45  +   k[, t] <- sys_resampling(N = N, w = w[t, ])     # 系統リサンプリング
46  +
47  +   # 粒子（実現値）：リサンプリング用のインデックス列を新たな通番とする
48  +   x[t, ] <- x[t, k[, t]]
49  +
50  +   # 粒子（重み）：リセット
51  +   w[t, ] <- log(1 / N)
52  + }
53  >
54  > # 以降のコードは表示を省略
```

コード 11.1 からの変更部分には網掛けをしました。パラメータが既知のローカルレベルモデルは簡単なモデルですので、今回の性能強化による改善はあまり明確ではありません。結果の表示も省略しますが、図 11.3 と同等の結果が得られます。しかしながら複雑なモデルを検討する場合には効果が出てきますので、本書ではこれ以降、コード 11.7 を粒子フィルタリングの基準コードとして考えることにします。

補足 ここで粒子フィルタの実行速度について、補足をしておきます。筆者としては、今回本書で説明した範囲の例であれば、R でもベクトル化機能を利用すれば十分高速であると考えています。しかしながら粒子数の増大に伴い、さらに実装上の工夫が必要になる場合もあります。典型的なアプローチは並列処理の適用や高速な言語への移植となりますが、並列処理ではオーバヘッドのような落とし穴もあるため、変更前後で比較をしながら対応を図った方が安全でしょう。なお本書での例に関して並列処理やライブラリ **Rcpp** の適用も検討しましたが、今回の例では粒子数が極端に大きくはないこともあり、筆者が確認した範囲では十分な利益はありませんでした。

11.3 ライブラリの活用

近年、粒子フィルタの実行が可能な汎用的なライブラリが増えています。ただし MCMC のライブラリと比べると、本書執筆時点では定番とまでいえるものはまだ存在していない印象を受けます (拡張機能の実装もライブラリでまちまちです)。しかしながらライブラリには手軽に使える良さがあるため、筆者が確認をした範囲で概要を紹介しておきます。

まずはいくつかの R のライブラリについて、筆者の見解も交えそれらの特徴を表 11.1 にまとめてみました。なお表に記載をしたものは、2014 年以降に更新があった汎用的なライブラリに限定しています[3]。

表 11.1: 粒子フィルタが実行可能な R の主なライブラリ

特徴	**Biips**	**pomp**	**NIMBLE**
CRAN への登録	なし	あり	あり
モデルの定義	BUGS 拡張言語 (外部ファイルに記載)	R or C (R のコード内に記載)	BUGS 拡張言語 (R のコード内に記載)
アルゴリズムの修正	ライブラリのソースコード修正が必要	ライブラリのソースコード修正が必要	R 似の独自言語による拡張定義が可能
実行速度への配慮	実行時に C++ でコンパイル	実行時に C でコンパイル (C を使用する場合)	実行時に C++ でコンパイル
その他	2015 年以降、開発が停滞している模様	関連機能の関数が多数提供されている	MCMC に比重があるものの、0.5-1 版以降粒子フィルタの実装も拡充

これらのライブラリにはそれぞれ得失があり、どのライブラリが良いかは好みにもよりますので、**Biips**, **pomp**, **NIMBLE** のそれぞれについて簡単な使用例を付録 H にまとめておきました。

---

[3] 本書の記載には間に合いませんでしたが、**LibBi** という状態空間モデルのベイズ推定が可能なソフトウェアも存在しています (http://libbi.org/)。**LibBi** は C++ と perl で書かれていますが、R とはライブラリ **rbi** によって連携ができます。モデルの定義には独自規定の言語が用いられ、並列処理を考慮することで実行速度にも配慮がされているようです。

11.4 一般状態空間モデルにおける推定例

ここまでの例は、パラメータが既知の線形・ガウス型状態空間モデルが対象でしたので、カルマンフィルタでも解ける問題でした。ここでは一般状態空間モデルとして、非線形の著名なベンチマークモデルを考えることにします。なおこのモデルのデータは、4章にてデータ (d) として説明したものになります。

11.4.1 例: 非線形の著名なベンチマークモデル

このモデルは、元々は [94] で原型が提唱され、時系列分析における複数の論文の中で非線形なモデルの典型例として定式化が図られてきたモデルです。このモデルの状態方程式と観測方程式は次のようになります。

$$x_t = \frac{1}{2}x_{t-1} + \frac{25x_{t-1}}{1+x_{t-1}^2} + 8\cos(1.2t) + w_t, \qquad w_t \sim \mathcal{N}(0, W) \tag{11.6}$$

$$y_t = \frac{x_t^2}{20} + v_t, \qquad v_t \sim \mathcal{N}(0, V) \tag{11.7}$$

ここで、事前分布は $x_0 \sim \mathcal{N}(m_0, C_0)$ とします。状態方程式 (11.6) 式に基づき状態の値は正負の領域を時々交互しますが、観測方程式 (11.7) 式にて状態の符号に関する情報が失われます。このモデルのデータはすでに 4 章で探索的手法を用いて分析しましたが、本章では一般状態空間モデルで検討を行うにあたり再度使用しますので、ここで改めてデータの生成過程を説明しておきます。このためのコードは以下のようになります。

コード 11.8
```
> #【著名なベンチマークモデル】
>
> # 前処理
> set.seed(23)
> library(dlm)
>
> # パラメータの設定
> W <- 1
> V <- 2
> m0 <- 10
> C0 <- 9
>
> # 状態方程式における非線形関数
> f <- function(x, t){
+   1/2 * x + 25 * x / (1 + x^2) + 8 * cos(1.2 * t)
+ }
```

第 11 章 一般状態空間モデルの逐次解法

```
17  >
18  > # 観測方程式における非線形関数
19  > h <- function(x){
20  +   x^2 / 20
21  + }
22  >
23  > # 時系列長
24  > t_max <- 100
25  >
26  > # データの初期化 (事前分布の分で+1)
27  > x_true <- rep(NA_real_, times = t_max + 1)
28  >     y  <- rep(NA_real_, times = t_max + 1)
29  >
30  > # データの生成
31  > # ※注意：事前分布を時点1とし、本来の時点1~t_maxを+1シフトして2~t_max+1として扱う
32  > x_true[1] <- m0                    # 事前分布の実現値を平均値に設定
33  > for (it in (1:t_max)+1){           # 時間更新
34  +   # 状態方程式
35  +   x_true[it] <- f(x_true[it - 1], it) + rnorm(n = 1, sd = sqrt(W))
36  +
37  +   # 観測方程式
38  +   y[it]   <- h(x_true[it]) + rnorm(n = 1, sd = sqrt(V))
39  + }
40  >
41  > # データの整形 (事前分布の分(先頭)を除去)
42  > x_true <- x_true[-1]
43  >     y  <-      y[-1]
44  >
45  > # 以降のコードは表示を省略
```

ここではパラメータを、$W=1$, $V=2$, $m_0=10$, $C_0=9$ とした場合を考えています。状態方程式と観測方程式における非線形関数 f と h を、それぞれユーザ定義関数として定義します。時系列長 (t_max) は 100 としました。事前分布の実現値には平均値を設定しています。データを生成する際、事前分布を時点 1 とし、本来の時点 1，...，t_max を +1 シフトして 2，...，t_max+1 として扱っている点に注意してください。データの生成後、事前分布の分 (先頭) を除去してデータを整形しています。こうして得られた観測値と状態の真値をプロットしたのが、図 11.9 です。

11.4 一般状態空間モデルにおける推定例

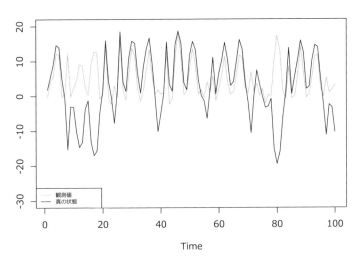

図 11.9: 著名なベンチマークモデル

　図 11.9 を見ると、状態の真値が負の値をとる場合でも観測値は常に正の値をとっており、観測値だけから状態の正負は判別できないことが分かります。なおコードの最後では、データをまとめて BenchmarkNonLinearModel.RData として保存しています。

　続いて、このモデルをローカルレベルモデルで分析してみます。ただしローカルレベルモデルは線形のモデルですので、このような非線形のモデルに適用するには無理があり、4 章での場合と同様に推定が適切に行えないことが予想されます。コード表示は割愛しますが、モデルにおけるパラメータ (W, V, m_0, C_0) に真値を適用した際のフィルタリング結果をプロットしたのが図 11.10 になります。

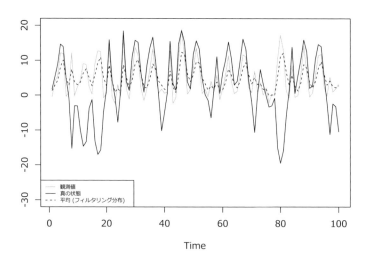

図 11.10: 著名なベンチマークモデルをローカルレベルモデルで分析

　図 11.10 を見ると、やはり適切な推定が行われているとはいえない結果になっています。特に推定結果 (フィルタリング分布の平均) は全て、正の値になっていることが分かります。「4.7 状態空間モデルの適用に際して」でも触れましたが、このような非線形のモデルを適切を扱うには一般状態区間モデルに基づくアプローチが必要となります。

11.4.2　粒子フィルタの適用

　これまでに説明した非線形の著名なベンチマークモデルに対して、今度は粒子フィルタを適用して分析をしてみることにします。ここで粒子フィルタの実行における粒子数は10,000 とし、状態抽出用の提案分布には状態方程式を適用することにします。このためのコードは次のようになります。

コード 11.9

```
1  > #【非線形の著名なベンチマークモデルを粒子フィルタリング】
2  >
3  > # 前処理
4  > set.seed(4521)
5  >
6  > # 粒子フィルタの事前設定
7  > N <- 10000                    # 粒子数
8  >
9  > # ※注意：事前分布を時点1とし、本来の時点1~t_maxを+1シフトして2~t_max+1として扱う
10 >
11 > # データの整形(事前分布に相当するダミー分(先頭)を追加)
```

11.4 一般状態空間モデルにおける推定例

```
12  > y <- c(NA_real_, y)
13  >
14  > # リサンプリング用のインデックス列は全時点で保存しておく
15  > k <- matrix(1:N, nrow = N, ncol = t_max+1)
16  >
17  > # 事前分布の設定
18  >
19  > # 粒子（実現値）
20  > x <- matrix(NA_real_, nrow = t_max+1, ncol = N)
21  > x[1, ] <- rnorm(N, mean = m0, sd = sqrt(C0))
22  >
23  > # 粒子（重み）
24  > w <- matrix(NA_real_, nrow = t_max+1, ncol = N)
25  > w[1, ] <- log(1 / N)
26  >
27  > # 時間順方向の処理
28  > for (t in (1:t_max)+1){
29  +   # 状態方程式：粒子（実現値）を生成
30  +   x[t, ] <- rnorm(N, mean = f(x = x[t-1, ], t = t), sd = sqrt(W))
31  +
32  +   # 観測方程式：粒子（重み）を更新
33  +   w[t, ] <- w[t-1, ] +
34  +             dnorm(y[t], mean = h(x = x[t, ]), sd = sqrt(V), log = TRUE)
35  +
36  +   # 重みの規格化
37  +   w[t, ] <- normalize(w[t, ])
38  +
39  +   # リサンプリング
40  +
41  +   # リサンプリング用のインデックス列
42  +   k[, t] <- sys_resampling(N = N, w = w[t, ])    # 系統リサンプリング
43  +
44  +   # 粒子（実現値）：リサンプリング用のインデックス列を新たな通番とする
45  +   x[t, ] <- x[t, k[, t]]
46  +
47  +   # 粒子（重み）：リセット
48  +   w[t, ] <- log(1 / N)
49  + }
50  >
51  > # 以降のコードは表示を省略
```

このコードの内容は、コード 11.7 とほぼ同じです。主な差分は状態方程式と観測方程式が非線形になっている部分です (該当部分に網掛けをしておきました)。状態方程式 (11.6) 式と観測方程式 (11.7) 式の確率分布表現は次のようになりますので、これらに基づきコードを記述しています。

第 11 章　一般状態空間モデルの逐次解法

$$p(\boldsymbol{x}_t \mid \boldsymbol{x}_{t-1}) = \mathcal{N}\left(\frac{1}{2}x_{t-1} + \frac{25x_{t-1}}{1+x_{t-1}^2} + 8\cos(1.2t), W\right)$$
$$= \mathcal{N}(f(x_{t-1}), W) \quad (11.8)$$
$$p(y_t \mid \boldsymbol{x}_t) = \mathcal{N}\left(\frac{x_t^2}{20}, V\right)$$
$$= \mathcal{N}(h(x_t), V) \quad (11.9)$$

このようにして得られたフィルタリング結果をプロットしたのが、図 11.11 になります。

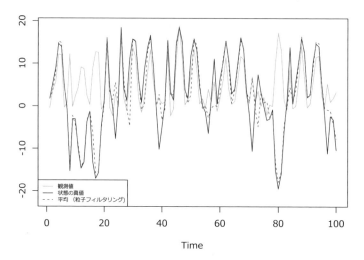

図 11.11: 著名なベンチマークモデルを粒子フィルタで分析

図 11.11 を図 11.10 と比べると、推定結果がより適切になっていることが分かります。このモデルの厄介なところは、観測値のみからは状態の正負が判明しない点でした。これに対して粒子フィルタでは非線形の関数が適用できますので、状態の推定において正負の判別精度が向上しています。この結果をさらに詳しく確認するために、フィルタリング分布の時間推移を図 11.12 に示します[4]。

---

[4] 図の作成にあたり、密度の推定には R の関数 `density()` を利用し、グラフの描画には MATLAB を利用しました。

11.5 推定精度向上のためのテクニック

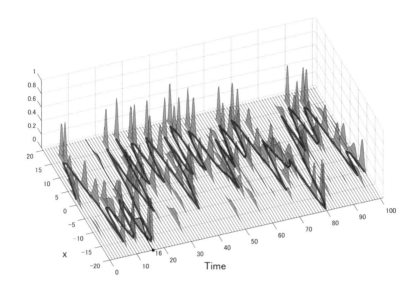

図 11.12: 著名なベンチマークモデルに対するフィルタリング分布の時間遷移

図 11.12 において太い線は状態の真値、3 次元的に重畳した山がフィルタリング分布を示しています。図 11.12 を確認すると、ところどころ分布の形が二峰になって正負の領域に分かれていることが分かります。これは、フィルタリングの時点で状態の推定値に正負のいずれの領域にも一定の可能性が残っている状況です。このような状況に対して、カルマンフィルタでは単峰形の正規分布を強制的に適用しますが、粒子フィルタではあるがままの分布の姿を追求するため、より適切な推定が行えることになります。例えば時点 16 では、この性質のおかげで負の領域の状態が正しく推定できていることが分かります。

11.5 推定精度向上のためのテクニック

ここまでの説明で、粒子フィルタにより一般状態空間モデルの推定が可能であることが実際に分かりました。粒子フィルタでは、粒子数を無限にしたときに理想的な性能を達成することができます。これに対して現実の実装では粒子数は有限になりますので、理想的な状況に比べ性能が劣化します。特に状態数が多いなどの複雑問題の場合、粒子の退化が懸念されます。より少ない粒子数で性能を維持するために、アルゴリズムから実装に及ぶまで、さまざまな改善手法が提案されています。例えば、MCMC を併用する方法 [85–88] や、ガウシアン粒子フィルタ [95]、融合粒子フィルタ [96] などが挙げられます。

本書ではその中から、補助粒子フィルタとラオ–ブラックウェル化について説明をします。なお本書ではこれらの導出は割愛しますので、詳細は参考文献 [18, 25, 81–86, 89] を参照してください。

11.5.1 補助粒子フィルタ

補助粒子フィルタ（auxiliary particle filter）は、粒子フィルタリングにおいて提案分布から状態の標本を抽出する際に、現在の観測値の影響を考慮するためのテクニックです。補助粒子フィルタは最初 [97] によって提案され、それ以降さまざまな拡張も提案されてきましたが [98]、ここでは最初の提案 [97] に基づく基本的な方法を紹介します。補助粒子フィルタによるフィルタリングにおいて、時点 $t-1$ でのフィルタリング分布から時点 t でのフィルタリング分布を求める手続きは、次のようになります。

アルゴリズム 11.4 補助粒子フィルタリング

---
0. 時点 $t-1$ でのフィルタリング分布：$\left\{ \textbf{実現値}\ \boldsymbol{x}_{t-1}^{(n)}, \textbf{重み}\ \omega_{t-1}^{(n)} \right\}_{n=1}^{N}$
1. 時点 t での更新手続き
   - **リサンプリング（相当）**
     集合 $\{1,\ldots,N\}$ から $\omega_{t-1}^{(n)} p(y_t \mid y_{1:t-1}, \hat{\boldsymbol{x}}_t^{(n)})$ $(n=1,\ldots,N)$ に比例した確率で復元抽出を行い、補助変数列 $\boldsymbol{k} = \{k_1,\ldots,k_n,\ldots,k_N\}$ を作る
     ここで、状態に関する最善の推測値は $\hat{\boldsymbol{x}}_t^{(n)} = \mathrm{E}[\boldsymbol{x}_t \mid \boldsymbol{x}_{t-1}^{(n)}]$ とする
   - for $n = 1$ to N do
     a. **実現値**
        状態方程式 $p\left(\boldsymbol{x}_t \mid \boldsymbol{x}_{t-1}^{(k_n)}\right)$ から $\boldsymbol{x}_t^{(n)}$ を抽出
     b. **重み**
        $$\omega_t^{(n)} \leftarrow \frac{p\left(y_t \mid y_{1:t-1}, \boldsymbol{x}_t^{(n)}\right)}{p\left(y_t \mid y_{1:t-1}, \hat{\boldsymbol{x}}_t^{(k_n)}\right)} \tag{11.10}$$
     end for
   - **重みの規格化**：$\omega_t^{(n)} \leftarrow \omega_t^{(n)} \Big/ \sum_{n=1}^{N} \omega_t^{(n)}$
2. 時点 t でのフィルタリング分布：$\left\{ \textbf{実現値}\ \boldsymbol{x}_t^{(n)}, \textbf{重み}\ \omega_t^{(n)} \right\}_{n=1}^{N}$

アルゴリズム 11.4 をアルゴリズム 11.1 と比べると、補助粒子フィルタリングでは、現在の観測値の影響を考慮したリサンプリングに相当する処理が「先に」行われています。実際には最初の時点ではリサンプリング用のインデックス列（[97] にあわせて**補助変数列**と呼んでいます）が算出されるだけですが、この補助変数に基づいて続く処理を行うことで、リサンプリングが実現されることになります。この仕組みにより、現在の観測値に照らしあわせて整合性の高い結果を生む粒子が、事前選別されることになります。そのた

11.5 推定精度向上のためのテクニック

め、状態方程式から状態の実現値を抽出しても、現在の観測値を考慮した標本が抽出される結果となります。ただしこのアルゴリズムではリサンプリング相当の処理を先に行うために、現在の状態に関する最善の推測値が必要になります。この値に関してアルゴリズム 11.4 では、状態方程式から導かれる条件付き期待値を適用しています。このようにして補助粒子フィルタでは、事前分布を表す有限の粒子に意図的に偏りを入れますが、アルゴリズム 11.4 の基本的な方法ではその偏りが激しくなってしまうこともあり、その場合粒子の多様性をあらかじめ減じてしまうことになります [98]。そのため、アルゴリズム 11.4 の補助粒子フィルタリングはおおむね良好な性能が得られることが確認されていますが、最悪性能の劣化を招く危険もはらんでいますので、結果の吟味は常に必要になります。なお、文献によってはアルゴリズムの一番最後に「もう一度」リサンプリングを行う定義のものもあります [18]。その場合、リサンプリングは実質的には 2 回行われることになりますが、これは必ずしも必要な処理ではありませんので、本書では一番最後のリサンプリングは行わない定義としています。またこの方針により本書の補助粒子フィルタの定義では、粒子の重みは時点ごとに $1/N$ にはリセットされないことになります。

例: ナイル川の流量データ

それでは補助粒子フィルタについて、実際の動作を確認してみましょう。ここでは、[12] の 12.5 章と同様にナイル川の流量データにローカルレベルモデルを適用し、ブートストラップフィルタと補助粒子フィルタによるフィルタリング結果を比較します。比較にあたっては、フィルタリング分布の平均と実効サンプルサイズを確認します。

> 補足 粒子フィルタにおける**実効サンプルサイズ**とは重みから算出される値であり、次式で定義されます。

$$\mathrm{ESS}_t = 1 \Big/ \sum_{n=1}^{N} (\omega_t^{(n)})^2 \tag{11.11}$$

(11.11) 式は、重みに偏りが全くなく全ての重みが等しく $1/N$ の場合、最大値 N となります。一方、重みの偏りが最も激しく 1 つの粒子のみの重みが 1 で他の粒子の重みが 0 の場合、最小値 1 となります。このように実効サンプルサイズの値は重みの偏りに応じて、$1 \sim N$ の値をとることになります。

ナイル川の流量データにローカルレベルモデルを適用し、粒子フィルタリングを行うコードは次のようになります。

コード 11.10
```
1  > #【ナイル川の流量データにローカルレベルモデルを適用（粒子フィルタリング）】
2  >
3  > # 前処理
```

第11章 一般状態空間モデルの逐次解法

```
 4  > set.seed(4521)
 5  > library(dlm)
 6  >
 7  > # ナイル川の流量データ
 8  > y <- Nile
 9  > t_max <- length(y)
10  >
11  > # ローカルレベルモデルを構築する関数
12  > build_dlm <- function(par) {
13  +   dlmModPoly(order = 1, dV = exp(par[1]), dW = exp(par[2]))
14  + }
15  >
16  > # パラメータの最尤推定
17  > fit_dlm <- dlmMLE(y = y, parm = rep(0, 2), build = build_dlm)
18  > mod <- build_dlm(fit_dlm$par)
19  >
20  > # 粒子フィルタの事前設定
21  > N <- 10000                      # 粒子数
22  >
23  > # ※注意：事前分布を時点1とし、本来の時点1~t_maxを+1シフトして2~t_max+1として扱う
24  >
25  > # データの整形(事前分布に相当するダミー分(先頭)を追加)
26  > y <- c(NA_real_, y)
27  >
28  > # 実効サンプルサイズの値は全時点で保存しておく
29  > ESS <- rep(N, times = t_max+1)
30  >
31  > # 事前分布の設定
32  >
33  > # 粒子（実現値）
34  > x <- matrix(NA_real_, nrow = t_max+1, ncol = N)
35  > x[1, ] <- rnorm(N, mean = mod$m0, sd = sqrt(mod$C0))
36  >
37  > # 粒子（重み）
38  > w <- matrix(NA_real_, nrow = t_max+1, ncol = N)
39  > w[1, ] <- log(1 / N)
40  >
41  > # 時間順方向の処理：補助粒子フィルタ
42  > for (t in (1:t_max)+1){
43  +   # リサンプリング（相当）
44  +
45  +   # 補助変数列
46  +   probs <- w[t-1, ] + dnorm(y[t], mean = x[t-1, ], sd = sqrt(mod$V), log = TRUE)
47  +   k <- sys_resampling(N = N, w = normalize(probs))
48  +
49  +   # 状態方程式：粒子（実現値）を生成
50  +   x[t, ] <- rnorm(N, mean = x[t-1, k], sd = sqrt(mod$W))
51  +
52  +   # 観測方程式：粒子（重み）を更新
53  +   w[t, ] <- dnorm(y[t], mean = x[t   , ], sd = sqrt(mod$V), log = TRUE) -
```

```
54  +                dnorm(y[t], mean = x[t-1, k], sd = sqrt(mod$V), log = TRUE)
55  +
56  +     # 重みの規格化
57  +     w[t, ] <- normalize(w[t, ])
58  +
59  +     # 実効サンプルサイズ
60  +     ESS[t] <- 1 / crossprod(exp(w[t, ]))
61  + }
62  >
63  > # 結果の整形:事前分布の分(先頭)を除去等
64  >   y <- ts(y[-1])
65  > ESS <- ts(ESS[-1])
66  >   x <- x[-1, , drop = FALSE]
67  >   w <- w[-1, , drop = FALSE]
68  >
69  > # 実効サンプルサイズを保存し、平均も求める
70  > APF_ESS <- ESS
71  > APF_m <- sapply(1:t_max, function(t){ weighted.mean(x[t, ], w = exp(w[t, ])) })
72  >
73  > # 以降のコードは表示を省略
```

まず、モデルの設定には **dlm** を活用しています。パラメータは最尤法で求め、事前分布の平均と分散には **dlm** の関数のデフォルト値である 0 と 10^7 が設定されています。続いて粒子フィルタの事前設定を行います。粒子数は 10,000 としています。今回の例では粒子平滑化 (北川アルゴリズム) は適用しないため、リサンプリング用のインデックス列 (補助変数列) を全時点分保存する必要はなく、そのための配列の事前確保は省略しています。一方、実効サンプルサイズは比較のために全時点分を保存しますので、そのための領域を事前確保しています。続く for ループの中が補助粒子フィルタの処理となります。この部分のコードは、アルゴリズム 11.4 にそって処理が記載されています。状態に関する最善の推測値 $\mathrm{E}[\boldsymbol{x}_t \mid \boldsymbol{x}_{t-1}^{(n)}]$ は、ローカルレベルモデルでは $\boldsymbol{x}_{t-1}^{(n)}$ となります。実効サンプルサイズは、重みの規格化の後で (11.11) 式に基づき算出をしています。最後に得られた結果を整形して、フィルタリング分布の平均も求めます。同様に比較のために、コード 11.7 に基づきブートストラップフィルタリングの処理も行い、実効サンプルサイズとフィルタリング分布の平均を求めます。これらの結果をプロットしたのが図 11.13 になります。

第 11 章 一般状態空間モデルの逐次解法

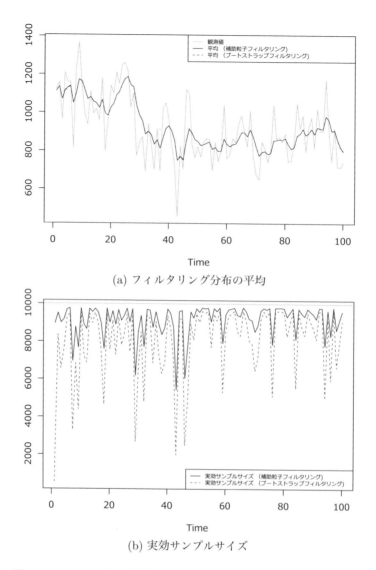

(a) フィルタリング分布の平均

(b) 実効サンプルサイズ

図 11.13: ナイル川の流量データにローカルレベルモデルを適用

　まず図 11.13(a) は、フィルタリング分布の平均の比較になっています。ほぼ同じ結果が得られています。続いて図 11.13(b) は、実効サンプルサイズの比較になります。この図は [12] の図 12.3 と同等の結果であり、ブートストラップフィルタに比べて補助粒子フィルタの実効サンプルサイズが増加していることが分かります。今回のような簡単なモデルでは実効サンプルサイズの差が推定性能に与える影響は限定的でしたが、問題が複雑になってくると推定性能により影響を及ぼすようになります。

リュウ・ウエストフィルタでの適用

続いて補助粒子フィルタの適用例として、**リュウ・ウエストフィルタ** (Liu and West filter) [99] について説明をします。リュウ・ウエストフィルタとは、粒子フィルタを用いて状態とパラメータをあわせて推定するアルゴリズムの一種です。リュウ・ウエストフィルタの詳細は追って説明をしますが、ここで改めて粒子フィルタを用いたパラメータの推定について考えてみることにします。

粒子フィルタを用いたパラメータの推定には、さまざまな方法が提案されています [25, 83, 85, 87, 88]。まず、まとまったデータがある場合には、原理的には最尤法で求めることができます。粒子フィルタにおける尤度 (定係数を除く) は、リサンプリングを毎時点行う前提であれば、重みの期待値を全時点で累積した値になります。粒子フィルタにおける尤度の数値的な最大化はモンテカルロ誤差のため容易ではありませんが、このアプローチに基づく提案も存在します。本書ではデータが順次得られる場合にも適用できる、逐次的なパラメータの推定法を考えることにします。その際パラメータを確率変数と考えて、状態の一部に含めて推定を行う状況を想定します。

> **補足** 粒子フィルタにおいてパラメータを確率変数と考えて状態の一部に含めて推定を行うアプローチは、**自己組織型** [100] と呼ばれます。

時不変のパラメータを推定する場合、その状態雑音は原理的には 0 です。この場合、粒子フィルタでは時間が経過しても事前分布の値が使いまわされる状況となりますので、特定の粒子への退化がすぐに発生してしまいます。事前分布に十分な知見が反映されればこのアプローチも効果的ですが、そのような知見がいつも得られるとは限りません。粒子フィルタの原理上、何らかの仕組みでパラメータの実現値がリフレッシュされ続けてゆけば、時間とともに正しい値への追従が可能なはずです。この目的のために、便宜的にパラメータの時間遷移を (ローカルレベルモデルなどで) 仮定し、「適度な」状態雑音を設定する方法が提案されています [101]。状態雑音の大きさにあらかじめ目途がつく場合には、このアプローチも効果的です。ただし、ここでの「適度」さは問題に依存して一般には未知であり、見積りが難しい場合もあります。仮に大きめの値を設定してしまうと、パラメータの推定値に分散が増え、推定精度が劣化してしまう懸念も残ります。このような懸念を解決する手段として、本書では比較的早い時期に提案された基本的な方法である、リュウ・ウエストフィルタを紹介します。リュウ・ウエストフィルタでは、パラメータの推定値の分散を増やさずに実現値をリフレッシュする方法として、**カーネル平滑化** [102] というテクニックが用いられています。カーネル平滑化では、まず一時点前の実現値群に対し人為的に移動平均を施します。こうすることで平均は変わらないものの一旦分散を減少させることができますので、この分散の減少分を「原資」にして、減少分と同じ大きさに分散を設定した (連続値をもつ) 提案分布から新たな実現値を抽出します。こうして、トータルでの分散

第 11 章 一般状態空間モデルの逐次解法

を増やさずに実現値をリフレッシュすることが可能になります。リュウ・ウエストフィルタではこのテクニックが粒子フィルタに組み込まれて動作するわけですが、トータルでの分散が増えない状況でリサンプリングが繰り返されていきますので、粒子の多様性が徐々に減り最終的には推定値が収束することになります。この特徴により推定値が収束するまでに十分真値に近づく必要があるため、パラメータに関する事前分布は何でも良いというわけではなく、ある程度の知見は必要になります。なおリュウ・ウエストフィルタの最初の提案 [99] では粒子フィルタに補助粒子フィルタが適用されているため、本書でもそれに則った説明をしますが、必ずそうしなければならないわけではありません [103, 104]。

以上で粒子フィルタを用いたパラメータの推定におけるリュウ・ウエストフィルタの位置づけと概要を説明しましたので、詳細について説明を続けることにします。

まず、時点 t におけるカーネル平滑化のアルゴリズムは、以下のようになります。

アルゴリズム 11.5 カーネル平滑化アルゴリズム

1. 時点 t での更新手続き
   - パラメータに対する人為的な移動平均

     平均: $\boldsymbol{\mu}^{(n)} \leftarrow a\boldsymbol{\theta}_{t-1}^{(n)} + (1-a)\mathrm{E}_{\omega_{t-1}^{(n)}}[\boldsymbol{\theta}_{t-1}^{(n)}]$

     分散減少分: $\boldsymbol{\gamma} \leftarrow (1-a^2)\mathrm{Var}_{\omega_{t-1}^{(n)}}[\boldsymbol{\theta}_{t-1}^{(n)}]$
   - for $n = 1$ to N do
     a. **実現値（パラメータ）**
        連続値をもつ提案分布 (平均=$\boldsymbol{\mu}^{(n)}$, 分散=$\boldsymbol{\gamma}$) から $\boldsymbol{\theta}_t^{(n)}$ を抽出
     end for

ここでは時不変のパラメータ $\boldsymbol{\theta}$ の推定を想定していますが、パラメータが時点ごとにリフレッシュされるため、それらを区別して表記するために、添え字 t を与えて $\boldsymbol{\theta}_t$ と表記しています。また、人為的な移動平均の指数加重を a としています。a は $0 \sim 1$ の値をとりますが、[99] では $0.974 \sim 0.995$ が推奨されており、実際の問題では調整項目となります。また、重み $\star$ に基づく重み付き平均と重み付分散を、それぞれ $\mathrm{E}_\star[\cdot]$, $\mathrm{Var}_\star[\cdot]$ と表記しています。なお、連続値をもつ提案分布として [99] では正規分布を用いていますが、[18] にもあるように任意の分布を考えることができます。

続いて、カーネル平滑化のコードは以下のようになります。

コード 11.11

```
> #【カーネル平滑化】
>
> # パラメータに対する人為的な移動平均を実行するユーザ定義関数
> kernel_smoothing <- function(realization, w, a){
+     # wを線形領域に戻す
+     w <- exp(w)
+
```

11.5 推定精度向上のためのテクニック

```
 8  +     # 重み付き平均と重み付き分散
 9  +     mean_realization <- weighted.mean( realization                        , w)
10  +      var_realization <- weighted.mean((realization - mean_realization)^2, w)
11  +
12  +     # 人為的な移動平均による、平均と分散減少分
13  +         mu <- a * realization + (1 - a) * mean_realization
14  +     sigma2 <- (1 - a^2) * var_realization
15  +
16  +     return(list(mu = mu, sigma = sqrt(sigma2)))
17  + }
```

このコードでは、パラメータに対する人為的な移動平均を実行するためのユーザ定義関数を kernel_smoothing() として定義しています。関数の引数は、realization, w, a であり、それぞれ、実現値のベクトル、規格化済みの対数重みのベクトル、移動平均の指数加重の値となっています。処理の内容は、アルゴリズム 11.5 における「パラメータに対する人為的な移動平均」にそった記載になっています。なお、分散の減少分は標準偏差の形に変換して戻り値に含めています。

続いてリュウ・ウエストフィルタのアルゴリズムは、次のようになります。

第11章 一般状態空間モデルの逐次解法

アルゴリズム 11.6 リュウ・ウエストフィルタ

0. 時点 $t-1$ でのフィルタリング分布: $\left\{\textbf{実現値 } \boldsymbol{\theta}_{t-1}^{(n)}, \boldsymbol{x}_{t-1}^{(n)}, \textbf{重み } \omega_{t-1}^{(n)}\right\}_{n=1}^{N}$

1. 時点 t での更新手続き
   - パラメータに対する人為的な移動平均
     平均: $\boldsymbol{\mu}^{(n)} \leftarrow a\,\boldsymbol{\theta}_{t-1}^{(n)} + (1-a)\mathrm{E}_{\omega_{t-1}^{(n)}}[\boldsymbol{\theta}_{t-1}^{(n)}]$
     分散減少分: $\boldsymbol{\gamma} \leftarrow (1-a^2)\mathrm{Var}_{\omega_{t-1}^{(n)}}[\boldsymbol{\theta}_{t-1}^{(n)}]$
   - リサンプリング（相当）
     集合 $\{1,\ldots,N\}$ から $\omega_{t-1}^{(n)} p(y_t \mid y_{1:t-1}, \hat{\boldsymbol{\theta}}_t^{(n)}, \hat{\boldsymbol{x}}_t^{(n)})$ $(n=1,\ldots,N)$ に比例した確率で復元抽出を行い、補助変数列 $\boldsymbol{k} = \{k_1,\ldots,k_n,\ldots,k_N\}$ を作る
     ここで、パラメータに関する最善の推測値は $\hat{\boldsymbol{\theta}}_t^{(n)} = \boldsymbol{\mu}^{(n)}$、状態に関する最善の推測値は $\hat{\boldsymbol{x}}_t^{(n)} = \mathrm{E}[\boldsymbol{x}_t \mid \boldsymbol{x}_{t-1}^{(n)}, \boldsymbol{\mu}^{(n)}]$ とする
   - for $n=1$ to N do
     a-1. **実現値（パラメータ）**
          連続値をもつ提案分布（平均=$\boldsymbol{\mu}^{(k_n)}$, 分散=$\boldsymbol{\gamma}$）から $\boldsymbol{\theta}_t^{(n)}$ を抽出
     a-2. **実現値（状態）**
          状態方程式 $p\left(\boldsymbol{x}_t \mid \boldsymbol{x}_{t-1}^{(k_n)}, \boldsymbol{\theta}_t^{(n)}\right)$ から $\boldsymbol{x}_t^{(n)}$ を抽出
     b.   **重み**
     $$\omega_t^{(n)} \leftarrow \frac{p\left(y_t \mid y_{1:t-1}, \boldsymbol{\theta}_t^{(n)}, \boldsymbol{x}_t^{(n)}\right)}{p\left(y_t \mid y_{1:t-1}, \hat{\boldsymbol{\theta}}_t^{(k_n)}, \hat{\boldsymbol{x}}_t^{(k_n)}\right)} \quad (11.12)$$
     end for
   - 重みの規格化: $\omega_t^{(n)} \leftarrow \omega_t^{(n)} \Big/ \sum_{n=1}^{N} \omega_t^{(n)}$

2. 時点 t でのフィルタリング分布: $\left\{\textbf{実現値 } \boldsymbol{\theta}_t^{(n)}, \boldsymbol{x}_t^{(n)}, \textbf{重み } \omega_t^{(n)}\right\}_{n=1}^{N}$

リュウ・ウエストフィルタで求める分布は、パラメータを状態に含めたフィルタリング分布 $p(\boldsymbol{x}_t, \boldsymbol{\theta} \mid y_{1:t})$ となります。そのため粒子における実現値は、パラメータと状態の二種類になります。処理の内容は、基本的にアルゴリズム 11.4 の補助粒子フィルタのアルゴリズムにアルゴリズム 11.5 のカーネル平滑化のテクニックを組み合わせた形なっています。なお、補助変数列を求める際に必要となる、パラメータに関する最善の推測値は $\hat{\boldsymbol{\theta}}_t^{(n)} = \boldsymbol{\mu}^{(n)}$、状態に関する最善の推測値は $\hat{\boldsymbol{x}}_t^{(n)} = \mathrm{E}[\boldsymbol{x}_t \mid \boldsymbol{x}_{t-1}^{(n)}, \boldsymbol{\mu}^{(n)}]$ としています。

それでは、リュウ・ウエストフィルタの動作を実際に確認してみましょう。モデルとデータには「9.2 ローカルレベルモデル」のコード 9.1 で準備した、人工的なローカルレベルモデルと生成データを用います。今回の例では、状態とともに推定するパラメータを状態雑音 W と観測雑音 V とします。このためのコードは次のようになります。

コード 11.12

```
1 > #【パラメータが既知のローカルレベルモデル（リュウ・ウエストフィルタ）】
```

11.5 推定精度向上のためのテクニック

```
 2  >
 3  > # 前処理
 4  > set.seed(4521)
 5  >
 6  > # 人工的なローカルレベルモデルに関するデータを読み込み
 7  > load(file = "ArtifitialLocalLevelModel.RData")
 8  >
 9  > # 粒子フィルタの事前設定
10  > N <- 10000                              # 粒子数
11  > a <- 0.975                              # パラメータの人為的な移動平均における指数加重
12  > W_max <- 10 * var(diff(y))              # パラメータWに関する最大値の見積もり
13  > V_max <- 10 * var(      y )             # パラメータVに関する最大値の見積もり
14  >
15  > # ※注意：事前分布を時点1とし、本来の時点1~t_maxを+1シフトして2~t_max+1として扱う
16  >
17  > # データの整形(事前分布に相当するダミー分(先頭)を追加)
18  > y <- c(NA_real_, y)
19  >
20  > # 事前分布の設定
21  >
22  > # 粒子（実現値）：パラメータW
23  > W       <- matrix(NA_real_, nrow = t_max+1, ncol = N)
24  > W[1, ] <- log(runif(N, min = 0, max = W_max))        # 対数領域
25  >
26  > # 粒子（実現値）：パラメータV
27  > V       <- matrix(NA_real_, nrow = t_max+1, ncol = N)
28  > V[1, ] <- log(runif(N, min = 0, max = V_max))        # 対数領域
29  >
30  > # 粒子（実現値）：状態
31  > x <- matrix(NA_real_, nrow = t_max+1, ncol = N)
32  > x[1, ] <- rnorm(N, mean = 0, sd = sqrt(1e+7))        # 事前分布のパラメータ未知
33  >
34  > # 粒子（重み）
35  > w <- matrix(NA_real_, nrow = t_max+1, ncol = N)
36  > w[1, ] <- log(1 / N)
37  >
38  > # 時間順方向の処理：カーネル平滑化＋補助粒子フィルタ
39  > for (t in (1:t_max)+1){
40  +   # パラメータに対する人為的な移動平均
41  +   W_ks <- kernel_smoothing(realization = W[t-1, ], w = w[t-1, ], a = a)
42  +   V_ks <- kernel_smoothing(realization = V[t-1, ], w = w[t-1, ], a = a)
43  +
44  +   # リサンプリング（相当）
45  +
46  +   # 補助変数列
47  +   probs <- w[t-1, ] +
48  +            dnorm(y[t], mean = x[t-1, ], sd = sqrt(exp(V_ks$mu)), log = TRUE)
49  +   k <- sys_resampling(N = N, w = normalize(probs))
50  +
51  +   # 連続値を持つ提案分布からパラメータの実現値を抽出（リフレッシュ）
```

第11章 一般状態空間モデルの逐次解法

```
52 +    W[t, ] <- rnorm(N, mean = W_ks$mu[k], sd = W_ks$sigma)
53 +    V[t, ] <- rnorm(N, mean = V_ks$mu[k], sd = V_ks$sigma)
54 +
55 +    # 状態方程式：粒子（実現値）を生成
56 +    x[t, ] <- rnorm(N, mean = x[t-1, k], sd = sqrt(exp(W[t, ])))
57 +
58 +    # 観測方程式：粒子（重み）を更新
59 +    w[t, ] <- dnorm(y[t], mean = x[t   , ], sd = sqrt(exp(V[t,    ])), log = T) -
60 +              dnorm(y[t], mean = x[t-1, k], sd = sqrt(exp(V_ks$mu[k])), log = T)
61 +
62 +    # 重みの規格化
63 +    w[t, ] <- normalize(w[t, ])
64 + }
65 >
66 > # 以降のコードは表示を省略
```

まず粒子数は 10,000 としました。カーネル平滑化における人為的な移動平均の指数加重 a は、特段の強い意図はありませんが [18] の例にならい 0.975 としています。またパラメータの事前分布にはある程度の知見があった方が良いため、データから最大値を見積もった一様分布としました。なお、パラメータは計算精度の劣化を抑止するため、対数領域で扱うことにします。また状態の事前分布に関する平均と分散も未知とし、今回の例では平均 0、分散 10^7 としました。続く for ループの中に、リュウ・ウエストフィルタの具体的な処理が記載されています。この記述は、アルゴリズム 11.6 にそった内容になっています。パラメータに対する人為的な移動平均の実行には、コード 11.11 で定義したユーザ定義関数 kernel_smoothing() を用いています。補助変数列を算出するために必要な状態に関する最善の推測値は、今回の例ではローカルレベルモデルを適用しているため、$\hat{x}_t^{(n)} = \mathrm{E}[\bm{x}_t \mid \bm{x}_{t-1}^{(n)}, \bm{\mu}^{(n)}] = \bm{x}_{t-1}^{(n)}$ となります。またパラメータの実現値をリフレッシュするための連続値をもつ提案分布としては、正規分布を用いています。こうして得られた結果を整形し、各種の要約統計量を求めます。これらの結果をプロットしたのが、図 11.14、図 11.15 になります。まず図 11.14 では、状態に関する平均と 50%区間がプロットされています。

11.5 推定精度向上のためのテクニック

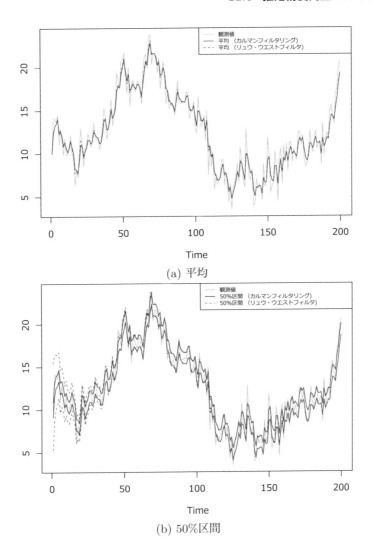

(a) 平均

(b) 50%区間

図 11.14: パラメータが既知のローカルレベルモデル (リュウ・ウエストフィルタ)

　図 11.14(b) における 50%区間の結果を見ると、時点 50 より前の推定精度があまり良くないことが分かります。これは同時に推定を行っているパラメータの収束がその時点付近まで時間を要しており、その影響を受けているためです。続いて図 11.15 は、パラメータ W と V に関する平均と 50%区間のプロットになります。

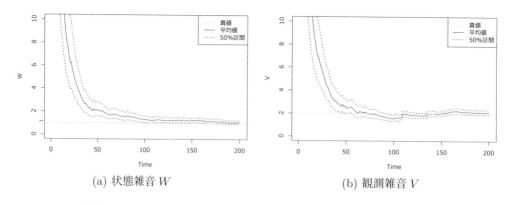

(a) 状態雑音 W (b) 観測雑音 V

図 11.15: パラメータの推定結果 (リュウ・ウエストフィルタ)

どちらも収束までに一定の時間を要しますが、最終的には真値に近い値が推定できています。

以上簡単な例ではありましたが、リュウ・ウエストフィルタを用いて状態とパラメータをあわせて逐次的に推定できることが分かりました。

11.5.2　線形・ガウス型状態空間モデルが部分的にあてはまる場合

この話題は MCMC の場合に「10.5.1 線形・ガウス型状態空間モデルが部分的にあてはまる場合」でも触れましたが、粒子フィルタの場合にも同様の考え方が存在します。全てではありませんが一般状態空間モデルにおいて、線形・ガウス型状態空間モデルが部分的にあてはまる場合があります。この場合には、カルマンフィルタを解法の部品として利用する方法が存在します。粒子フィルタにおけるこのようなアプローチは、**ラオ–ブラックウェル化** (Rao–Blackwellization) と呼ばれます。この方法では、限りある粒子フィルタの力をカルマンフィルタでは解けない部分に注力させることができます。また、カルマンフィルタは解析解であり推定精度の向上に寄与します。このため、ラオ–ブラックウェル化は可能であれば利用すべきというのが本書の立場です。

> 補足　ラオ–ブラックウェル化を適用した粒子フィルタは、**周辺化粒子フィルタ**とも呼ばれます。また、カルマンフィルタと粒子フィルタのハイブリッド方式でもあるため、**混合カルマンフィルタ**と呼ばれることもあります。

ラオ–ブラックウェル化が適用できるのは、一般状態空間モデルにおける状態が、線形・ガウス型状態空間モデルに従う部分とそれ以外の部分に分かれる場合です。例えば、パラメータが未知の線形・ガウス型状態空間モデルにおいてパラメータを確率変数と考え、状態とパラメータの同時フィルタリング分布 $p(\boldsymbol{x}_t, \boldsymbol{\theta} \mid y_{1:t})$ を推定する場合が相当します。こ

11.5 推定精度向上のためのテクニック

の場合のモデルは、パラメータが既知であれば線形・ガウス型状態空間モデルだったところが、パラメータが未知であり状態とパラメータをあわせて推定を行うがために一般状態空間モデルになったのでした。この場合、パラメータさえ分かってしまえば線形・ガウス型の状態空間モデルとして考えることができます。そこでフィルタリング分布をベイズの定理を用いて、$p(\boldsymbol{x}_t, \boldsymbol{\theta} \mid y_{1:t}) = p(\boldsymbol{x}_t \mid y_{1:t}, \boldsymbol{\theta})p(\boldsymbol{\theta} \mid y_{1:t})$ と分解し、1 項目にカルマンフィルタ、2 項目に粒子フィルタを適用することにします。これが、ラオ-ブラックウェル化の基本的な考え方です。この結果粒子フィルタには、次の変更が施されることになります。

- 状態 $\boldsymbol{x}_t$ に関する粒子 (実現値) はそのパラメータであるフィルタリング分布の平均 m_t と分散 C_t になり、これらの導出に 1 時点分のカルマンフィルタを活用する
- 状態 $\boldsymbol{x}_t$ が既知の下での尤度 (観測方程式) はパラメータ $\boldsymbol{\theta}$ が既知の下での一期先予測尤度となり、その算出にも 1 時点分のカルマンフィルタを活用する

この後ラオ-ブラックウェル化の具体例としてリュウ・ウエストフィルタへの適用を説明しますが、それに先立って説明の準備をしておきます。まずラオ-ブラックウェル化では時点 t において 1 時点分のカルマンフィルタが用いられますが、この処理を以下のように表記することにします。

- 1 時点分のカルマンフィルタリング: $\mathcal{KF}$(観測値$_t$, 状態$_{t-1}$, パラメータ$_t$)

ここで、適用されるモデルは暗黙の前提とし、表記からは省略することにします。1 時点分のカルマンフィルタリングの処理内容は、アルゴリズム 8.1 に従います。このためのコードは、以下のようになります。

コード 11.13
```
> #【1時点分のカルマンフィルタリング】
>
> # 1時点分のカルマンフィルタリングを行うユーザ定義関数
> Kalman_filtering <- function(y, state, param){
+   # 一旦全粒子分の結果を求める (粒子数Nには親環境の値が適用される)
+   res <- sapply(1:N, function(n){
+     # モデルの設定：親環境に存在するmodがベース分として自動的にコピーされる
+     mod$m0 <-      state$m0[n]
+     mod$C0 <-      state$C0[n]
+     mod$W  <- exp(param$ W[n])      # Wは対数領域の値
+     mod$V  <- exp(param$ V[n])      # Vは対数領域の値
+
+     # 1時点分のカルマンフィルタリングを実行
+     KF_out <- dlmFilter(y = y, mod = mod)
+
+     # 必要な値をまとめる
+     return(
```

第 11 章 一般状態空間モデルの逐次解法

```
18  +        c(
19  +           # 状態（フィルタリング分布の平均と分散）の導出のため
20  +           m = KF_out$m[2],                                    # 状態における1は事前分布
21  +           C = dlmSvd2var(KF_out$U.C, KF_out$D.C)[[2]],        # 状態における1は事前分布
22  +
23  +           # 一期先予測尤度の算出のため
24  +           f = KF_out$f,
25  +           Q = mod$FF %*% dlmSvd2var(KF_out$U.R, KF_out$D.R)[[1]] %*% t(mod$FF) +
26  +               mod$V
27  +        )
28  +     })
29  +
30  +
31  +     # 扱いやすいようにリストにまとめる
32  +     return(list(m = res["m", ], C = res["C", ], f = res["f", ], Q = res["Q", ]))
33  + }
```

このコードでは、状態数が1つで、パラメータが状態雑音と観測雑音のみという前提の元で、1時点分のカルマンフィルタリングを行うユーザ定義関数を Kalman_filtering() として定義しています (同名の関数をコード 8.1 でも定義しましたが、今度は **dlm** を活用する内容に刷新しています)。関数の引数は、y, state, param であり、各々現時点の観測値、1時点前の状態の実現値、現時点でのパラメータの値となります。引数の型としては、観測値はスカラー、状態とパラメータは全粒子分のベクトルのリストになっていることを想定しています。関数の中では、全粒子分に対してカルマンフィルタリングの処理を行います。具体的なカルマンフィルタリングの計算には、**dlm** の関数 dlmFilter() を活用します。その結果から、状態の導出のためにフィルタリング分布の平均 m_t と分散 C_t、一期先予測尤度の算出のためにその平均 f_t と分散 Q_t を取り出します。最後にこれらを扱いやすくするために、リストにまとめ直して最終的な戻り値としています。

リュウ・ウエストフィルタへの適用

それではラオ–ブラックウェル化の具体例として、リュウ・ウエストフィルタをラオ–ブラックウェル化することを考えてみましょう。このアルゴリズムは次のようになります。

11.5 推定精度向上のためのテクニック

アルゴリズム 11.7 ラオ–ブラックウェル化されたリュウ・ウエストフィルタ

0. 時点 $t-1$ でのフィルタリング分布: $\left\{ \text{実現値 } \boldsymbol{\theta}_{t-1}^{(n)}, \boldsymbol{m}_{t-1}^{(n)}, \boldsymbol{C}_{t-1}^{(n)}, \text{重み } \omega_{t-1}^{(n)} \right\}_{n=1}^{N}$

1. 時点 t での更新手続き
   - パラメータに対する人為的な移動平均
     平均: $\boldsymbol{\mu}^{(n)} \leftarrow a\,\boldsymbol{\theta}_{t-1}^{(n)} + (1-a)\mathrm{E}_{\omega_{t-1}^{(n)}}[\boldsymbol{\theta}_{t-1}^{(n)}]$

     分散減少分: $\boldsymbol{\gamma} \leftarrow (1-a^2)\mathrm{Var}_{\omega_{t-1}^{(n)}}[\boldsymbol{\theta}_{t-1}^{(n)}]$

   - リサンプリング (相当)
     集合 $\{1, \ldots, N\}$ から $\omega_{t-1}^{(n)} p(y_t \mid y_{1:t-1}, \hat{\boldsymbol{\theta}}_t^{(n)})$ $(n = 1, \ldots, N)$ に比例した確率で復元抽出を行い、補助変数列 $\boldsymbol{k} = \{k_1, \ldots, k_n, \ldots, k_N\}$ を作る

     ここで、パラメータに関する最善の推測値は $\hat{\boldsymbol{\theta}}_t^{(n)} = \boldsymbol{\mu}^{(n)}$ とし、一期先予測尤度 $p(y_t \mid y_{1:t-1}, \hat{\boldsymbol{\theta}}_t^{(n)})$ は $\mathcal{KF}$(観測値$_t = y_t$, 状態$_{t-1} = \{\boldsymbol{m}_{t-1}^{(n)}, \boldsymbol{C}_{t-1}^{(n)}\}$, パラメータ$_t = \boldsymbol{\mu}^{(n)}$) から求めた $f_t^{(n)}, Q_t^{(n)}$ を用いて $\mathcal{N}(y_t; f_t^{(n)}, Q_t^{(n)})$ として算出する

   - **for** $n = 1$ **to** N **do**

     a-1. **実現値 (パラメータ)**
       連続値をもつ提案分布 (平均=$\boldsymbol{\mu}^{(k_n)}$, 分散=$\boldsymbol{\gamma}$) から $\boldsymbol{\theta}_t^{(n)}$ を抽出

     a-2. **実現値 (状態)**
       $\mathcal{KF}$(観測値$_t = y_t$, 状態$_{t-1} = \{\boldsymbol{m}_{t-1}^{(k_n)}, \boldsymbol{C}_{t-1}^{(k_n)}\}$, パラメータ$_t = \boldsymbol{\theta}_t^{(n)}$) から $\boldsymbol{m}_t^{(n)}, \boldsymbol{C}_t^{(n)}$ を求める

     b. **重み**
     $$\omega_t^{(n)} \leftarrow \frac{p\left(y_t \mid y_{1:t-1}, \boldsymbol{\theta}_t^{(n)}\right)}{p\left(y_t \mid y_{1:t-1}, \hat{\boldsymbol{\theta}}_t^{(k_n)}\right)} \tag{11.13}$$

     ここで、分子は「a-2」の際に得られた結果を用いて $\mathcal{N}(y_t; f_t^{(n)}, Q_t^{(n)})$ として算出し、分母は「リサンプリング (相当)」の際に得られた結果を用いて $\mathcal{N}(y_t; f_t^{(k_n)}, Q_t^{(k_n)})$ として算出する

     end for

   - 重みの規格化: $\omega_t^{(n)} \leftarrow \omega_t^{(n)} \Big/ \sum_{n=1}^{N} \omega_t^{(n)}$

2. 時点 t でのフィルタリング分布: $\left\{ \text{実現値 } \boldsymbol{\theta}_t^{(n)}, \boldsymbol{m}_t^{(n)}, \boldsymbol{C}_t^{(n)}, \text{重み } \omega_t^{(n)} \right\}_{n=1}^{N}$

アルゴリズム 11.6 との差を中心に説明します。まず、状態 x_t に関する粒子 (実現値) はそのパラメータであるフィルタリング分布の平均 $\boldsymbol{m}_t$ と分散 $\boldsymbol{C}_t$ になります。状態の実現値の導出には、カルマンフィルタが活用されます。また、リサンプリング (相当) や重みの更新にあった観測方程式 (状態が既知の下での尤度) はパラメータが既知の下での一期先予測尤度に変わり、その算出にもカルマンフィルタが活用されます。

続いて、ラオ–ブラックウェル化されたリュウ・ウエストフィルタの動作を実際に確認してみましょう。モデルとデータには「9.2 ローカルレベルモデル」のコード 9.1 で準備した、人工的なローカルレベルモデルと生成データを用います。このためのコードは、次のようになります。

第 11 章 一般状態空間モデルの逐次解法

コード 11.14

```r
1  > #【ラオ-ブラックウェル化されたリュウ・ウエストフィルタ】
2  >
3  > # 前処理
4  > set.seed(4521)
5  >
6  > # 人工的なローカルレベルモデルに関するデータを読み込み
7  > load(file = "ArtifitialLocalLevelModel.RData")
8  > m_org <- m         # フィルタリング分布の平均用の粒子に新設する変数mと区別する
9  >
10 > # 粒子フィルタの事前設定
11 > N <- 1000                          # 粒子数
12 > a <- 0.975                         # パラメータの人為的な移動平均における指数加重
13 > W_max <- 10 * var(diff(y))         # パラメータWに関する最大値の見積もり
14 > V_max <- 10 * var(     y )         # パラメータVに関する最大値の見積もり
15 >
16 > # ※注意：事前分布を時点1とし、本来の時点1~t_maxを+1シフトして2~t_max+1として扱う
17 >
18 > # データの整形(事前分布に相当するダミー分(先頭)を追加)
19 > y <- c(NA_real_, y)
20 >
21 > # 事前分布の設定
22 >
23 > # 粒子（実現値）：パラメータW（対数領域）
24 > W      <- matrix(NA_real_, nrow = t_max+1, ncol = N)
25 > W[1, ] <- log(runif(N, min = 0, max = W_max))          # 対数領域
26 >
27 > # 粒子（実現値）：パラメータV（対数領域）
28 > V      <- matrix(NA_real_, nrow = t_max+1, ncol = N)
29 > V[1, ] <- log(runif(N, min = 0, max = V_max))          # 対数領域
30 >
31 > # 粒子（実現値）：状態（フィルタリング分布の平均と分散）
32 > m      <- matrix(NA_real_, nrow = t_max+1, ncol = N)
33 > m[1, ] <- 0                                            # 事前分布のパラメータ未知
34 > C      <- matrix(NA_real_, nrow = t_max+1, ncol = N)
35 > C[1, ] <- 1e+7                                         # 事前分布のパラメータ未知
36 >
37 > # 粒子（重み）
38 > w      <- matrix(NA_real_, nrow = t_max+1, ncol = N)
39 > w[1, ] <- log(1 / N)
40 >
41 > # 進捗バーの設定
42 > progress_bar <- txtProgressBar(min = 2, max = t_max+1, style = 3)
43 >
44 > # 時間順方向の処理：カーネル平滑化＋補助粒子フィルタ＋ラオ-ブラックウェル化
45 > for (t in (1:t_max)+1){
46 +   # 進捗バーの表示
47 +   setTxtProgressBar(pb = progress_bar, value = t)
48 +
```

11.5 推定精度向上のためのテクニック

```
49  +     # パラメータに対する人為的な移動平均
50  +     W_ks <- kernel_smoothing(realization = W[t-1, ], w = w[t-1, ], a = a)
51  +     V_ks <- kernel_smoothing(realization = V[t-1, ], w = w[t-1, ], a = a)
52  +
53  +     # リサンプリング (相当)
54  +
55  +     # 1時点分のカルマンフィルタリング->補助変数列
56  +     KF_aux <- Kalman_filtering(y = y[t],
57  +                                state = list(m0 = m[t-1, ], C0 = C[t-1, ]),
58  +                                param = list(W = W_ks$mu, V = V_ks$mu)
59  +                                )
60  +     probs <- w[t-1, ] +
61  +              dnorm(y[t], mean = KF_aux$f, sd = sqrt(KF_aux$Q), log = TRUE)
62  +     k <- sys_resampling(N = N, w = normalize(probs))
63  +
64  +
65  +     # 連続値を持つ提案分布からパラメータの実現値を抽出 (リフレッシュ)
66  +     W[t, ] <- rnorm(N, mean = W_ks$mu[k], sd = W_ks$sigma)
67  +     V[t, ] <- rnorm(N, mean = V_ks$mu[k], sd = V_ks$sigma)
68  +
69  +     # 状態: 1時点分のカルマンフィルタリング->粒子(実現値)の導出
70  +     KF <- Kalman_filtering(y = y[t],
71  +                            state = list(m0 = m[t-1, k], C0 = C[t-1, k]),
72  +                            param = list(W = W[t, ], V = V[t, ])
73  +                            )
74  +     m[t, ] <- KF$m
75  +     C[t, ] <- KF$C
76  +
77  +     # 粒子 (重み) を更新
78  +     w[t, ] <- dnorm(y[t], mean = KF$f      , sd = sqrt(KF$Q)      , log = T) -
79  +               dnorm(y[t], mean = KF_aux$f[k], sd = sqrt(KF_aux$Q[k]), log = T)
80  +
81  +     # 重みの規格化
82  +     w[t, ] <- normalize(w[t, ])
83  + }
84    |=========================================================================| 100%
85  >
86  > # 以降のコードは表示を省略
```

コード 11.12 との差を中心に説明します。まず粒子数は、ラオ–ブラックウェル化により性能の向上が期待できるため、あらかじめ少なめに 1,000 としています。また、状態に関する粒子 (実現値) は、フィルタリング分布の平均 m と分散 C としています。続く for ループの中に、ラオ–ブラックウェル化されたリュウ・ウエストフィルタの処理が記載されています。処理がやや重くなるため、進捗バーを表示するようにしました。処理の内容はアルゴリズム 11.7 にそったものになっています。1 時点分のカルマンフィルタリングの実行には、コード 11.13 で定義したユーザ定義関数 Kalman_filtering() を用いています。このようにして得られた結果を整形し、必要な要約統計量を求めます (コード表示は割愛し

第 11 章 一般状態空間モデルの逐次解法

ました)。これらをプロットしたのが、図 11.16, 図 11.17 になります。まず図 11.16 では、状態に関する平均と 50%区間がプロットされています。

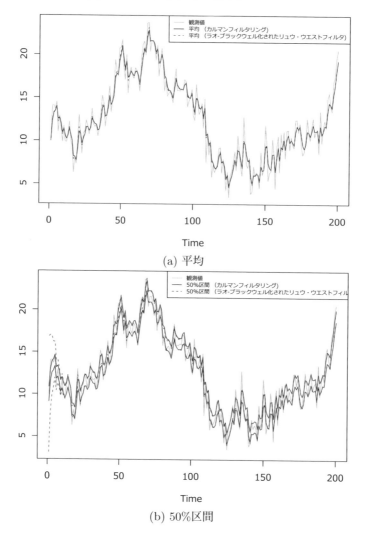

図 11.16: パラメータが既知のローカルレベルモデル (ラオ–ブラックウェル化されたリュウ・ウエストフィルタ)

図 11.16(b) を図 11.14(b) と比較すると、50%区間の結果に関して、初期時点での推定精度が改善されていることが分かります。これは、同時に推定しているパラメータの初期時点での推定精度が改善された影響です。続いて図 11.17 は、パラメータ W と V に関する平均と 50%区間のプロットになります。

11.5 推定精度向上のためのテクニック

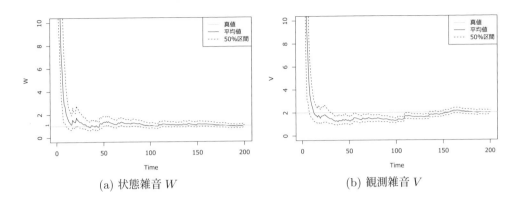

(a) 状態雑音 W 　　　　　　(b) 観測雑音 V

図 11.17: パラメータの推定結果 (ラオ–ブラックウェル化されたリュウ・ウエストフィルタ)

図 11.17 を図 11.15 と比較すると、収束速度が改善されていることが分かります。

以上比較的簡単な例でしたが、リュウ・ウエストフィルタにラオ–ブラックウェル化を適用すると、粒子数を 1/10 に減らしても推定性能が改善できることが分かりました。複雑な問題では、ラオ–ブラックウェル化の効果がより明らかになります。

第12章

一般状態空間モデルにおける応用的な分析例

　本章では一般状態空間モデルにおける応用的な分析例として、再びナイル川の流量データにおいて構造変化を適切に考慮する方法を検討します。このような方法の1つとしてすでに「9.6.2 例: ナイル川の流量 (1899年の急減を考慮)」では回帰モデルを利用する方法を紹介しましたが、その際変化点の情報は既知としていました。本章ではまず変化点を既知とした場合のアプローチをおさらいし、次いでその考え方を元に変化点が未知の場合への拡張を行っていきます。またその検討を踏まえ、未知の変化点を実時間で検出する方法についても説明をします。

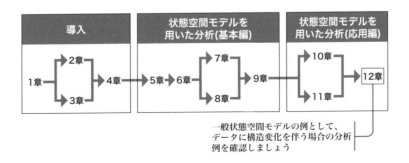

12.1 構造変化の考慮

本章では**構造変化**を伴う時系列データとして、再びナイル川の流量に関するデータについて検討を行います。このデータにおいて、アスワン (ロウ) ダムの建設に伴う 1899 年からの流量急減を精度よく考慮するのが、本章の検討目的となります。検討のステップとしては、まず**変化点**が既知の場合をおさらいしてから、変化点が未知の場合に拡張を図っていきます。検討にあたり、改めてデータのプロットを図 12.1 に掲載します。

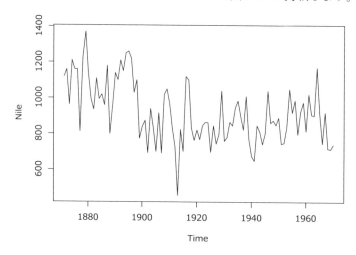

図 12.1: ナイル川における年間流量に関するデータ (再掲)

本章では、時系列データに含まれる構造変化を適切に考慮する方法を検討するわけですが、このような構造変化における変化点の検出は**異常検知**の一種でもあり、従来からさまざまな手法が検討・提案され、現在でも議論が継続しています。最近では、R で使えるライブラリ [105–108] もいくつか存在しています。本書でも既知の変化点に対して回帰モデルを利用する方法はすでに「9.6.2 例: ナイル川の流量 (1899 年の急減を考慮)」で紹介しましたが、本章では変化点が既知の場合の別アプローチとして、ローカルレベルモデルの状態雑音を時変で考える方法について、まず検討を行います。パラメータを時変で考えると、構造変化への追従性を高めることができます。本書ではこれまでパラメータは基本的に時不変と考えてきましたが、ここからは時変の場合も考えるようにします。なお、本書ではこれ以降、パラメータが時変・時不変であることを、単に時変・時不変と呼ぶことにします。

またこの時変の状態雑音の考え方を踏まえて、変化点が未知の場合にも対応できるように拡張を図ります。具体的にはこのために、状態雑音に裾の厚い分布を適用します。この

ようにすると、状態雑音はまれにとても大きな値をとることになります。状態雑音は状態の時間的な変化に許容されるひずみを意味していましたので、その値がまれにとても大きな値をとるということは、状態の値が突然大きく変化する状況を適切に説明できることになります。

以上の検討における解法としては、変化点が「既知」の場合にはカルマンフィルタを、変化点が「未知」の場合には MCMC・粒子フィルタを適用しますが、それらの結果を比較するために、条件を合わせて固定区間平滑化を考えることにします。

さらに本章の最後では、未知の変化点を実時間で検出する方法を検討します。

> **補足** 状態雑音と同じ議論を観測雑音に適用すれば、稀に生じる外れ値を適切に取り扱うことができるようになりますが、本書では説明を割愛します。

12.2 カルマンフィルタによるアプローチ (変化点は既知)

本節ではカルマンフィルタを用いて、構造変化における既知の変化点を適切に考慮する方法について、説明をします。

12.2.1 これまでに検討した時不変のモデル

まず比較対象として、これまでに検討した時不変のローカルレベルモデルの結果を振り返ってみましょう。このローカルレベルモデルは、(8.9), (8.10) 式で次のように定義されていました。

$$x_t = x_{t-1} + w_t, \qquad w_t \sim \mathcal{N}(0, W) \tag{12.1}$$

$$y_t = x_t + v_t, \qquad v_t \sim \mathcal{N}(0, V) \tag{12.2}$$

この場合の分析はすでに「8.2 例: ローカルレベルモデルの場合」で確認をしましたのでコードについては表示を割愛しますが、平滑化分布の平均値の結果を図 12.2 に再掲しておきます。

第 12 章 一般状態空間モデルにおける応用的な分析例

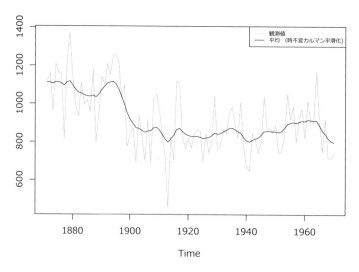

図 12.2: 時不変カルマン平滑化の結果

1899 年の急変への追従は今一つといったところです。また、最尤法で特定された状態雑音の分散 W は 1468.432, 観測雑音の分散 V は 15099.8 という結果になっていました。実データが対象ですのでこれが正解というわけでもありませんが、本書ではこの結果を時不変なモデルの結果に関する目安として考えることにします。

12.2.2 線形・ガウス型状態空間モデルにおいて先見情報を活用する

続いて、ローカルレベルモデルの状態雑音に工夫を施す方法を考えます。具体的には 1899 年の観測値の急激な変動を適切に考慮できるように、状態雑音の分散が 1899 年「だけ」大きくなると考えます [18]。こうすると状態雑音の分散は時変となりますが、ここでは変化点を未知ではなく既知のタイミングとして扱っていますので、モデルは線形・ガウス型状態空間モデルのままです。この場合のローカルレベルモデルは、次のように定義されます。

$$x_t = x_{t-1} + w_t, \qquad w_t \sim \mathcal{N}(0, W_t) \qquad (12.3)$$
$$y_t = x_t + v_t, \qquad v_t \sim \mathcal{N}(0, V) \qquad (12.4)$$

これらを (12.1), (12.2) 式と比べると、W が W_t に変更になっています。W_t は具体的に、$W_{1899\,年以外} = W$, $W_{1899\,年} = \lambda^2 W$ とします。ここで、W は通年で共通する時不変の値であり、λ^2 は 1899 年だけにかかる倍率となります。このような時変のパラメータをもつ線形・ガウス型状態空間モデルに対するカルマンフィルタは、**時変カルマンフィルタ**とも呼

12.2.3 数値結果

先ほど説明した (12.3), (12.4) 式に対する時変カルマンフィルタを実行するためのコードは、次のようになります。

コード 12.1

```
> # 【ナイル川の流量データにローカルレベルモデルを適用（時変カルマンフィルタ）】
>
> # 前処理
> set.seed(123)
> library(dlm)
>
> # ナイル川の流量データ
> y <- Nile
> t_max <- length(y)
>
> # ローカルレベルモデルを構築する関数（状態雑音の分散が時変）
> build_dlm <- function(par) {
+   tmp <- dlmModPoly(order = 1, dV = exp(par[1]))
+
+   # 状態雑音の分散はXの1列目を参照する
+   tmp$JW <- matrix(1, nrow = 1, ncol = 1)
+
+   # Xの1列目に状態雑音の分散を格納する
+   tmp$X <- matrix(exp(par[2]), nrow = t_max, ncol = 1)
+
+   # 1899年の状態雑音のみ増加を許容
+   j <- which(time(y) == 1899)
+   tmp$X[j, 1] <- tmp$X[j, 1] * exp(par[3])
+
+   return(tmp)
+ }
>
> # パラメータの最尤推定
> fit_dlm <- dlmMLE(y = y, parm = rep(0, 3), build = build_dlm)
> modtv <- build_dlm(fit_dlm$par)
> as.vector(modtv$X); modtv$V
 [1] 6.709260e-02 6.709260e-02 6.709260e-02 6.709260e-02 6.709260e-02 6.709260e-02
 [7] 6.709260e-02 6.709260e-02 6.709260e-02 6.709260e-02 6.709260e-02 6.709260e-02
[13] 6.709260e-02 6.709260e-02 6.709260e-02 6.709260e-02 6.709260e-02 6.709260e-02
[19] 6.709260e-02 6.709260e-02 6.709260e-02 6.709260e-02 6.709260e-02 6.709260e-02
[25] 6.709260e-02 6.709260e-02 6.709260e-02 6.709260e-02 6.035191e+04 6.709260e-02
[31] 6.709260e-02 6.709260e-02 6.709260e-02 6.709260e-02 6.709260e-02 6.709260e-02
[37] 6.709260e-02 6.709260e-02 6.709260e-02 6.709260e-02 6.709260e-02 6.709260e-02
[43] 6.709260e-02 6.709260e-02 6.709260e-02 6.709260e-02 6.709260e-02 6.709260e-02
```

第 12 章 一般状態空間モデルにおける応用的な分析例

```
 [49] 6.709260e-02 6.709260e-02 6.709260e-02 6.709260e-02 6.709260e-02 6.709260e-02
 [55] 6.709260e-02 6.709260e-02 6.709260e-02 6.709260e-02 6.709260e-02 6.709260e-02
 [61] 6.709260e-02 6.709260e-02 6.709260e-02 6.709260e-02 6.709260e-02 6.709260e-02
 [67] 6.709260e-02 6.709260e-02 6.709260e-02 6.709260e-02 6.709260e-02 6.709260e-02
 [73] 6.709260e-02 6.709260e-02 6.709260e-02 6.709260e-02 6.709260e-02 6.709260e-02
 [79] 6.709260e-02 6.709260e-02 6.709260e-02 6.709260e-02 6.709260e-02 6.709260e-02
 [85] 6.709260e-02 6.709260e-02 6.709260e-02 6.709260e-02 6.709260e-02 6.709260e-02
 [91] 6.709260e-02 6.709260e-02 6.709260e-02 6.709260e-02 6.709260e-02 6.709260e-02
 [97] 6.709260e-02 6.709260e-02 6.709260e-02 6.709260e-02
          [,1]
[1,] 16301.65
>
> # カルマン平滑化
> dlmSmoothed_obj <- dlmSmooth(y = y, mod = modtv)
>
> # 平滑化分布の平均
> stv <- dropFirst(dlmSmoothed_obj$s)
>
> # プロット
> ts.plot(cbind(y, stv),
+         lty=c("solid", "solid"),
+         col=c("lightgray", "black"))
>
> # 凡例
> legend(legend = c("観測値", "平均 (時変カルマン平滑化)"),
+        lty = c("solid", "solid"),
+        col = c("lightgray", "black"),
+        x = "topright", cex = 0.6)
```

まず、ユーザ定義関数 build_dlm() で時変のモデルを構築します。この関数の中では、最初に関数 dlmModPoly() を使ってモデルのテンプレート tmp を作ります。続いて時変の状態雑音の分散を考慮するため、tmp$JW に 1 (1×1 の行列) を設定します。時変の状態雑音の分散の具体的な値は tmp$X の 1 列目に格納されることになるため、一旦全時点にベースとなる時不変の値を一律に設定します。最後に、その中でも 1899 年だけに正の倍率がかかるように tmp$X の値を書き換えます。このようにして作成したモデル構築関数 build_dlm() を用いて、パラメータを最尤推定します。最尤法で特定された状態雑音の分散 W_t は 1899 年以外が 6.709260e-02, 1899 年が 6.035191e+04, 観測雑音の分散 V は 16301.65 という結果になりました。この値を用いてカルマン平滑化の処理を行い、平滑化分布の平均値をプロットしたのが、図 12.3 になります。

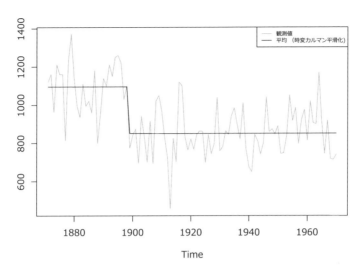

図 12.3: 時変カルマン平滑化の結果

図 12.3 を図 12.2 と比較すると、1899 年の急変に鋭く追従していることが分かります。また、1899 年の前後でレベルの値がほぼ一定の値になっています。実データが対象ですのでこれが正解というわけでもありませんが、本書ではこの結果を 1899 年の急変への追従に関する目安として考えることにします。

12.3 MCMC を活用した解法によるアプローチ (変化点は未知)

本節では MCMC を活用した解法を用いて、構造変化における未知の変化点を適切に考慮する方法について、説明をします。

12.3.1 これまでに検討した時不変のモデル

まず比較対象として、これまでに検討した時不変のローカルレベルモデルの結果を振り返ってみましょう。ローカルレベルモデルの定義は (12.1), (12.2) 式と同じですが、ここではパラメータの W, V も確率変数と考え、状態とあわせて推定を行います。この際「10.5 推定精度向上のためのテクニック」での説明に基づき、まずパラメータの W, V のみを MCMC を活用して推定しますが、本章では状態の推定に関して FFBS は用いずに、パラメータの推定結果 (平均値) をカルマンフィルタにプラグインして推定することにしま

す [109]。このような簡易な方法を用いる主な理由は、続く粒子フィルタでの検討と条件をあわせるためです。

パラメータの推定には、コード 10.5 がそのまま利用できます。また R のコードも、コード 10.6 がほぼそのまま利用できます。そのためコードの表示は割愛しますが、推定された状態雑音の分散 W(平均) は 2865.51, 観測雑音の分散 V(平均) は 14606.24 という結果になりました。最尤法で特定された結果と比べると、状態雑音の分散 W がやや大きめですが、観測雑音の分散 V は近い値になっています。また、状態に関する平滑化分布の結果は図 12.4 のようになりました。

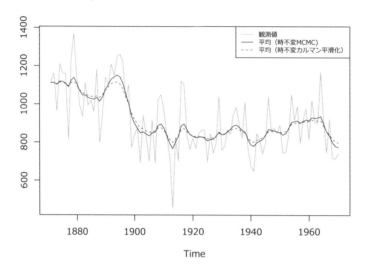

図 12.4: 時不変 MCMC の結果

1899 年の急変への追従は今一つといったところです。時不変カルマン平滑化の結果と比べると、状態雑音の分散 W の推定結果が最尤推定値より大きめでしたので、全体的に変動がやや激しくなっています。

12.3.2　一般状態空間モデルにおいて馬蹄分布を活用する

前節では歴史上の事実という先見情報に基づいて時変のモデルを特定しましたが、このような情報が常に得られるとは限りません。先見情報のない中でまれに発生する構造変化を適切に考慮するために、状態雑音に正規分布以外の分布を適用することを考えてみます。「まれ」の程度がある程度想定のつく場合には、正規分布の混合分布を適用するのもよいでしょう [13]。「まれ」ではあるもののその程度が不明確な場合には、**裾の厚い分布**を適用するのが一般的です。裾の厚い分布としてよく用いられるのが、t 分布やコーシー分

12.3 MCMC を活用した解法によるアプローチ (変化点は未知)

布 (Cauchy distribution, 自由度 1 の t 分布に同じ) ですが、最近では裾の厚さだけでなく峰への集中度も高めた**馬蹄分布** (**Horseshoe distribution**) が提案されています [110–112]。馬蹄分布は正規分布の尺度混合により、次のように定義されます。

$$\text{馬蹄分布 (中心} = 0, \text{尺度} = \sigma) = \mathcal{N}(0, \lambda_t^2 \sigma^2) \tag{12.5}$$

$$\lambda_t \sim \mathcal{C}^+(\text{中心} = 0, \text{尺度} = 1) \tag{12.6}$$

ここで、$\mathcal{C}^+$ は実現値のとり得る領域を正に限定したコーシー分布であり、半コーシー分布と呼ばれます。上記の (12.5) 式は、正規分布の尺度 (標準偏差) に対して半コーシー分布に基づく時変倍率 λ_t を考慮すると、その分布は馬蹄分布になることを意味しています。また (12.6) 式から、時変の倍率は通常 1 より小さい値をとる一方でまれに大きな値をとるため、馬蹄分布もおおむね σ より小さい値をとる一方で、まれに大きな値をとることになります。

> 📝補足 正規分布の尺度混合は有益であり、例えば (12.6) 式の代わりに $\lambda_t^2 \sim$ 逆ガンマ分布 $(\nu/2, \nu/2)$ とすると、自由度 ν の t 分布が得られることが知られています。[18] では、時系列データの構造変化の検出にこのアプローチを活用しています。

馬蹄分布は裾の厚さに加え峰への集中度が高いという特徴により、**スパース性**を表現するのに適した分布になっています。スパース性の表現に適した分布としてラプラス分布 (両側指数分布) もよく取り上げられますが、馬蹄分布はさらに峰への集中度が高くなっています。このことを確かめるために、コーシー分布・ラプラス分布の密度と馬蹄分布の密度を比較したのが図 12.5 になります (全ての分布で、中心 $= 0$, 尺度 $= 1$ としています)。

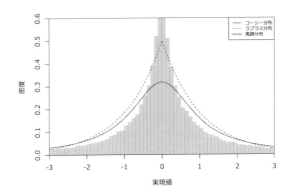

図 12.5: 馬蹄分布の頻度

馬蹄分布は解析的な表現ができませんので、サンプルサイズを 50,000 とした場合のシミュレーション度数を表示しました。馬蹄分布はコーシー分布・ラプラス分布と同じ程度の裾の厚さを保ちながら、峰への集中度が高くなっていることが分かります。

馬蹄分布のもう 1 つの特徴は、計算上の利点にあります。定義から正規分布の尺度混合による表現をしているため、条件付きで線形・ガウス型状態空間モデルが利用できることになります。ただし (12.5) 式における尺度の倍率 λ_t が時変であるため、その解法には時変のカルマンフィルタが必要になります。

馬蹄分布にはこのように魅力的な特徴がありますので、状態雑音が従う分布を馬蹄分布として検討を行うことにします。このようなローカルレベルモデルは、次のように定義されます。

$$x_t = x_{t-1} + w_t, \qquad w_t \sim 馬蹄分布 (中心 = 0, 尺度 = \sqrt{W}) \qquad (12.7)$$
$$y_t = x_t + v_t, \qquad v_t \sim \mathcal{N}(0, V) \qquad (12.8)$$

これらを (12.3), (12.4) 式と比べると、w_t の従う分布が正規分布から馬蹄分布に変更になっています。このため、w_t は通常 $\sqrt{W}$ より小さい値をとりますが、まれに大きな値をとります。

12.3.3 　数値結果

それでは、状態雑音が馬蹄分布に従う場合について、実際に確認をしてみましょう。馬蹄分布の計算において条件付きで線形・ガウス型状態空間モデルを利用する場合、その解法には時変のカルマンフィルタが必要になります。**Stan** 2.17.2 の関数 `gaussian_dlm_obs()` は、まだ時変の線形・ガウス型状態空間モデルをサポートしていません。この点に関しては今後の改版が待たれるところですが、この関数の実装に貢献したジェフリー・B・アーノルド氏自身が、一足早くユーザ定義関数として時変のカルマンフィルタを実装しており、そのソースコードが https://raw.githubusercontent.com/jrnold/dlm-shrinkage/master/stan/includes/dlm.stan からダウンロードできますので、今回はこの関数を活用してみましょう。

 このソースコードの中には、他にもいろいろな関数 (`generated_quantities` ブロックにて FFBS を実行するものなど) が含まれていますので、興味のある読者は確認されると良いでしょう。

ローカルレベルモデルの状態雑音が馬蹄分布に従う場合の **Stan** のコードは、次のようになります。

コード 12.2

```
1  // mode12-1.stan
2  // モデル：規定【ローカルレベルモデル＋馬蹄分布、パラメータが未知、時変カルマンフィルタを活用】
3
```

12.3 MCMCを活用した解法によるアプローチ (変化点は未知)

```stan
 4  /*
 5   * 冒頭の functions ブロックの中身は下記サイトから (最新のrstanの警告を回避するため一部修正)
 6   * https://raw.githubusercontent.com/jrnold/dlm-shrinkage/master/stan/includes/dlm.stan
 7   */
 8
 9  functions{
10    // -*- mode: stan -*-
11    // --- BEGIN: dlm ---
12
13  ...途中表示省略...
14
15    // --- END: dlm ---
16  }
17
18  data{
19    int<lower = 1>              t_max;     // 時系列長
20    vector[t_max]               y;         // 観測値
21
22    int                         miss[t_max]; // 欠測値の指標
23    real                        m0;        // 事前分布の平均
24    real<lower = 0>             C0;        // 事前分布の分散
25  }
26
27  parameters{
28    vector<lower = 0>[t_max]    lambda;    // 状態雑音の標準偏差 (時 変の倍率   )
29    real<lower = 0>             W_sqrt;    // 状態雑音の標準偏差 (時不変のベース)
30    real<lower = 0>             V_sqrt;    // 観測雑音の標準偏差 (時不変       )
31  }
32
33  transformed parameters{
34    vector[t_max]               W;         // 状態雑音の分散 (時変)
35    vector[t_max]               V;         // 観測雑音の分散 (時変)
36    real                        log_lik;   // 全時点分の対数尤度
37
38    // 状態雑音の分散 (全時点で異なる値が設定される)
39    for (t in 1:t_max) {
40      W[t] = pow(lambda[t] * W_sqrt, 2);
41    }
42
43    // 観測雑音の分散 (全時点で 同じ値が設定される)
44    V = rep_vector(pow(V_sqrt, 2), t_max);
45
46    // 最終的な対数尤度
47    log_lik = sum(dlm_local_level_loglik(t_max, y, miss, V, W, m0, C0));
48  }
49
50  model{
51    // 尤度の部分
52    target += log_lik;
53
```

第 12 章　一般状態空間モデルにおける応用的な分析例

```
54      // 事前分布の部分
55      /* 状態雑音の標準偏差（時変の倍率）   */
56      lambda ~ cauchy(0, 1);
57
58      /* 状態雑音の標準偏差（時不変のベース）、観測雑音の標準偏差（時不変）：無情報事前分布 */
59    }
```

　冒頭の functions ブロックの中にはユーザ定義関数が記載されていますが、長いため途中の表示を省略しています。この中には時変の線形・ガウス型状態空間モデルに対してカルマンフィルタリングを実行する汎用的な関数の他、時変のローカルレベルモデルに特化した関数 dlm_local_level_loglik() も用意されていますので、今回の例ではこの関数を活用します。この関数の引数は、時系列長 t_max, データ y, 欠測値の指標 miss, 観測雑音の時変分散 V, 状態雑音の時変分散 W, 事前分布の平均 m0, 事前分布の分散 C0 となっています。続いて data ブロックでは、時系列長 t_max、データ y、欠測値の指標 miss、事前分布の平均 m0、事前分布の分散 C0 を設定します。なお、これらの型は関数 dlm_local_level_loglik() の引数と整合させてあります。続いて parameters ブロックでは、状態雑音の標準偏差の時変倍率 lambda、状態雑音の標準偏差 (時不変のベース) W_sqrt、観測雑音の標準偏差 (時不変) V_sqrt を宣言します。続いて transformed parameters ブロックでは、まず parameters ブロックで宣言されたパラメータを、関数 dlm_local_level_loglik() の引数に整合させる変換を行います。具体的には、状態雑音の時変分散 W は (12.5) 式にあわせて設定を行い、観測雑音の時変分散 V には全時点で同じ値を設定します。そして関数 dlm_local_level_loglik() によって全時点分の対数尤度のベクトルが求まりますので、これらを合計して最終的な対数尤度 log_lik を算出します。続く model ブロックでは、事後分布に関する記述を行います。まず尤度の部分では、「**観測値　~　尤度の分布**」に代わり、対数尤度を直接書き下す記法「**target += 対数尤度**」を用います。また事前分布の部分では、(12.6) 式に基づいて、lambda の事前分布に半コーシー分布を設定します (lambda の宣言時に <lower = 0> としていますので、実現値のとり得る領域は正に限定されます)。状態雑音の標準偏差 (時不変のベース) と観測雑音の標準偏差 (時不変) の事前分布に関しては記載を省略していますので、無情報事前分布が適用されます。

　続いて、コード 12.2 を実行するための R のコードは次のようになります。

コード 12.3

```
68  > #【ナイル川の流量データにローカルレベルモデルを適用（時変MCMC：馬蹄分布）】
69  >
70  > # 前処理
71  > set.seed(123)
72  > library(rstan)
73  >
74  > # Stanの事前設定：コードのHDD保存、並列演算、グラフの縦横比
```

12.3 MCMCを活用した解法によるアプローチ (変化点は未知)

```
> rstan_options(auto_write = TRUE)
> options(mc.cores = parallel::detectCores())
> theme_set(theme_get() + theme(aspect.ratio = 3/4))
>
> # モデル：生成・コンパイル
> stan_mod_out <- stan_model(file = "model12-1.stan")
>
> # 平滑化：実行（サンプリング）
> fit_stan <- sampling(object = stan_mod_out,
+                     data = list(t_max = t_max, y = y,
+                                 miss = as.integer(is.na(y)),
+                                 m0 = modtv$m0, C0 = modtv$C0[1, 1]),
+                     pars = c("lambda", "W_sqrt", "V_sqrt"),
+                     seed = 123
+                     )
>
> # 結果の確認
> oldpar <- par(no.readonly = TRUE); options(max.print = 99999)
> print(fit_stan, probs = c(0.025, 0.5, 0.975))
Inference for Stan model: model12-1.
4 chains, each with iter=2000; warmup=1000; thin=1;
post-warmup draws per chain=1000, total post-warmup draws=4000.

              mean se_mean    sd   2.5%    50%   97.5% n_eff Rhat
lambda[1]     3.84    0.38 22.63   0.04   0.99   19.38  3565 1.00

...途中表示省略...

lambda[100]   3.00    0.19 10.20   0.04   0.99   16.64  2761 1.00
W_sqrt        4.64    0.09  4.33   0.39   3.35   16.48  2569 1.00
V_sqrt      128.06    0.17 10.51 108.94 127.64  150.56  4000 1.00
lp__       -768.00    0.26  9.20 -787.18 -767.58 -751.22 1226 1.01

Samples were drawn using NUTS(diag_e) at Mon Jan 08 14:12:08 2018.
For each parameter, n_eff is a crude measure of effective sample size,
and Rhat is the potential scale reduction factor on split chains (at
convergence, Rhat=1).
> options(oldpar)
> traceplot(fit_stan, pars = c("W_sqrt", "V_sqrt"), alpha = 0.5)
>
> # カルマンフィルタのモデルをコピーして修正
> modtv_MCMC <- modtv
> modtv_MCMC$X[ , 1] <- (summary(fit_stan)$summary[   1:100, "mean"] *
+                        summary(fit_stan)$summary["W_sqrt", "mean"])^2
> modtv_MCMC$V[1, 1] <- (summary(fit_stan)$summary["V_sqrt", "mean"])^2
> as.vector(modtv_MCMC$X); modtv_MCMC$V
  [1]  316.9052  159.0646  167.3803  171.7623  148.4129  169.5861
  [7]  164.0810  151.4601  136.9707  236.0911  271.8239  213.0333
 [13]  127.9886  132.8774  138.2942  104.5749  121.2244  127.3966
 [19]  210.1595  407.8768  266.0720  339.1390  169.7432  153.3584
```

第 12 章　一般状態空間モデルにおける応用的な分析例

```
125       [25]   163.3852   198.2855   6689.2341   8494.3564   359941.3821   2304.6627
126       [31]   463.8120   218.9436    159.5807    123.9866      152.4067    157.2519
127       [37]   152.1463   219.1692    143.6557    174.8753      230.4304    266.7002
128       [43]   167.1322   190.6699    137.2631    277.0788      135.3268    150.6383
129       [49]   138.9069   148.7782    121.7888    113.3391      107.2983    101.9200
130       [55]   126.6056   115.5387    157.3019    131.8580      140.9020    128.1910
131       [61]   113.0936   126.1287    109.4167    123.9216      101.2791    132.4411
132       [67]   132.2596   131.2711    149.6519    168.3827      123.9348    142.5046
133       [73]   134.9642   137.9477    175.9032    228.9027      119.0742    154.3534
134       [79]   129.6332   116.3804    137.8049    190.5565      173.3057    221.4927
135       [85]   127.4158   161.6863    144.2463    128.5068      116.6141    132.8017
136       [91]   140.7435   141.3704    133.0038    164.0022      327.8454    586.8232
137       [97]   272.9960   489.0427    259.1927    193.1619
138              [,1]
139       [1,] 16400.24
140       >
141       > # カルマン平滑化
142       > dlmSmoothed_obj <- dlmSmooth(y = y, mod = modtv_MCMC)
143       >
144       > # 平滑化分布の平均
145       > stv_MCMC <- dropFirst(dlmSmoothed_obj$s)
146       >
147       > # プロット
148       > ts.plot(cbind(y, stv_MCMC, stv),
149       +         lty=c("solid", "solid", "dashed"),
150       +         col=c("lightgray", "blue", "red"))
151       >
152       > # 凡例
153       > legend(legend = c("観測値", "平均（時変MCMC：馬蹄分布)", "平均（時変カルマン平滑化)"),
154       +        lty = c("solid", "solid", "dashed"),
155       +        col = c("lightgray", "blue", "red"),
156       +        x = "topright", cex = 0.7)
```

　このコードは、コード 12.1 からの続きとなっています。内容はコード 10.6 とほぼ同じですので、差分を中心に説明します。

　まず関数 sampling() における引数の型は、コード 12.2 における関数 dlm_local_level_loglik() の規定にあわせています。今回データ y に欠測値はないため、引数 miss は要素が全て 0 のベクトルになっています。推定結果の fit_stan のコンソール表示は、推定するパラメータが多く少し長くなるため一部表示を割愛しています。内容を確認すると、実効サンプルサイズ、$\hat{R}$ ともに問題はなさそうです。W_sqrt と V_sqrt のトレースプロットの結果が図 12.6 になりますが、これらの混ざり具合も特段問題はなさそうです。

12.3 MCMCを活用した解法によるアプローチ (変化点は未知)

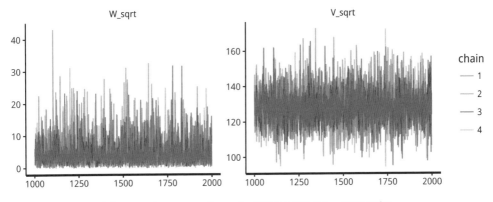

図 12.6: トレースプロット (時変 MCMC：馬蹄分布)

　最後に、状態の平滑化分布を時変カルマンフィルタを用いて求めます。この際、コード 12.1 で作成した時変のモデル `modtv` を `modtv_MCMC` に一旦コピーして、必要な修正を施しています。具体的には状態雑音の時変分散が入る `X` と 観測雑音の分散が入る `V` に、MCMC で推定した平均値をプラグインしています。これらの値を確認すると、状態雑音の時変分散は 1899 年 (29 時点目) で最大の 359941.3821 という値をとるものの、その付近を除くと桁違いに小さい値になっています。また観測雑音の分散は 16400.24 という結果になっており、最尤推定値に近い結果が得られています。最後に平滑化分布の平均値をプロットしたのが、図 12.7 になります。

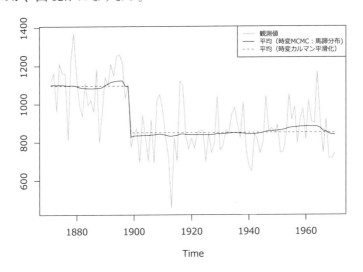

図 12.7: 時変 MCMC：馬蹄分布の結果

　図 12.7 を確認すると、1899 年の急変に鋭く追従していることが分かります。なお、1899

第 12 章　一般状態空間モデルにおける応用的な分析例

年の前後におけるレベルの値は、時変カルマン平滑化の結果に比べて若干の変動が認められます。

以上で状態雑音が馬蹄分布に従う場合の結果を確認しましたが、類似するモデルとして状態雑音が時変のコーシー分布に従うローカルレベルモデルが [68] で紹介されています。このモデルを今回のデータに適用したところ、ほぼ同等の結果が得られることを確認しましたが、結果の表示は割愛します。

12.4　粒子フィルタによるアプローチ(変化点は未知)

本節では粒子フィルタを用いて、構造変化における未知の変化点を適切に考慮する方法について、説明をします。

12.4.1　これまでに検討した時不変のモデル

まず比較対象として、これまでに検討した時不変のローカルレベルモデルの結果を振り返ってみましょう。ローカルレベルモデルの定義は (12.1), (12.2) 式と同じですが、ここではパラメータの W, V も確率変数と考え、状態とあわせて推定を行います。この際「11.5 推定精度向上のためのテクニック」での説明に基づき、ラオ–ブラックウェル化されたリュウ・ウエストフィルタを用いて推定を行い、その結果得られたパラメータの推定結果 (平均値) をカルマンフィルタにプラグインして状態の平滑化分布を推定することにします。具体的に時不変のパラメータ W, V に関するプラグイン用の値としては、[25, 113] にならい、フィルタリングの最終時点での平均値を用いることにします。

> **補足**　ラオ–ブラックウェル化された粒子フィルタに対して、「11.1.3 粒子平滑化」で記載したような粒子平滑化アルゴリズムを素朴に適用すると、状態の平滑化分布はフィルタリング粒子の再選択になってしまい、カルマン平滑化のように状態の値に対して直接的な修正が行われません。このためラオ–ブラックウェル化された粒子フィルタに特化した平滑化アルゴリズムとして、カルマン平滑化を利用する方法がいくつか提案されています [83, 90, 114]。しかしながら本書執筆時点では、定番といえるアルゴリズムはまだ存在していない印象を受けます。本章では MCMC を活用した解法と条件を合わせて、推定したパラメータの事後分布の値をカルマンフィルタにプラグインして状態の平滑化分布を求める、簡易な方法を採用することにしました。

ラオ–ブラックウェル化されたリュウ・ウエストフィルタには、コード 11.14 がほぼそのまま利用できます。そのためコードの表示は割愛しますが、パラメータの推定結果は図 12.8 のようになりました。

12.4 粒子フィルタによるアプローチ (変化点は未知)

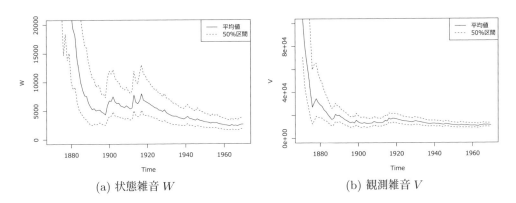

(a) 状態雑音 W　　　　　　(b) 観測雑音 V

図 12.8: パラメータの推定結果 (ラオ–ブラックウェル化された時不変のリュウ・ウエストフィルタ)

それぞれの最終時点での平均値を最尤推定値と比べると、観測雑音の分散 V は 11288.07 とおおむね近い値、状態雑音の分散 W は 2615.615 とやや大きめの値になっています。状態雑音の分散 W の推定結果を詳しく見ると、1899 年の急変や 1916 年頃の一時的な大きめの変動に反応して値が増加していることが分かります。ただし状態雑音には正規分布を想定しているため、極端な増加にまでは至っていません。そしてこの変動の影響もあり、W の推定値が最終時点でもやや大きめになっている印象を受けます。

続いて、状態に関する平滑化分布の結果は図 12.9 のようになりました。

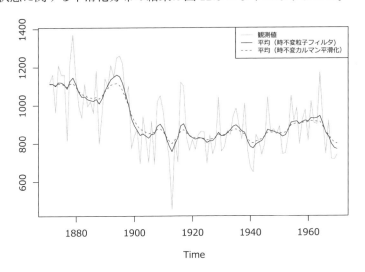

図 12.9: 時不変粒子フィルタの結果

第 12 章　一般状態空間モデルにおける応用的な分析例

1899 年の急変への追従は今一つといったところです。時不変カルマン平滑化の結果と比べると、状態雑音の分散 W の推定結果が最尤推定値より大きめでしたので、全体的に変動がやや激しくなっています。

12.4.2　一般状態空間モデルにおいて馬蹄分布を活用する

前節では状態雑音に馬蹄分布を適用するモデル (12.7), (12.8) 式を説明し、MCMC を活用した解法で得られた数値結果を確認しました。同じモデルに粒子フィルタを適用することが可能であり、ここではその結果を確認します。ただし粒子フィルタの実装にはその特徴に起因する注意点がありますので、その点について補足をしておきます。

まずベースとなる粒子フィルタには、ラオ–ブラックウェル化されたリュウ・ウエストフィルタを前提に考えます。リュウ・ウエストフィルタにおけるパラメータの推定ではカーネル平滑化が用いられ、パラメータの推定値は時間をかけながら収束が図られていました。この仕組みは時不変のパラメータにはうまく適合しますが、時変のパラメータにはなじみません。馬蹄分布における尺度に対する時変の倍率は、いつ発生するか分からない変化点に備える必要があるため値の収束は好ましくなく、扱いを変える必要があります。そこで尺度に対する時変の倍率にはカーネル平滑化を適用せず、時点ごとに半コーシー分布からの抽出を単純に繰り返すことにします。そして、北川アルゴリズムによる粒子平滑化を適用し、得られた周辺平滑化分布の平均値を時変の点推定値として利用します。なお尺度に対する時変の倍率に関して、補助変数列を導出するための現時点における最善の推測値としては、(12.6) 式を踏まえ "1" を採用することにします。

12.4.3　数値結果

それでは、状態雑音が馬蹄分布に従う場合について、実際に確認をしてみましょう。ローカルレベルモデルの状態雑音が馬蹄分布に従う場合のコードは、次のようになります。

コード 12.4

```
157  > #【ナイル川の流量データにローカルレベルモデルを適用（時変粒子フィルタ：馬蹄分布）】
158  >
159  > # 前処理
160  > set.seed(123)
161  >
162  > # 粒子フィルタの事前設定
163  > N <- 10000                    # 粒子数
164  > a <- 0.975                    # パラメータの人為的な移動平均における指数加重
165  > W_max <- 10 * var(diff(y))    # パラメータWに関する最大値の見積もり
```

12.4 粒子フィルタによるアプローチ (変化点は未知)

```r
> V_max <- 10 * var(    y )       # パラメータVに関する最大値の見積もり
>
> # ※注意：事前分布を時点1とし、本来の時点1~t_maxを+1シフトして2~t_max+1として扱う
>
> # データの整形(事前分布に相当するダミー分(先頭)を追加)
> y <- c(NA_real_, y)
>
> # リサンプリング用のインデックス列を全時点で保存しておく
> k_save <- matrix(1:N, nrow = N, ncol = t_max+1)
>
> # 事前分布の設定
>
> # 粒子（実現値）：状態雑音の分散（時変の倍率）
> lambda2      <- matrix(NA_real_, nrow = t_max+1, ncol = N)
> lambda2[1, ] <- log(rcauchy(N)^2)                            # 対数領域、実質推定に影響無し
>
> # 粒子（実現値）：状態雑音の分散（時不変のベース）
> W      <- matrix(NA_real_, nrow = t_max+1, ncol = N)
> W[1, ] <- log(runif(N, min = 0, max = W_max))                # 対数領域
>
> # 粒子（実現値）：パラメータV（時不変）
> V      <- matrix(NA_real_, nrow = t_max+1, ncol = N)
> V[1, ] <- log(runif(N, min = 0, max = V_max))                # 対数領域
>
> # 粒子（実現値）：状態（フィルタリング分布の平均と分散）
> m <- matrix(NA_real_, nrow = t_max+1, ncol = N)
> m[1, ] <- modtv$m0                                           # 事前分布のパラメータ未知
> C <- matrix(NA_real_, nrow = t_max+1, ncol = N)
> C[1, ] <- modtv$C0                                           # 事前分布のパラメータ未知
>
> # 粒子（重み）
> w <- matrix(NA_real_, nrow = t_max+1, ncol = N)
> w[1, ] <- log(1 / N)
>
> # 進捗バーの設定
> progress_bar <- txtProgressBar(min = 2, max = t_max+1, style = 3)
>
> # 時間順方向の処理：カーネル平滑化＋補助粒子フィルタ＋ラオ-ブラックウェル化
> for (t in (1:t_max)+1){
+   # 進捗バーの表示
+   setTxtProgressBar(pb = progress_bar, value = t)
+
+   # パラメータに対する人為的な移動平均
+   W_ks <- kernel_smoothing(realization = W[t-1, ], w = w[t-1, ], a = a)
+   V_ks <- kernel_smoothing(realization = V[t-1, ], w = w[t-1, ], a = a)
+
+   # リサンプリング（相当）
+
+   # 1時点分のカルマンフィルタリング->補助変数列
+   KF_aux <- Kalman_filtering(y = y[t],
```

第12章 一般状態空間モデルにおける応用的な分析例

```
216 +                           state = list(m0 = m[t-1, ], C0 = C[t-1, ]),
217 +                           param = list(W = log(1)+W_ks$mu, V = V_ks$mu)
218 +                 )
219 +   probs <- w[t-1, ] +
220 +            dnorm(y[t], mean = KF_aux$f, sd = sqrt(KF_aux$Q), log = TRUE)
221 +   k <- sys_resampling(N = N, w = normalize(probs))
222 +   k_save[, t] <- k           # 粒子平滑化（北川アルゴリズム）のために全時点分保存
223 +
224 +   # 時点毎に全ての標本をリフレッシュ
225 +   lambda2[t, ] <- log(rcauchy(N)^2)
226 +
227 +   # 連続値を持つ提案分布からパラメータの実現値を抽出（リフレッシュ）
228 +   W[t, ] <- rnorm(N, mean = W_ks$mu[k], sd = W_ks$sigma)
229 +   V[t, ] <- rnorm(N, mean = V_ks$mu[k], sd = V_ks$sigma)
230 +
231 +   # 状態：1時点分のカルマンフィルタリング->粒子（実現値）の導出
232 +   KF <- Kalman_filtering(y = y[t],
233 +                          state = list(m0 = m[t-1, k], C0 = C[t-1, k]),
234 +                          param = list(W = lambda2[t, ]+W[t, ], V = V[t, ])
235 +                 )
236 +   m[t, ] <- KF$m
237 +   C[t, ] <- KF$C
238 +
239 +   # 粒子（重み）を更新
240 +   w[t, ] <- dnorm(y[t], mean = KF$f       , sd = sqrt(KF$Q)       , log = T) -
241 +             dnorm(y[t], mean = KF_aux$f[k], sd = sqrt(KF_aux$Q[k]), log = T)
242 +
243 +   # 重みの規格化
244 +   w[t, ] <- normalize(w[t, ])
245 + }
246   |=================================================================| 100%
247 >
248 > # 以降のコードは表示を省略
```

このコードは、コード 12.3 からの続きとなっています。内容はコード 11.14 の拡張となっていますので、差分を中心に説明します。

まず、今回の問題は構造変化をとらえる難しい問題であることを踏まえ、粒子数を 10,000 としています。また、北川アルゴリズムによる粒子平滑化を行うため、リサンプリング用のインデックス列を全時点で保存しておく目的で `k_save` という変数を用意しています。さらに、状態雑音の分散に対する時変の倍率 (の対数値) として `lambda2` という変数を用意し、その事前分布にはコーシー分布からの標本値の 2 乗 (の対数値) を設定しています。ただし今回の実装では `lambda2` は時点ごとに全ての標本をリフレッシュすることもあり (コードの該当部分に網掛けをしました)、事前分布の値は推定に実質影響を与えません。

パラメータの推定結果は図 12.10 のようになりました。

12.4 粒子フィルタによるアプローチ (変化点は未知)

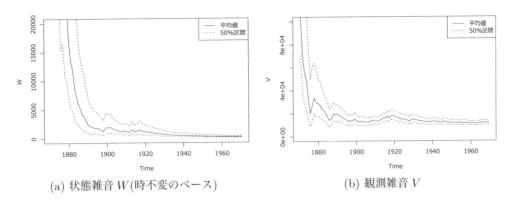

(a) 状態雑音 W(時不変のベース)　　(b) 観測雑音 V

図 12.10: パラメータの推定結果 (ラオ–ブラックウェル化された時変のリュウ・ウエストフィルタ)

　観測雑音の分散 V の最終時点での平均値を最尤推定値と比べると、11671.96 とおおむね近い値になっています。状態雑音の分散 W(時不変のベース) の推定結果を詳しく見ると、1899 年の急変や 1916 年頃の一時的な大きめの変動に反応はしてはいるものの、その影響は大きくありません。これは、W に対する時変の倍率でその影響を吸収しているためです。この結果、W の推定値は安定して収束している印象を受けます。また、W に対する時変の倍率 λ_t^2 の平滑化分布は図 12.11 のようになりました。

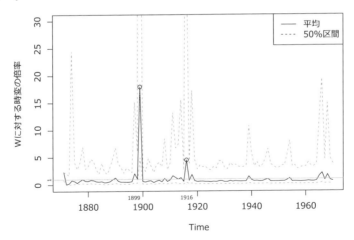

図 12.11: パラメータの推定結果 (W に対する時変の倍率 λ_t^2)

　図 12.11 における平均値を確認すると、おおむね 1 より小さい値をとる一方で、1899 年と 1916 年に大きな値をとることが分かります。1899 年に特に大きな値をとるのは想定どおりですが、1916 年頃の一時的な大きめの変動に反応してそこでもやや大きめな値をとっ

ています。この点に関しては、最終的に状態の推定結果を踏まえた吟味が必要になります。

最後に、状態の平滑化分布を時変カルマンフィルタを用いて求めます。コードの表示は割愛していますが、コード 12.1 で作成した時変のモデル modtv をコピーして必要な修正を施します。具体的には、状態雑音の時変分散が入る X と観測雑音の分散が入る V に、ラオ–ブラックウェル化された時変のリュウ・ウエストフィルタで推定したパラメータの結果をプラグインします。こうして得られた状態の平滑化分布の結果をプロットしたのが、図 12.12 になります。

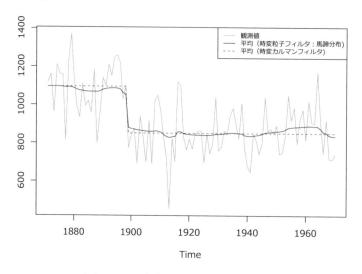

図 12.12: 時変粒子フィルタの結果

図 12.12 を確認すると、1899 年の急変に鋭く追従していることが分かります。なお、1916 年頃に W に対する時変の倍率 λ_t^2 はやや大きめな値をとっていましたが、状態の推定結果としては大きな変動には至らない結果になっています。また、1899 年の前後におけるレベルの値は時変カルマン平滑化の結果に比べて若干の変動が認められます。図 12.12 を、同じモデルを MCMC を活用して解いた結果である図 12.7 と比較すると、結果はおおむね一致していることが分かります。

12.5　未知の変化点を実時間で検出する

本章ではここまでに、複数のアプローチで構造変化における既知・未知の変化点を適切に考慮する方法を検討してきたわけですが、いずれのアプローチも検討条件をあわせるために固定区間平滑化を検討対象としていました。本節ではこれまでの検討をさらに拡張し、

12.5　未知の変化点を実時間で検出する

　実時間で未知の変化点を検出することを考えます。本章では未知の変化点を考慮するモデルを一般状態空間モデルとして検討してきましたので、解法としてはMCMCを活用した解法と粒子フィルタの2つが対象となります。また本節の検討では実時間の分析が必要となりますので、推定の型としてはフィルタリング、もしくは固定ラグ平滑化が対象となります。ここで「10.1 MCMC」でも触れましたが、順次得られるデータにMCMCを活用する解法を適用した場合、基本的に新しいデータが得られる度にMCMCの計算を一からやり直す必要があるため、実用的な観点であまりこの問題には適していません。そこで、本節では粒子フィルタを解法として用いることにします。粒子フィルタで未知の変化点を検出する具体的な方法としては、前節で検討した状態雑音の分散に対する時変の倍率が特定の閾値を超えた際に構造変化が発生したと考えることにします。

　それでは、前節のコードを部分的に修正して検討を進めることにします。フィルタリングの結果はすでに得られていますので、修正点は平滑化部分のみです。これは次のコードのように北川アルゴリズムの平滑化範囲を固定ラグ平滑化向けに変更することで実現でき、以降の検討ではこの関数を活用することにします（コード11.3からの変更部分に網掛けをしました）。

コード 12.5

```
> #【粒子フィルタにおける固定ラグ平滑化】
>
> # 未来の情報を考慮してフィルタリング粒子を再選択する指標を求めるユーザ定義関数
> smoothing_index <- function(t_current, lag_val){
+   # 現時点：t_currentにおけるインデックス列
+   index <- 1:N
+
+   # t_current+1～t_current+lag_valに対し、仮想的にリサンプリングを繰り返す
+   for (t in (t_current+1):ifelse(t_current + lag_val <= t_max,
+                                   t_current + lag_val,   t_max)){
+     index <- index[k[, t]]
+   }
+
+   # 仮想的にリサンプリングを繰り返して得られた、最終的な再選択指標を返す
+   return(index)
+ }
```

　この関数を用いて平滑化を行うコードは先ほどとほぼ同じですので表示は割愛しますが、結果を図12.13に示します。

第 12 章 一般状態空間モデルにおける応用的な分析例

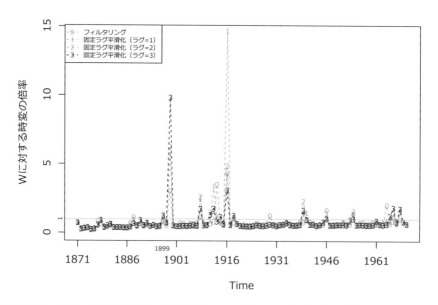

図 12.13: W に対する時変の倍率 λ_t^2(フィルタリング・固定ラグ平滑化の平均)

　この結果は、フィルタリングと固定ラグ平滑化における平均値をプロットしています。図 12.13 を見ると、フィルタリングの結果ではあまり明確な結果は得られていません。固定ラグ平滑化ではラグ長を増やしていくと、相対的な未来からの情報も考慮されるため推定精度が向上していき、3 までラグを増加させると明確な結果が得られています。ラグ長や閾値設定の詳細は問題に依存する部分ですが、この結果を踏まえると、基本的にはこのアプローチにより実時間で未知の変化点をとらえることは可能といえそうです。

付録 A

R の利用方法

瓜生 真也

　統計プログラミング環境 R は、誰でも自由に利用できるフリーソフトウェアであり、macOS、Windows、Linux という主要な OS で動作します。R の特徴は統計解析やデータ分析を行う機能を豊富に備えていることであり、またグラフィックスの作成も得意としています。

　ここでは R と、その統合開発環境である RStudio のインストール方法と基本操作を紹介します。また R によるプログラングと統計・確率の基礎について解説します。

A.1　R および RStudio のダウンロード

　まずは R をダウンロードしましょう。最初に R-Project のホームページ (`https://www.r-project.org`) にアクセスし、[download R] というリンクをクリックします。すると、世界各地に存在する CRAN (The Comprehensive R Archive Network) のミラーサイトをまとめたページが表示されます。CRAN は R 本体とパッケージ（後述）を配布するサイトです。また R に関するさまざまな情報を公開しています。日本には統計数理研究所が設置したミラーサイトがあります (2017 年 12 月現在)。一覧から [Japan] のリンクを選んでください。

　CRAN のトップページにアクセスすると、図 A.1 のような画面が表示されます。R のインストーラは OS ごとに用意されており、以下では macOS と Windows でのダウンロードとインストールについて説明します。なお、Linux についてはディストリビューションごとに用意されたバイナリパッケージを利用できます。詳細は [Download R for Linux] とい

付録A Rの利用方法

図 A.1: CRAN の画面。ダウンロードのためのリンクは OS ごとに異なる。

うリンクを参照してください。ここでは、2017 年 12 月時点での R の最新バージョンである 3.4.3 を例に説明していますが、バージョン番号は X.X.X と表記しますので適宜読み替えてください。

macOS の場合、[Download R for (Mac) OS X] というリンクをクリックし、その先に表示される [R-X.X.X.pkg] というリンクからインストーラをダウンロードします。Windows の場合、[Download R for Windows] をクリックした先のページで、[base] というリンクをクリックしてください。そこで表示される [Download R X.X.X for Windows] というリンクをクリックすると、Windows の R インストーラがダウンロードできます。

A.1 RおよびRStudioのダウンロード

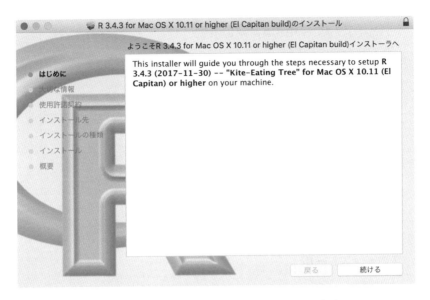

図 A.2: macOS での R のインストール画面

A.1.1 Rのインストール

本節ではRのインストール方法を説明します。以下、利用するOSに応じた項目を参照してください。

macOS でのインストール

インストーラファイル (R-X.X.X.pkg) をダブルクリックします。するとインストールに対する説明の画面が表示されます（図 A.2）。[続ける] をクリックすると、使用許諾（ライセンス）の表示と使用許諾契約条件への同意を求める画面が現れます。

使用許諾契約条件に同意すると、R のインストール先を指定する画面が現れます。ここでは、[すべてのユーザ用にインストール] を選びましょう。次に表示される [インストール] ボタンを押すとインストールが始まります。なおアプリケーションのインストール時に OS の管理パスワードの入力が求められることがあります。インストールが完了すると、アプリケーションフォルダに R.app というアプリケーションが作成され、R が利用可能になります。

付録A　Rの利用方法

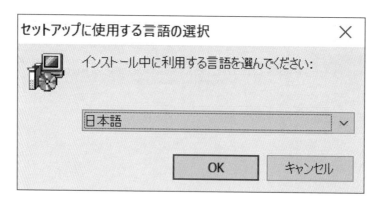

図 A.3: Windows での R のインストール

Windows でのインストール

　Windows でも、ダウンロードした実行ファイルをダブルクリックで起動します。インストールの確認を求めるダイアログが出てきた場合は [はい] を選びます。なお管理者権限の関係でインストーラがうまく起動しない場合は右クリックで [管理者として実行] を選び、インストールを進めてください。

　インストーラを起動すると、言語を選択するウインドウが表示されます（図 A.3）。インストール中にさまざまなオプションを選択できますが、通常はデフォルトの設定のままで構いません。

A.1.2　R の起動と終了

　インストールした R を起動してみましょう。Windows ではデスクトップに R のアイコンが表示されているはずです。環境によっては同じようなアイコンが 2 つありますが、基本的にはどちらを実行しても構いません。また Mac であればアプリケーションフォルダに保存された R のアイコンをクリックして起動させます。実行するとコンソールと呼ばれるウィンドウが表示されます。この画面の下には「>」記号が表示されています。「>」はプロンプトと呼び、R が入力を待っている状態を示します。

　試しに簡単な算術演算を行いましょう。コンソールに「1 + 1」と入力し Enter を打ちます。次のような出力が確認できるはずです。[1] の右側に計算結果が出ています（図 A.4）。このようなコンソールで実行する命令をコードなどと言います。

```
> 1 + 1
[1] 2
```

A.1 RおよびRStudioのダウンロード

図 A.4: R コンソールで算術演算を行う。

　R では単純な四則演算に加えて、高度な計算を実行する関数が利用できます。R の基本的な操作や関数についての詳細は、後述します。ここではいったん R を終了させましょう。
　R を終了させる方法は他のアプリケーションと変わりませんが、コマンドで行うこともできます。コンソールに q() と入力すると、現在の作業スペースを保存するかどうかを尋ねられます。ここで保存しないことを表す n を入力すると R が終了します。作業スペースについては本稿の最後に説明します。

```
> q() # Rを終了する
```

シャープ記号 # の右に説明文を書いていますが、これはコメントといいます。コメントは、実行されることがありません。コードとは別に、主にコードの説明を残すために利用します。R では # から改行までをコメントとして扱います。

A.1.3 RStudio のインストール

RStudio は R を拡張するためのアプリケーションです。RStudio を導入することで、R への命令の入力や実行が簡単に行えるようになります。また PDF や Word 形式のレポートや、表現力の豊かなプレゼンテーションをボタン 1 つで作成する機能などが備わっています。

さっそく RStudio を導入しましょう。RStudio 社の Web サイト (https://www.rstudio.com) に [Products] というリンクがあります。RStudio には、デスクトップ版とサーバ版の 2 種類がありますが、ここではデスクトップ版を選びます。次に、利用している OS に合わせてインストーラをダウンロードします (https://www.rstudio.com/products/rstudio/#Desktop)。インストールの方法はやはりダブルクリックするだけです。インストールが完了すると、R 本体と同じアプリケーションフォルダ等に RStudio が保存されます。

A.2 RStudio の基本

RStudio を起動すると、図 A.5 のような画面が表示されます。画面が大きく 3 つのパネル (pane とも言います) に分かれていることが確認できます。これらのパネルの役割について、ここで簡単に説明しましょう。

A.2.1 パネルの役割

まず画面左側のパネルはコンソールです。R をアプリケーションで起動した際のコンソールに相当します。したがってコンソールに命令を入力して、実行させることができます。

次に画面右側ですが、こちらは 2 つのパネルが上下に並んでいます。上のパネルには複数のタブがあり [Environment] と [History] という表示が確認されるはずです。一方、下のパネルに [Files]、[Plots]、[Packages]、[Help]、[Viewer] という項目が並んでいます。な

A.2 RStudioの基本

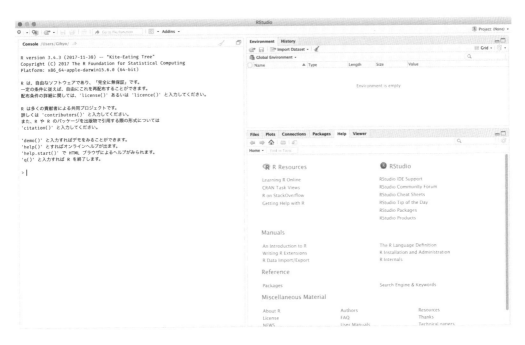

図 A.5: RStudio の起動画面

お、RStudio を操作していると、別のタブが追加されることがあります。ここでは標準的なタブの機能について紹介します。

右上パネルの [Environment] タブでは、現在の作業で扱っているオブジェクトの一覧が表示されます。R でオブジェクトとはデータなどのことです。[Environment] タブの機能を理解するため、試しにコンソールで「x <- 1 + 1」と実行してみてください。するとタブの中に「x」という項目が追加されるはずです。このコードは、1 足す 1 の実行結果を x という名前で保存しています。この x がオブジェクトになります。また <- は代入記号 (演算子) であり、右辺の命令の結果を左辺においたオブジェクトに関連付けます。つまり、このコードを実行すると、以降 x は 2 を表します。コンソールへ次の入力を行うと計算結果である 2 に x という名前がつけられます。

> x <- 1 + 1 # このxをオブジェクトという

R で作業していると多くのオブジェクトを扱うことになります。するとすべてのオブジェクトを把握することが難しくなります。[Environment] タブでは、作業中のオブジェクトの中身や種類、あるいはサイズを確認できます。また、オブジェクトの削除や保存といった操作も行えます。

[Environment] タブにはデータの読み込み機能もあります。[Import Dataset] というボ

付録 A　R の利用方法

タンを押すと、テキストファイル（いわゆる csv ファイルなど）、Excel 形式のファイルなどを読み込むためのダイアログが表示されます。ここで対象のファイルを選ぶことで R にそのデータが読み込まれます。

[Environment] の横にある [History] タブには R の操作履歴一覧が記録されています。過去に実行したコードを再び実行したり、ファイルに記録するのに役立ちます。また、右にある虫眼鏡アイコンでは履歴を検索したり、過去に行った処理を再度実行できます。

次に RStudio 画面右側の下部のパネルです。左のタブから順に説明していきます。

[Files] タブでは、作業中のフォルダにあるファイルなどが階層的に表示されています。ファイルをクリックすることで RStudio のパネルに表示させることができます。また、新規のフォルダ追加やファイル名の編集や削除といった操作もこのタブから実行できます。

[Plots] タブには、R で作成した画像が表示されます。表示された画像は [Export] ボタンから PDF や PNG の形式で保存できます。なお生成された画像は履歴として残っており、タブにある矢印ボタンをたどることで、再度表示させることができます。

[Packages] タブではパッケージの管理を行います。パッケージとは R を拡張する機能のことで、CRAN などからダウンロードして導入できます。リストにあるパッケージ名をクリックすることで、その機能を利用できるようになります。また、ここからパッケージを新規にインストールすることもできます。

続いて [Help] タブですが、R には各種オブジェクトについて詳細なヘルプが用意されており、これらを参照するために利用します。たとえば左のコンソールで > プロンプトの横に ?iris と入力して Enter を押すと [Help] タブに iris データ（アヤメの品種とサイズのデータ）の説明が表示されるはずです。英語ではありますが、難しい表現は使われていませんので、R のオブジェクト操作に迷ったらオブジェクト名の頭に ? を加えて実行し、ヘルプを参照することを勧めます。

最後に [Viewer] ですが、このタブは [Plots] と同じく画像の出力のために利用されます。[Plots] と異なる点は、このタブが Web ブラウザのような役割を果たす点にあります。R には、プレゼンテーション用のスライドを作成する機能もあり、このタブで確認、操作できます。また、Shiny という R のアプリケーションフレームワークもこのタブで実行されます。

RStudio の起動直後では、デフォルトでは 3 つのパネルが並んでいますが、もう 1 つ重要なパネルがあります。それは R のコードなどを記録するスクリプトを操作するパネルです。R のコードを記載するファイルをスクリプトと呼びます。これにより操作をあとで簡単に再現できるようになりますし、第三者に配布することも可能になります。

実際にスクリプトを準備してみましょう。メニューバーの [File] から [New File]、そして [R Script] と選ぶと、画面左側のコンソールパネルの上にソースパネルが表示されるはずです。

スクリプトに記述したコードを実行させるにはパネルの右上にある [Source] というボタンを押します。あるいはコードの一部だけを処理したい場合には、そのコードが書かれている行にカーソルを置く、あるいは複数の行を選択した状態でパネル上の [Run] ボタンを押します。

ソースパネルは複数のスクリプトを同時に編集することも可能であり、これらはタブとして管理されます。

A.2.2 プロジェクトと作業ディレクトリ

RStudio にはプロジェクトという作業単位があります。プロジェクトではデータファイルやスクリプトを1つのフォルダにまとめて管理できますので、分析の内容や目的ごとに作業を完全に独立させることができます。

プロジェクトは、メニューバーより、[File]、[New Project] と選択して作成できます。プロジェクトを作成するダイアログで1番上の選択肢では新規にプロジェクト用のフォルダを作成することを、また2番目の [Existing Directory] ではすでにあるフォルダをプロジェクトに利用することを意味します。3番目の [Verstion Control] は Git などのバージョン管理機能と連携させるための選択肢です。

ここで新規プロジェクト作成を選ぶとします。するとプロジェクトの種類を選択するダイアログが表示されます。いくつかの項目がありますが、通常のデータ分析作業であれば [New Project] を選びます。ここでは紹介しませんが、このほかにも R でパッケージを作成する、あるいは Web アプリケーションを開発するためのプロジェクトを用意できます。最後にフォルダの名前（Directory Name）と、フォルダの作成先を指定します。フォルダの名前はプロジェクト名として利用されます。そして [Create Project] ボタンを押すと指定されたフォルダにプロジェクトが作成されます。ここでは Directory name は「new_project」、ディレクトリの位置はユーザディレクトリ以下のドキュメントディレクトリを選択しました（図 A.6）。

なお、プロジェクト名には日本語やスペースなどの記号を利用しないようにしましょう。R および RStudio は海外で開発されたアプリケーションであるため、日本語などの文字を認識できずにトラブルが生じる可能性があるためです。

プロジェクトを利用すると、プロジェクト単位で管理できることを確認してみましょう。コンソールに getwd() と入力して Enter を押してください。すると /Users/Gihyo/new_project のような出力が得られるはずです。なお Windows であれば C:/Users/Gihyo/new_project などとなります。

```
> getwd() # 作業ディレクトリの確認
[1] "/Users/Gihyo/new_project"
```

付録A　Rの利用方法

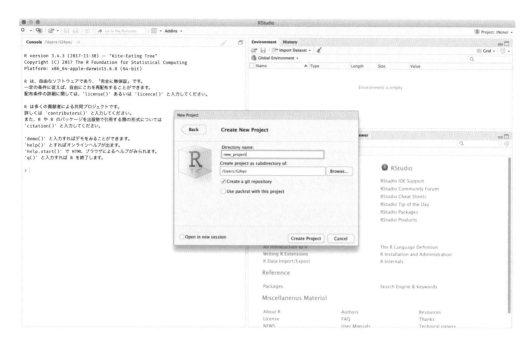

図 A.6: 新規プロジェクトの作成画面

Windowsの場合は、[1] "C:/Users/Gihyo/new_project"のように出力されます。getwd()はRで作業を行うディレクトリ（フォルダ）の位置を表示します。ファイルを読み込んだり、あるいは画像を作成する場合、この「作業ディレクトリ（フォルダ）」が読み込みや保存の起点となります。今回のようにプロジェクトを利用していると、作業ディレクトリはプロジェクトを作成した場所になります。

現在のプロジェクト名は、RStudioの画面右上に表示されています。プロジェク名をクリックすると、現在のプロジェクトを閉じたり、他のプロジェクトを開いたりできます。また、最近開いたプロジェクトの一覧も表示されるので、簡単にプロジェクトの切り替えができます（図A.7）。

A.3　Rプログラミングの初歩

さて、ここからRを実行するための命令、すなわちコードを書く方法を説明しましょう。Rはプログラミング言語ですので、ここでの説明はプログラミングの初歩でもあります。

ここではRでのプログラミングの基本となる「オブジェクト」、「関数」、「パッケージ」および「作業スペース」について説明します。

A.3 R プログラミングの初歩

図 A.7: RStudio のプロジェクト切り替え画面。右端の窓をクリックすると新規ウィンドウでプロジェクトが立ち上がる。

A.3.1 オブジェクト

オブジェクトとは文字や数値などを指します。数値の 1、3.14 や文字の "A"、"あいうえお" もオブジェクトです。また、処理を実行した結果もオブジェクトとして扱われます。

オブジェクトは、名前をつけて保存することができ、保存されたオブジェクトは、名前によって参照できます。以下の例では、数値の 1 に x という名前を、また文字の "A" に対して y という名前をつけています。

```
> x <- 1 # 数値の1、文字列のAをそれぞれx、yとして保存
> y <- "A"
```

<- は先にも触れたように、<- はオブジェクトに名前を付ける操作をします。これを「代入」といいます。上の実行例では x に数値の 1 を代入しています。これにより x は 1 を表すことになりますので、以下のような計算ができるようになります。

```
> x + 2
[1] 3
```

なお文字をオブジェクトとして利用する場合は引用符で囲む必要があります。引用符に

は 1 重引用符 ' と 2 重引用符 " があります。R ではどちらを使っても構いません。ただしオブジェクトを作成するにはいずれかの引用符で統一されていなくてはいけない点に気をつけてください。

```
> "こんにちは"  # 文字列は引用符で囲む
[1] "こんにちは"

> 'Hello, World!'
[1] "Hello, World!"
```

A.3.2　ベクトル

ベクトルは R でもっとも重要なオブジェクトです。ベクトルは複数の数値や文字をセットにしたオブジェクトです。たとえば 1 から 100 までの整数 100 個を次のように表現できます。

```
> z <- 1:100  # :演算子は配列を生成する
> z
 [1]   1   2   3   4   5   6   7   8   9  10  11  12  13  14  15  16  17
[18]  18  19  20  21  22  23  24  25  26  27  28  29  30  31  32  33  34
[35]  35  36  37  38  39  40  41  42  43  44  45  46  47  48  49  50  51
[52]  52  53  54  55  56  57  58  59  60  61  62  63  64  65  66  67  68
[69]  69  70  71  72  73  74  75  76  77  78  79  80  81  82  83  84  85
[86]  86  87  88  89  90  91  92  93  94  95  96  97  98  99 100
```

ここで z はベクトルを表し、1 から 100 までの 100 個の数値を表しています。z をコンソールに入力すると 1 から 100 までのすべての数値が出力されていることに注意してください。ベクトルに保存される個々の値を要素と呼びます。コンソールの出力の左端にある鉤括弧と数値は、その右の要素の番号を表しています。上の実行例では出力の 2 行目先頭に [18] とありますが、これは、その右の数値 18 が、ベクトルの 18 番目の要素であることを意味しています。ベクトルの要素をカギ括弧 [と順番で指定することを「添え字」といいます。

[はオブジェクトの要素を取り出す演算子です。鉤括弧の内部で要素の位置や名前を指定します。[演算子を使ったデータ参照の例をいくつか見てみましょう。

```
> z[50]  # ベクトルの50番目の数値だけを取り出す
[1] 50

> z[10:15]  # 10番目から15番目の要素を参照
[1] 10 11 12 13 14 15
```

```
> z[c(5, 10, 15)] # 5, 10, 15番目の要素を取り出す
[1]  5 10 15
```

またベクトルを作成するには c() を使うこともできます。

```
> c("あ", "い", "う", "え", "お") # c()による値の結合
[1] "あ" "い" "う" "え" "お"
```

ただし R のベクトルでは、異なるデータ型、すなわち文字や数値といった値を混同させることはできません。同じベクトルの中に異なるデータ型が指定された場合、いずれかのデータ型（多くの場合は文字型）に変換されます。

```
> c("A", 1, FALSE) # ベクトル内に異なるデータ型の要素を含めると文字列に変換される
[1] "A"     "1"     "FALSE"
```

A.3.3 関数

R ではオブジェクトに関数を適用して処理を行います。たとえば、先ほど 1 から 100 までのオブジェクトを z という名前で保存しました。この z の要素をすべて合計した数値を求めるには sum() という関数を利用します。

```
> sum(z)
[1] 5050
```

R の処理はすべて関数の呼び出しにより行われます。この付録でもすでに q() や getwd() といった関数を紹介しています。関数は名前の後に丸括弧が続きます。関数を実行する場合、通常は括弧内にオブジェクトを指定します。関数内に指定するオブジェクトを「引数」といいます。関数は引数に与えられた値を入力値とし、入力に応じた出力を行います。上の例では関数 sum() に引数として z を指定しています。これによりベクトル z の要素の合計（sum）が求められます。

R には多数の関数が用意されていますが、ユーザ自身で関数を定義することもできます。試しに "Hello, world!" と表示するだけの関数を定義してみましょう。関数は function() という関数によって作成します。関数の定義が完結するまでプロンプトが + に変わります。

```
> hello_world <- function() {
+     "Hello, world!"
+ }
> hello_world()
[1] "Hello, world!"
```

付録A　Rの利用方法

　定義した関数を実行するには、その名前に丸括弧を加えて実行するだけです。関数定義には引数を追加できます。上の関数を修正して、ユーザが関数を実行した際に引数として与えた名前を表示できるようにしてみましょう。次のコードでは、name という引数を宣言し、初期値を与えています。

```
> my_name_is <- function(name = "Shinya") {
+   paste("Hi, my name is", name, "!")
+ }

> my_name_is(name = "uribo") # 引数を入力し、出力結果を変化させる
[1] "Hi, my name is uribo !"

> my_name_is() # 引数の入力を省略すると、関数で定義された既定値が利用される
[1] "Hi, my name is Shinya !"
```

　name というのが引数名です。この関数では引数 name に = で文字列（ユーザの名前など）を指定できます。なお引数の名前（ここでは name）は省略できます。ただし多数の引数が用意されている関数では、混乱を防ぐため引数名を明示的に指定した方が良いでしょう。

```
> my_name_is("uribo")
[1] "Hi, my name is uribo !"
```

　Rの関数にどのような引数があるのかを確認するにはヘルプを参照します。sum() であれば、コンソールで ?sum と入力して Enter を押せば、RStudio の右下の [Help] タブに関数の説明が表示されます。

A.3.4　データフレーム

　データフレームは、行と列の概念を持つ2次元のデータ構造です。これは Excel のワークシートに近い表現形式で、表（テーブル）とも呼ばれます。データフレームは R でデータを操作する場合のもっとも基本的なオブジェクトです。Excel ファイルや CSV ファイルから読み込まれたデータは自動的にデータフレームになります。ここでは説明のため data.frame() という関数を使ってデータフレームを生成してみます。列名 = 値の形式で指定します。

```
> dat <- data.frame(
+   X = 1:5,
+   Y = c(2, 4, 6, 8, 10),
+   Z = c("A", "B", "C", "D", "E")
+ )
```

A.3 R プログラミングの初歩

```
> dat
  X Y  Z
1 1 2  A
2 2 4  B
3 3 6  C
4 4 8  D
5 5 10 E
```

データフレームの行ないし列を参照するには、[および $ 演算子が利用できます。それぞれの演算子の利用方法を以下に示します。

[は、ベクトルでは要素番号を指定しましたが、データフレームでは、鉤括弧の内部をカンマで区切り、カンマの前に行番号を、そしてカンマの後に列番号を指定します。以下の実行例で1行目全体を指定しています。カンマの後は列の指定ですが、ここでは空白になっています。この場合、すべての列が指定されたことになります。

```
> dat[1, ]
  X Y Z
1 1 2 A
```

次に列を指定してみます。鉤括弧内でカンマの後に 3 を指定することで 3 列目全体を表示できます。なおカンマの前、すなわち行指定を空白としたので、すべての行が表示されることに注意してください。

```
> dat[, 3]
[1] A B C D E
Levels: A B C D E
```

行番号と列番号をそれぞれ指定して実行してみます。1 行目のデータの 2 列目の要素の値を取り出してみましょう。

```
> dat[1, 2]
[1] 2
```

このように、[と , で参照する位置を指定することでデータフレームの値が取り出せます。また、列の指定には列名を直接与えることもできます。

```
> dat[, "X"]
[1] 1 2 3 4 5
```

次に $ 演算子を利用したデータの参照方法を紹介します。データフレームのオブジェクト名に $ を続けて列名を指定すると、その列の値がベクトルとして返されます。

```
> dat$y
NULL
```

A.3.5　行列

行列はデータフレームと同様に行と列からなる2次元のデータです。ただしデータフレームでは文字列からなる列と数値からなる列を1つのデータフレームにまとめることができましたが、行列ではすべての要素が同じデータ型でなければなりません。行列の例を以下では`matrix()`で生成します。`matrix()`では`nrow`と`ncol`で行と列のサイズを指定します。

```
> m <- matrix(1:9, nrow = 3, ncol = 3)
> m
     [,1] [,2] [,3]
[1,]    1    4    7
[2,]    2    5    8
[3,]    3    6    9
```

行列の処理例を以下に示します。

```
> m * 3 # 各要素に対する積をとる
     [,1] [,2] [,3]
[1,]    3   12   21
[2,]    6   15   24
[3,]    9   18   27


> m %*% m # 2つの行列の積を求める
     [,1] [,2] [,3]
[1,]   30   66  102
[2,]   36   81  126
[3,]   42   96  150

> rowSums(m) # 行の総和を求める
[1] 12 15 18

> colMeans(m) # 列の平均を算出
[1] 2 5 8
```

行列の要素の参照には、データフレームと同じく `[` 演算子が利用できます。行や列の指定方法はデータフレームと変わりません。`[` の中でカンマを用いて参照する行と列の位置を添え字で指定します。いずれかを省略した場合には、すべての行または列を取得することになります。なお `[` を利用すると行列がベクトルに変換されることがあります。これを避けるには `[` に `drop = FALSE` を追記します。

```
> m[2, ] # 2行目の値を参照
[1] 2 5 8
```

```
> m[, 3] # 3列目の値を参照（ベクトルに変換される）
[1] 7 8 9

> m[, 3, drop = FALSE] # 3列目を行列のまま出力する
     [,1]
[1,]    7
[2,]    8
[3,]    9

> m[2, 3] # 2行目3番目の値を参照
[1] 8
```

A.3.6 パッケージの利用

パッケージとは R に新しい機能を追加する仕組みです。パッケージはユーザによって開発され CRAN などに公開されており、誰でも自由に利用できます。

ここで例として Excel 形式のファイルを利用するためのパッケージを導入してみましょう。**readxl** というパッケージを利用します。

パッケージのインストールには `install.packages()` を利用します。コンソールあるいはスクリプトに以下のようにパッケージ名を指定して実行します。

```
> install.packages("readxl")
```

インストールしたパッケージを利用するには、まず `library(パッケージ名)` でパッケージを読み込みます。これはパッケージを利用する際、最初に1回だけ必ず実行する必要があります。

```
> library(readxl)
```

パッケージにどのような関数が備わっているかはヘルプ関数で確認できます。次のように `package` 引数に対象のパッケージ名を指定します。

```
> help(package = "readxl")
```

ヘルプの一覧を確認すると `read_excel()` という関数があります。この関数の引数に Excel のファイル名を指定すれば、データを読み込むことができます。

```
> dat <- read_excel("MyWorkSheet.xlsx")
```

A.3.7　作業（ワーク）スペース

　ここまでRStudioにおいて複数の処理を実行してきました。ここでもう一度[Environment]タブの状態を確認してみましょう。リストには複数のオブジェクトが登録されているはずです。これらのオブジェクトをまとめて作業（ワーク）スペースイメージ、あるいは単に作業（ワーク）スペースと呼びます。この状態でRStudioを終了させようとすると、[Save workspace image to ...]という確認のダイアログが表示されるはずです。あるいは、スクリプトを編集中であれば、スクリプトと作業スペースのそれぞれについて保存するかどうかを尋ねられます。スクリプトについてはマウスでチェックボックスをクリックして保存すべきですが、作業スペースについては保存の必要はないでしょう。

　作業スペースを保存すると次回の起動時に前回作成したオブジェクトが自動的に再現されますが、前回の作業から時間が経っている場合、それぞれのオブジェクトの状態を正しく思い出せる保証はありません。誤った分析結果を導き出してしまうのを避けるためにも、オブジェクトはRを起動するたびに用意しておいたスクリプトを実行し直してあらためて生成すべきです。RStudioのメニューから[Tools]、[Global Options]、[General]を選ぶと、真ん中に[Save workspace to .Rdata on exit]という項目があります。ここで[Never]を選択しておくと、終了時に作業スペースの保存を促すダイアログは現れなくなります。なおRを起動してから終了するまでをセッションと呼びます。

付録B

確率分布に関する関数

牧山 幸史

　Rには確率分布に関する関数が数多く用意されています。本付録では、Rで利用できる確率分布に関する関数について説明します。

　確率分布を表す関数は、データが連続か離散かによって確率密度関数と確率質量関数に分かれます。確率密度関数は身長や体重のような連続量の分布に、また確率質量関数はサイコロの目のような離散値の分布に使われます。前者の代表が正規分布であり、後者の例としては2項分布が挙げられます。確率質量関数の出力は確率であるのに対して、確率密度関数の出力は確率全体の比率を表すことに注意が必要です。連続量の分布に対して確率を求めるには、範囲を指定して確率密度関数を積分します。この積分は累積分布関数を使うことで求められます。

　以下では、連続量の分布であるベータ分布を例に、Rの確率関数について説明します。確率密度関数という記述は、離散値の分布では確率質量関数となるため、適宜読み替える必要があります。

　Rでは、標準的な確率分布についての関数がstatsパッケージにより提供されています。このパッケージはRに標準で付属しているためインストールの必要はありません。また、Rの起動時に読み込まれる特別なパッケージなのでlibraryやrequireで読み込む必要もありません。

　statsパッケージは、1つの確率分布に対して基本的に4つの関数を提供します。

- 確率密度関数（または確率質量関数）
- 累積分布関数
- 分位数関数
- 乱数を生成する関数

付録 B 確率分布に関する関数

それぞれの関数名は、確率分布を表すシンボル名に対して、d、p、q、r を先頭につけたものとなります。たとえば、ベータ分布を表すシンボル名は beta なので、ベータ分布の確率密度関数は dbeta、累積分布関数は pbeta、分位数関数は qbeta、乱数を生成する関数は rbeta となります。

また、これらの関数は引数として確率分布に応じたパラメータを指定できます。たとえば、ベータ分布は 2 つの形状パラメータ α と β を持つため、ベータ分布に関する 4 つの関数 dbeta、pbeta、qbeta、rbeta は、これら 2 つのパラメータに対応する引数として shape1 と shape2 を持ちます。

表 B.1 に stats パッケージで提供されるいくつかの確率分布のシンボル名とパラメータを示します。

表 B.1: stats パッケージで提供される確率分布の例

確率分布	シンボル名	パラメータ
ベータ分布	beta	shape1, shape2, ncp
ガンマ分布	gamma	shape, scale(または rate)
正規分布	norm	mean, sd
一様分布	unif	min, max
2 項分布	binom	size, prob
t 分布	t	df, ncp
カイ 2 乗分布	chisq	df, ncp
コーシー分布	cauchy	location, scale

引数 ncp を持つ確率分布は、非心分布（non-central distribution）に対応しています。この引数を指定することで非心分布に対する確率密度関数などを計算することが可能です。非心分布を使わない場合はこの引数は無視して構いません。

stats パッケージが提供する確率分布の一覧は、次のコマンドで確認できます。

```
> help("Distributions")
```

B.1 確率密度関数

確率密度関数（probability density function）は確率分布を表現するための関数です。

B.1 確率密度関数

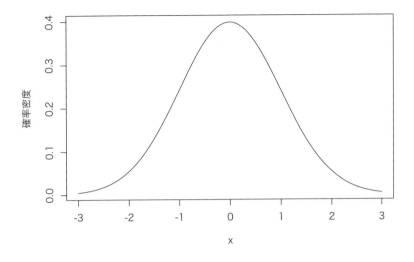

図 B.1: 標準正規分布の確率密度関数

確率密度関数の形状は対応する確率分布の性質を表します。たとえば、標準正規分布[1]の確率密度関数は図 B.1 のような釣鐘（つりがね）型の形状をしています。

この形状を見ると、標準正規分布に従う確率変数は 0 の付近をとりやすいことや、0 から離れた値（たとえば 3）をとりにくいことなどが見てとれます。

確率密度関数は、確率分布を表すシンボル名に d をつけた関数名で利用できます[2]。たとえば、ベータ分布のシンボル名は beta なので、その確率密度を計算する関数は dbeta という名前になります。パラメータを $\alpha = 6$、$\beta = 3$ としたときのベータ分布の $x = 0.4$ での確率密度を計算するには次のように書きます。

```
> dbeta(0.4, shape1 = 6, shape2 = 3)
[1] 0.6193152
```

第 1 引数にベクトルを入力することで、複数の値に対して確率密度を計算することが可能です。

```
> x <- c(0.2, 0.4, 0.6)
> dbeta(x, shape1 = 6, shape2 = 3)
[1] 0.0344064 0.6193152 2.0901888
```

---

[1] 平均を 0、標準偏差を 1 とした正規分布
[2] この d は density（密度）の頭文字と考えられます。確率質量関数（probability mass function）の場合も d で統一されています。

付録B 確率分布に関する関数

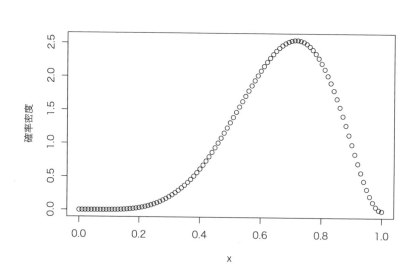

図 B.2: ベータ分布 (6, 3) の確率密度関数

連続した x に対して確率密度を計算し、plot 関数を使うことで確率密度関数を描画することが可能です（図 B.2）。

```
> x <- seq(0, 1, by = 0.01)
> y <- dbeta(x, shape1 = 6, shape2 = 3)
> plot(x, y, ylab = "確率密度")
```

この分布に従う確率変数は $x = 0.7$ 付近の値をとりやすく、左に裾を引く分布になっていることがわかります。

確率密度関数は尤度（ゆうど）の計算に利用できます。尤度とは、データに対する確率分布のパラメータの尤（もっと）もらしさのことです。尤度はデータに対する確率密度を掛け合わせることで計算できます。次の例はデータ $x = \{0.2, 0.4, 0.6\}$ に対して、ベータ分布のパラメータ (6, 3) と (3, 6) の尤度を求めています。尤度が大きい (3, 6) の方が、このデータを生成したと考えるのに、より尤もらしいパラメータということになります。

```
> x <- c(0.2, 0.4, 0.6)
> prod(dbeta(x, shape1 = 6, shape2 = 3))
[1] 0.04453859
> prod(dbeta(x, shape1 = 3, shape2 = 6))
[1] 2.85047
```

尤度は対数尤度の形で利用されることがほとんどです。しかし、確率密度を計算してか

ら対数をとると桁あふれの原因となります。これを防ぐため、確率密度関数の引数 `log = TRUE` とすることで対数化された確率密度を直接求めることができます。対数尤度は対数確率密度を足し合わせることで計算できます。

```
> sum(dbeta(x, shape1 = 6, shape2 = 3, log = TRUE))
[1] -3.111399
> sum(dbeta(x, shape1 = 3, shape2 = 6, log = TRUE))
[1] 1.047484
```

対数をとっても大小関係は変わらないため、対数尤度の大きい方がより尤もらしいパラメータであることは変わりません。

B.2 累積分布関数

累積分布関数（cumulative distribution function）は、確率分布に従う確率変数が、ある値 x 以下になる確率を表す関数です。これは、確率密度関数を $-\infty$ から x まで積分した値と一致します（図 B.3）。

累積分布関数は、確率分布を表すシンボル名に `p` をつけた関数名で利用できます[3]。たとえば、ベータ分布のシンボル名は `beta` ですで、その累積分布関数は `pbeta` という名前になります。パラメータを $\alpha = 6$、$\beta = 3$ としたときのベータ分布の $x = 0.4$ での累積分布関数を計算するには次のように書きます。

```
> pbeta(0.4, shape1 = 6, shape2 = 3)
[1] 0.04980736
```

これが確率密度関数を $-\infty$ から x まで積分した値と一致することは次のようにして分かります。

```
> # 確率密度関数を積分して累積分布関数の値を求める
> integrate(dbeta, -Inf, 0.4, shape1 = 6, shape2 = 3)$value
[1] 0.04980736
```

確率密度関数と同様に、累積分布関数もベクトルを入力として動作します。

```
> x <- c(0.2, 0.4, 0.6)
> pbeta(x, shape1 = 6, shape2 = 3)
[1] 0.00123136 0.04980736 0.31539456
```

連続した値を入力することにより、累積分布関数を描画できます（図 B.4）。

---
[3] この p は probability（確率）の頭文字と考えられます。

付録B 確率分布に関する関数

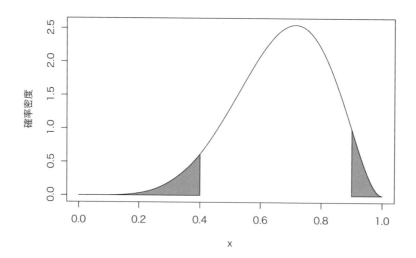

図 B.3: 累積分布関数は確率密度関数を $-\infty$ から x まで積分した値（左側のグレーの領域の面積）と一致する。Rでは lower.tail = FALSE を指定することで x から ∞ までの積分値（右側のグレーの領域の面積）を計算することもできる。

```
> x <- seq(0, 1, by = 0.01)
> y <- pbeta(x, shape1 = 6, shape2 = 3)
> plot(x, y, ylab = "確率")
```

累積分布関数は、常に左端が 0 で右端が 1 になります。また、左端から右端に向かって常に増加します。

累積分布関数は引数 lower.tail を持ちます。これを FALSE にすると、確率分布に従う確率変数が、ある値 x 以上となる確率を求めることができます（図 B.2）。

```
> x <- c(0.7, 0.8, 0.9)
> pbeta(x, shape1 = 6, shape2 = 3, lower.tail = FALSE)
[1] 0.44822619 0.20308224 0.03809179
```

累積分布関数は統計的仮説検定の p 値を計算する際に利用できます。たとえば t 検定では、データから t 統計量を求め、その値より極端な値をとる確率を p 値として計算します。

```
> x <- c(-0.288, 1.727, 0.167, 0.296, 1.127, 0.665, 0.301)
> # x の平均が 0 より大きいかを検定
> t.test(x, mu = 0, alternative = "greater")
```

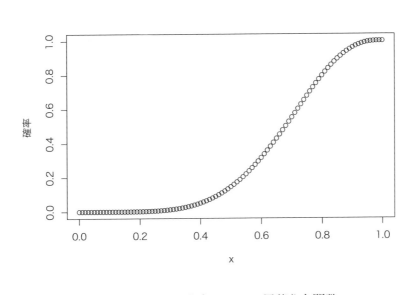

図 B.4: ベータ分布 (6, 3) の累積分布関数

```
        One Sample t-test

data:  x
t = 2.2493, df = 6, p-value = 0.03275
alternative hypothesis: true mean is greater than 0
95 percent confidence interval:
 0.07766978           Inf
sample estimates:
mean of x
0.5707143
```

この場合、t 統計量は 2.2493 ですが、これより大きな値をとる確率は t 分布に対する累積分布関数 pt を用いて計算できます。

```
> pt(2.2493, df = 6, lower.tail = FALSE)
[1] 0.0327521
```

上記の t 検定の結果の p 値と一致することがわかります。

確率密度関数と同様に、累積分布関数は引数 log.p を持ち、TRUE とすることで結果を対数で求めることができます。

```
> pbeta(0.4, shape1 = 6, shape2 = 3, log.p = TRUE)
[1] -2.999593
```

B.3 分位点関数

分位点関数（quantile function）は、確率分布に従う確率変数が、ある値 x 以下になる確率を p としたときに、p に対応する x を返す関数です。これはちょうど累積分布関数の逆関数にあたります。

分位点関数は、確率分布を表すシンボル名に q をつけた関数名で利用できます[4]。たとえば、ベータ分布のシンボル名は beta ですので、その分位点関数は qbeta という名前になります。パラメータを $\alpha = 6, \beta = 3$ としたときのベータ分布の $p = 0.1$ の分位点を計算するには次のように書きます。

```
> qbeta(0.1, shape1 = 6, shape2 = 3)
[1] 0.4617846
```

分位点関数の第 1 引数は確率ですので、0 から 1 の範囲しかとることはできません。この範囲を超えた値を入力すると警告とともに NaN が返されます。

分位点関数は累積分布関数の逆関数ですので、この結果を累積分布関数に与えると 0.1 が求まります。

```
> pbeta(0.4617846, shape1 = 6, shape2 = 3)
[1] 0.1
```

他の関数と同様に、分位点関数にもベクトルを入力できます。

```
> p <- c(0.1, 0.3, 0.5)
> qbeta(p, shape1 = 6, shape2 = 3)
[1] 0.4617846 0.5925411 0.6794810
```

連続した値を入力することで、分位点関数を描画できます（図 B.5）。

```
> p <- seq(0, 1, by=0.01)
> x <- qbeta(p, shape1 = 6, shape2 = 3)
> plot(p, x, xlab = "確率 p")
```

分位点関数は、累積分布関数（図 B.4）の軸を入れ替えたものとなっていることが分かります。

分位点関数は信頼区間を求めるのに利用できます。データ x が正規分布に従うと仮定する場合、以下のように t 分布の分位点関数 qt を使って平均の 95%信頼区間を求めることができます。

---

[4] この q は quantile（分位数）の頭文字と考えられます。

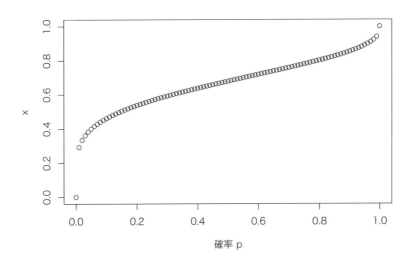

図 B.5: ベータ分布 $(6, 3)$ の分位点関数

```
> x <- c(-0.288, 1.727, 0.167, 0.296, 1.127, 0.665, 0.301)
> n <- length(x)
> # x の平均の95%信頼区間を求める
> mean(x) + qt(c(0.025, 0.975), df = n-1) * sqrt(var(x)/n)
[1] -0.05014239  1.19157096
```

分位点関数も引数 log.p を持ちますが、注意が必要です。累積分布関数ではこれを TRUE とすることで結果が対数化されましたが、分位点関数では入力が対数化されていることを期待するという意味になります。

```
> log_p <- log(0.1)
> qbeta(log_p, shape1 = 6, shape2 = 3, log.p = TRUE)
[1] 0.4617846
```

B.4 乱数の生成

確率分布のシンボル名に r をつけた関数を使うことで、その確率分布に従った乱数を生成できます[5]。たとえば、ベータ分布のシンボル名は beta ですので、ベータ分布に従っ

---

[5] この r は random number（乱数）の頭文字と考えられます。

付録 B 確率分布に関する関数

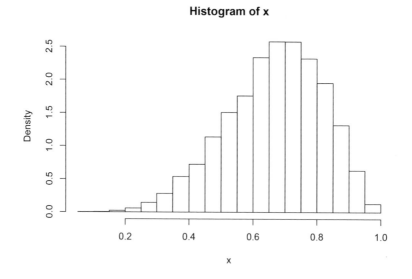

図 B.6: ベータ分布 (6, 3) に従う乱数のヒストグラム。サンプルサイズを増やすと確率密度関数（図 B.2）に近づく。

た乱数を生成する関数は rbeta という名前になります。

パラメータを $\alpha = 6$、$\beta = 3$ としたときのベータ分布から乱数を生成するには次のように書きます。

```
> rbeta(4, shape1 = 6, shape2 = 3)
[1] 0.8603935 0.5219446 0.8007954 0.7820724
```

第 1 引数には乱数をいくつ生成するかを指定します。

乱数をたくさん生成してヒストグラムを描くと、確率密度関数に近づきます（図 B.6）。

```
> x <- rbeta(10000, shape1 = 6, shape2 = 3)
> hist(x, probability = TRUE)
```

乱数を生成する特別な関数に sample があります。これは、第 1 引数に入力されたベクトルからランダムに要素を抽出する関数です。

```
> x <- c("A", "B", "C")
> sample(x, size = 1)
[1] "B"
> sample(x, size = 2)
[1] "A" "B"
```

```
> sample(x, size = 3)
[1] "C" "A" "B"
```

size 引数にはいくつ抽出するかを指定します。

デフォルトでは一度抽出した要素が再び抽出されることはありませんが（非復元抽出）、replace 引数を TRUE にすることで、同じ要素を何度でも抽出するようになります（復元抽出）。また、prob 引数にそれぞれの要素が抽出される確率を指定できます。

```
> sample(x, size = 6, replace = TRUE)
[1] "B" "A" "B" "C" "A" "A"
> sample(x, size = 6, replace = TRUE, prob = c(0.8, 0.1, 0.1))
[1] "A" "C" "A" "A" "A" "C"
```

これらの乱数生成関数は、正確には擬似乱数を生成します。乱数は本来規則性のない数列のことを指しますが、R に限らず、計算機上で行われるほとんどの乱数生成には確定的な擬似乱数生成アルゴリズムが使われます。擬似乱数は種（seed）を設定することで再現できます。R では set.seed 関数によって乱数の種を指定できます。

```
> # 種を指定しない場合、毎回異なる乱数が生成される
> rbeta(3, shape1 = 6, shape2 = 3)
[1] 0.9094482 0.4983934 0.6754236
> rbeta(3, shape1 = 6, shape2 = 3)
[1] 0.6697467 0.5955975 0.4717984
> rbeta(3, shape1 = 6, shape2 = 3)
[1] 0.5353210 0.6178340 0.6828989

> # 種を指定することで、同じ乱数を生成できる
> set.seed(314)
> rbeta(3, shape1 = 6, shape2 = 3)
[1] 0.8603935 0.5219446 0.8007954
> set.seed(314)
> rbeta(3, shape1 = 6, shape2 = 3)
[1] 0.8603935 0.5219446 0.8007954
> set.seed(314)
> rbeta(3, shape1 = 6, shape2 = 3)
[1] 0.8603935 0.5219446 0.8007954
```

R で利用できる擬似乱数生成アルゴリズムについては、次のコマンドで確認できます。

```
> help("Random")
```

付録C
Rと連携して動作するライブラリ・外部ソフトウェア

C.1 dlm

dlm は R のライブラリです。

このライブラリでは動的線形モデルのベイズ推定が可能であり、カルマンフィルタの実行も可能になっています。カルマンフィルタの実装は共分散行列の特異値分解によるアルゴリズム [115] に基づいており、数値演算精度の劣化が極力抑止できるようになっています (状態雑音の共分散が正則でない場合にも計算が可能です)。また、ライブラリの中心部分は C 言語で記載されており、実行速度には配慮がされています。なお、R でカルマンフィルタが実行可能なライブラリとしては 10 章で触れた **KFAS** も有名ですが、**KFAS** の説明に関しては [21, 39, 116] などを参照してください。

dlm のインストールは通常のライブラリと同様、CRAN から install.packages() 関数で行えます。作者である Giovanni Petris 氏によるサポートサイトは http://definetti.uark.edu/ となっており、関連する著書 (翻訳は [18]) で用いられたユーティリティ関数やデータも公開されています (同じ情報は、訳書 [18] のサポートサイト https://www.asakura.co.jp/books/isbn/978-4-254-12796-6/ からも得られます)。なお、Logics of Blue というサイト (https://logics-of-blue.com/) には **dlm** を用いた時系列分析に関して日本語で丁寧な説明があるので、参考になるでしょう。

C.2 Stan

Stan は統計モデリングに適した確率的なプログラミング言語であり、MCMC の実行が可能になっています。

Stan は複数の言語との連携が可能になっていますが、R との連携にはライブラリ **rstan** が用いられます。MCMC の実装はハイブリッドモンテカルロ法（ハミルトニアンモンテカルロ法）に基づいており、類似する他ソフトウェアより概してサンプリングの効率が優れています。また実行時には C++ によってコンパイルされますので、実行速度には配慮がされています。

Stan のインストールは https://github.com/stan-dev/rstan/wiki/RStan-Getting-Started-(Japanese) の案内に従ってください。インストールの際には、事前に C++ コンパイラ (Windows であれば **Rtools**) の設定が必要になっています。なお **Stan** に関するサポートサイトは http://mc-stan.org/ となっており、ここから各種情報が入手可能です。

C.3 Biips

Biips は BUGS 言語似のベイズ推定用汎用ソフトウェアであり、粒子フィルタの実行が可能になっています。

Biips は複数の言語との連携が可能になっていますが、R との連携にはライブラリ **Rbiips** が用いられます。粒子フィルタの実装に関して、基本的なアルゴリズムには一通り対応しています。本書で説明した補助粒子フィルタ/ラオ–ブラックウェル化/リュウ・ウエストフィルタに関しては、いずれもまだ実装されていません。実行時には C++ によってコンパイルされますので、実行速度には配慮がされています。

Biips のインストールは https://biips.github.io/install/ の案内に従ってください。本書執筆時点では **Rbiips** は CRAN に登録されていませんので、ローカル環境にダウンロードしたファイルからインストールをします。インストールの際には、事前に R のライブラリ **Rcpp** のインストール、およびそのための C++ コンパイラ (Windows であれば **Rtools**) の設定が必要になります。なお **Biips** に関するサポートサイトは https://biips.github.io/ となっており、ここから各種情報が入手可能です。

C.4 pomp

pomp は R のライブラリです。

このライブラリでは一般状態空間モデルのベイズ推定が可能であり、粒子フィルタの実行が可能になっています。粒子フィルタの実装に関して、基本的なアルゴリズムには一通り対応しています。本書で説明した補助粒子フィルタ/ラオ–ブラックウェル化/リュウ・ウエストフィルタのうち、リュウ・ウエストフィルタに関しては bsmc(), bsmc2() として実装されています。ライブラリの中心部分は C 言語で記載されており、実行時には C によってコンパイルもできますので、実行速度には配慮がされています。

pomp のインストールは通常のライブラリと同様、CRAN から install.packages() 関数で行えます。なお実行時に C でコンパイルする機能を活用するためには、事前に C コンパイラ (Windows であれば **Rtools**) の設定が必要になります。**pomp** に関するサポートサイトは http://kingaa.github.io/pomp/ となっており、ここから各種情報が入手可能です。

C.5 NIMBLE

NIMBLE は R のライブラリです (ライブラリ名としては、小文字の **nimble** になります)。

このライブラリは BUGS 言語似のベイズ推定用汎用ソフトウェアになっており、粒子フィルタ/MCMC の実行が可能になっています。粒子フィルタの実装に関して、基本的なアルゴリズムには一通り対応しています。本書で説明した補助粒子フィルタ/ラオ–ブラックウェル化/リュウ・ウエストフィルタのうち、補助粒子フィルタに関しては buildAuxiliaryFilter(), リュウ・ウエストフィルタに関しては buildLiuWestFilter() として実装されています。実行時には C++ によってコンパイルされますので、実行速度には配慮がされています。

NIMBLE のインストールは通常のライブラリと同様、CRAN から install.packages() 関数で行えます。インストールの際には、事前に C++ コンパイラ (Windows であれば **Rtools**) の設定が必要になります。**NIMBLE** に関するサポートサイトは http://r-nimble.org/ となっており、ここから各種情報が入手可能です。

付録 D

ライブラリ dlm

D.1 モデルの扱い

dlm ではモデルはリストとして扱われます (このリストは、dlm という名前のクラス属性をもつ場合があります)。リストの要素は、m0, C0, FF, V, GG, W, JFF, JV, JGG, JW となっています。前半の要素 m0, C0, FF, V, GG, W は、それぞれ線形・ガウス型状態空間モデル (8.1) 式、(8.2) 式におけるパラメータ $m_0, C_0, F_t, V_t, G_t, W_t$ に対応しています。後半の J から始まる名前の要素は、時変のモデルを規定する際に使用されます (時不変のモデルの場合には存在しないか、存在しても NULL が設定されます)。

D.2 時変モデルの設定

dlm における時変モデルの設定について、$JFF の例を通じて説明します。

まず $JFF は $FF と同じ次元の行列であり、その要素の値は 0 か正の整数 k となります。0 は時間変化がない部分、k は時間変化がある部分を意味しており、具体的には、

$$\text{時点 } t \text{ における } \boldsymbol{F}_t \text{ の値} = \begin{cases} \text{\$FF[i, j]} & (\text{\$JFF[i, j] = 0 の部分}) \\ \text{\$X[t, k]} & (\text{\$JFF[i, j] = k の部分}) \end{cases}$$

となります。したがって時間変化がある部分に実際に用いられる値は、$X の k 列目に格納されていることになります。この関係を模式的に示したのが、以下の図になります。

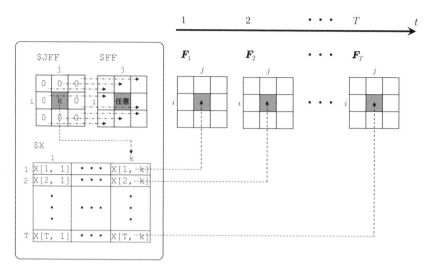

図 D.1: ライブラリ dlm における時変モデルの設定

ここでは$JFF の例を通じて説明を行いましたが、$JV, $JGG, $JW の場合も、$V, $GG, $W に対して同様の考え方をします。

D.3　平方根アルゴリズム

dlm では数値演算精度の劣化を極力防ぐため、共分散行列の特異値分解に基づくカルマンフィルタのアルゴリズム [115] が実装されています。これは、カルマンフィルタで求める共分散行列をその平方根行列の形で演算していく**平方根型のカルマンフィルタ**の一種になります。**特異値分解** [18] では、ある共分散行列 A は一般的に $A = UD^2U^\top$ と分解できます。**dlm** の各種関数の戻り値における U.S, U.C, U.R は行列 S, C, R を特異値分解した際の U を意味し、D.S, D.C, D.R は行列 S, C, R を特異値分解した際の D を意味しています。

D.4　本書で主に利用する関数

本書で主に利用する関数について、その概要をまとめておきます。関数の詳細に関しては、ライブラリのマニュアル https://cran.r-project.org/web/packages/dlm/dlm.pdf に記載があります (なお、このマニュアルの翻訳は https://www.asakura.co.jp/books/

isbn/978-4-254-12796-6/ から取得可能です)。

D.4.1 dlmFilter()

　この関数はカルマンフィルタリングを行います (処理内容は、(6.18) 式を線形・ガウス型状態空間モデルの場合に具体化したアルゴリズム 8.1 に基づきます)。

　引数は y, mod となります。y は観測値です。mod はモデルを示すリストです。

　戻り値は dlmFiltered という名前のクラスのリストです。リストの要素は、y, mod, m, U.C, D.C, a, U.R, D.R, f となっています。これらは各々、y と mod は入力した観測値とモデル用のリスト、m はフィルタリング分布の平均、U.C と D.C はフィルタリング分布の共分散行列についての特異値分解、a は一期先予測分布の平均、U.R と D.R は一期先予測分布の共分散行列についての特異値分解、f は一期先予測尤度の平均になっています。このうち、m, U.C, D.C には先頭に事前分布の分のオブジェクトが 1 つ付加されているため、それらの数は観測値の長さに 1 を加えた長さになります。

D.4.2 dlmForecast()

　この関数はカルマン予測を行います (処理内容は、(6.22) 式を線形・ガウス型状態空間モデルの場合に具体化したアルゴリズム 8.2 に基づきます)。

　引数は mod, nAhead, sampleNew となります。mod はモデルを示すリスト、もしくは dlmFiltered クラスのオブジェクトとなります。フィルタリングの終了時点から未来を予測する場合には、カルマンフィルタリングで得られた dlmFiltered クラスのオブジェクトを設定します。nAhead は予測先の時点数の最大値 k です。sampleNew はデフォルトでは FALSE になっていますが、整数値を設定するとその試行回数分の標本が戻り値に含まれるようになります。

　戻り値はリストになります。リストの要素は、a, R, f, Q, newStates, newObs となっています。これらは各々、k 期先予測分布の平均と共分散行列、ならびに k 期先予測尤度の平均と共分散行列に相当しています。なお newStates, newObs は sampleNew = **整数値**の場合のみ存在し、各々将来の状態と観測値に関する試行標本になります。

D.4.3 dlmSmooth()

　この関数はカルマン平滑化を行います (処理内容は、(6.24) 式を線形・ガウス型状態空間モデルの場合に具体化したアルゴリズム 8.3 に基づきます)。

　引数は y, mod となります。y は観測値です。mod はモデルを示すリストです。カルマン

付録 D ライブラリ dlm

フィルタリングが先行して完了している場合には、y に dlmFiltered クラスのオブジェクトを設定するだけで、同じ結果が得られます。

戻り値はリストになります。リストの要素は、s, U.S, D.S となっています。これらは各々、s は平滑化分布の平均、U.S と D.S は平滑化分布の共分散行列についての特異値分解となっています。これらには全て、観測値の長さに加えて、先頭に事前分布の分のオブジェクトが 1 つ付加されています。

D.4.4　dlmBSample()

この関数は、FFBS アルゴリズムを実行します (処理内容は、アルゴリズム 10.2 に基づきます)。

引数は modFilt であり、典型的にはカルマンフィルタリングで得られた dlmFiltered クラスのオブジェクトを設定します。

戻り値は、状態に関する (1 回分の) 試行標本になります。

D.4.5　dlmSvd2var()

この関数は、特異値分解から元の共分散行列を復元します。

引数は、u, d となります。u と d は各々、共分散行列を $\boldsymbol{A} = \boldsymbol{U}\boldsymbol{D}^2\boldsymbol{U}^\top$ と分解した際の、行列 $\boldsymbol{U}$ のリスト、対角行列 $\boldsymbol{D}$ の対角成分を行方向に並べ直して再構築した行列、となります。なおリストの長さは事前分布の分を考慮するため、時系列のデータ長に 1 を加えた長さになります。

戻り値は、復元された共分散行列のリストになります。

D.4.6　dlmLL()

この関数はモデルの周辺対数尤度を計算します (処理内容は、(6.26) 式を線形・ガウス型状態空間モデルの場合に具体化した (8.6) 式に基づきます)。

引数は y, mod となります。y は観測値です。mod はモデルを示すリストです。

戻り値は、周辺対数尤度の「符号を反転した」値になります。

D.4.7　dlmMLE()

この関数はモデルのパラメータの最尤推定を行います (処理内容は、(6.27) 式に基づきます)。

引数は y, param, build となります。y は観測値です。parm は最尤推定の対象となるパラメータの探索初期値であり、任意の有限な値を設定します。build はモデルを定義・構築してそのリストを返す関数です。なお、最尤推定を数値的に実行するアルゴリズムは、デフォルトでは準ニュートン法の一種である L-BFGS 法が用いられます。

戻り値は R の関数 optim() が返すリストと同じになります。特に要素 par は最尤推定の結果であり、要素 convergence は最尤推定の収束結果を示すフラグになっています (0 であれば収束が達成された証となります)。

D.4.8 dlmModPoly()

この関数は多項式モデルを設定します (処理内容は、(9.12), (9.13) 式に基づきます)。

引数は order, dW, dV, m0, C0 となります。order は多項式モデルの次数です。dW, dV は、状態雑音の分散 W と観測雑音の分散 V を意味しています。m0, C0 は、事前分布の平均値 m_0 と分散 C_0 を意味しています。

戻り値は、モデルを意味するリスト (dlm という名前のクラス属性をもつ) になります。

D.4.9 dlmModSeas()

この関数は周期モデル (時間領域でのアプローチ) を設定します (処理内容は、(9.25), (9.26) 式に基づきます)。

引数は、frequency, dW, dV, m0, C0 となります。frequency は周期 s を意味しています。dW, dV は、状態雑音の共分散の対角項 $W, 0, \ldots, 0$ と観測雑音の分散 V を意味しています。m0, C0 は、事前分布の平均ベクトル $\boldsymbol{m}_0$ と共分散 $\boldsymbol{C}_0$ を意味しています。

戻り値は、モデルを意味するリスト (dlm という名前のクラス属性をもつ) になります。

D.4.10 dlmModTrig()

この関数は周期モデル (周波数領域でのアプローチ) を設定します (処理内容は、(9.31), (9.32) 式、もしくは (9.33), (9.34) 式に基づきます)。

引数は、s, q, dV, dW, m0, C0, om, tau となります。s は整数の (基本) 周期を意味しています。q は周波数成分を低周波要素から数えていくつまで考慮するかの値を意味しています。dW, dV は、状態雑音の共分散の対角項の値と観測雑音の分散 V を意味しています。このモデルでは周波数成分ごとに状態雑音の分散を $W^{(1)}, \ldots, W^{(N)}$ として変えられますが、特段の事前情報がなければ全て同じ値 W を設定します。m0, C0 は、事前分布の平均ベクトル $\boldsymbol{m}_0$ と共分散 $\boldsymbol{C}_0$ を意味しています。om, tau は (基本) 周期が整数ではない場合にい

ずれか一方のみを使用し、tau は整数ではない (基本) 周期、om は基本角周波数を意味します。

戻り値は、モデルを意味するリスト (dlm という名前のクラス属性をもつ) になります。

D.4.11 dlmModARMA()

この関数は ARMA モデルを設定します (処理内容は、(9.36), (9.37) 式に基づきます)。

引数は、ar, ma, sigma2, dV, m0, C0 となります。ar は AR 係数を意味しており、使用しない場合は NULL を設定します。ma は MA 係数を意味しており、使用しない場合は NULL を設定します。sigma2 は白色雑音の分散を意味しています。dV は、観測雑音の分散 V を意味しています。m0, C0 は、事前分布の平均ベクトル m_0 と共分散 C_0 を意味しています。

戻り値は、モデルを意味するリスト (dlm という名前のクラス属性をもつ) になります。

D.4.12 dlmModReg()

この関数は回帰モデルを設定します (処理内容は、(9.39), (9.40) 式に基づきます)。

引数は、X, addInt, dW, dV, m0, C0 となります。X は説明変数のベクトル・行列を意味しています。addInt は回帰切片を考慮するか否かの設定であり、TRUE を設定すると回帰切片が考慮されます。dW, dV は、状態雑音の共分散の対角項 $W^{(\alpha)}, W^{(1)}, \ldots, W^{(N)}$ と観測雑音の分散 V を意味しています。m0, C0 は、事前分布の平均ベクトル m_0 と共分散 C_0 を意味しています。

戻り値は、モデルを意味するリスト (dlm という名前のクラス属性をもつ) になります。

D.4.13 ARtransPars()

この関数は、AR 係数の値を定常領域に近似します。

引数は raw であり、元の AR 係数のベクトルとなります。

戻り値は引数と同じ長さのベクトルとなり、定常領域に近似された AR 係数の値が入ります。

D.4.14 weighted.quantile()

この関数は、重み付き分位値を算出します。

これはライブラリの組み込み関数ではありませんが、作者のサポートサイト http://definetti.uark.edu/ で提供されているユーザ定義関数 (ユーティリティ関数) であり、

D.4 本書で主に利用する関数

本書でも粒子フィルタの結果に適用しますので説明をしておきます。このコードは次のようになっています。

```
> # quantile function for weighted particle clouds
> weighted.quantile <- function(x, w, probs)
+ {
+     ## Make sure 'w' is a probability vector
+     if ((s <- sum(w)) != 1)
+         w <- w / s
+     ## Sort 'x' values
+     ord <- order(x)
+     x <- x[ord]
+     w <- w[ord]
+     ## Evaluate cdf
+     W <- cumsum(w)
+     ## Invert cdf
+     tmp <- outer(probs, W, "<=")
+     n <- length(x)
+     quantInd <- apply(tmp, 1, function(x) (1 : n)[x][1])
+     ## Return
+     ret <- x[quantInd]
+     ret[is.na(ret)] <- x[n]
+     return(ret)
+ }
```

引数は x, w, probs となっており、それぞれ粒子に関する、実現値のベクトル、重みのベクトル、求めたい分位点を意味しています。コードの中では実現値の値で一旦ソートを行い、その後、それらの重みの累積値を踏まえて対応する分位点における値を求めています。戻り値は、求めたい分位点における実現値の値となります。

付録 E
状態空間モデルにおける条件付き独立性に関する補足

E.1 (5.3) 式の導出

$$p(\boldsymbol{x}_t \mid \boldsymbol{x}_{t+1}, y_{1:T}) = p(\boldsymbol{x}_t \mid \boldsymbol{x}_{t+1}, y_{1:t}, y_{t+1:T}) \tag{E.1}$$

説明のしやすさを考慮して順番を入れ替えて

$$= p(\boldsymbol{x}_t \mid y_{t+1:T}, \boldsymbol{x}_{t+1}, y_{1:t}) \tag{E.2}$$

$p(a, b \mid c) = p(a \mid b, c) p(b \mid c)$ の関係より ($\boldsymbol{x}_{t+1}, y_{1:t}$ をひとかたまりで考えます)

$$= \frac{p(\boldsymbol{x}_t, y_{t+1:T} \mid \boldsymbol{x}_{t+1}, y_{1:t})}{p(y_{t+1:T} \mid \boldsymbol{x}_{t+1}, y_{1:t})} \tag{E.3}$$

説明のしやすさを考慮して分子の中の順番を入れ替えて

$$= \frac{p(y_{t+1:T}, \boldsymbol{x}_t \mid \boldsymbol{x}_{t+1}, y_{1:t})}{p(y_{t+1:T} \mid \boldsymbol{x}_{t+1}, y_{1:t})} \tag{E.4}$$

分子は $p(a, b \mid c) = p(a \mid b, c) p(b \mid c)$ の関係より

$$= \frac{p(y_{t+1:T} \mid \boldsymbol{x}_t, \boldsymbol{x}_{t+1}, y_{1:t}) p(\boldsymbol{x}_t \mid \boldsymbol{x}_{t+1}, y_{1:t})}{p(y_{t+1:T} \mid \boldsymbol{x}_{t+1}, y_{1:t})} \tag{E.5}$$

付録 E 状態空間モデルにおける条件付き独立性に関する補足

分子の 1 項目は (5.2) 式から示唆される条件付き独立性より

$$= \frac{p(y_{t+1:T} \mid \boldsymbol{x}_{t+1}, y_{1:t})p(\boldsymbol{x}_t \mid \boldsymbol{x}_{t+1}, y_{1:t})}{p(y_{t+1:T} \mid \boldsymbol{x}_{t+1}, y_{1:t})} \tag{E.6}$$

$$= p(\boldsymbol{x}_t \mid \boldsymbol{x}_{t+1}, y_{1:t}) \tag{E.7}$$

この関係を DAG 表現で表すと、図 E.1 のようになります。

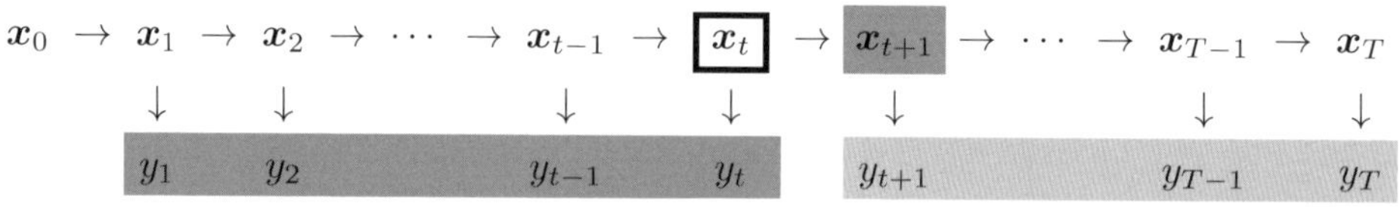

$$\boldsymbol{x}_0 \to \boldsymbol{x}_1 \to \boldsymbol{x}_2 \to \cdots \to \boldsymbol{x}_{t-1} \to \boxed{\boldsymbol{x}_t} \to \boxed{\boldsymbol{x}_{t+1}} \to \cdots \to \boldsymbol{x}_{T-1} \to \boldsymbol{x}_T$$

$$\downarrow \quad \downarrow \quad \downarrow \quad \downarrow \quad \downarrow \quad \downarrow \quad \downarrow$$

$$y_1 \quad y_2 \quad y_{t-1} \quad y_t \quad y_{t+1} \quad y_{T-1} \quad y_T$$

図 E.1: 状態に関する条件付き独立 (■ が与えられると □ は ▨ と独立になる)

なおほぼ同じ議論から、次の関係も成立します。

$$p(\boldsymbol{x}_t \mid \boldsymbol{x}_{t+1:T}, y_{1:T}) = p(\boldsymbol{x}_t \mid \boldsymbol{x}_{t+1}, y_{1:t}) \tag{E.8}$$

付録F
線形・ガウス型状態空間モデルにおける記号の割り当て

「5.4 状態空間モデルの分類」でも触れましたが、線形・ガウス型状態空間モデルにおける記号の割り当てに決まりはなく、文献によりさまざまです。本書では **dlm** や **Stan** の関数との整合もあり主に [18, 24, 25] にならいましたが、主な文献との対応関係を参考情報として下表にまとめておきます(なお、記号に対する太字や添え字などの装飾は除いた表記としました)。

表 F.1: 線形・ガウス型状態空間モデルにおける記号の割り当て

	本書	[18]	[24]	[25]	[11]	[54]	[12]	[59]	[13]	[36]	[22]	[5]
状態	x	θ	θ	θ	α	α	α	x	x	x	x	z
観測値	y	Y	Y	y	y	y	y	y	y	z	y	x
状態遷移行列	G	G	G	G	T	T	T	F	F	F	F	A
観測行列	F	F	$F^\top$	$F^\top$	Z	$Z^\top$	Z	H	H	$H^\top$	H	C
状態雑音	w	w	ω	ω	$R\eta$	$R\eta$	$R\eta$	Gw	Gv	Gw	Gu	w
観測雑音	v	v	ν	ν	ϵ	ϵ	ϵ	ϵ	w	v	v	v
状態雑音の分散	W	W	W	W	$RQR^\top$	$RQR^\top$	$RQR^\top$	$GQG^\top$	$GQG^\top$	$GQG^\top$	$GQG^\top$	Γ
観測雑音の分散	V	V	V	V	H	H	H	R	R	R	R	Σ
状態の次元	p	p	n	p	m	m	m	m	k	n	n	K
観測値の次元	m	m	r	r	N	p	p	l	l	p	p	R

付録G

アルゴリズムの導出に関する情報

G.1 ウィナーフィルタ

G.1.1 導出における補助情報

周波数領域表現

まず離散データ向けの一般的な周波数領域変換である、z 変換について説明します。離散時系列 x_t の (両側) z **変換**は、次のように定義されます。

$$\mathcal{Z}[x_t] = \sum_{t=-\infty}^{\infty} x_t z^{-t} \tag{G.1}$$

📝 補足　複素数 $z = e^{i\omega}$ と置くと、z 変換は離散フーリエ変換と等価になります (ここで、ω は角周波数)。

z 変換の定義から、時間領域でのシフト (遅れ) は、周波数領域ではその分の z のべき乗の積で表されることになります。

$$\mathcal{Z}[x_{t-k}] = z^{-k} \mathcal{Z}[x_t] \tag{G.2}$$

また「4.2.4 周波数スペクトル」の補足でもパワースペクトルについて触れましたが、定常過程の相関関数 $R(k)$ の z 変換は次のように**パワースペクトル** $S(z)$ に等しいことが証明されています (これを、**ウィナー–ヒンチンの定理**といいます)。

$$S(z) = \mathcal{Z}[R(k)] \tag{G.3}$$

パワースペクトルに関しても対象となる時系列を明示する場合は、相関関数の場合と同様に $S_{xy}(z)$ のように下付の添え字を付与します。

付録 G　アルゴリズムの導出に関する情報

線形時不変システム

図 G.1 に示すような、時系列の入出力を伴うシステムを考えます。

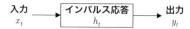

図 G.1: 線形時不変システム

ここで、入力を x_t, システムの特徴を完全に表す**インパルス応答**を h_t, 出力を y_t としています。入出力の関係が線形で、入力を時間シフトさせると出力も同じだけ時間シフトする特徴があるシステムは、**線形時不変システム**と呼ばれます。7 章での検討対象は、線形時不変システムのみとなります。

線形時不変システムの出力は、その定義から入力とインパルス応答の**畳み込み和**となります [6, 22, 117]。

$$y_t = \sum_{k=-\infty}^{\infty} x_k h_{t-k} = x_t \circledast h_t \tag{G.4}$$

ここで $\circledast$ は畳み込み和の演算子を表しています。時間領域における畳み込みは、z 変換の定義から周波数領域では積で表されることになります。

$$\mathcal{Z}[y_t] = \mathcal{Z}[x_t \circledast h_t] = \mathcal{Z}[x_t]\mathcal{Z}[h_t] = H(z)\mathcal{Z}[x_t] \tag{G.5}$$

ここで $\mathcal{Z}[h_t] = H(z)$ は**伝達関数**と呼ばれます。

また線形時不変システムの入出力に関する自己相関関数には、以下の関係が成立します [31, 命題 2.4], [32, 付録 B.14]。

$$\mathcal{Z}[R_{yy}(k)] = |H(z)|^2 \mathcal{Z}[R_{xx}(k)] \tag{G.6}$$

$$S_{yy}(z) = |H(z)|^2 S_{xx}(z) \tag{G.7}$$

$$= H(z)\overline{H(z)} S_{xx}(z) \tag{G.8}$$

インパルス応答 h_t が実数なら、z 変換の定義から

$$= H(z)H(z^{-1})S_{xx}(z) \tag{G.9}$$

となります。

G.1.2　ウィナー平滑化

ウィナー平滑化におけるウィナーフィルタの伝達関数 $H(z) = \mathcal{Z}[h_t]$ は、次の**ウィナー–ホップ方程式** [31, 定理 4.2], [32, 3.1.1 章] を満たします。

$$S_{xy}(z) = H(z)S_{yy}(z) \tag{G.10}$$

ここから $H(z)$ は次のように求められます。

$$H(z) = \frac{S_{xy}(z)}{S_{yy}(z)} \tag{G.11}$$

さらに x_t と v_t が独立であるという仮定から

$$= \frac{S_{xx}(z)}{S_{xx}(z) + S_{vv}(z)} \tag{G.12}$$

G.1.3　(7.6) 式の導出

まず $S_{xx}(z)$ を求めるために、(7.4) 式を次のように変形します。

$$w_t = x_t - \phi x_{t-1} \tag{G.13}$$

両辺を z 変換すると

$$\mathcal{Z}[w_t] = \mathcal{Z}[x_t] - \phi\mathcal{Z}[x_{t-1}] \tag{G.14}$$

最後の項から遅延要素をくくりだして

$$= \mathcal{Z}[x_t] - \phi\mathcal{Z}[x_t]z^{-1} \tag{G.15}$$

$$= (1 - \phi z^{-1})\mathcal{Z}[x_t] \tag{G.16}$$

この変形を行うことによって、(7.4) 式の AR(1) モデルは、入力が $\mathcal{Z}[x_t]$、伝達関数が $(1 - \phi z^{-1})$、出力が $\mathcal{Z}[w_t]$ の線形時不変システムに考え直すことができます。

> **補足** このように入力の情報を損なうことなく白色雑音に変換するフィルタは、**白色化フィルタ**と呼ばれます。

この考え方から (G.9) 式に基づき、次式が得られます。

$$S_{ww}(z) = (1 - \phi z^{-1})(1 - \phi z)S_{xx}(z) \tag{G.17}$$

ここから $S_{xx}(z)$ が求まり、

$$S_{xx}(z) = \frac{1}{(1 - \phi z^{-1})(1 - \phi z)}S_{ww}(z) \tag{G.18}$$

付録 G　アルゴリズムの導出に関する情報

w_t は白色雑音なのでその定義より

$$= \frac{1}{(1-\phi z^{-1})(1-\phi z)}W \tag{G.19}$$

となります。

続いて $S_{vv}(z)$ ですが、こちらは白色雑音の定義より V となります。

以上から、ウィナーフィルタの伝達関数は (7.3) に基づき以下のようになります。

$$H(z) = \frac{S_{xx}(z)}{S_{xx}(z) + S_{vv}(z)} \tag{G.20}$$

$$= \frac{\frac{W}{(1-\phi z^{-1})(1-\phi z)}}{\frac{W}{(1-\phi z^{-1})(1-\phi z)} + V} \tag{G.21}$$

$$= \frac{W}{W + V(1-\phi z^{-1})(1-\phi z)} \tag{G.22}$$

$r = V/W$ と置くと

$$= \frac{1}{1 + r(1-\phi z^{-1})(1-\phi z)} \tag{G.23}$$

$$= \frac{1}{1 + r\left(-\phi z + (1+\phi^2) - \phi z^{-1}\right)} \tag{G.24}$$

$$= \frac{1}{1 - r\phi z^{-1}\left(z^2 - \frac{1+\phi^2}{\phi}z + 1\right)} \tag{G.25}$$

$$= \frac{1}{-r\phi z^{-1}\left(z^2 - \frac{r^{-1}+1+\phi^2}{\phi}z + 1\right)} \tag{G.26}$$

$$= \frac{1}{-r\phi z^{-1}\left(z^2 - (\frac{1}{r\phi} + \phi^{-1} + \phi)z + 1\right)} \tag{G.27}$$

ここで

$$\frac{1}{r\phi} + \phi^{-1} + \phi = \beta^{-1} + \beta \tag{G.28}$$

と置きます。これは β に関する二次方程式 $\beta^2 - \left(\frac{1}{r\phi} + \phi^{-1} + \phi\right)\beta + 1 = 0$ になりますので、以下の関係が成立することになります。

$$\frac{1}{r\phi}\beta = \beta^2 - (\phi^{-1} + \phi)\beta + 1 = (\beta - \phi^{-1})(\beta - \phi) = (\phi^{-1} - \beta)(\phi - \beta) \tag{G.29}$$

$$\beta = \frac{\left(\frac{1}{r\phi} + \phi^{-1} + \phi\right) - \sqrt{\left(\frac{1}{r\phi} + \phi^{-1} + \phi\right)^2 - 4}}{2} \tag{G.30}$$

G.1 ウィナーフィルタ

結局 (G.27) 式は、(G.28), (G.29) 式より

$$H(z) = \frac{(\phi^{-1} - \beta)(\phi - \beta)}{-\beta z^{-1}(z^2 - (\beta^{-1} + \beta)z + 1)} \tag{G.31}$$

$$= \frac{(\phi^{-1} - \beta)(\phi - \beta)}{-\beta z^{-1}(z - \beta)(z - \beta^{-1})} \tag{G.32}$$

$$= \frac{(\phi^{-1} - \beta)(\phi - \beta)}{-\beta(1 - \beta z^{-1})\beta^{-1}(\beta z - 1)} \tag{G.33}$$

$$= (\phi^{-1} - \beta)(\phi - \beta)\frac{1}{(1 - \beta z^{-1})(1 - \beta z)} \tag{G.34}$$

$$= (\phi^{-1} - \beta)(\phi - \beta)\frac{1}{1 - \beta^2}\left(\frac{1}{1 - \beta z^{-1}} + \frac{\beta z}{1 - \beta z}\right) \tag{G.35}$$

最後のかっこの中は $|\beta| < |z| < |\beta^{-1}|$ の範囲であればテーラー展開が可能であり

$$= \frac{(\phi^{-1} - \beta)(\phi - \beta)}{1 - \beta^2}\left(\sum_{k=0}^{\infty} \beta^k z^{-k} + \sum_{k=0}^{\infty} \beta^{k+1} z^{k+1}\right) \tag{G.36}$$

$$= \frac{(\phi^{-1} - \beta)(\phi - \beta)}{1 - \beta^2}\sum_{k=-\infty}^{\infty} \beta^{|k|} z^k \tag{G.37}$$

周波数領域における z^k の乗算は時間領域における k 分の時間進みになるため、h_t は以下のように求まります。

$$h_t = \frac{(\phi^{-1} - \beta)(\phi - \beta)}{1 - \beta^2}\sum_{k=-\infty}^{\infty} \beta^{|k|} \delta_{t+k} \tag{G.38}$$

ここで δ_t はディラックのデルタ関数 (単位インパルス関数) です。

最終的に所望信号 d_t は、(7.2) 式に基づき以下のようになります。

$$d_t = h_t * y_t \tag{G.39}$$

$$= \frac{(\phi^{-1} - \beta)(\phi - \beta)}{1 - \beta^2}\sum_{k=-\infty}^{\infty} \beta^{|k|} y_{t+k} \tag{G.40}$$

G.2 カルマンフィルタ

G.2.1 導出における補助情報

期待値と分散に関する法則

以降の説明では、次の**反復期待値の法則**と**総分散の法則**を使用します。

$$\text{反復期待値の法則: } \mathrm{E}[X \mid Y] = \mathrm{E}[\mathrm{E}[X \mid Y, Z] \mid Y] \tag{G.41}$$
$$\text{総分散の法則: } \mathrm{Var}[X \mid Y] = \mathrm{E}[\mathrm{Var}[X \mid Y, Z] \mid Y] + \mathrm{Var}[\mathrm{E}[X \mid Y, Z] \mid Y] \tag{G.42}$$

逆行列の補題

逆行列の補題には複数の表現形態がありますが、本書では以下の形態を使用します。

$$(A + BCD)^{-1} = A^{-1} - A^{-1}B(DA^{-1}B + C^{-1})^{-1}DA^{-1} \tag{G.43}$$
$$(A^{-1} + B^\top C^{-1} B)^{-1} B^\top C^{-1} = AB^\top(BAB^\top + C)^{-1} \tag{G.44}$$

線形・ガウス型回帰モデルのベイズ推定

次のような線形・ガウス型の回帰モデルを考えます。

$$y = X\beta + \epsilon, \qquad \epsilon \sim \mathcal{N}(0, V) \tag{G.45}$$

ここで X と V は既知とします。

β が平均ベクトル m_0 と共分散行列 C_0 の正規分布に従うとして、y を得た時に β のベイズ推定を行うことを考えると

$$p(\beta \mid y) \propto \text{尤度} \times \text{事前分布} \tag{G.46}$$
$$= p(y \mid \beta)p(\beta) \tag{G.47}$$
$$= \mathcal{N}(X\beta, V)\mathcal{N}(m_0, C_0) \tag{G.48}$$

となります。ここで $p(\beta \mid y) = \mathcal{N}(m, C)$ と置くと、C と m は (6.8), (6.9) 式と同じように、次のように表せます。

$$C^{-1} = C_0^{-1} + X^\top V^{-1} X \tag{G.49}$$

$$m = CX^\top V^{-1} y + CC_0^{-1} m_0 \tag{G.50}$$

これらの式はさらに変形が可能であり、まず (G.49) 式は

$$C = (C_0^{-1} + X^\top V^{-1} X)^{-1} \tag{G.51}$$

(G.43) 式より

$$= C_0 - C_0 X^\top (XC_0 X^\top + V)^{-1} XC_0 \tag{G.52}$$

となります。また、(G.50) 式は

$$m = CX^\top V^{-1} y + CC_0^{-1} m_0 \tag{G.53}$$

第一項に (G.51) 式を適用して

$$= (C_0^{-1} + X^\top V^{-1} X)^{-1} X^\top V^{-1} y + CC_0^{-1} m_0 \tag{G.54}$$

第一項に (G.44) 式を適用して

$$= C_0 X^\top (XC_0 X^\top + V)^{-1} y + CC_0^{-1} m_0 \tag{G.55}$$

第二項に (G.52) 式を適用して

$$= C_0 X^\top (XC_0 X^\top + V)^{-1} y + (C_0 - C_0 X^\top (XC_0 X^\top + V)^{-1} XC_0) C_0^{-1} m_0 \tag{G.56}$$

$$= C_0 X^\top (XC_0 X^\top + V)^{-1} y + m_0 - C_0 X^\top (XC_0 X^\top + V)^{-1} X m_0 \tag{G.57}$$

$$= m_0 + C_0 X^\top (XC_0 X^\top + V)^{-1} (y - X m_0) \tag{G.58}$$

となります。

G.2.2 カルマンフィルタリング

一期先予測分布

まず (8.4) 式より

$$a_t = \mathrm{E}[x_t \mid y_{1:t-1}] \tag{G.59}$$

付録 G　アルゴリズムの導出に関する情報

(G.41) 式より

$$= \mathrm{E}[\mathrm{E}[\boldsymbol{x}_t \mid \boldsymbol{x}_{t-1}, y_{1:t-1}] \mid y_{1:t-1}] \tag{G.60}$$

(5.1) 式より

$$= \mathrm{E}[\mathrm{E}[\boldsymbol{x}_t \mid \boldsymbol{x}_{t-1}] \mid y_{1:t-1}] \tag{G.61}$$

(5.10) 式より

$$= \mathrm{E}[\boldsymbol{G}_t \boldsymbol{x}_{t-1} \mid y_{1:t-1}] \tag{G.62}$$

(8.3) 式より

$$= \boldsymbol{G}_t \boldsymbol{m}_{t-1} \tag{G.63}$$

続いても (8.4) 式より

$$\boldsymbol{R}_t = \mathrm{Var}[\boldsymbol{x}_t \mid y_{1:t-1}] \tag{G.64}$$

(G.42) 式より

$$= \mathrm{E}[\mathrm{Var}[\boldsymbol{x}_t \mid \boldsymbol{x}_{t-1}, y_{1:t-1}] \mid y_{1:t-1}] + \mathrm{Var}[\mathrm{E}[\boldsymbol{x}_t \mid \boldsymbol{x}_{t-1}, y_{1:t-1}] \mid y_{1:t-1}] \tag{G.65}$$

(5.1) 式より

$$= \mathrm{E}[\mathrm{Var}[\boldsymbol{x}_t \mid \boldsymbol{x}_{t-1}] \mid y_{1:t-1}] + \mathrm{Var}[\mathrm{E}[\boldsymbol{x}_t \mid \boldsymbol{x}_{t-1}] \mid y_{1:t-1}] \tag{G.66}$$

(5.10) 式より

$$= \mathrm{E}[\boldsymbol{W}_t \mid y_{1:t-1}] + \mathrm{Var}[\boldsymbol{G}_t \boldsymbol{x}_{t-1} \mid y_{1:t-1}] \tag{G.67}$$

(8.3) 式より

$$= \boldsymbol{W}_t + \boldsymbol{G}_t \boldsymbol{C}_{t-1} \boldsymbol{G}_t^\top \tag{G.68}$$

一期先予測尤度

まず (8.5) 式より

$$f_t = \mathrm{E}[y_t \mid y_{1:t-1}] \tag{G.69}$$

G.2 カルマンフィルタ

(G.41) 式より

$$= \mathrm{E}[\mathrm{E}[y_t \mid \boldsymbol{x}_t, y_{1:t-1}] \mid y_{1:t-1}] \tag{G.70}$$

(5.2) 式より

$$= \mathrm{E}[\mathrm{E}[y_t \mid \boldsymbol{x}_t] \mid y_{1:t-1}] \tag{G.71}$$

(5.11) 式より

$$= \mathrm{E}[\boldsymbol{F}_t \boldsymbol{x}_t \mid y_{1:t-1}] \tag{G.72}$$

(8.4) 式より

$$= \boldsymbol{F}_t \boldsymbol{a}_t \tag{G.73}$$

続いても (8.5) 式より

$$Q_t = \mathrm{Var}[y_t \mid y_{1:t-1}] \tag{G.74}$$

(G.42) 式より

$$= \mathrm{E}[\mathrm{Var}[y_t \mid \boldsymbol{x}_t, y_{1:t-1}] \mid y_{1:t-1}] + \mathrm{Var}[\mathrm{E}[y_t \mid \boldsymbol{x}_t, y_{1:t-1}] \mid y_{1:t-1}] \tag{G.75}$$

(5.2) 式より

$$= \mathrm{E}[\mathrm{Var}[y_t \mid \boldsymbol{x}_t] \mid y_{1:t-1}] + \mathrm{Var}[\mathrm{E}[y_t \mid \boldsymbol{x}_t] \mid y_{1:t-1}] \tag{G.76}$$

(5.11) 式より

$$= \mathrm{E}[V_t \mid y_{1:t-1}] + \mathrm{Var}[\boldsymbol{F}_t \boldsymbol{x}_t \mid y_{1:t-1}] \tag{G.77}$$

(8.4) 式より

$$= V_t + \boldsymbol{F}_t \boldsymbol{R}_{t-1} \boldsymbol{F}_t^\top \tag{G.78}$$

フィルタリング分布

(6.18) 式より

$$p(\boldsymbol{x}_t \mid y_{1:t}) \propto p(y_t \mid \boldsymbol{x}_t) p(\boldsymbol{x}_t \mid y_{1:t-1}) \tag{G.79}$$

(5.11), (8.4) 式より

$$= \mathcal{N}(\bm{F}_t\bm{x}_t, V_t)\mathcal{N}(\bm{a}_t, \bm{R}_t) \tag{G.80}$$

この式を (G.48) 式と比べると、(G.58), (G.52) 式において、$\bm{X}, \bm{V}, \bm{m}_0, \bm{C}_0$ (さらに $\bm{y}$) をそれぞれ $\bm{F}_t, V_t, \bm{a}_t, \bm{R}_t$ (さらに y_t) に置き換えれば、フィルタリング分布の平均と分散が求まることが分かります。

具体的には (8.3) 式より

$$\bm{m}_t = \mathrm{E}[\bm{x}_t \mid y_{1:t}] \tag{G.81}$$

(G.58) 式より

$$= \bm{a}_t + \bm{R}_t\bm{F}_t^\top(\bm{F}_t\bm{R}_t\bm{F}_t^\top + V_t)^{-1}(y_t - \bm{F}_t\bm{a}_t) \tag{G.82}$$

(G.78), (G.73) 式より

$$= \bm{a}_t + \bm{R}_t\bm{F}_t^\top Q_t^{-1}[y_t - f_t] \tag{G.83}$$

続いても (8.3) 式より

$$\bm{C}_t = \mathrm{Var}[\bm{x}_t \mid y_{1:t}] \tag{G.84}$$

(G.52) 式より

$$= \bm{R}_t - \bm{R}_t\bm{F}_t^\top(\bm{F}_t\bm{R}_t\bm{F}_t^\top + V)^{-1}\bm{F}_t\bm{R}_t \tag{G.85}$$

(G.78) 式より

$$= \bm{R}_t - \bm{R}_t\bm{F}_t^\top Q_t^{-1}\bm{F}_t\bm{R}_t \tag{G.86}$$

$$= [\bm{I} - \bm{R}_t\bm{F}_t^\top Q_t^{-1}\bm{F}_t]\bm{R}_t \tag{G.87}$$

G.2.3 カルマン予測

まず (8.7) 式より

$$\bm{a}_t(k) = \mathrm{E}[\bm{x}_{t+k} \mid y_{1:t}] \tag{G.88}$$

(G.41) 式より

$$= \mathrm{E}[\mathrm{E}[\bm{x}_{t+k} \mid \bm{x}_{t+k-1}, y_{1:t}] \mid y_{1:t}] \tag{G.89}$$

(5.1) 式から示唆される条件付き独立の関係より

$$= \mathrm{E}[\mathrm{E}[\boldsymbol{x}_{t+k} \mid \boldsymbol{x}_{t+k-1}] \mid y_{1:t}] \tag{G.90}$$

(5.10) 式より

$$= \mathrm{E}[\boldsymbol{G}_{t+k}\boldsymbol{x}_{t+k-1} \mid y_{1:t}] \tag{G.91}$$

(8.7) 式より

$$= \boldsymbol{G}_{t+k}\boldsymbol{a}_t(k-1) \tag{G.92}$$

続いても (8.7) 式より

$$\boldsymbol{R}_t(k) = \mathrm{Var}[\boldsymbol{x}_{t+k} \mid y_{1:t}] \tag{G.93}$$

(G.42) 式より

$$= \mathrm{E}[\mathrm{Var}[\boldsymbol{x}_{t+k} \mid \boldsymbol{x}_{t+k-1}, y_{1:t}] \mid y_{1:t}] + \mathrm{Var}[\mathrm{E}[\boldsymbol{x}_{t+k} \mid \boldsymbol{x}_{t+k-1}, y_{1:t}] \mid y_{1:t}] \tag{G.94}$$

(5.1) 式から示唆される条件付き独立の関係より

$$= \mathrm{E}[\mathrm{Var}[\boldsymbol{x}_{t+k} \mid \boldsymbol{x}_{t+k-1}] \mid y_{1:t}] + \mathrm{Var}[\mathrm{E}[\boldsymbol{x}_{t+k} \mid \boldsymbol{x}_{t+k-1}] \mid y_{1:t}] \tag{G.95}$$

(5.10) 式より

$$= \mathrm{E}[\boldsymbol{W}_{t+k} \mid y_{1:t}] + \mathrm{Var}[\boldsymbol{G}_{t+k}\boldsymbol{x}_{t+k-1} \mid y_{1:t}] \tag{G.96}$$

(8.7) 式より

$$= \boldsymbol{W}_{t+k} + \boldsymbol{G}_{t+k}\boldsymbol{R}_t(k-1)\boldsymbol{G}_{t+k}^\top \tag{G.97}$$

G.2.4 カルマン平滑化

まず (8.8) 式より

$$\boldsymbol{s}_t = \mathrm{E}[\boldsymbol{x}_t \mid y_{1:T}] \tag{G.98}$$

(G.41) 式より

$$= \mathrm{E}[\mathrm{E}[\boldsymbol{x}_t \mid \boldsymbol{x}_{t+1}, y_{1:T}] \mid y_{1:T}] \tag{G.99}$$

付録 G　アルゴリズムの導出に関する情報

(5.3) 式より

$$= \mathrm{E}[\mathrm{E}[\boldsymbol{x}_t \mid \boldsymbol{x}_{t+1}, y_{1:t}] \mid y_{1:T}] \quad (\mathrm{G}.100)$$

ここで $\mathrm{E}[\boldsymbol{x}_t \mid \boldsymbol{x}_{t+1}, y_{1:t}]$ を求めるために、$p(\boldsymbol{x}_t \mid \boldsymbol{x}_{t+1}, y_{1:t})$ について考えます。

ベイズの定理より

$$p(\boldsymbol{x}_t \mid \boldsymbol{x}_{t+1}, y_{1:t}) = \frac{p(\boldsymbol{x}_t, \boldsymbol{x}_{t+1} \mid y_{1:t})}{p(\boldsymbol{x}_{t+1} \mid y_{1:t})} \quad (\mathrm{G}.101)$$

$$\propto p(\boldsymbol{x}_{t+1}, \boldsymbol{x}_t \mid y_{1:t}) \quad (\mathrm{G}.102)$$

再びベイズの定理より

$$= p(\boldsymbol{x}_{t+1} \mid \boldsymbol{x}_t, y_{1:t}) p(\boldsymbol{x}_t \mid y_{1:t}) \quad (\mathrm{G}.103)$$

(5.1) 式から示唆される条件付き独立の関係より

$$= p(\boldsymbol{x}_{t+1} \mid \boldsymbol{x}_t) p(\boldsymbol{x}_t \mid y_{1:t}) \quad (\mathrm{G}.104)$$

(5.10), (8.3) 式より

$$= \mathcal{N}(\boldsymbol{G}_{t+1}\boldsymbol{x}_t, \boldsymbol{W}_{t+1}) \mathcal{N}(\boldsymbol{m}_t, \boldsymbol{C}_t) \quad (\mathrm{G}.105)$$

この式を (G.48) 式と比べると、(G.58) 式において、$\boldsymbol{X}$, $\boldsymbol{V}$, $\boldsymbol{m}_0$, $\boldsymbol{C}_0$ (さらに $\boldsymbol{y}$) をそれぞれ $\boldsymbol{G}_{t+1}$, $\boldsymbol{W}_{t+1}$, $\boldsymbol{m}_t$, $\boldsymbol{C}_t$ (さらに $\boldsymbol{x}_{t+1}$) に置き換えれば、求まることが分かります。

具体的に

$$\mathrm{E}[\boldsymbol{x}_t \mid \boldsymbol{x}_{t+1}, y_{1:t}] = \boldsymbol{m}_t + \boldsymbol{C}_t \boldsymbol{G}_{t+1}^\top (\boldsymbol{G}_{t+1}\boldsymbol{C}_t\boldsymbol{G}_{t+1}^\top + \boldsymbol{W}_{t+1})^{-1}(\boldsymbol{x}_{t+1} - \boldsymbol{G}_{t+1}\boldsymbol{m}_t) \quad (\mathrm{G}.106)$$

(G.68), (G.63) 式より

$$= \boldsymbol{m}_t + \boldsymbol{C}_t \boldsymbol{G}_{t+1}^\top \boldsymbol{R}_{t+1}^{-1} (\boldsymbol{x}_{t+1} - \boldsymbol{a}_{t+1}) \quad (\mathrm{G}.107)$$

となりますので、

$$\boldsymbol{s}_t = \mathrm{E}[\mathrm{E}[\boldsymbol{x}_t \mid \boldsymbol{x}_{t+1}, y_{1:t}] \mid y_{1:T}] \quad (\mathrm{G}.108)$$

(G.107) 式より

$$= \mathrm{E}[\boldsymbol{m}_t + \boldsymbol{C}_t \boldsymbol{G}_{t+1}^\top \boldsymbol{R}_{t+1}^{-1} (\boldsymbol{x}_{t+1} - \boldsymbol{a}_{t+1}) \mid y_{1:T}] \quad (\mathrm{G}.109)$$

(8.8) 式より

$$= m_t + C_t G_{t+1}^\top R_{t+1}^{-1}[s_{t+1} - a_{t+1}] \tag{G.110}$$

続いても (8.8) 式より

$$S_t = \mathrm{Var}[x_t \mid y_{1:T}] \tag{G.111}$$

(G.42) 式より

$$= \mathrm{E}[\mathrm{Var}[x_t \mid x_{t+1}, y_{1:T}] \mid y_{1:T}] + \mathrm{Var}[\mathrm{E}[x_t \mid x_{t+1}, y_{1:T}] \mid y_{1:T}] \tag{G.112}$$

(5.3) 式より

$$= \mathrm{E}[\mathrm{Var}[x_t \mid x_{t+1}, y_{1:t}] \mid y_{1:T}] + \mathrm{Var}[\mathrm{E}[x_t \mid x_{t+1}, y_{1:t}] \mid y_{1:T}] \tag{G.113}$$

ここで $\mathrm{Var}[x_t \mid x_{t+1}, y_{1:t}]$ も先ほどと同様の議論に、(G.52) 式を活用して求めることができ

$$\mathrm{Var}[x_t \mid x_{t+1}, y_{1:t}] = C_t - C_t G_{t+1}^\top (G_{t+1} C_t G_{t+1}^\top + W_{t+1})^{-1} G_{t+1} C_t \tag{G.114}$$

(G.68) 式より

$$= C_t - C_t G_{t+1}^\top R_{t+1}^{-1} G_{t+1} C_t \tag{G.115}$$

となりますので、

$$S_t = \mathrm{E}[\mathrm{Var}[x_t \mid x_{t+1}, y_{1:t}] \mid y_{1:T}] + \mathrm{Var}[\mathrm{E}[x_t \mid x_{t+1}, y_{1:t}] \mid y_{1:T}] \tag{G.116}$$

(G.115), (G.107) 式より

$$= \mathrm{E}[C_t - C_t G_{t+1}^\top R_{t+1}^{-1} G_{t+1} C_t \mid y_{1:T}] + \mathrm{Var}[m_t + C_t G_{t+1}^\top R_{t+1}^{-1}(x_{t+1} - a_{t+1}) \mid y_{1:T}] \tag{G.117}$$

(8.8) 式より

$$= C_t - C_t G_{t+1}^\top R_{t+1}^{-1} G_{t+1} C_t + C_t G_{t+1}^\top R_{t+1}^{-1} S_{t+1} R_{t+1}^{-1} G_{t+1} C_t \tag{G.118}$$

$$= C_t + C_t G_{t+1}^\top R_{t+1}^{-1}[S_{t+1} - R_{t+1}] R_{t+1}^{-1} G_{t+1} C_t \tag{G.119}$$

G.3 MCMCを活用した解法

G.3.1 FFBS

同時事後分布である同時平滑化分布 $p(\bm{x}_{0:T} \mid y_{1:T})$ は、次のように変形できます。

$$p(\bm{x}_{0:T} \mid y_{1:T}) = p(\bm{x}_0, \bm{x}_{1:T} \mid y_{1:T}) \tag{G.120}$$

ベイズの定理を適用して

$$= p(\bm{x}_0 \mid \bm{x}_{1:T}, y_{1:T}) p(\bm{x}_{1:T} \mid y_{1:T}) \tag{G.121}$$

$$= p(\bm{x}_0 \mid \bm{x}_{1:T}, y_{1:T}) p(\bm{x}_1, \bm{x}_{2:T} \mid y_{1:T}) \tag{G.122}$$

最後の項にベイズの定理を適用して

$$= p(\bm{x}_0 \mid \bm{x}_{1:T}, y_{1:T}) p(\bm{x}_1 \mid \bm{x}_{2:T}, y_{1:T}) p(\bm{x}_{2:T} \mid y_{1:T}) \tag{G.123}$$

同様に最後の項にベイズの定理を繰り返し適用していくと

$$= p(\bm{x}_T \mid y_{1:T}) \prod_{t=0}^{T-1} p(\bm{x}_t \mid \bm{x}_{t+1:T}, y_{1:T}) \tag{G.124}$$

積の中の項は (E.8) 式より

$$= p(\bm{x}_T \mid y_{1:T}) \prod_{t=T-1}^{0} p(\bm{x}_t \mid \bm{x}_{t+1}, y_{1:t}) \tag{G.125}$$

この式は、時点 T でのフィルタリング分布を開始点として、時間逆方向に積の中の項を考慮していくと、順次同時平滑化分布が得られることを示唆しています。具体的に線形・ガウス型状態空間モデルでは (G.125) 式の項は全て正規分布になりますので、$p(\bm{x}_T \mid y_{1:T})$ は平均と分散が各々 $\bm{m}_T$, $\bm{C}_T$ の正規分布、$p(\bm{x}_t \mid \bm{x}_{t+1}, y_{1:t})$ は平均と分散が各々 (G.107), (G.115) 式の正規分布になります。

G.4 粒子フィルタ

G.4.1 粒子フィルタリング

フィルタリング分布 $p(\bm{x}_t \mid y_{1:t})$ の離散近似を求めるために、まず同時事後分布 $p(\bm{x}_{0:t} \mid y_{1:t})$ の離散近似を求めそれを周辺化することにします。同時事後分布 $p(\bm{x}_{0:t} \mid y_{1:t})$ の離散近似

は、提案分布を $q(\boldsymbol{x}_{0:t} \mid y_{1:t})$ とした重点サンプリングで求めます。ここで目標分布と提案分布の比を ω_t と置き逐次的な計算が可能となるように変形すると、次のようになります。

$$\omega_t = \frac{p(\boldsymbol{x}_{0:t} \mid y_{1:t})}{q(\boldsymbol{x}_{0:t} \mid y_{1:t})} \tag{G.126}$$

$$= \frac{p(\boldsymbol{x}_{0:t} \mid y_t, y_{1:t-1})}{q(\boldsymbol{x}_{0:t} \mid y_{1:t})} \tag{G.127}$$

$$= \frac{p(\boldsymbol{x}_{0:t}, y_t \mid y_{1:t-1})/p(y_t \mid y_{1:t-1})}{q(\boldsymbol{x}_{0:t} \mid y_{1:t})} \tag{G.128}$$

$$\propto \frac{p(\boldsymbol{x}_{0:t}, y_t \mid y_{1:t-1})}{q(\boldsymbol{x}_{0:t} \mid y_{1:t})} \tag{G.129}$$

$$= \frac{p(\boldsymbol{x}_t, \boldsymbol{x}_{0:t-1}, y_t \mid y_{1:t-1})}{q(\boldsymbol{x}_{0:t} \mid y_{1:t})} \tag{G.130}$$

$$= \frac{p(\boldsymbol{x}_t, y_t \mid \boldsymbol{x}_{0:t-1}, y_{1:t-1})p(\boldsymbol{x}_{0:t-1} \mid y_{1:t-1})}{q(\boldsymbol{x}_{0:t} \mid y_{1:t})} \tag{G.131}$$

分母の提案分布に関してマルコフ性を想定して $q(\boldsymbol{x}_{0:t} \mid y_{1:t}) = q(\boldsymbol{x}_t \mid \boldsymbol{x}_{0:t-1}, y_{1:t})q(\boldsymbol{x}_{0:t-1} \mid y_{1:t-1})$ に分解できると仮定すると

$$= \frac{p(\boldsymbol{x}_t, y_t \mid \boldsymbol{x}_{0:t-1}, y_{1:t-1})p(\boldsymbol{x}_{0:t-1} \mid y_{1:t-1})}{q(\boldsymbol{x}_t \mid \boldsymbol{x}_{0:t-1}, y_{1:t})q(\boldsymbol{x}_{0:t-1} \mid y_{1:t-1})} \tag{G.132}$$

$$= \frac{p(\boldsymbol{x}_t, y_t \mid \boldsymbol{x}_{0:t-1}, y_{1:t-1})}{q(\boldsymbol{x}_t \mid \boldsymbol{x}_{0:t-1}, y_{1:t})}\omega_{t-1} \tag{G.133}$$

$$= \frac{p(y_t \mid \boldsymbol{x}_t, \boldsymbol{x}_{0:t-1}, y_{1:t-1})p(\boldsymbol{x}_t \mid \boldsymbol{x}_{0:t-1}, y_{1:t-1})}{q(\boldsymbol{x}_t \mid \boldsymbol{x}_{0:t-1}, y_{1:t})}\omega_{t-1} \tag{G.134}$$

(5.2), (5.1) 式より

$$= \frac{p(y_t \mid y_{1:t-1}, \boldsymbol{x}_t)p(\boldsymbol{x}_t \mid \boldsymbol{x}_{t-1})}{q(\boldsymbol{x}_t \mid \boldsymbol{x}_{0:t-1}, y_{1:t})}\omega_{t-1} \tag{G.135}$$

この式に ω_t の規格化を加えると、アルゴリズムの原型が完成します。この仕組みに基づき、提案分布からのサンプルに対する重みの計算を時間順に繰り返していくと、同時事後分布の離散近似 $\hat{p}(\boldsymbol{x}_{0:t} \mid y_{1:t}) = \sum_{n=1}^{N} \omega_t^{(n)} \delta_{\boldsymbol{x}_{0:t}^{(n)}}$ が得られます（ここで $\delta_\star$ は $\star$ における単位確率質量を表します）。この離散近似に関する時点 t での周辺化は、提案分布にマルコフ性を仮定しているため容易であり、単に時点 t における重みと実現値がフィルタリング分布の離散近似 $\hat{p}(\boldsymbol{x}_t \mid y_{1:t}) = \sum_{n=1}^{N} \omega_t^{(n)} \delta_{\boldsymbol{x}_t^{(n)}}$ になります。なおアルゴリズム 11.1 には実用的な観点から、リサンプリングの処理が加えられています。

G.4.2 粒子予測

本文で記載したとおり、粒子予測の基本的な考え方は、粒子フィルタリングにおいて観

付録 G アルゴリズムの導出に関する情報

測値が存在しない場合に相当していますので、導出の詳細は省略します。

G.4.3 粒子平滑化

北川アルゴリズム

本文で記載したとおり、北川アルゴリズムは基本的には、粒子フィルタリングにおける状態として過去の状態を含めた拡大状態を考える場合に相当していますので、導出の詳細は省略します。

FFBSi アルゴリズム

(G.125) 式より

$$p(\boldsymbol{x}_{0:T} \mid y_{1:T}) = p(\boldsymbol{x}_T \mid y_{1:T}) \prod_{t=T-1}^{0} p(\boldsymbol{x}_t \mid \boldsymbol{x}_{t+1}, y_{1:t}) \tag{G.136}$$

積の中の項は (G.104) 式より

$$\propto p(\boldsymbol{x}_T \mid y_{1:T}) \prod_{t=T-1}^{0} p(\boldsymbol{x}_{t+1} \mid \boldsymbol{x}_t) p(\boldsymbol{x}_t \mid y_{1:t}) \tag{G.137}$$

$$= (時点 T でのフィルタリング分布) \prod_{t=T-1}^{0} (状態方程式) \times (フィルタリング分布) \tag{G.138}$$

この式は、時点 T でのフィルタリング分布を開始点として、時間逆方向にフィルタリング分布に状態方程式を考慮していくと、順次同時平滑化分布が得られることを示唆しています。アルゴリズム 11.3 ではこのようにして得られた同時平滑化分布の重みを使って、フィルタリング分布の実現値にリサンプリングを適用しています。

付録H
ライブラリによる粒子フィルタリングの実行

H.1 例: 人工的なローカルレベルモデル

　Biips, pomp, NIMBLE のそれぞれについて、その基本的な記法と動作を確認してみます。ここではそのために、あえてパラメータが全て既知である線形・ガウス型状態空間モデルをフィルタリングし、その結果をカルマンフィルタリングと比較することにします。モデルとデータには「9.2 ローカルレベルモデル」のコード 9.1 で準備した、人工的なローカルレベルモデルと生成データを用います。なお、粒子フィルタの実行にあたり粒子数は 10,000 とします。

H.1.1 Biips

　Biips では、モデルを外部ファイルで規定します。そのためのコードは次のようになります。

コード H.1

```
1  # modelH-1.biips
2  # モデル：規定【ローカルレベルモデル、パラメータが既知】
3
4  var x[t_max+1],    #  状態（事前分布         の分で+1）
5      y[t_max+1]    #  観測値（事前分布に相当するダミー分で+1）
6
```

付録 H　ライブラリによる粒子フィルタリングの実行

```
7   model{
8     # 状態方程式
9     x[1] ~ dnorm(m0, 1/C0)
10    for (t in 2:(t_max+1)){
11      x[t] ~ dnorm(x[t-1], 1/W)
12    }
13
14    # 観測方程式
15    # y[1]の分はダミー
16    for (t in 2:(t_max+1)){
17      y[t] ~ dnorm(x[t], 1/V)
18    }
19  }
```

コードの中で使用している変数の名称は、これまでの説明で用いてきたものと整合させてあります。**Biips** の記法は基本的に BUGS 言語に則っています。最初に、変数 (状態と観測値) の宣言をします。状態に関しては事前分布の分を考慮して t_max より 1 つ長い配列を宣言しています。これにより事前分布を時点 1 とし、本来の時点 1，...，t_max を +1 シフトして 2，...，t_max+1 として扱っている点に注意してください。観測値も時点をあわせて扱いやすくする目的で R 側で先頭にダミーを付加するため、同様に t_max より 1 つ長い配列を宣言しています。続いてモデルの記載を行います。ここには、状態方程式と観測方程式を記載します。これらのそれぞれに関して、状態方程式の確率分布表現 (5.10) 式、状態の事前分布規定、観測方程式の確率分布表現 (5.11) 式に基づき記述をします。なお、正規分布の分散には、その逆数となる精度の形で設定を行います。また観測値の先頭はダミーですので、y[1] に対する観測方程式の記載は行いません。

続いてコード H.1 を実行するための R のコードは次のようになります。

コード H.2

```
1   > #【パラメータが既知のローカルレベルモデルで粒子フィルタリング (Biips)】
2   >
3   > # 前処理
4   > set.seed(4521)
5   > library(Rbiips)
6   >
7   > # 粒子フィルタの事前設定
8   > N <- 10000                        # 粒子数
9   >
10  > # 人工的なローカルレベルモデルに関するデータを読み込み
11  > load(file = "ArtifitialLocalLevelModel.RData")
12  >
13  > # ※注意：事前分布を時点1とし、本来の時点1~t_maxを+1シフトして2~t_max+1として扱う
14  >
15  > # データの整形(事前分布に相当するダミー分(先頭)を追加)
16  > y <- c(NA_real_, y)
```

H.1 例: 人工的なローカルレベルモデル

```
17  >
18  > # モデル：生成
19  > biips_mod <- biips_model(file = "modelH-1.biips",
20  +                          data = list(t_max = t_max, y = y,
21  +                                      W = mod$W, V = mod$V,
22  +                                      m0 = mod$m0, C0 = mod$C0)
23  +                         )
24  * Parsing model in: modelH-1.biips
25  * Compiling model graph
26    Declaring variables
27    Resolving undeclared variables
28    Allocating nodes
29    Graph size: 410
30  >
31  > # 粒子フィルタリング：実行
32  > biips_smc_out <- biips_smc_samples(object = biips_mod, n_part = N,
33  +                                    variable_names = "x",
34  +                                    rs_thres = 1.0
35  +                                   )
36  * Assigning node samplers
37  * Running SMC forward sampler with 10000 particles
38    |--------------------------------------------------| 100%
39    |**************************************************| 200 iterations in 11.97 s
40  >
41  > # 平均・25%値・75%値を求める
42  > biips_summary_out <- biips_summary(object = biips_smc_out,
43  +                                    probs = c(0.25, 0.75))
44  > biips_m     <- biips_summary_out$x$f$mean
45  > biips_quant <- biips_summary_out$x$f$quant
46  >
47  > # 結果の整形(事前分布に相当する分(先頭)を除去)
48  > biips_m       <- biips_m[-1]
49  > biips_m_quant <- lapply(biips_quant, function(x){ x[-1] })
50  >          y <- y[-1]
51  >
52  > # 以降のコードは表示を省略
```

まずRとBiipsを連携させるために、ライブラリRbiipsを使用します。粒子数Nを10,000に設定した後、コード9.1で準備した人工的なローカルレベルモデルに関するデータを読み込んでいます。さらに観測値に対し、ダミー分を先頭に追加しています。ここまでは準備段階で、続く部分にBiipsとの連携が具体的に記載されています。まず関数biips_model()でコードH.1を読み込んでモデルを生成し、その結果をbiips_modに保存しています。この際、引数dataでBiips側に渡すデータ設定しています。続いて関数biips_smc_samples()で粒子フィルタリングを実行し、その結果をbiips_smc_outに保存しています。この関数の引数として、objectには生成したモデル、n_partには粒子数、variable_namesには推定対象の変数の名称、rs_thresにはリサンプリングの実施を判断する閾値が設定されます。Biipsでは、実効的な粒子数が粒子数×rs_thresを

付録 H　ライブラリによる粒子フィルタリングの実行

下回った際にリサンプリングが行われます。本書では毎時点リサンプリングを行うことにしますので、rs_thres には 1.0 を設定しました。結果の biips_smc_out に対して関数 biips_summary() を適用すると、要約統計量が得られます。最後に得られた結果に対して、事前分布に相当する分 (先頭) を除去し整形します。このようにして得られた結果とパラメータを全て既知とした場合のカルマンフィルタリングの結果を比較してプロットしたのが、図 H.1 になります。

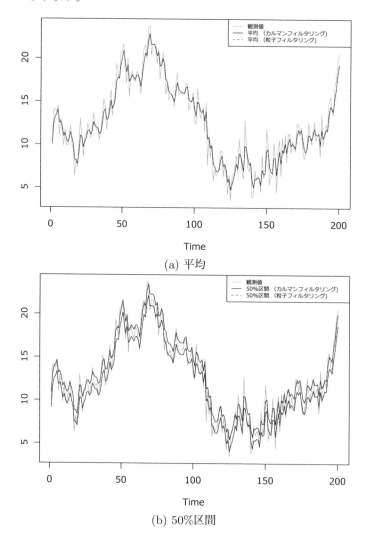

(a) 平均

(b) 50%区間

図 H.1: **Biips** による粒子フィルタリングとカルマンフィルタリング (パラメータが既知の線形・ガウス型状態空間モデル)

図 H.1 を確認すると、両者の結果はほぼ一致することが分かります (グラフがほぼ重なって判別できません)。

以上簡単な例ではありましたが、**Biips** を用いて線形・ガウス型状態空間モデルの推定が適切に行えることが確認できました。

H.1.2 pomp

pomp では、モデルを R のコード内に直接記載します。このためのコードは次のようになります。

コード H.3

```r
> #【パラメータが既知のローカルレベルモデルで粒子フィルタリング (pomp)】
>
> # 前処理
> set.seed(4521)
> library(pomp)
>
> # 粒子フィルタの事前設定
> N <- 10000                        # 粒子数
>
> # 人工的なローカルレベルモデルに関するデータを読み込み
> load(file = "ArtifitialLocalLevelModel.RData")
>
> # モデル：規定
>
> # 状態方程式（抽出）
> state_draw <- function(x, t, params, delta.t, ...){
+   setNames(rnorm(1, mean = x["X"], sd = sqrt(params["W"])), "X")
+ }
>
> # 観測方程式（抽出）
> obs_draw <- function(x, t, params, ...){
+   setNames(rnorm(1, mean = x["X"], sd = sqrt(params["V"])), "Y")
+ }
>
> # 観測方程式（評価）
> obs_eval <- function(y, x, t, params, log, ...){
+   dnorm(y["Y"], mean = x["X"], sd = sqrt(params["V"]), log = log)
+ }
>
> # モデル：生成
> pomp_mod <- pomp(data = data.frame(time = seq_along(y), Y = y),
+                  times = "time", t0 = 0,
+                  rprocess = discrete.time.sim(step.fun = state_draw,
+                                               delta.t = 1),
+                  rmeasure = obs_draw, dmeasure = obs_eval
```

付録 H　ライブラリによる粒子フィルタリングの実行

```
36  +                    )
37  >
38  > # 粒子フィルタリング：実行
39  > pomp_smc_out <- pfilter(object = pomp_mod, Np = N,
40  +                         params = c(W = mod$W, V = mod$V, X.0 = mod$m0),
41  +                         save.states = TRUE
42  +                        )
43  >
44  > # 平均・25%値・75%値を求める
45  > pomp_m       <- sapply(1:t_max, function(t){
46  +                    mean(pomp_smc_out$saved.states[[t]])
47  +                })
48  > pomp_m_quant <- sapply(1:t_max, function(t){
49  +                    quantile(pomp_smc_out$saved.states[[t]], probs=c(0.25, 0.75))
50  +                })
51  >
52  > # 以降のコードは表示を省略
```

コードの中で使用している変数の名称は、これまでの説明で用いてきたものと整合させてあります。まず、ライブラリ pomp を設定します。粒子数 N を 10,000 に設定した後、コード 9.1 で準備した人工的なローカルレベルモデルに関するデータを読み込んでいます。ここまでは準備段階で、続く部分に pomp に関する処理が具体的に記載されています。まず、モデルの規定として状態方程式と観測方程式の記載を行います。これらのそれぞれに関して、状態方程式の確率分布表現 (5.10) 式、観測方程式の確率分布表現 (5.11) 式に基づき記述をします。pomp ではモデルの記述言語に R と C の両方が使えますが、ここでは R に関する記述例を示しています。まず状態方程式としては、抽出のためのユーザ定義関数 state_draw() を定義します。また観測方程式として、抽出と評価のためのユーザ定義関数をそれぞれ obs_draw(), obs_eval() として定義します。pomp で粒子フィルタを実行する場合には他のライブラリと異なり、観測方程式に関して 2 種類の定義が必要になっています。続いて関数 pomp() でモデルを生成し、その結果を pomp_mod に保存しています。この関数の引数としては、data には観測値を含むデータフレーム、times には data の中で参照する時間の列名、t0 には事前分布に相当する時間の値、rprocess には状態方程式のユーザ定義関数 (抽出用)、rmeasure, dmeasure には観測方程式のユーザ定義関数 (それぞれ抽出用と評価用) を設定します。なお rprocess には pomp の discrete.time.sim() という関数を介して、ユーザ定義関数を設定します。続いて関数 pfilter() で粒子フィルタリングを実行し、その結果を pomp_smc_out に保存しています。この関数の引数としては、object には生成したモデル、Np には粒子数、params には pomp 側に渡すデータ、save.states には戻り値に状態の値を含めるかどうかの指標を設定します。このうち params における X.0 は状態の変数名に応じて変わり、一般には **状態の変数名**.0 となります。X.0 には事前分布における状態の値を設定しますが、今回の例では事前分布の平均値を設定しました。なお pomp では毎時点リサンプリングが行われるため、他のライブ

H.1 例: 人工的なローカルレベルモデル

ラリとは異なりリサンプリングの実行を適応的に判断するための閾値は不要となっています。最後に戻り値の `pomp_smc_out` に含まれる状態の値に対して、要約統計量を算出します。このようにして得られた結果とパラメータを全て既知とした場合のカルマンフィルタリングの結果を比較してプロットしたのが、図 H.2 になります。

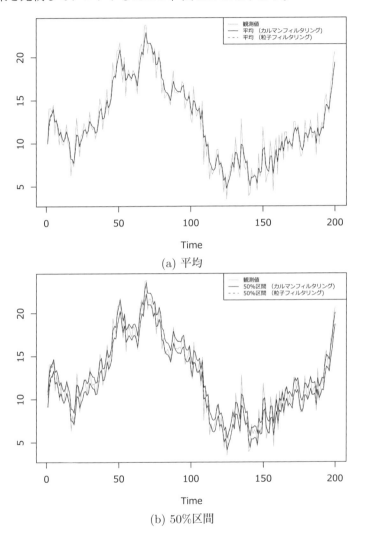

(a) 平均

(b) 50%区間

図 H.2: **pomp** による粒子フィルタリングとカルマンフィルタリング (パラメータが既知の線形・ガウス型状態空間モデル)

図 H.2 を確認すると、両者の結果はほぼ一致することが分かります。ただし細かく見ると、データ初期の時点でわずかな乖離が認められます。これは事前分布の設定やその処理

付録 H　ライブラリによる粒子フィルタリングの実行

の影響と思われますが、筆者が確認した範囲では残念ながら詳細な要因を解明することはできませんでした。

以上簡単な例ではありましたが、**pomp** を用いて線形・ガウス型状態空間モデルの推定が適切に行えることが確認できました。

H.1.3　NIMBLE

NIMBLE では、モデルを R のコード内に直接記載します。このためのコードは次のようになります。

コード H.4

```
1  > #【パラメータが既知のローカルレベルモデルで粒子フィルタリング（NIMBLE）】
2  >
3  > # 前処理
4  > set.seed(4521)
5  > library(nimble)
6  >
7  > # 粒子フィルタの事前設定
8  > N <- 10000                       # 粒子数
9  >
10 > # 人工的なローカルレベルモデルに関するデータを読み込み
11 > load(file = "ArtifitialLocalLevelModel.RData")
12 >
13 > # ※注意：事前分布を時点1とし、本来の時点1~t_maxを+1シフトして2~t_max+1として扱う
14 >
15 > # データの整形(事前分布に相当するダミー分(先頭)を追加)
16 > y <- c(NA_real_, y)
17 >
18 > # モデル：規定
19 > nimble_mod_script <- nimbleCode({
20 +     # 状態方程式
21 +     x[1] ~ dnorm(m0, 1/C0)
22 +     for (t in 2:(t_max+1)){
23 +       x[t] ~ dnorm(x[t-1], 1/W)
24 +     }
25 +
26 +     # 観測方程式
27 +     # y[1]の分はダミー
28 +     for (t in 2:(t_max+1)){
29 +       y[t] ~ dnorm(x[t], 1/V)
30 +     }
31 + })
32 >
33 > # モデル：生成
34 > nimble_mod <- nimbleModel(code = nimble_mod_script,
35 +                           data = list(y = y),
```

H.1 例：人工的なローカルレベルモデル

```
                         constants = list(t_max = t_max,
                                          W = mod$W, V = mod$V,
                                          m0 = mod$m0, C0 = mod$C0)
                         )
defining model...
building model...
setting data and initial values...
running calculate on model (any error reports that follow may simply reflect missing
↪    values in model variables) ...
checking model sizes and dimensions... This model is not fully initialized. This is
↪    not an error. To see which variables are not initialized, use
↪    model$initializeInfo(). For more information on model initialization, see
↪    help(modelInitialization).
model building finished.
>
> # 粒子フィルタリング：生成
> nimble_smc_out <- buildBootstrapFilter(model = nimble_mod,
+                                        nodes = "x",
+                                        control = list(thresh = 1.0,
+                                                       saveAll = TRUE)
+                         )
>
> # モデル：コンパイル
> compiled_nimble_mod <- compileNimble(nimble_mod)
compiling... this may take a minute. Use 'showCompilerOutput = TRUE' to see C++
↪    compiler details.
compilation finished.
>
> # 粒子フィルタリング：コンパイル
> compiled_nimble_smc_out <- compileNimble(nimble_smc_out, project = nimble_mod)
compiling... this may take a minute. Use 'showCompilerOutput = TRUE' to see C++
↪    compiler details.
compilation finished.
>
> # 粒子フィルタリング：実行
> compiled_nimble_smc_out$run(m = N)      # 完了すると尤度が表示される
[1] -420.5497
>
> # 状態と重みの値を取り出し、結果を整形(事前分布に相当する分(先頭)を除去等)
> nimble_x <- as.matrix(compiled_nimble_smc_out$mvWSamples, "x"  )
> nimble_x <- t(    nimble_x[, -1])
> nimble_w <- as.matrix(compiled_nimble_smc_out$mvWSamples, "wts")
> nimble_w <- t(exp(nimble_w[, -1]))
>     y <- y[-1]
>
> # 平均・25%値・75%値を求める
> nimble_m       <- sapply(1:t_max, function(t){
+                    weighted.mean(nimble_x[t, ], w = nimble_w[t, ])
+                  })
> nimble_m_quant <- lapply(c(0.25, 0.75), function(quant){
```

付録 H　ライブラリによる粒子フィルタリングの実行

```
80  +                       sapply(1:t_max, function(t){
81  +                         weighted.quantile(nimble_x[t, ], w = nimble_w[t, ],
82  +                                           probs = quant)
83  +                       })
84  +                     })
85  >
86  > # 以降のコードは表示を省略
```

コードの中で使用している変数の名称は、これまでの説明で用いてきたものと整合させてあります。まず、ライブラリ **nimble** を設定します。粒子数 N を 10,000 に設定した後、コード 9.1 で準備した人工的なローカルレベルモデルに関するデータを読み込んでいます。ここで事前分布を時点 1 とし、本来の時点 1, ..., t_max を +1 シフトして 2, ..., t_max+1 として扱う点に注意してください。観測値も時点をあわせて扱いやすくする目的で、先頭にダミーを付加しています。ここまでは準備段階で、続く部分に **NIMBLE** に関する処理が具体的に記載されています。まず、関数 nimbleCode() を用いてモデルを規定し、その結果を nimble_mod_script に保存しています。モデルの規定には状態方程式と観測方程式の記載を行います。それぞれに関して、状態方程式の確率分布表現 (5.10) 式、状態の事前分布規定、観測方程式の確率分布表現 (5.11) 式に基づき記述をします。**NIMBLE** の記法は基本的に BUGS 言語に則っていますので、正規分布の分散にはその逆数となる精度の形で設定を行います。また観測値の先頭はダミーですので、y[1] に対する観測方程式の記載は行いません。続いて関数 nimbleModel() でモデルを生成し、その結果を nimble_mod に保存しています。この関数の引数としては、code には規定したモデル、data には観測値を含むリスト、constants には **NIMBLE** 側に渡すデータを設定しています。続いて関数 buildBootstrapFilter() で粒子フィルタリングのオブジェクトを生成し、nimble_smc_out に保存します。この関数の引数としては、model には生成したモデル、nodes には推定対象の変数の名称、control にはリサンプリングの実施を判断する閾値 thresh と戻り値に状態の値を含めるかどうかの指標 saveAll を設定します。**NIMBLE** では、実効的な粒子数が粒子数 × thresh を下回った際にリサンプリングが行われます。本書では毎時点リサンプリングを行うことにしますので、thresh には 1.0 を設定しています。続いて、生成したモデルと粒子フィルタリングのオブジェクトを関数 compileNimble() を用いてコンパイルします。粒子フィルタリングのオブジェクトをコンパイルする際には、引数 project で生成したモデルを指定しておく必要があります。最後に compiled_nimble_smc_out$run で粒子フィルタリングを実行します。この際、引数 m には粒子数を設定します。実行が終わるとコンソールに全時点分の尤度が表示され、推定した粒子の値 (リサンプリング前の状態と対数重み) が compiled_nimble_smc_out に保存されます。compiled_nimble_smc_out から関数 as.matrix() を用いて粒子の値を取り出し、扱いやすいように整形してから要約統計量を算出します。なお分位値を求める

H.1 例: 人工的なローカルレベルモデル

際には、付録 D で紹介した **dlm** のユーティリティ関数 `weighted.quantile()` を活用しています。このようにして得られた結果とパラメータを全て既知とした場合のカルマンフィルタリングの結果を比較してプロットしたのが、図 H.3 になります。

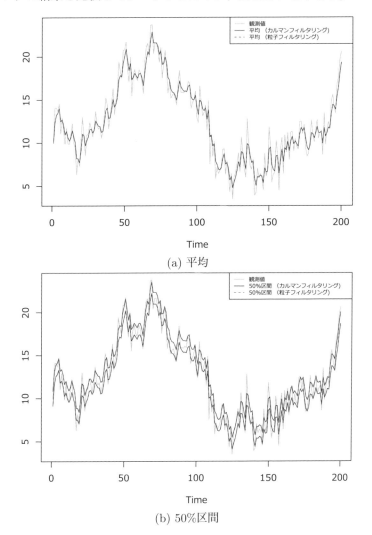

(a) 平均

(b) 50%区間

図 H.3: **NIMBLE** による粒子フィルタリングとカルマンフィルタリング (パラメータが既知の線形・ガウス型状態空間モデル)

図 H.3 を確認すると、両者の結果はほぼ一致することが分かります (グラフがほぼ重なって判別できません)。

以上簡単な例ではありましたが、**NIMBLE** を用いて線形・ガウス型状態空間モデルの

付録 H　ライブラリによる粒子フィルタリングの実行

推定が適切に行えることが確認できました。

あとがき

　本書では、R言語を用いた時系列分析について一通りの説明を行いました。筆者としては、従来の時系列分析の文献では、実装に関する実践的な部分はどちらかというと陰に隠れがちだと感じていました。本書ではそのような部分に力点を置きつつ、極力平易な解説を試みました。本書の解説が、読者の皆さんにとってお役に立つようであれば幸いです。

　本書で説明した時系列分析の内容は基本的な話題が多くなっており、さらに進んだ話題も多数存在しています。このような部分に関心のある読者のために、関連する情報の頭出しをしておきます。

　まず本書では同時に得られる観測値を1種類の単変量に限定しましたが、一般的には系列が複数の多変量のデータが観測値となります。系列が複数の場合、それらを独立に扱うよりもその関係を考慮した方が推定精度を向上させることができますし、関連の度合に基づいてデータを分類することもできます。多変量のモデルは単変量に比べ難度が上がりますが、挑みがいのある課題です。状態空間モデルに基づく時系列分析の多変量のモデルについては、まずは [18] を参照していただければと思います。

　また本書では観測値の間隔は等間隔であると仮定しましたが、実際のデータでは不等間隔のデータも存在します。状態空間モデルでこのような不等間隔データを扱う場合によく行われるのは、最も狭い時間間隔と同じかそれよりも短い時間単位を基準として、データがない部分は欠測値として扱う方法です。

　線形・ガウス型状態空間モデルにおける「ガウス型」の仮定を取り除き、状態が与えられた下での観測値が正規分布以外の分布にも従うと想定したモデルは、動的一般化線形モデル (Dynamic Generalized Linear Model; DGLM) と呼ばれ [24]、一般化線形モデル (Generalized Linear Model; GLM) の動的版としても認識されています。動的一般化線形モデルは一般状態空間モデルの一種ですが、「10.1 MCMC」でも触れたようにライブラリ **KFAS** は動的一般化線形モデルの一部を単独で扱うことができます。

　粒子フィルタを用いたパラメータの推定に関して、最近の成果を記した成書としては [25] が挙げられます ([25] は2018年に第二版の出版が予定されています)。

あとがき

Rのグラフ描画に関して本書では基本的な機能を使用しましたが、最近ではライブラリ **ggplot2** の利用も一般的になってきており、複数のRのライブラリ出力を統一して便利に扱える **ggfortify** [118] というライブラリも存在しています。

本書では観測値を時間的に相関をもつデータと考えましたが、空間的に相関をもつデータにも基本的に同じ仕組みが適用可能であり、その場合空間データの分析が可能になります [7, 62, 68]。

純粋な時系列分析とはややスタンスが異なりますが、状態空間モデルは当初、制御理論で発展してきた経緯もあり、系入力も考慮した自動制御での応用については多くの検討結果が存在しています。これらに関する詳細は、[31, 36, 50, 117] が参考になるでしょう。

最後に本書は多数の方々の協力の元、完成に至りました。「まえがき」にも謝辞を記載させていただいておりますが、その他にも多くの方々にご協力をいただきました。全ての方々のお名前を記載できないのが大変心苦しいのですが、ここで改めて謝辞を記載させていただきたいと思います。

まず、本書ではさまざまなソフトウェアを活用して執筆を行いました。特にRを開発している開発チームの皆様、ライブラリ **dlm** を作成した Giovanni Petris 氏、**Stan** を開発している開発チームの皆様にはお礼を申し上げます。

また、**Stan** マニュアルの日本語化 (https://github.com/stan-ja) やパーティクルフィルタ研究会 (http://pf.sozolab.jp/) への参加を通じて有意義な見識を得ることができましたので、関係者の皆様に感謝いたします。

更に、訳書 [18] で筆者の訳をご監修いただいた和合肇先生にもお礼を申し上げます。[18] の出版がなければ、本書の出版もなかったと思います。

なお、本書の内容は筆者が博士後期課程で検討した内容にも関連がありますので、北海道大学の小川恭孝先生、大鐘武雄先生、西村寿彦先生には改めてお礼を申し上げます。

そして最後に、筆者の家族に感謝をささげたいと思います。妻の縁は、いつの日も (雪の日も!) 筆者の執筆を支えてくれました。また、二人の息子、大貴と健太は一緒にたくさんの映画を観に行ってくれました。おかげでとても良い気分転換になりました。

参考文献

[1] George W. Cobb. The problem of the Nile: conditional solution to a changepoint problem. *Biometrika*, Vol. 65, No. 2, pp. 243–251, Aug. 1978.

[2] Henri J. Dumont, editor. *The Nile: Origin, Environments, Limnology and Human Use*. Springer, 2009.

[3] 平岡和幸, 堀玄. プログラミングのための確率統計. オーム社, 2009.

[4] 東京大学教養学部統計学教室（編）. 統計学入門. 基礎統計学 I. 東京大学出版会, 1991.

[5] Christopher M. ビショップ. パターン認識と機械学習 上・下. 丸善出版, 2012. 元田浩, 栗田多喜夫, 樋口知之, 松本裕治, 村田昇（監訳）.

[6] 廣田薫, 生駒哲一. 確率過程の数理. 数理工学基礎シリーズ 4. 朝倉書店, 2001. 廣田薫, 大石進一, 大西公平, 新誠一（監修）.

[7] 岩波データサイエンス刊行委員会（編）. 岩波データサイエンス, 第 1 巻. 岩波書店, 2015.

[8] J. D. ハミルトン. 時系列解析 上・下. シーエーピー出版, 2006. 沖本竜義, 井上智夫（訳）.

[9] 沖本竜義. 経済・ファイナンスデータの計量時系列分析. 統計ライブラリー. 朝倉書店, 2010.

[10] R サポーターズ. パーフェクト R. パーフェクトシリーズ. 技術評論社, 2017.

[11] Andrew C. Harvey. *Forecasting, Structural Time Series Models and the Kalman Filter*. Cambridge University Press, 1989.

[12] James Durbin and Siem Jan Koopman. *Time Series Analysis by State Space Methods*. Oxford University Press, second edition, 2012.

[13] 北川源四郎. 時系列解析入門. 岩波書店, 2005.

[14] Paul Goodwin. The Holt-Winters approach to exponential smoothing: 50 years old and going strong. *Foresight: The International Journal of Applied Forecasting*, Vol. 19, No. Fall, pp. 30–33, 2010.

[15] P. J. ブロックウェル, R. A. デービス. 入門 時系列解析と予測 [改訂第 2 版]. シーエーピー出版, 2004. 逸見功, 田中稔, 宇佐美嘉弘, 渡辺則生（訳）.

参考文献

[16] Rob J. Hyndman, Anne B. Koehler, J. Keith Ord, and Ralph D. Snyder. *Forecasting with Exponential Smoothing: The State Space Approach*. Springer Series in Statistics. Springer-Verlag, 2008.

[17] Rob J. Hyndman and Yeasmin Khandakar. Automatic time series forecasting: the forecast package for R. *Journal of Statistical Software*, Vol. 26, No. 3, pp. 1–22, 2008.

[18] G. ペトリス, S. ペトローネ, P. カンパニョーリ. R によるベイジアン動的線型モデル. 朝倉書店, 2013. 和合肇（監訳），萩原淳一郎（訳）．

[19] 伊庭幸人（編）．ベイズモデリングの世界. 岩波書店, 2018.

[20] 石黒真木夫, 松本隆, 乾敏郎, 田邉國士. 階層ベイズモデルとその周辺 — 時系列・画像・認知への応用. 統計科学のフロンティア, No. 4. 岩波書店, 2004.

[21] 岩波データサイエンス刊行委員会（編）．岩波データサイエンス, 第 6 巻. 岩波書店, 2017.

[22] Thomas Kailath, Ali H. Sayed, and Babak Hassibi. *Linear Estimation*. Prentice Hall, 2000.

[23] Olivier Cappé, Eric Moulines, and Tobias Rydén. *Inference in Hidden Markov Models*. Springer, 2005.

[24] Mike West and Jeff Harrison. *Bayesian Forecasting and Dynamic Models*. Springer-Verlag, second edition, 1997.

[25] Raquel Prado and Mike West. *Time Series: Modeling, Computation, and Inference*. CRC Press, 2010.

[26] 樋口知之, 上野玄太, 中野慎也, 中村和幸, 吉田亮. データ同化入門 — 次世代のシミュレーション技術 —. 予測と発見の科学, No. 6. 朝倉書店, 2011.

[27] 小西貞則, 北川源四郎. 情報量規準. 予測と発見の科学, No. 2. 朝倉書店, 2004.

[28] Andrew Gelman, John B. Carlin, Hal S. Stern, David B. Dunson, Aki Vehtari, and Donald B. Rubin. *Bayesian Data Analysis*. CRC Press, third edition, 2013.

[29] 渡辺澄夫. ベイズ統計の理論と方法. コロナ社, 2012.

[30] 伊庭幸人. 学習と階層 — ベイズ統計の立場から —. 物性研究, Vol. 65, No. 5, pp. 657–677, Feb. 1996.

[31] 片山徹. 新版 応用カルマンフィルタ. 朝倉書店, 2000.

[32] 西山清. 最適フィルタリング. 培風館, 2001.

[33] L. Hanzo, M. Münster, B. J. Choi, and T. Keller. *OFDM and MC-CDMA for Broadband Multi-User Communications, WLANs and Broadcasting*. Wiley-IEEE Press, 2003.

[34] 高岡慎. 経済時系列と季節調整法. 統計解析スタンダード. 朝倉書店, 2015.

[35] 浅野太. 音のアレイ信号処理 — 音源の定位・追跡と分離 —. 音響テクノロジーシリーズ, No. 16. コロナ社, 2011.

参考文献

[36] Brian D. O. Anderson and John B. Moore. *Optimal Filtering*. Information and system sciences (Thomas Kailath editor). Prentice-Hall, 1979.

[37] Herbert E. Rauch, F. Tung, and C. T. Striebel. Maximum likelihood estimates of linear dynamic systems. *AIAA Journal*, Vol. 3, No. 8, pp. 1445–1450, Aug. 1965.

[38] A. E. Bryson and M. Frazier. Smoothing for linear and nonlinear dynamic systems. In *Proceedings of the optimum system synthesis conference*, pp. 353–364, 1963.

[39] 野村俊一. カルマンフィルタ ─ R を使った時系列予測と状態空間モデル ─. 統計学 One Point, No. 2. 共立出版, 2016.

[40] D. Q. Mayne. A solution of the smoothing problem for linear dynamic systems. *Automatica*, Vol. 4, No. 2, pp. 73–92, Dec. 1966.

[41] Donald C. Fraser. *A New Technique for the Optimal Smoothing of Data*. Sc.D. thesis, Massachusetts Institute of Technology, Cambridge, Mass., Jan. 1967.

[42] Donald C. Fraser and James E. Potter. The optimum linear smoother as a combination of two optimum linear filters. *IEEE Transactions on Automatic Control*, Vol. 14, No. 4, pp. 387–390, Aug. 1969.

[43] 谷崎久志. 状態空間モデルの経済学への応用 ─ 可変パラメータ・モデルによる日米マクロ計量モデルの推定 ─. 神戸学院大学経済学研究叢書 9. 日本評論社, 1993.

[44] 野田一雄, 宮岡悦良. 数理統計学の基礎. 共立出版, 1992.

[45] Giovanni Petris. State Space Models in R. `http://web.warwick.ac.uk/statsdept/useR-2011/tutorials/Petris.html`. UseR! 2011 Tutorial.

[46] Andrew C. Harvey and Siem Jan Koopman. Diagnostic checking of unobserved-components time series models. *Journal of Business & Economic Statistics*, Vol. 10, No. 4, pp. 377–389, Oct. 1992.

[47] 伊庭幸人, 種村正美, 大森裕浩, 和合肇, 佐藤整尚, 高橋明彦. 計算統計 II マルコフ連鎖モンテカルロ法とその周辺. 統計科学のフロンティア, No. 12. 岩波書店, 2005.

[48] Hadley Wickham. R 言語徹底解説. 共立出版, 2016. 石田基広, 市川太祐, 高柳慎一, 福島真太朗（訳）.

[49] 山口類, 土屋映子, 樋口知之. 状態空間モデルを用いた飲食店売上の要因分解. オペレーションズ・リサーチ, Vol. 49, No. 5, pp. 52–60, 2004.

[50] 足立修一, 丸田一郎. カルマンフィルタの基礎. 東京電機大学出版局, 2012.

[51] 能重正規. ビールの需要予測と季節変動. 経営の科学 オペレーションズ・リサーチ, Vol. 43, No. 8, pp. 426–430, Aug. 1998.

[52] M1・F1 総研. 若者の"ビール離れ"の検証. 分析レポート vol.22, July 2009. (`http://m1f1.jp/wp-content/uploads/2013/03/topic_090728.pdf` は 2018-04-28 の時点でリンク切れ).

[53] M. C. Jones. Randomly choosing parameters from the stationarity and invertibility region of autoregressive-moving average models. *Journal of the Royal Statistical Society. Series C (Applied Statistics)*, Vol. 36, No. 2, pp. 134–138, 1987.

参考文献

[54] J. J. F. コマンダー, S. J. クープマン. 状態空間時系列分析入門. シーエーピー出版, 2008. 和合肇（訳）.

[55] Giovanni Petris and Sonia Petrone. State space models in R. *Journal of Statistical Software, Articles*, Vol. 41, No. 4, pp. 1–25, 2011.

[56] John W. Tukey. *Exploratory Data Analysis*. Addison-Wesley, 1977.

[57] 柴田里程. データ分析とデータサイエンス. 近代科学社, 2015.

[58] 統計数理研究所. *TSSS: Time Series analysis with State Space model*, 2014. R package version 1.0.1 based on the program by Genshiro Kitagawa (http://jasp.ism.ac.jp/ism/TSSS/).

[59] Genshiro Kitagawa and Will Gersch. *Smoothness Priors Analysis of Time Series*. Springer, 1996.

[60] Jouni Helske. KFAS: Exponential family state space models in R. *Journal of Statistical Software*, Vol. 78, No. 10, pp. 1–39, 2017.

[61] 小西貞則, 越智義道, 大森裕浩. 計算統計学の方法 — ブートストラップ・EM アルゴリズム・MCMC —. 予測と発見の科学, No. 5. 朝倉書店, 2008.

[62] 久保拓弥. データ解析のための統計モデリング入門 — 一般化線形モデル・階層ベイズモデル・MCMC. 確率と情報の科学. 岩波書店, 2012.

[63] 奥村晴彦, 瓜生真也, 牧山幸史. R で楽しむベイズ統計入門 [しくみから理解するベイズ推定の基礎]. Data Science Library. 技術評論社, 2018. 石田基広（監修）.

[64] Fitting Bayesian structural time series with the bsts R package. http://www.unofficialgoogledatascience.com/2017/07/fitting-bayesian-structural-time-series.html. (2017-09-26 にアクセス).

[65] ベイズ構造時系列モデルを推定する {bsts} パッケージを試してみた. http://tjo.hatenablog.com/entry/2017/03/07/190000. (2017-09-26 にアクセス).

[66] [R] bsts パッケージの使い方. http://ill-identified.hatenablog.com/entry/2017/09/08/001002. (2017-09-26 にアクセス).

[67] Stan Development Team. *Stan Modeling Language Users Guide and Reference Manual*, 2016. Version 2.14.0 (http://mc-stan.org).

[68] 松浦健太郎. Stan と R でベイズ統計モデリング. Wonderful R 第 2 巻. 共立出版, 2016. 石田基広（監修）.

[69] 豊田秀樹. 基礎からのベイズ統計学 — ハミルトニアンモンテカルロ法による実践的入門. 朝倉書店, 2015.

[70] R で 状態空間モデル: 状態空間時系列分析入門を {rstan} で再現したい. http://sinhrks.hatenablog.com/entry/2015/05/28/071124. (2017-04-21 にアクセス).

[71] https://raw.githubusercontent.com/sinhrks/stan-statespace/master/models/fig04_06.stan. (2017-04-21 にアクセス).

[72] Leonard A. McGee and Stanley F. Schmidt. Discovery of the Kalman filter as a practical tool for aerospace and industry. Technical memorandum 86847, NASA, Nov. 1985.

[73] S. J. Julier, J. K. Uhlmann, and H. F. Durrant-Whyte. A new approach for filtering nonlinear systems. In *Proc. American Control Conference*, Vol. 3, pp. 1628–1632, Jun. 1995.

[74] Geir Evensen. Sequential data assimilation with a nonlinear quasi-geostrophic model using Monte Carlo methods to forecast error statistics. *Journal of Geophysical Research: Oceans*, Vol. 99, No. C5, pp. 10143–10162, May 1994.

[75] Neil J. Gordon, David J. Salmond, and Adrian F. M. Smith. Novel approach to nonlinear/non-Gaussian Bayesian state estimation. *IEE Proceedings F (Radar and Signal Processing)*, Vol. 140, No. 2, pp. 107–113, Apr. 1993.

[76] Genshiro Kitagawa. Monte Carlo filter and smoother for non-Gaussian nonlinear state space models. *Journal of Computational and Graphical Statistics*, Vol. 5, No. 1, pp. 1–25, Mar. 1996.

[77] 片山徹. 非線形カルマンフィルタ. 朝倉書店, 2011.

[78] J. E. Handschin and D. Q. Mayne. Monte Carlo techniques to estimate the conditional expectation in multi-stage non-linear filtering. *International Journal of Control*, Vol. 9, No. 5, pp. 547–559, 1969.

[79] Toshio Yoshimura and Takashi Soeda. The application of Monte Carlo methods to the nonlinear filtering problem. *IEEE Transactions on Automatic Control*, Vol. 17, No. 5, pp. 681–684, Oct. 1972.

[80] Hajime Akashi, Hiromitsu Kumamoto, and Kazuo Nose. Application of Monte Carlo method to optimal control for linear systems under measurement noise with Markov dependent statistical property. *International Journal of Control*, Vol. 22, No. 6, pp. 821–836, 1975.

[81] 北川源四郎, 竹村彰通（編）. 数理・計算の統計科学. 21世紀の統計科学 III. 東京大学出版会, 2008. 国友直人, 山本拓（監修）.

[82] Arnaud Doucet, Nando de Freitas, and Neil Gordon, editors. *Sequential Monte Carlo Methods in Practice*. Information Science and Statistics. Springer, 2001.

[83] Simo Särkkä. *Bayesian Filtering and Smoothing*. Institute of Mathematical Statistics Textbooks. Cambridge University Press, 2013.

[84] Randal Douc, Eric Moulines, and David Stoffer. *Nonlinear Time Series: Theory, Methods and Applications with R Examples*. Texts in Statistical Science. CRC Press, 2014.

[85] Olivier Cappé, Simon J. Godsill, and Eric Moulines. An overview of existing methods and recent advances in sequential Monte Carlo. *Proceedings of the IEEE*, Vol. 95, No. 5, pp. 899–924, May 2007.

参考文献

[86] Arnaud Doucet and Adam M. Johansen. A tutorial on particle filtering and smoothing: Fifteen years later. In Dan Crisan and Boris Rozovskiĭ, editors, *The Oxford Handbook of Nonlinear Filtering*, pp. 656–704. Oxford University Press, 2011.

[87] 矢野浩一. 粒子フィルタの基礎と応用: フィルタ・平滑化・パラメータ推定. 日本統計学会誌, Vol. 44, No. 1, pp. 189–216, Sep. 2014.

[88] 生駒哲一. パーティクルフィルタ — 基礎から最近の動向まで（「システム同定と推定の最近の動向」特集号）. システム制御情報学会誌　システム/制御/情報, Vol. 59, No. 5, pp. 164–173, 2015.

[89] 生駒哲一. パーティクルフィルタ〜汎用的な非ガウスフィルタ（「カルマンフィルタを中心とした状態推定の理論から応用まで」特集号）. 計測自動制御学会誌　計測と制御, Vol. 56, No. 9, pp. 644–649, 2017.

[90] Fredrik Lindsten, Pete Bunch, Simo Särkkä, Thomas B. Schön, and Simon J. Godsill. Rao-blackwellized particle smoothers for conditionally linear Gaussian models. *IEEE Journal of Selected Topics in Signal Processing*, Vol. 10, No. 2, pp. 353–365, Mar. 2016.

[91] Simon J. Godsill, Arnaud Doucet, and Mike West. Monte carlo smoothing for nonlinear time series. *Journal of the American Statistical Association*, Vol. 99, No. 465, pp. 156–168, Mar. 2004.

[92] Jun S. Liu and Rong Chen. Sequential Monte Carlo methods for dynamic systems. *Journal of the American Statistical Association*, Vol. 93, No. 443, pp. 1032–1044, Sep. 1998.

[93] Randal Douc, Olivier Cappé, and Eric Moulines. Comparison of resampling schemes for particle filtering. In *Proc. the 4th International Symposium on Image and Signal Processing and Analysis (ISPA)*, pp. 64–69, Sep. 2005.

[94] M. L. Andrade Netto, L. Gimeno, and M. J. Mendes. On the optimal and sub-optimal nonlinear filtering problem for discrete-time systems. *IEEE Transactions on Automatic Control*, Vol. 23, No. 6, pp. 1062–1067, Dec. 1978.

[95] Jayesh H. Kotecha and Petar M. Djurić. Gaussian particle filtering. *IEEE Transactions on Signal Processing*, Vol. 51, No. 10, pp. 2592–2601, Oct. 2003.

[96] Shinya Nakano, Genta Ueno, and Tomoyuki Higuchi. Merging particle filter for sequential data assimilation. *Nonlinear Processes in Geophysics*, Vol. 14, No. 4, pp. 395–408, 2007.

[97] Michael K. Pitt and Neil Shephard. Filtering via simulation: auxiliary particle filters. *Journal of the American Statistical Association*, Vol. 94, No. 446, pp. 590–599, Jun. 1999.

[98] Nick Whiteley and Adam M. Johansen. Auxiliary particle filtering: recent developments. In David Barber, A. Taylan Cemgil, and Silvia Chiappa, editors, *Bayesian Time Series Models*, pp. 52–81. Cambridge University Press, 2011.

[99] Jane Liu and Mike West. Combined parameter and state estimation in simulation-based filtering. In *Sequential Monte Carlo Methods in Practice*, pp. 197–223. Springer, 2001.

[100] Genshiro Kitagawa. A self-organizing state-space model. *Journal of the American Statistical Association*, Vol. 93, No. 443, pp. 1203–1215, Sep. 1998.

[101] Genshiro Kitagawa and Seisho Sato. Monte Carlo smoothing and self-organising state-space model. In *Sequential Monte Carlo Methods in Practice*, pp. 177–195. Springer, 2001.

[102] Mike West. Approximating posterior distributions by mixture. *Journal of the Royal Statistical Society. Series B (Methodological)*, Vol. 55, No. 2, pp. 409–422, 1993.

[103] Maria Paula Rios and Hedibert Freitas Lopes. The extended Liu and West filter: Parameter learning in Markov switching stochastic volatility models. In Yong Zeng and Shu Wu, editors, *State-Space Models: Applications in Economics and Finance*, pp. 23–61. Springer, 2013.

[104] 中野雅史, 佐藤整尚, 高橋明彦, 高橋聡一郎. 粒子フィルタを用いた最適ポートフォリオの構築. ディスカッション・ペーパー CIRJE-J-277, 日本経済国際共同研究センター, July 2016. (`http://www.cirje.e.u-tokyo.ac.jp/research/dp/2016/2016cj276.pdf`).

[105] Josep A. Sanchez-Espigares and Alberto Lopez-Moreno. *MSwM: Fitting Markov Switching Models*, 2014. R package version 1.2 (`https://CRAN.R-project.org/package=MSwM`).

[106] Rebecca Killick and Idris A. Eckley. changepoint: An R package for changepoint analysis. *Journal of Statistical Software*, Vol. 58, No. 3, pp. 1–19, 2014.

[107] Achim Zeileis, Friedrich Leisch, Kurt Hornik, and Christian Kleiber. strucchange: An R package for testing for structural change in linear regression models. *Journal of Statistical Software*, Vol. 7, No. 2, pp. 1–38, 2002.

[108] Bradley Boehmke and Robert Gutierrez. *anomalyDetection: Implementation of Augmented Network Log Anomaly Detection Procedures*, 2017. R package version 0.1.1 (`https://CRAN.R-project.org/package=anomalyDetection`).

[109] 伊東宏樹. 状態空間モデルの実行方法と実行環境の比較. 日本生態学会誌, Vol. 66, No. 2, pp. 361–374, 2016.

[110] Carlos M. Carvalho, Nicholas G. Polson, and James G. Scott. Handling sparsity via the horseshoe. In *Proc. the 12th International Conference on Artificial Intelligence and Statistics*, Vol. 5 of *Proceedings of Machine Learning Research*, pp. 73–80, Apr. 2009.

[111] Carlos M. Carvalho, Nicholas G. Polson, and James G. Scott. The horseshoe estimator for sparse signals. *Biometrika*, Vol. 97, No. 2, pp. 465–480, Jun. 2010.

参考文献

[112] スパースモデルでは shrinkage factor の分布を考慮しよう 〜馬蹄事前分布 (horseshoe prior) の紹介〜. http://statmodeling.hatenablog.com/entry/shrinkage-factor-and-horseshoe-prior. (2017-04-21 にアクセス).

[113] Carlos M. Carvalho, Michael S. Johannes, Hedibert F. Lopes, and Nicholas G. Polson. Particle learning and smoothing. *Statistical Science*, Vol. 25, No. 1, pp. 88–106, Feb. 2010.

[114] William Fong, Simon J. Godsill, Arnaud Doucet, and Mike West. Monte Carlo smoothing with application to audio signal enhancement. *IEEE Transactions on Signal Processing*, Vol. 50, No. 2, pp. 438–449, Feb. 2002.

[115] L. Wang, G. Libert, and P. Manneback. Kalman filter algorithm based on singular value decomposition. In *Proc. 31st IEEE Conference on Decision and Control (CDC)*, pp. 1224–1229, Tucson, U.S.A., Dec. 1992.

[116] 馬場真哉. 時系列分析と状態空間モデルの基礎 — R と Stan で学ぶ理論と実装 —. プレアデス出版, 2018.

[117] 尾崎統, 北川源四郎（編）. 時系列解析の方法. 統計科学選書 5. 朝倉書店, 1998. 赤池弘次（監修）.

[118] Yuan Tang, Masaaki Horikoshi, and Wenxuan Li. ggfortify: Unified Interface to Visualize Statistical Results of Popular R Packages. *The R Journal*, Vol. 8, No. 2, pp. 474–485, 2016.

索引

記号／数字

コード類
+ 131, 143
a 118, 120, 333
acf() 42
addInt 165, 168, 336
alpha 52, 53
ar 160, 336
ARtransPars() 160, 336
as.matrix() 368
as.numeric 118, 120, 122
beta 52, 53
biips_model() 361
biips_smc_samples() 361
biips_summary() 362
bsmc() 329
bsmc2() 329
build 115, 335
buildAuxiliaryFilter() 329
buildBootstrapFilter() 368
buildLiuWestFilter() 329
C0 112, 143, 147, 160, 165, 168, 331, 335, 336
code 368
compileNimble() 368
constants 368
control 368
convergence 115, 335
d 334
D.C 118, 332, 333
D.R 118, 332, 333
D.S 122, 332, 334
data 188, 193, 200, 361, 364, 368
data ブロック 185, 192, 198, 210, 284
discrete.time.sim() 364
dlm 112, 331, 335, 336
dlm_local_level_loglik() 284, 286

dlmBSample() 197, 201, 334
dlmFilter() 118, 201, 266, 333
dlmFiltered 118, 120, 122, 126, 127, 333, 334
dlmForecast() 97, 120, 132, 149, 150, 333
dlmLL() 124, 334
dlmMLE() 115, 116, 124, 334
dlmModARMA() 160, 336
dlmModPoly() 97, 112, 143, 145, 147, 205, 278, 335
dlmModReg() 165, 168, 336
dlmModSeas() 143, 147, 205, 335
dlmModTrig() 147, 335
dlmSmooth() 97, 122, 333
dlmSvd2var() 118, 122, 334
dmeasure 364
dropFirst() 118, 122
dV 112, 143, 147, 160, 165, 168, 335, 336
dW 112, 143, 147, 165, 168, 335, 336
End 26
end 27
extract() 189
f 118, 120, 333
FF 112, 331
fft() 47
filter() 97
fitted 53
for 186, 229, 231, 236, 255, 262, 269
frequency 26, 143, 335
functions ブロック 284
gamma 52, 53
gaussian_dlm_obs() 197, 198, 199, 200, 210, 282

generated_quantities ブロック 282
GG 112, 331, 332
hessian 116
hist() 39
HoltWinters() 51, 52, 53, 56
JFF 112, 166, 331, 332
JGG 112, 331, 332
jholidays() 173
JV 112, 331, 332
JW 112, 331, 332
log1p() 240
lp__ 188, 194
m 118, 333, 368
m0 112, 143, 147, 160, 165, 168, 331, 335, 336
ma 160, 336
mod 118, 120, 122, 124, 333, 334
model 193, 368
model ブロック 185, 192, 199, 208, 210, 284
modFilt 201, 334
n.ahead 56
n_part 361
NA 27, 28, 40, 41
nAhead 120, 333
newObs 333
newStates 333
Nile 2, 26, 27, 28, 29, 34, 110, 112, 115, 118, 122, 124
nimbleCode() 368
nimbleModel() 368
nodes 368
Np 364
object 126, 127, 188, 361, 364
om 147, 335, 336
optim() 115, 116, 335
order 112, 335
par 115, 160, 165, 335

索引

param 115, 335
parameters ブロック 185, 192, 199, 207, 210, 284
params 364
parm 115, 335
pars 188, 193, 200
pfilter() 364
plot() 26, 36, 53, 56
pomp() 364
predict() 56
project 368
Q 120, 333
q 147, 335
qnorm() 118, 121, 123
qqline() 127
qqnorm() 127
R 120, 333
raw 336
read.csv() 27
residuals() 54, 127
rmeasure 364
rprocess 364
rs_thres 361, 362
s 122, 147, 334, 335
sample() 229, 240
sampleNew 120, 333
sampling() 188, 193, 200, 209, 286
save.states 364
saveAll 368
sd 127
seed 188
seq() 31
shapiro.test() 127
sigma2 160, 336
stan_model() 188
Start 26
stepfun() 242
str() 31
summary() 39
t0 364
tau 147, 335, 336
thresh 368
time() 30
times 364
traceplot() 188
transformed parameters ブロック 210, 284
ts() 26, 27
ts.plot() 28
ts.union() 28, 54, 149
tsdiag() 126
tsp() 30
u 234
U.C 118, 332, 333
U.R 118, 332, 333
U.S 122, 332, 334

UKDriverDeaths 204
UKgas 34
V 112, 287, 294, 331, 332
value 124
variable_names 361
W 112, 331, 332
weekdays() 31
weighted.quantile() 336, 369
window() 27
X 165, 166, 168, 287, 294, 331, 336
y 115, 118, 122, 124, 148, 333, 334, 335

A
additive → 加法的な
ARIMA モデル 72, 152
ARMA モデル 71, 152
AR 係数 72
AR 次数 72
AR モデル 21
auxiliary particle filter → 補助粒子フィルタ

D
DAG 67, 68, 340
Date クラス 30
DLM → 線形・ガウス型状態空間モデル

E
EWMA → 指数加重型移動平均

F
FFBS 182, 197, 356
FFBSi アルゴリズム 227, 236, 358
FFT → 高速フーリエ変換

H
Hessian matrix → ヘッセ行列
Horseshoe distribution → 馬蹄分布

I
innovations → イノベーション
integrated random walk → 和分ランダムウォーク

L
Liu and West filter → リュウ・ウエストフィルタ
logsumexp 239

M
MAP → 最大事後確率

MAPE 61, 151
MA 係数 72
MA 次数 72
MCMC 62, 180

R
Rao–Blackwellization → ラオ–ブラックウェル化
RTS アルゴリズム 108

S
SIR 法 219
Stan 184

T
ts クラス 26

Z
z 変換 95, 343

い
異常検知 274
一括解法 62
一期先予測分布 82, 83, 100, 221
一期先予測尤度 82, 83, 100, 221
一般状態空間モデル 62, 72
イノベーション 104, 124
インパルス応答 344

う
ウィナー–ヒンチンの定理 343
ウィナー–ホップ方程式 344
ウィナーフィルタ 62, 94

か
カーネル平滑化 257, 258
回帰係数 162
回帰切片 162
回帰モデル 162
階差 37
ガウス分布 12
可観測正準形 152
角周波数 45
確定的な方法 5
確率過程 17
確率的な方法 5
確率の乗法定理 16
確率分布 10
確率変数 10
確率密度関数 10
傾き成分 50
加法的な 50
カルマンフィルタ 62, 100
カルマン利得 101
干渉変数 162
観測行列 73
観測雑音 69, 73
観測方程式 69, 73

索引

き
規格化イノベーション 124
季節モデル 136
期待値 11
北川アルゴリズム 225, 233, 295, 358
ギブス法 180, 182
逆行列の補題 348
強定常 21
共分散 17
共役事前分布 180

け
系統リサンプリング 241
欠測 27
欠測値 40, 86, 106

こ
構造変化 274
高速フーリエ変換 47
五数要約 38
固定区間平滑化 4
固定点平滑化 4
固定ラグ平滑化 4, 295
混合カルマンフィルタ 264

さ
最大事後確率 91
最尤推定 23, 90
最尤法 23, 90, 112
残差 49, 104, 124
残差リサンプリング 241

し
時間領域 44
自己回帰移動平均モデル → ARMAモデル
自己回帰モデル → ARモデル
自己回帰和分移動平均モデル → ARIMAモデル
自己共分散 19
自己相関係数 19, 42, 60, 126
自己組織型 257
事後分布 16, 76, 77, 186, 192
指数加重 50, 258
指数加重型移動平均 50, 81, 102
システム行列 → 状態遷移行列
システム雑音 → 状態雑音
システム方程式 → 状態方程式
事前分布 16, 77, 186, 192
実現値 10, 181, 218
実効サンプルサイズ 188, 253
時不変 10, 274
時変 10, 166, 274, 331
時変カルマンフィルタ 276
シミュレーション平滑化 182

じ
弱定常 21
重回帰 162
周期成分 50
周期モデル 136
重点サンプリング 180, 219
周波数 44
周波数スペクトル 44
周波数領域 44
周辺化 16, 76, 189, 226
周辺確率 15
周辺化粒子フィルタ 264
周辺分布 15
周辺尤度 90
条件付き確率 16
条件付き独立 68, 69, 340
条件付き分布 16
状態 67, 76
状態空間モデル 66, 72
状態雑音 69, 73
状態遷移行列 73
状態の事後分布 76
状態の周辺事後分布 76
状態の同時事後分布 76
状態発展行列 → 状態遷移行列
状態方程式 69, 73
信頼区間 103

す
裾の厚い分布 280
スパース性 281
スムージング → 平滑化

せ
正規分布 12
正規分布の再生性 13
精度 11, 80
成分分解 48, 130
説明変数 162
線形・ガウス型状態空間モデル 62, 73
線形回帰 162
線形時不変システム 344
線形成長モデル 134
全条件付き分布 182

そ
層化リサンプリング 241
相関関数 18
相関係数 17
総分散の法則 348

た
対数周辺尤度 90
対数変換 37, 154, 171, 204
対数尤度 23
多項式モデル 134

多項リサンプリング 240
多次元正規分布 12
畳み込み和 95, 344
多変量 4
単回帰 162
探索的データ分析 177
単変量 4

ち
逐次解法 62
逐次モンテカルロ法 219

て
提案分布 180, 219
定常 21
定常カルマンフィルタ 102
デルタ法 116
伝達関数 95, 344

と
同時確率 15
同時分布 15, 69
動的線形モデル → 線形・ガウス型状態空間モデル
特異値分解 332
独立 16
トレースプロット 181

は
パーティクルフィルタ 219
ハイパーパラメータ 67
白色化フィルタ 345
白色雑音 21, 69
外れ値 40, 275
馬蹄分布 281
パラメータ 10, 90, 112, 191, 257
パワースペクトル 46, 95, 343
反復期待値の法則 348

ひ
ヒストグラム 38
非線形・非ガウス型状態空間モデル 73
非定常 21
標準誤差 115
標準偏差 11

ふ
フィルタリング 3, 76, 82, 100, 220
フィルタリング分布 76, 83, 100, 221
ブートストラップフィルタ 221
フーリエ級数 44

383

索引

フーリエ係数　45
フーリエ変換　45
フォアキャスト　→ 予測
ブラックボックス的なアプローチ　72
プレディクション　→ 予測
分散　11

へ

平滑化　3, 76, 86, 95, 107, 180, 224, 225
平滑化分布　76, 87, 107, 226
平均2乗誤差　61
平均絶対偏差率　→ MAPE
平均値　11
ベイズ更新　16, 77
ベイズ推定　23, 90
ベイズの定理　16
平方根型のカルマンフィルタ　332
ヘッセ行列　116
変化点　274

ほ

補助変数　252
補助粒子フィルタ　252, 260
ホルト・ウィンタース法　50

ホワイトボックス的なアプローチ　72

ま

前向きフィルタ後ろ向きサンプリング　→ FFBS
マルコフ性　67
マルコフ連鎖モンテカルロ法　→ MCMC

む

無情報事前分布　186

も

モンテカルロフィルタ　221

ゆ

有向非巡回グラフ　→ DAG
尤度　16, 77, 88, 104, 124, 186, 192, 257

よ

予測　3, 76, 84, 105, 223
予測誤差　101, 104, 124
予測分布　76, 84, 105, 224

ら

ラオ–ブラックウェル化　264, 267
ラグ　19
ランダムウォーク　111
ランダムウォーク・プラス・ノイズモデル　111, 131

り

リサンプリング　222
リュウ・ウエストフィルタ　257, 260
粒子　218
粒子の退化　222
粒子フィルタ　62, 218

れ

レベル成分　50
レベル+傾き+周期　48

ろ

ローカルトレンドモデル　134
ローカルレベルモデル　101, 131
濾波　→ フィルタリング

わ

和分ランダムウォーク　135

監修者・付録執筆者

石田 基広（いしだ もとひろ）
徳島大学大学院教授。専門はテキストマイニング、授業ではデータ分析やプログラミングを担当。著書に『R によるテキストマイニング入門』（森北出版）、『R 言語逆引きハンドブック』（C&R 研究所）、『R によるスクレイピング入門』（C&R 研究所）、『新米探偵、データ分析に挑む』（ソフトバンク・クリエイティブ）、『とある弁当屋の統計技師』（共立出版）、『R で学ぶデータ・プログラミング入門』（共立出版）など。本シリーズの監修。

瓜生 真也（うりゅう しんや）
1989 年生まれ。神奈川県出身。2016 年 横浜国立大学大学院博士課程後期中退。企業でデータエンジニアとしての経験を積み、現在は国立環境研究所に勤務。位置情報付きデータの空間解析やウェブデータの処理を専門とする。ウェブ上でのブログ（http://uribo.hatenablog.com）等で R に関する話題提供を行う他、各種の勉強会やイベント等で発表、講師を務める。主著に『R によるスクレイピング入門』（C&R 研究所・共著）。R は学部生の頃から触っており、本書の付録 A を執筆。

牧山 幸史（まきやま こうじ）
バイオインフォマティクス企業における統計解析業務、EC サイトのデータアナリストを経て、現在ヤフー株式会社データサイエンティスト、SB イノベンチャー株式会社 AI エンジニア、株式会社ホクソエム代表取締役社長を兼務。翻訳書に『みんなの R』（マイナビ）『R による自動データ収集』（共立出版）。本書の付録 B を執筆。

PERFECT SERIES 技術評論社

すべてのRユーザに向けた決定版です。本書はR言語の仕様をはじめ、データハンドリングやデータ可視化など基本的な操作方法を解説します。続いて、クラスタリング、クラス分類・回帰、時系列回帰などのデータ分析方法について解説し、応用として、レポーティング、Webアプリケーション化の方法、高速化の方法など、R言語にまつわるトピックを網羅した1冊です。

Rサポーターズ　著
B5変形判／672ページ
定価(本体3,600円+税)
ISBN 978-4-7741-8812-6

大好評発売中！

こんな方におすすめ
・すべてのRユーザ

Software Design plus 技術評論社

改訂2版　プロになるための
データ分析力が身につく！
データサイエンティスト養成読本

2013年に刊行した「データサイエンティスト養成読本」の改訂版です。データサイエンティストを取り巻くソフトウェアや分析ツールは大きく変化していますが、必要とされる基本的なスキルに大きな変化はありません。本書は「データサイエンティスト」という職種について考察し、これから「データサイエンティスト」になるために必要なスキルセットを最新の内容にアップデートして解説します。

佐藤洋行、原田博植、里洋平、和田計也、
早川敦士、倉橋一成、下田倫大、大成浩子、
奥野晃裕、中川帝人、長岡裕己、中原誠　著
B5判／168ページ
定価(本体1,980円+税)
ISBN 978-4-7741-8360-2

大好評発売中！

こんな方におすすめ
・データ分析担当者
・マーケター

Data Science Library

Rで楽しむベイズ統計入門
しくみから理解するベイズ推定の基礎

[著者] 奥村晴彦 Haruhiko Okumura
牧山幸史 Koji Makiyama
瓜生真也 Shinya Uryu
[監修] 石田基広 Motohiro Ishida

ベイズ統計が注目されています。MCMCという柔軟なアルゴリズムによって、あまり考えなくてもいろいろな問題が簡単に解けてしまうように宣伝されていることが一因かもしれません。しかし、その計算の背後にある原理は忘れ去られがちです。また、簡単な問題なら、誤差の大きいMCMCを使わなくても、Rの一般的な関数だけで計算できます。そのような簡単な問題を簡単なRの命令を使っていくつも解きながら、ベイズ統計の考え方の基本と、従来の方法との結果の違いを、詳しく解説しています。最後の章でMCMCを扱いますが、ここでもブラックボックスとしてではなくRの簡単なコードで実際に計算して仕組みを理解できるようにしています。

―目次―
第1章 ベイズの定理と確率
第2章 選挙の予測（2項分布）
第3章 事前分布の再検討
第4章 個数の推定（ポアソン分布）
第5章 連続量の推定（正規分布）
第6章 階層モデル
第7章 MCMC
付録A Rの利用方法
付録B 確率分布に関する関数

B5変形判／224ページ／定価（本体2,880円＋税）
ISBN 978-4-7741-9503-2

■著者略歴
萩原 淳一郎（はぎわら じゅんいちろう）
2016年、北海道大学 大学院情報科学研究科 博士後期課程修了、博士(工学)
現在、北海道大学 客員教授
訳書：『Rによるベイジアン動的線型モデル』（朝倉書店，2013年）

本書サポート：https://github.com/hagijyun/tsbook
技術評論社 Web サイト：http://gihyo.jp/book/
　　　　　　　　　　　　http://gihyo.jp/

カバーデザイン ◆ 図工ファイブ
本文デザイン ◆ BUCH⁺
編　集 ◆ 高屋卓也
組版協力 ◆ 加藤文明社

基礎からわかる時系列分析 ── Rで実践するカルマンフィルタ・MCMC・粒子フィルタ ──

2018年 4月 5日 初 版 第 1 刷発行
2021年 4月17日 初 版 第 3 刷発行

監　修　石田基広
著　者　萩原淳一郎、瓜生真也、牧山幸史
発行者　片岡　巌
発行所　株式会社技術評論社
　　　　東京都新宿区市谷左内町 21-13
　　　　電話 03-3513-6150 販売促進部
　　　　　　 03-3513-6177 書籍編集部
印刷／製本　株式会社加藤文明社

定価はカバーに表示してあります

本書の一部または全部を著作権法の定める範囲を超え、無断で複写、複製、転載、テープ化、ファイルに落とすことを禁じます．

© 2018 萩原淳一郎、石田基広、株式会社ホクソエム

ISBN978-4-7741-9646-6 C3055
Printed in Japan

[お願い]
■本書についての電話によるお問い合わせはご遠慮ください。質問などがございましたら，下記まで FAX または封書でお送りくださいますようお願いいたします。

〒162-0846
東京都新宿区市谷左内町 21-13
株式会社技術評論社書籍編集部
FAX：03-3513-6177
「基礎からわかる時系列分析」係

なお，本書の範囲を超える事柄についてのお問い合わせには一切応じられませんので，あらかじめご了承ください．

造本には細心の注意を払っておりますが，万一、乱丁（ページの乱れ）や落丁（ページの抜け）がございましたら，小社販売促進部までお送りください．送料小社負担にてお取り替えいたします．